Baier Seeßelberg Specht

Optimierung
in der
Strukturmechanik

Horst Baier
Christoph Seeßelberg
Bernhard Specht

Optimierung in der Strukturmechanik

Die Deutsche Bibliothek – CIP-Einheitsaufnahme

Baier, Horst:
Optimierung in der Strukturmechanik / Horst Baier;
Christoph Seeßelberg; Bernhard Specht. –
Braunschweig; Wiesbaden: Vieweg, 1994

NE: Seeßelberg, Christoph:; Specht, Bernhard

ISBN 978-3-322-90701-1   ISBN 978-3-322-90700-4 (eBook)
DOI 10.1007/978-3-322-90700-4

Vorwort

Gegenstand dieses Buches sind die anwendungsorientierten Aspekte bei der Formulierung und Lösung von Optimierungsaufgaben in der Strukturmechanik. Aufbauend auf unserer wissenschaftlichen und praktischen Beschäftigung mit diesem Thema sowie einer Vorlesung hierzu an der TH Darmstadt geht es uns um plausibles Aufbereiten der wesentlichen Elemente und ihrer Zusammenhänge. Auch sollen aus der Erfahrung gewonnene Wertungen mit einfließen, wobei verschiedene Referenzbeispiele aus dem Maschinenbau, der Luft- und Raumfahrttechnik, dem Bauingenieurwesen sowie spezieller Gebiete der Strukturmechanik eine einseitige Sicht vermeiden helfen.

Dieser Band wendet sich hauptsächlich an Studenten höheren Semesters und Praktiker, die sich in dieses Thema einarbeiten wollen, kann aber auch dem Erfahrenen zusätzliche Anregungen geben. Denn die vielen Aspekte der praktischen Optimierung und deren Anwendung gerade bei mechanischen Aufgaben waren bisher über eine Vielzahl meist spezialisierter Veröffentlichungen zu Einzelfragen verteilt. Dies ist auch ein Grund dafür, daß die Verbreitung und Implementierung dieses Themas in der Praxis langsamer von statten geht als es seinen Möglichkeiten und dem potentiellen Nutzen entspricht. Das Wissen soll sich verstärkt in Machen umsetzen und verknüpfen, und diesen Prozeß möchte das Buch fördern. Dies gilt um so mehr, als seit einiger Zeit doch recht brauchbare Softwaretools entstehen, mit denen zunehmend komplexe praktische Aufgaben sinnvoll gelöst werden können. Dieser Trend wird sich sicherlich fortsetzen und zu allgemeinen und effizienten Werkzeugen führen.

Wir konnten dieses Buch nur mit der Unterstützung anderer zusammenstellen. Da sind z.B. die Studenten zu nennen, die durch ihre Mitarbeit in der Vorlesung und bei weiterführenden Untersuchungen wertvolle Anregungen gegeben haben. Auch sind spezielle Erfahrungen unserer Arbeitskollegen in den Teams um Gunter Helwig und Bernd Caesar zu Optimierungsaufgaben bei faserverstärkten Strukturen oder bei Identifikationsverfahren eingeflossen. Ebenso konnten wir die technischen Möglichkeiten der Firma Dornier seitens der Softwaretools und des Desktop-Publishing nutzen. Besonderer Dank aber gilt Herrn Heinrich Seeßelberg sowie Herrn Frank Blender. Ohne deren umfangreiche und fleißige Hilfe beim Layout und der Grafik hätte die Zusammenstellung dieses Buches neben unserem Tagesgeschäft viele weitere Monate mit arbeitsreichen Wochenenden gekostet. Unsere Familien haben dabei die Aktivitäten mit besonderer Geduld mitgetragen. Dank gilt auch dem Vieweg-Verlag und Herrn Peter Neitzke, der die Gestaltung des Buchs mit wertvollem Rat unterstützt hat.

Immenstaad, im Juni 1994   Horst Baier   Christoph Seeßelberg   Bernhard Specht

Inhalt

Symbolverzeichnis

Grundsätzliche Schreibweise

Skalare:	Kleinbuchstaben, kursiv
Vektoren:	Kleinbuchstaben, fett
Matrizen:	Großbuchstaben, fett
Funktionen:	Kleinbuchstaben
Funktionenvektor:	Kleinbuchstaben, fett

Ausnahmen von dieser Regel nur bei standardisierten Zeichen (z.B. E für Elastizitätsmodul).

Verzeichnis wichtiger Symbole

Im folgenden sind Symbole aufgeführt, die im ganzen Buch oder zumindest in wesentlichen Teilen davon verwendet wurden. Zeichen von nur lokaler Bedeutung sind nicht enthalten. In Einzelfällen ist es möglich, daß die hier aufgeführten Symbole lokal auch eine andere Bedeutung haben.

a_i	Querschnittsfläche des Stabes i
$\mathbf{B}$	Finite Elemente Dehnungs-Verschiebungsmatrix
c_j	Schlupfvariable der Restriktion j
c	Faktor als Hilfswert an diversen Stellen
c_0, c_1, c_2	Polynominalkoeffizienten beim Interpolationsverfahren
$\mathbf{D}$	Dämpfungsmatrix
E	Elastizitätsmodul
$\mathbf{F}$	Lastvektor
$F_{i(j)}$	Kraft als Belastung eines Tragwerks (Element i des Lastvektors $\mathbf{F}$ im Lastfall j)
g_j	Ungleichheitsrestriktion j
$\mathbf{H}$	Hesse-Matrix und Approximationen der Hesse-Matrix
h_j	Gleichheitsrestriktion j
I_i	Trägheitsmoment des Stabes i
$\mathbf{K}$	Steifigkeitsmatrix

k	Iterationszähler
L	Lagrange Funktion
$\mathbf{M}$	Massenmatrix
m	Anzahl der Restriktionen
m_a	Anzahl der aktiven Restriktionen
m_g	Anzahl der Ungleichheitsrestriktionen
m_h	Anzahl der Gleichheitsestriktionen
n	Anzahl der Optimierungsvariablen
$N_{i(j)}$	Stabkraft des Stabes i im Lastfall j
$p(\mathbf{x})$	Straffunktion
$\mathbf{p}$	Form-Mode
$\mathbf{q}$	Vektor der komplexen modalen Verschiebungen
q_j	komplexe Verschiebung des modalen Freiheitsgrades j
r	Penaltykonstante
$\mathbf{s}^{(k)}$	Suchrichtungsvektor des Iterationsschrittes k
t	Zeit
T	Zeitperiode oder -dauer eines dynamischen Vorgangs
$\mathbf{u}$	Vektor der Systemantworten oder Verformungen
u_i	Systemantwort i oder Verformung des Freiheitsgrades i
V_e	Volumen des Finiten Elementes e
$\mathbf{w}$	komplexer Verschiebungsvektor für harmonische Antwortanalyse
W_l	Verformungsarbeit des statischen Lastfalles Nr. 1
$\mathbf{x}$	Vektor der Optimierungsvariablen x_i , $i=1,...,n$
$\mathbf{x}^*$	Optimierungsvariablenvektor als Ergebnis einer Optimierungsrechnung
$x_i{}^o$	Obere Schranke der Optimierungsvariablen i
$x_i{}^u$	Untere Schranke der Optimierungsvariablen i
$\mathbf{x}^{opt}$	Optimaler Optimierungsvariablenvektor
$\mathbf{y}(\mathbf{x})$	Entwurfsvariablenvektor als Funktion der Optimierungsvariablen
y_i	Entwurfsvariable i
z	Zielfunktion
$\mathbf{z}$	Zielfunktionsvektor bei mehreren Zielen
z_i	i-te von mehreren Zielfunktionen
z^*	Geringster erreichter Zielfunktionswert als Ergebnis einer Optimierungsrechnung
z^{opt}	Optimaler Zielfunktionswert

∇g_j Gradient der Ungleichheitsrestriktion g_j: $\partial g_j/\partial x_i$, $i=1,.2,...,n$

∇u_i Gradient der Systemantwort u_i nach den Optimierungsvariablen

∇z Zielfunktionsgradient nach den Optimierungsvariablen

$\alpha^{(k)}$ Schrittweite des Iterationsschritts k

a_t Wärmedehnungskoeffizient

ε Genauigkeitsparameter für verschiedene Anwendungen (z.B. Iterationskriterium)

γ_j Approximation der Ungleichheitsrestriktion j

δ_{ij} 1 für $i = j$; 0 für $i \neq j$, Kronecker Symbol

φ Approximation der Zielfunktion

Φ Spaltenmatrix der Eigenschwingungsformen

ϕ_j j-te Eigenschwingungsform

ρ Wichte eines Werkstoffs [Gewichtskraft / Volumen]

λ_j Lagrange-Parameter der Ungleichheitsrestriktion g_j oder

nur in Kapitel 7: j-ter Eigenwert der freien ungedämpften Schwingung

Λ Diagonalmatix von Eigenwerten der freien ungedämpften Schwingung

μ_j Lagrange-Parameter der Gleichheitsrestriktion h_j

θ Parameter zur Festlegung der Move Limits bei Approximationsverfahren oder Push-off Faktor beim Verfahren der zulässigen Richtungen

$\sigma_{i\,zul}$ Zulässige Spannung im Bauteil i

$\sigma_{i(j)}$ Spannung im Bauteil i infolge Lastfall j

σ_{kl} Spannungstensor

ψ Transformierte Zielfunktion

ω_j j-te Eigenfrequenz

Ω Anregungfrequenz für harmonische Antwortanalyse

ζ_j modaler Dämpfungskoeffizient

Unseren Familien gewidmet

1 Einführung

Das Thema dieses Buches ist die Aufbereitung und Diskussion von Optimierungsaufgaben bei hauptsächlich mit der Strukturmechanik verknüpften Entwurfs- und Entwicklungsprozessen. Die Optimierung von Tragwerken oder auch Strukturoptimierung bzw. die etwas umfassendere ‚Optimierung in der Strukturmechanik' befaßt sich somit mit Grundlagen, Methoden und Anwendungen der mathematischen Optimierung für die rechnerunterstützte optimale Auslegung von Bauteilen, Tragwerken und ähnlichen mechanischen Systemen. Unter mathematischer Optimierung wird die Ermittlung und Beschreibung der besten Auswahl aller unter vorgegebenen Bedingungen und Anforderungen in Frage kommenden Alternativen eines Entscheidungsprozesses mit Hilfe mathematisch-numerischer Algorithmen verstanden. Oder spezifischer: Es wird ein Satz von freien Parametern (die Optimierungs- oder Entwurfsvariable) eines Systems (mechanische Struktur) so bestimmt, daß ein oder mehrere Gütekriterien (Zielfunktionen) bestmöglich erfüllt sind und gleichzeitig zu beachtende physikalisch-technische Anforderungen (Restriktionen) eingehalten werden. In der Strukturoptimierung werden konstruktiv frei wählbare Eigenschaften, wie Dicken, Querschnittsflächen, Gestalt etc. so bestimmt, daß beispielsweise das Kostenkriterium Tragwerksgewicht minimal ist und Anforderungen z. B. bezüglich Festigkeiten, Steifigkeiten und Fertigung eingehalten sind. Somit bedeutet hier Optimieren zunächst eine in der Formulierung möglichst strenge und in dem Lösungsprozeß möglichst effiziente und formalisierte Vorgehensweise im Gegensatz zum Verbessern oder gar des ‚trial and error'.

Ein Demonstrationsbeispiel für solche Aufgaben zeigt Bild 1-1: Querschnittsflächen und Knotenlagen als Entwurfsvariable des unter verschiedenen Verkehrs- und Gebrauchslasten beanspruchten Brücken-Fachwerks seien so zu bestimmen, daß sein Gewicht als Zielfunktion möglichst klein ist und gleichzeitig Restriktionen bezüglich zulässiger Spannungen, Stabilität, Eigenfrequenzen, Fertigungsgrenzen etc. eingehalten sind. Gegebenenfalls können auch mehrere Ziele wie z.B. zusätzlich möglichst niedrige Baukosten formuliert werden. Da der Zusammenhang zwischen den Entwurfsvariablen und den Ziel- und Restriktionsfunktionen mit Hilfe der Systemgleichungen mathematisch-numerisch beschreibbar ist, läßt sich diese Aufgabe umsetzen in ein mathematisches Optimierungsproblem. Hier beschreiben die Systemgleichungen den Zusammenhang zwischen den Entwurfsvariablen und interessierenden Antwortgrößen wie Spannungen, Verschiebungen, Eigenfrequenzen etc. Im Falle einer weiteren Zielfunktion zu Baukosten müßte hierzu noch ein mathematisch erfaßbarer Zusammenhang zwischen dieser und den Entwurfsvariablen vorliegen. Wir wollen – falls im folgenden nicht anders erwähnt – hier mechanisch lineares Tragwerksverhalten voraussetzen. Zwar ist die Optimierung mechanisch nichtlinearer Systeme prinzipiell genauso möglich, aber die Vorgehensweise hierzu ist wesentlich aufwendiger und größtenteils noch Gegenstand der Forschung. Gerade bei komplexeren – auch linearen – Tragwerken ist der o.g. Zusammenhang nur noch numerisch z. B. mit der Finite-Element-Methode darstellbar, und die Systemantwort wird dann während der Iterationen zur Lösung der Optimierungsaufgabe

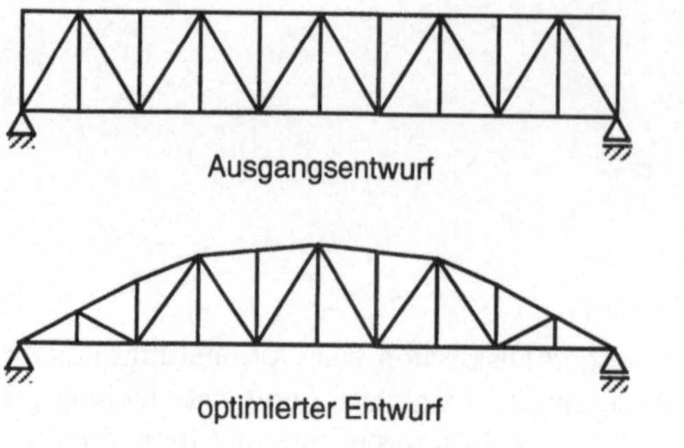

Bild 1-1: Optimierungsaufgabe bei einer Fachwerk-Bogenbrücke

für die jeweils vorliegenden Optimierungsvariable bestimmt. Der rechnerische Aufwand hierfür kann bei großen Systemen, also solchen z.B. mit vielen diskreten Modellfreiheitsgraden und Entwurfsvariablen, beachtlich werden. Dieser Rechenaufwand wird zwar hauptsächlich dem Computer mit seiner Analyse- und Optimierungssoftware überlassen. Doch der Ingenieur hat die Aufgabe der sorgfältigen Problemformulierung und Modellerstellung, der Festlegung effizienter Vorgehensweisen zur Lösung und der Auswahl zugehöriger Methoden und Software, sowie der Evaluierung und schließlich auch der Umsetzung der erzielten Ergebnisse.

Die mathematische Strukturoptimierung liefert optimale Lösungen im eigentlichen Sinne, also Entwurfsvariable, die bei eingehaltenen Restriktionen die Zielfunktion ‚streng' minimieren oder falls erforderlich auch maximieren. Darin und auch in der Möglichkeit der Verarbeitung vieler Entwurfsvariabler und sehr vieler auch technisch unterschiedlicher Anforderungen liegt ihre Stärke. Andererseits kann und will die mathematische Optimierung das Kreativ-Konstruktive in Entwurfs- und Entwicklungsprozeß nicht ersetzen, zumal sie weitgehende mathematische Formulierbarkeit der Aufgabenstellung verlangt. Aber unterschiedliche technische Ideen und Konzepte, die der mathematischen Formulierbarkeit genügen, können damit auf der Basis ihrer jeweils optimalen Auslegung rational verglichen werden. Auch werden die Komplexitätsgrade der zu optimierenden Systeme immer größer und die möglichen Anwendungsfelder durch die ständige Weiterentwicklung der Methoden und Software immer umfangreicher. Dies gilt z.B. für die Berücksichtigung von Anforderungen aus der Dynamik, von Entwurfsvariablen bei Faserverbundwerkstoffen oder solche, die die Gestalt der Struktur beschreiben. Auch wird die Behandlung multidisziplinärer Optimierungsaufgaben immer attraktiver und wichtiger. Deshalb werden solche sich z.T. noch in Forschung und Entwicklung befindlichen Aspekte hier ebenfalls angesprochen.

Natürlich ist die Aufgabe möglichst optimaler Auslegung nicht prinzipiell neu. Beispielsweise hat Mitchell um 1850 mit Hilfe der Variationsrechnung untersucht, welche optimale Fachwerktopologien sich für vorgegebene Lastangriffspunkte und Lagerstellen ergeben. Allerdings sind solche Ergebnisse in ihrer technischen Umsetzbarkeit sehr beschränkt, da stark vereinfachende Annahmen (nur ein Lastfall, nur Fachwerkstrukturen, keine anderen als Festigkeitsrestriktionen usw.) gelten. Die erst wenige Jahrzehnte alte mathematische Strukturoptimierung verarbeitet hingegen ‚beliebige' Anforderungen und Modelle, und verzichtet i.a. auch auf die Einführung gegebenenfalls irreführender Empirie.

Für die Anwendung der mathematischen Strukturoptimierung müssen allerdings gegeben sein:

- die mathematische Formulierbarkeit (algebraisch oder numerisch) der Ziele und Anforderungen
- geeignete Algorithmen zur Lösung der Aufgabe, sowie ihre Umsetzung in entsprechende Software
- sowie natürlich Kenntnisse bzw. Erfahrungen in Grundlagen, Methoden und deren praktischer Umsetzung sowie zur Interpretation der Ergebnisse und geeigneter Maßnahmen bei ev. auftretenden Schwierigkeiten.

Zu diesen Elementen und ihren Zusammenhängen will das vorliegende Buch beitragen. Dazu werden zunächst in Kapitel 2 die wesentlichen Begriffe der mathematischen Strukturoptimierung an Hand kleinerer auch grafisch darstellbarer Beispiele verdeutlicht. Eine wichtige Rolle im Optimierungsmodell bezüglich Rechenaufwand und Qualität der Ergebnisse spielen auch die die Physik beschreibenden Systemgleichungen und dabei insbesondere die in Kapitel 3 aus der Sicht der Optimierung dargestellte Finite-Element-Methode. Grundlagen der mathematischen Optimierung werden in Kapitel 4 in Hinblick auf ihre Anwendungsrelevanz aufbereitet. Zentral ist natürlich die Vorstellung und Diskussion relevanter Lösungsalgorithmen, wobei in Kapitel 5 neben einigen speziellen insbesondere die gebräuchlichsten und nach unserer Erfahrung auch geeignetsten betrachtet werden. Die Darstellung verschieden möglicher Umsetzungen in Softwareprogramme geschieht in Kapitel 6. Das Kapitel 7 mit Optimierungsaufgaben aus der Dynamik und Kapitel 8 mit der Gestaltoptimierung vertieft einige neuere und für die Praxis wesentliche Entwicklungen. In Kapitel 9 werden speziellere Aufgaben und Vorgehensweisen etwas ausführlicher dargestellt, die in den vorangegangenen Kapiteln meist nur kurz erwähnt wurden. Im Kapitel 10 schließlich zeigen einige größere praktische Beispiele das Anwendungspotential der Optimierung in der Strukturmechanik. Die meisten der in den verschiedenen Kapiteln zusammengestellten Grundlagen und Methoden sowie der getroffenen Aussagen sind aber auch auf viele andere vergleichbare (technische) Optimierungsaufgaben übertragbar.

2 Die Tragwerksoptimierungsaufgabe

In diesem Kapitel werden neben den wesentlichen Elementen und Eigenschaften einer Struktur- oder Tragwerksoptimierungsaufgabe die zugehörigen wesentlichen Begriffe der mathematischen Optimierung an Hand einfacherer Beispiele besprochen. Von diesen Beispielen ausgehend wird dann eine allgemeinere Formulierung der Aufgabe vorgenommen und das Prinzip des Lösungsvorganges dargestellt. Aufgaben der Tragwerksoptimierung werden dabei auch als typisch für andere nichtlineare Optimierungsaufgaben in der Technik gesehen, so daß in diesem Kapitel abschließend solche benachbarte Aufgabenstellungen diskutiert werden.

2.1 Optimierungsaufgaben und wichtige Begriffe, dargestellt an einfachen Beispielen

An Hand verschiedener einfacher Beispiele werden die wesentlichen Begriffe und Eigenschaften der hier interessierenden Optimierungsaufgaben besprochen. Dazu zählen die Ziel- und Restriktionsfunktionen, Optimierungs- oder Entwurfsvariable, sowie die das physikalische Verhalten beschreibenden Systemgleichungen. Wichtige Eigenschaften der Optimierungsaufgabe sind die Nichtlinearität, die impliziten bzw. expliziten Formulierungen und die Nichtkonvexität. Praktische Konsequenzen z.B. der Nichtlinearität sind, daß die Lösungsverfahren iterativ mit meist beachtlichem Rechenaufwand arbeiten, und der Nichtkonvexität, daß neben der (eigentlichen) globalen Lösung ggf. auch mehrere lokale ‚Nebenlösungen' vorhanden sein können.

2.1.1 Der Stabdreischlag: Gewichtsminimierung unter Spannungsrestriktionen; Nichtlinearität; implizite und explizite Formulierung

Der Stabdreischlag in Bild 2-1 werde durch zwei gleich große, aber nicht gleichzeitig auftretende Lastfälle $\mathbf{F}_{(1)}$ und $\mathbf{F}_{(2)}$ beansprucht. Der in Klammern aufgeführte Index beschreibt die Lastfallnummer. Bei vorgegebenem Werkstoff sollen die Querschnittsflächen a_1, a_2 und a_3 so gewählt werden, daß das Tragwerksgewicht minimal ist und die Spannungen gegebene zulässige Grenzwerte σ_{zul} nicht überschreiten.

In der Sprache der mathematischen Optimierung lautet diese Aufgabe:

$$\text{minimiere} \qquad z = \sum_i \gamma_i \cdot l_i \cdot a_i \quad ; \qquad i=1,2,3 \tag{2-1a}$$

$$\text{so daß} \qquad 1 - \frac{\sigma_{i(j)}(a_1,a_2,a_3)}{\sigma_{zul_i}} \geq 0 \quad ; \quad i=1,2,3; \; j=1,2 \tag{2-1b}$$

In der *Zielfunktion* z von (2-1a) bedeuten γ_i und l_i die vorgegebenen spezifischen Gewichte bzw. Längen des Stabes i.. In den insgesamt sechs *Restriktionen* (2-1b) ist $\sigma_{i(j)}$ die von den Querschnittsflächen abhängige Spannung im Stab i unter dem Lastfall j, $\sigma_{zul\,i}$ ist die vorgegebene zulässige Spannung im i-ten Stab. Durch die Normierung der insgesamt sechs Restriktionen in (2-1b) auf $\sigma_{zul\,i}$ wird zweierlei erreicht: zum einen enthebt man sich des Vorzeichenproblems wenn $\sigma_{zul\,i}$ das gleiche Vorzeichen bekommt wie die Spannung $\sigma_{i(j)}$,

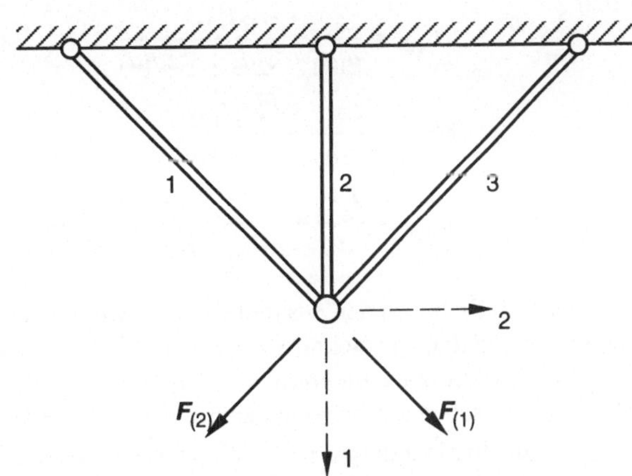

Bild 2-1: Stabdreischlag unter zwei Lastfällen und den Verschiebungsfreiheitsgraden

zum anderen schwankt die Restriktionsfunktion nur in den Grenzen 0 und 1 für Spannungen zwischen $\sigma_{i(j)} = 0$ bzw. $\sigma_{i(j)} = \sigma_{zul\,i}$. Dies erweist sich für die später zu diskutierenden Lösungsalgorithmen als numerisch vorteilhaft.

Die zu bestimmenden Querschnittsflächen als Optimierungsvariable oder *Entwurfsvariable* werden in einem Entwurfsvariablenvektor $\mathbf{x} = (a_1, a_2, a_3)^T$ zusammengefaßt.

Zur Vervollständigung der Aufgabenformulierung müssen natürlich noch die *Systemgleichungen* zur Verfügung stehen, die das interessierende physikalische Verhalten des Tragwerks beschreiben. Dies ist hier der Zusammenhang zwischen den Spannungen und Entwurfsvariablen (Querschnittsflächen), wie er in (2-1b) benötigt wird. Dieser Zusammenhang sei gegeben durch die in der Regel nichtlinearen Funktionen

$$\sigma_{i(j)} = c_{i(j)}(a_1, a_2, a_3) \quad ; \qquad i=1,2,3; \quad j=1,2 \tag{2-1c}$$

wobei in den $c_{i(j)}$ die Statik des Tragwerks steckt. Mit den Beziehungen (2-1) ist die Optimierungsaufgabe beschrieben. Übrigens hat Schmit dieses Beispiel erstmals in [2-1] zum Aufzeigen der Anwendbarkeit mathematischer Optimimierung bei solchen Aufgaben benutzt.

Gerade bei den Systemgleichungen (2-1c) ist ganz entscheidend, ob dieser Zusammenhang formelmäßig *explizit* oder numerisch *implizit* gegeben ist. Ersteres gelingt nur in einfacheren Fällen wie hier beim Stabdreischlag:

Lastfall 1

$$\sigma_{1(1)} = \frac{F_{(1)}}{a_1} - \frac{a_2 a_3 F_{(1)}}{a_1\left[a_1 a_2 + a_2 a_3 + \sqrt{2}a_1 a_3\right]}$$

$$\sigma_{2(1)} = \frac{\sqrt{2}a_3 F_{(1)}}{a_1 a_2 + a_2 a_3 + \sqrt{2}a_1 a_3} \tag{2-2a}$$

$$\sigma_{3(1)} = \frac{-a_2 F_{(1)}}{a_1 a_2 + a_2 a_3 + \sqrt{2}a_1 a_3}$$

Lastfall 2

$$\sigma_{1(2)} = \frac{-a_2 F_{(2)}}{a_1 a_2 + a_2 a_3 + \sqrt{2} a_1 a_3}$$

$$\sigma_{2(2)} = \frac{\sqrt{2} a_1 F_{(2)}}{a_1 a_2 + a_2 a_3 + \sqrt{2} a_1 a_3} \qquad\qquad (2\text{-}2b)$$

$$\sigma_{3(2)} = \frac{F_{(2)}}{a_3} - \frac{a_2 a_3 F_{(2)}}{a_3 \left[a_1 a_2 + a_2 a_3 + \sqrt{2} a_1 a_3 \right]}$$

Damit wird deutlich, daß der Zusammenhang zwischen den in die Restriktionen eingehenden Spannungen und den Querschnittsflächen als den Optimierungsvariablen nichtlinear ist. Deshalb heißt diese Aufgabe *nichtlineare Optimierungsaufgabe*. Sie ist so als Regelfall bei den strukturmechanischen und anderen technischen Optimierungsaufgaben anzutreffen.

Bei der allgemeineren und natürlich auch hier anwendbaren numerischen impliziten Beschreibung der Systemgleichungen mit der Finite-Element-Methode werden zunächst die Verschiebungen **u** der diskreten Freiheitsgrade und daraus dann die Spannungen bestimmt. Der Verschiebungsvektor **u** infolge äußerer Kräfte **F** ergibt sich mit der Steifigkeitsmatrix **K** aus

$$\mathbf{K} \cdot \mathbf{u} = \mathbf{F} \qquad\qquad (2\text{-}3)$$

Interessierende Spannungen werden in einem Vektor aufgelistet. Sie ergeben sich mit der Rückrechnungsmatrix **B**, die über die nun bekannten Verschiebungen **u** auf Dehnungen und über das Werkstoffgesetz auf Spannungen schließt, zu

$$\sigma = \mathbf{B} \cdot \mathbf{u} \qquad\qquad (2\text{-}4)$$

Für den Stabdreischlag ist (2-3)

$$\begin{bmatrix} 0,5\left(k_1 + k_3\right) + k_2 & 0,5\left(k_1 - k_3\right) \\ 0,5\left(k_1 - k_3\right) & 0,5\left(k_1 + k_3\right) \end{bmatrix} \begin{bmatrix} u_1 \\ u_2 \end{bmatrix}_{(j)} = \begin{bmatrix} F_1 \\ F_2 \end{bmatrix}_{(j)} \qquad\qquad (2\text{-}5)$$

wobei j die Lastfallnummer bedeutet und

$$k_i = \left(\frac{Ea}{l} \right)_i \qquad ; \quad i = 1, 2, 3. \qquad\qquad (2\text{-}6)$$

Für die Spannungen ist (2-4) hier

$$\sigma_{1_{(j)}} = E_1 \cdot 0,707 \frac{u_{1_{(j)}} + u_{2_{(j)}}}{l_1}$$

$$\sigma_{2_{(j)}} = E_2 \cdot \frac{u_{1_{(j)}}}{l_2} \qquad\qquad (2\text{-}7)$$

$$\sigma_{3_{(j)}} = E_3 \cdot 0,707 \frac{u_{1_{(j)}} - u_{2_{(j)}}}{l_3} \qquad\qquad j = 1, 2$$

Für die Spannungen σ bedeutet hier der erste Index die Stab- und der zweite wieder die Lastfallnummer. In den Verschiebungen u für (2-7) stecken jetzt über (2-5) die Entwurfsvariablen a_1, a_2 und a_3. Mit (2-5) kommt auch wie bei den expliziten Gleichungen die Nichtlinearität ins Spiel: zur Berechnung des Verschiebungsvektors ist die Steifigkeitsmatrix zu invertieren, die

Verschiebungen **u** und dann mit (2-7) auch die Spannungen σ sind nichtlineare Funktionen der Querschnittsflächen.

Zusammenfassend ergibt sich als *Optimierungsmodell* für den Stabdreischlag:

- Zielfunktion

$$z = \sum_i \gamma_i \cdot l_i \cdot a_i \qquad\qquad\qquad\qquad\qquad (2\text{-}8a)$$

- Restriktionen

$$1 - \frac{\sigma_{i(j)}(a_1,a_2,a_3)}{\sigma_{zul_i}} \geq 0 \qquad i=1,2,3; \quad j=1,2 \qquad (2\text{-}8b)$$

$$a_i - a_i^u \geq 0 \qquad\qquad\qquad\qquad\qquad\qquad (2\text{-}8c)$$

- und den Systemgleichungen (implizit oder explizit)

$$\sigma_{i(j)} - c_{i(j)}(a_1,a_2,a_3) = 0 \qquad\qquad\qquad\qquad (2\text{-}8d)$$

Mit (2-8c) wird berücksichtigt, daß die Querschnittsflächen als Optimierungsvariable gegebene untere Schranken (zumindest $a_i^u = 0$) nicht unterschreiten dürfen.

Zur Lösung dieser nichtlinearen Optimierungsaufgabe werden Ziel- und Restriktionsfunktionen sowie die Systemgleichungen in ein Rechenprogramm umgesetzt. Ein Optimierungsprogramm ändert nach weiter hinten beschriebenen Methoden die Optimierungsvariablen so lange iterativ, bis schließlich das Optimum erreicht ist.

Einen solchen Iterationsverlauf zeigt Bild 2-2, wobei hier ein relativ schnell konvergierender Optimierungsalgorithmus benutzt wurde. Trotzdem sind typischerweise mindestens etwa 5-10 Iterationen notwendig. Bei jedem Iterationsschritt ist auch eine Auswertung der Systemgleichungen (Tragwerksanalyse) z. B. zur Ermittlung der in die Restriktionen eingehenden Spannungen notwendig. Dies bestimmt bei größeren Systemen, deren Systemgleichung

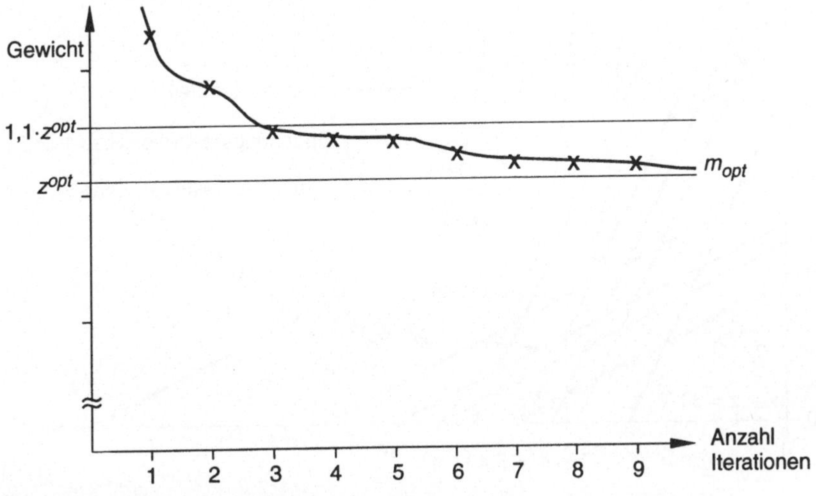

Bild 2-2: Typischer Verlauf von Optimierungsiterationen für den Stabdreischlag

implizit z. B. mit großen Finite-Element-Modellen beschrieben werden, wesentlich den rechnerischen Gesamtaufwand.

Die Lösung dieser Aufgabe führt auf die interessante Tatsache, daß im Gewichtsoptimum nicht notwendigerweise alle Strukturteile (Stäbe) voll beansprucht sein müssen, obwohl nur Spannungsrestriktionen vorhanden sind. Werden zum Beispiel als Lasten $|F_1| = |F_2| = 150$ kN und ein Aluminium-Werkstoff mit $E = 7,2 \cdot 10^4$ N/mm² und einer zulässigen Spannung von $\sigma_{zul} = 216$ N/mm² gewählt, so ergeben sich als Gewichtsoptimum $z^{opt} = 49,5$ N mit den Querschnittsflächen $a_1 = a_3 = 548$ mm² (Symmetrie) und $a_2 = 284$ mm². Dabei wird Stab 1 im Lastfall 1 und Stab 3 im Lastfall 2 bis zur zulässigen Spannung beansprucht, die Spannung im Stab 2 ist in beiden Lastfällen mit 148 N/mm² deutlich unter dem zulässigen Wert. Bei vorgegebenem Werkstoff muß also ein gewichtsoptimales, statisch unbestimmtes Tragwerk unter Spannungsrestriktionen bei mehreren Lastfällen nicht voll – d. h. bis zu den ertragbaren Spannungen – beansprucht sein! Denn wird vom Optimum ausgehend der scheinbar zu große Querschnitt des Stabes 2 verringert, so sinkt die Gesamtsteifigkeit. Daraus ergeben sich höhere Belastung in den Stäben 1 und 3 die eine das Gewicht insgesamt erhöhende Querschnittszunahme erfordern, damit die sich schon an der zulässigen Grenze befindlichen Spannungen nicht weiter erhöhen. Dieses zunächst dem ‚Ingenieurgefühl' widersprechende Ergebnis zeigt, daß die mathematische Programmierung die Optimallösung liefert, ohne daß tatsächliche oder vermeintliche Eigenschaften der Lösung vorab bekannt sein müßten, die das Ergebnis evtl. verfälschen könnten. Weitere Zusammenhänge und Unterschiede zwischen vollbeanspruchten und optimalen Tragwerken werden in Kapitel 5.5.2 genauer diskutiert.

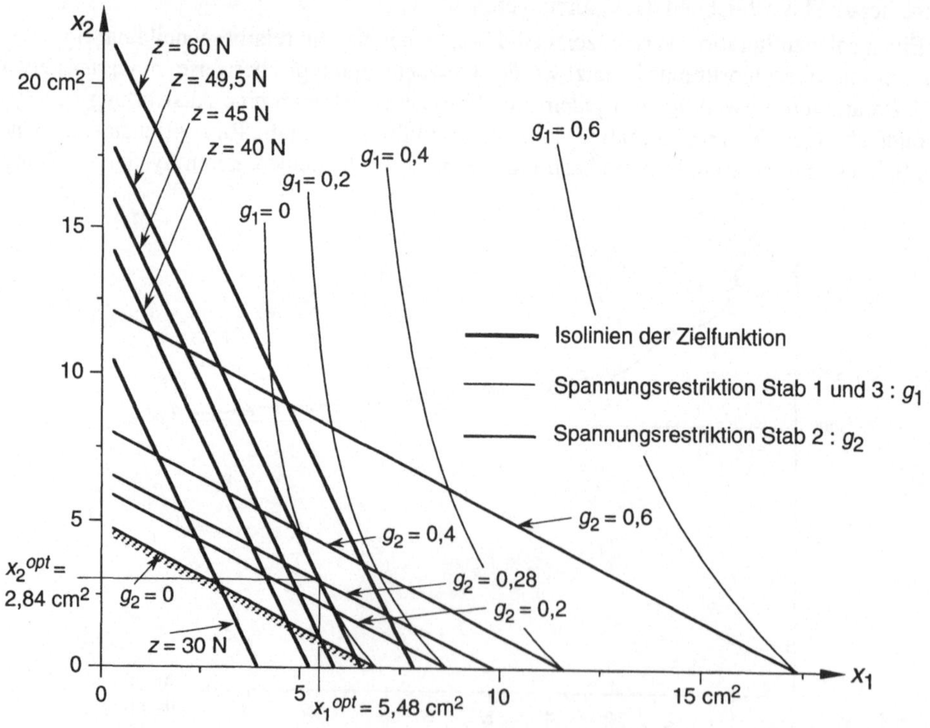

Bild 2-3: Geometrische Darstellung der Optimierungsaufgabe Stabdreischlag

Natürlich läßt sich die Symmetrie in Stabdreischlag und seiner Belastung auch in der Formulierung des Optimierungsproblems ausnutzen: anstatt drei Entwurfsvariable a_1, a_2, a_3 zu verwenden, können auch a_2 und eine weitere Variable x mit $a_1=x$, $a_3=x$ benutzt werden. Zur Aufgabe (2-8) kommt dann noch die Koinzidenzbeziehung $x_1=a_1$, $x_1=a_3$ und $x_2=a_2$ hinzu, die die Optimierungsvariablen x_1 und x_2 auf die Tragwerksvariable a_1, a_2 und a_3 abbildet. Für diesen Fall zweier Variabler läßt sich die Aufgabe noch geometrisch in der Ebene der Optimierungsvariablen x_1,x_2 des Bildes 2-3 darstellen. In dieses Bild sind die Isolinien der Zielfunktion (Linien konstanten Gewichts) sowie der relevanten Restriktionsfunktionen eingezeichnet. Der Berührpunkt der Isolinie des Gewichts mit der Restriktionsfunktion $g_1=0$ (wegen der ausgenutzten Symmetrie die größten Spannungen in Stab 1 und 3 betreffend) stellt die Lösung $\mathbf{x}^{opt}$ dar. Denn in der Nachbarschaft dieses Punktes sind entweder die Restriktionen verletzt ($g_1<0$ links von diesem Punkt) oder es liegt höheres Gewicht vor (rechts von diesem Punkt). Gleichzeitig ist aber in $\mathbf{x}^{opt}$ die den mittleren Stab betreffende Spannungsrestriktion $g_2=0.28$, und damit wie oben ausgeführt die Spannung unterhalb der zulässigen.

2.1.2 Der Stabdreischlag mit Frequenzrestriktionen

Natürlich können auch andere als Festigkeitsrestriktionen wie z.B. strukturdynamische Anforderungen in den Ziel- oder Restriktionsfunktionen der Optimierungsaufgabe auftreten bzw. zu den statischen Restriktionen hinzukommen. Aus der Sicht der Optimierung ändert sich formal dabei wenig, insbesondere wenn zeitunabhängige Größen wie Eigenfrequenzen, Eigenformen oder Antworten bei harmonischer Anregung betrachtet werden. Allerdings müssen jetzt die entsprechenden Systemgleichungen der Strukturdynamik (zusätzlich) benutzt werden, wodurch der Rechenaufwand infolge der jeweils zu lösenden Eigenwertprobleme gegenüber Aufgaben aus der Statik meist deutlich ansteigt. Damit sind hier besonders effiziente Lösungsalgorithmen sowohl für die Behandlung der strukturdynamischen Systemgleichungen als auch für die Optimierung (möglichst wenige erforderliche Auswertungen der Systemgleichungen) gefragt.

Wird der Stabdreischlag des Bildes 2-1 dynamisch angeregt und soll zur Vermeidung von Kopplungen zwischen Anregungs- und Eigenfrequenzen die erste Eigenfrequenz ω_1 oberhalb einer Schranke ω_1^u liegen, so ergibt sich als Optimierungsaufgabe:

$$\text{minimiere} \qquad z = \sum_i \gamma \cdot l_i \cdot a_i$$

$$\text{so daß} \qquad \omega_1(a_1,a_2,a_3) - \omega_1^u \geq 0 \tag{2-9}$$

$$\text{bzw. normiert} \qquad \frac{\omega_1(a_1,a_2,a_3)}{\omega_1^u} - 1 \geq 0$$

$$\text{und} \qquad a_i - a_i^u \geq 0 \quad ; \qquad i=1,2,3$$

$$\text{sowie} \qquad \text{Systemgleichungen für die Eigendynamik: } \omega_1 = f(a_1,a_2,a_3)$$

Auf Systemgleichungen der Strukturdynamik im Zusammenhang mit der Optimierung wird in den Kapiteln 3 und insbesondere 7 näher eingegangen.

Wird in (2-9) z. B. gefordert $\omega \geq 50$ Hz mit einer Zusatzmasse von 1 kg am Knotenpunkt, so ergibt sich $a_1=a_3=730$ mm^2. Hingegen erreicht hier die Querschnittsfläche des mittleren Stabes mit $a_2=0.01$ mm^2 die vorgegebene untere Variablenschranke. Dieses Ergebnis ist auch einsichtig, da zur unteren Eigenfrequenz eine laterale Eigenform gehört (Querschwingung in Richtung des Freiheitsgrades 2). Somit trägt der mittlere Stab nicht zur hierfür erforderlichen Steifigkeit sondern nur mit ‚frequenzschädlicher' Masse bei, seine Querschnittsfläche wird also auch zur Erzielung minimaler Zielfunktion möglichst klein sein.

Ist man an möglichst hoher ersten Eigenfrequenz bei vorgegebener maximal zulässiger Masse m_{max} interessiert, so ergibt sich als alternative Formulierung obiger Aufgabe:

$$\text{maximiere} \quad \omega_1(a_1,a_2,a_3)$$

$$\text{so daß} \quad a_i - a_i^u \geq 0 \; ; \quad i=1,2,3 \tag{2-10}$$

$$\text{und} \quad m_{max} - \sum_i \rho_i \cdot l_i \cdot a_i \geq 0$$

$$\text{sowie} \quad \text{Systemgleichungen der Eigendynamik}$$

Die Maximierung der Zielfunktion in Aufgabe (2-10) im Gegensatz zu den bisherigen Minimierungsaufgaben soll nicht weiter stören: eine Maximierung einer Zielfunktion $z(\mathbf{x})$ kann auch durch eine Minimierung der negativen Funktion (also: minimiere $- z(\mathbf{x})$) geschehen.

Oberflächlich hat sich also gegenüber den vorher besprochenen Optimierungsaufgaben aus der Statik wenig geändert, und daß z.B. in der Zielfunktion von (2-10) auch Systemantworten auftreten soll auch nicht weiter stören. Eine solche Formulierung zur Berücksichtigung von ausgewählten Systemantworten in der Zielfunktionen statt über Restriktionen ist insbesondere dann sinnvoll, wenn eine Vorabfestlegungen strenger Schranken für diese (wie hier der Eigenfrequenz) infolge zu geringer Kenntnis über das Systemverhalten und daraus resultierender technischer Konsequenzen schwierig ist. Eine tolerierbare obere Schranke für die Strukturmasse m_{max} läßt sich statt dessen meist leichter angeben. Ein besonderer Vorteil ergibt sich mit (2-10) nebenbei dadurch, daß hier die Optimierungsvariablen in den Restriktionen nur linear auftreten. Eine solche Aufgabe läßt sich gegenüber denen mit nichtlinearen Restriktionen wesentlich schneller und auch zuverlässiger lösen.

Der formale Charakter der Optimierungsaufgabe bleibt auch erhalten, wenn Restriktionen aus Statik und Dynamik gleichzeitig auftreten. Denn auch bei von der Dynamik dominierten Aufgaben wird man sicherheitshalber zumindest einige Festigkeitsrestriktionen berücksichtigen. So wird die Optimierungsaufgabe für den frequenz- und spannungsrestringierten Stabdreischlag

$$\text{minimiere} \quad z = \sum_i \gamma_i \cdot l_i \cdot a_i$$

$$\text{so daß} \quad 1 - \frac{\sigma_{i(j)}(a_1,a_2,a_3)}{\sigma_{zul\,i}} \geq 0 \; ; \qquad i=1,2,3; \; j=1,2 \tag{2-11}$$

$$\omega_1(a_1,a_2,a_3) / \omega_1^u - 1 \geq 0$$

$$a_i - a_i^u \geq 0$$

$$\text{und} \quad \text{Systemgleichungen für Statik \underline{und} Dynamik}$$

Eine Optimierungsrechnung für ein Zahlenbeispiel der Aufgabe (2-11) zeigt, daß jetzt das Optimalgewicht infolge der zusätzlichen und bindenden Frequenzrestriktion größer geworden ist als bei nur Festigkeitsrestriktionen. Letztere spielen bei diesem Zahlenbeispiel nur eine schwache Rolle. Dies soll aber ein Ergebnis der Optimierungsrechnung durch einen Algorithmus sein und nicht etwa den Aufgabenformulierer zwingen, selbst über wegzulassende oder unwichtige Restriktionen zu entscheiden. Wesentlich ist, zunächst möglichst alle (potentiell) in Frage kommenden Aspekte und Anforderungen in einer umfassenden Aufgabenformulierung zu berücksichtigen. Der Rest bleibt dann dem Lösungsalgorithmus überlassen.

2.1.3 Die faserverstärkte Scheibe: nichtkonvexe Aufgaben und lokale Optima

Das in diesem Abschnitt diskutierte Beispiel der Gewichtsminimierung einer faserverstärkten Scheibe unter Festigkeitsrestriktionen zeigt geometrisch-anschaulich die mögliche Nichtkonvexität von Optimierungsaufgaben und die daraus häufig resultierenden Nebenlösungen bzw. lokalen Optima im Gegensatz zum globalen oder ‚besten‘ Optimum. Zunächst werden jedoch einige kurze Bemerkungen zu den faserverstärkten Werkstoffen gemacht. Mehr findet sich darüber in Kapitel 9.7.

Faserverstärkte Kunststoffe werden dann vorteilhaft eingesetzt, wenn bei niedrigem Gewicht hohe Steifigkeiten und Festigkeiten erforderlich sind. So werden mit CFK (Kohlefaserverstärkter Kunststoff) typischerweise Steifigkeiten nahezu von Stahl erreicht und dessen Festigkeit meist überschritten bei knapp einem Viertel des spezifischen Gewichtes. Hinzu kommen günstiges Ermüdungsverhalten. Vereinfacht betrachtet werden verschiedene harzgetränkte Schichten jeweils unterschiedlicher Faserorientierung zu einem ‚Laminat‘ verbacken. Meist ergibt sich dadurch ein anisotropes, d.h. richtungsabhängiges Verhalten Im Gegensatz zu (üblichen) Metallen sind die Eigenschaften also in einem breiten Bereich variabel und über die Faserauswahl und deren Orientierung in den einzelnen Schichten sowie den jeweiligen Schichtdicken steuerbar. Der Werkstoff kann also noch konstruktiv gestaltet und den jeweiligen Anforderungen angepaßt werden. Hierzu liefert die Optimierung eine wichtige Unterstützung. Die Vorteile dieser Werkstoffe werden allerdings mit höheren Material- und meist auch Fertigungskosten erkauft. Sie müssen sich also in der Nutzung positiv auswirken.

Die mathematische Beschreibung des mechanischen Verhaltens eines Laminats erfolgt über die klassische Laminattheorie mit den Elementen

*   Bestimmung der orthotropen Eigenschaften einer Einzelschicht, die dann über Kompatibilitätsbedingungen für die Dehnungen auf das Werkstoffgesetz des Laminats im globalen Koordinatensystem transformiert werden
*   Auflösung der Dehnungs-Lastbeziehung für das Laminat und
*   Rücktransformation der Dehnungen und Spannungen auf die der einzelnen Schichten (Einzelschichtkoordinaten), in denen auch die Versagenskriterien definiert und zu überprüfen sind.

Häufig sind dabei die angreifenden Lasten die aus einer FE-Analyse gewonnenen Schnittkräfte an interessierenden Stellen eines faserverstärkten Tragwerkes, siehe auch Kapitel 9.7. Im folgenden wird ein einfaches – noch grafisch darstellbares – Optimierungsbeispiel hierzu besprochen, das zu dem wesentlichen Begriffen der Nichtkonvexität und lokalen Optima führt.

In Bild 2-4 ist aus den genannten Gründen einfacher Darstellbarkeit eine einzelne Schicht einer faserverstärkten Scheibe mit ihren beiden Lastfällen dargestellt. Die Scheibendicke d und die Faserlage sollen so bestimmt werden, daß das Gewicht (also d) möglichst klein ist und

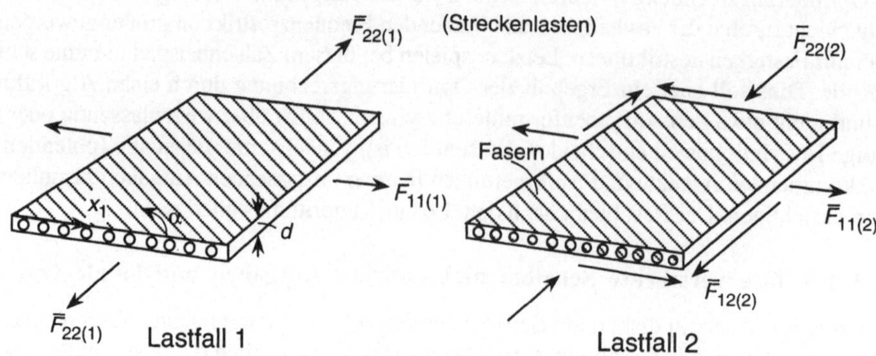

Bild 2-4: Faserverstärkte Scheibe mit zwei Lastfällen
und den Entwurfsvariablen Dicke d und Faserwinkel α

Festigkeitsrestriktionen eingehalten werden. Zu deren Formulierung werden folgende potentielle Versagensfälle berücksichtigt:

- Faserbruch: Brechen der Faser infolge Überschreitung ihrer Tragfähigkeit
- Matrixbruch: Risse in der Harzmatrix
- Loslösen der Faser von der Matrix

Nebenbei sei bemerkt, daß in der Regel keiner dieser Versagensfälle ein Totalausfall der Tragfähigkeit bedeutet, sondern zunächst interne Lastumlagerungen bei weiter steigerbarer Belastung stattfinden können.

Das Optimierungsmodell dieser Aufgabe ist:

Zielfunktion: minimiere $z = d$ (2-12a)

Restriktionen (z.B.):

$$1 - \left[\left(\frac{\bar{\sigma}_{11(m)}}{\sigma_{1B}} \right)^2 + \left(\frac{\bar{\sigma}_{22(m)}}{\sigma_{2B}} \right)^2 + \left(\frac{\bar{\sigma}_{12(m)}}{\tau_B} \right)^2 \right] \geq 0 \quad ; \quad m = 1,2 \qquad (2\text{-}12b)$$

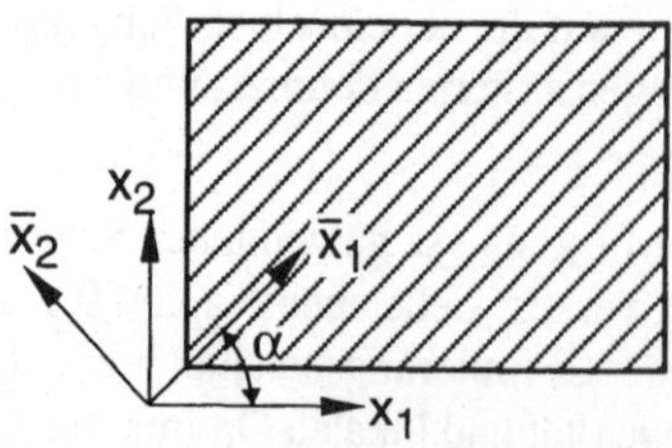

Bild 2-5: Bezugskoordinaten für die
in die Versagenskriterien
eingehenden Spannungen

zur Vermeidung von Faserbruch und Matrixbruch sowie des Ablösens der Faser von der Matrix.

Dabei ist m der Lastfallindex, $\bar{\sigma}_{11(m)}$ und $\bar{\sigma}_{22(m)}$ sind die Normalspannungen in und senkrecht zur Faserrichtung, $\bar{\sigma}_{12(m)}$ die Schubspannung, die für die Versagenskriterien im faserbezogenen Koordinatensystem $\bar{x}$ (Bild 2-5) berechnet werden. Sie sind eine Funktion der Entwurfsvariablen d und α. Die Größen im Nenner des Versagenskriteriums sind aus Versuchen gewonnene

Werkstoffgrenzwerte. Weiterhin soll natürlich sein:

$$d \geq 0 \qquad\qquad (2\text{-}12c)$$

Die *Systemgleichungen* beschreiben den Zusammenhang zwischen den im globalen Koordinatensystem x gegebenen Belastungen und den zu ermittelnden Spannungen im um den Faserwinkel gedrehten Koordinatensystem x.

Im $\bar{x}_1, \bar{x}_2$ - Koordinatensystem ist

$$\sigma_{ij(m)} = \frac{F_{ij(m)}}{d} \qquad\qquad (2\text{-}12d)$$

und im für die Versagenskriterien (2-12b) interessierenden $\bar{x}_1, \bar{x}_2$ - Koordinatensystem

$$\overline{\sigma}_{ij(m)} = \sum_{k,l} t_{ik} \cdot t_{jl} \cdot \sigma_{kl(m)} \quad ; \qquad i,j,k,l,m=1,2 \qquad\qquad (2\text{-}12e)$$

mit der Transformationsmatrix

$$t_{ik} = \cos(\bar{x}_i, x_k)$$

Zu beachten ist, daß mit (2-12d,e) ein differentielles Scheibenelement betrachtet wird, also der Beanspruchungszustand an einer (kritischen) Stelle eines Faserverbundtragwerkes. Die auf die Seitenlängen bezogenen Schnittkräfte $F_{ij}(m)$ des Lastfalles m können z. B. einem Finite-Element-Modell entnommen sein.

Mit den Beziehungen (2-12) ist diese Optimierungsaufgabe beschrieben. Sie kann programmiert und als ,Problembeschreibungsmodul' einem Optimierungsprogramm zugeordnet werden. Da hier nur zwei Entwurfsvariable auftreten und sich das Optimierungsmodell noch vergleichsweise einfach rechnerisch auswertbar ist, läßt sich die Aufgabe grafisch darstellen und lösen. Dies wird im folgenden durchgeführt.

Bild 2-6 ist die durch den Faserwinkel und Scheibendicke d erzeugte Ebene der Entwurfsvariable, in der sich Ziel- und Restriktionsfunktionen darstellen lassen. Für zahlenmäßig angenommene Lasten und Werkstoffdaten sind zwei Kurven eingezeichnet, auf denen Wertepaare (d,α) liegen für die im Lastfall 1 bzw. 2 gerade Versagen eintritt. Die zugehörige Restriktionsfunktion ist also gerade zu Null erfüllt, d.h. aktiv. Diese Kurven gehören zum Versagenskriterium ,Faserbruch', die anderen sind nicht relevant und deshalb nicht eingezeichnet. Die stark ausgezogene Kurve ist die insgesamt, d. h. für beide Lastfälle, gültige Grenzkurve. Auf ihr und darüber liegen alle Wertepaare (d,α) für die in beiden Lastfällen kein Versagen eintritt. Dieses Gebiet oder Bereich beinhaltet die Menge aller zulässigen Variablen, die die Restriktionen erfüllen. Er heißt deshalb auch zulässiger Bereich. Die zur den stark ausgezogenen Kurve gehörenden Restriktionen heißen aktiv, im Lösungspunkt heißen aktive Restriktionen auch bindend. Die Isolinien der Zielfunktion (d=const) sind Parallelen zur Abszisse. Der zulässige kleinste Zielfunktionswert und somit die Lösung liegt bei Punkt 1 mit den optimalen Entwurfsvariablen α=100 und d=0.84. Dieser Punkt heißt globales Optimum, denn im gesamten zulässigen Bereich gibt es kein weiteres Wertepaar d,α mit niedrigerem Zielfunktionswert. Neben diesem *globalen Optimum* existieren noch weitere sogenannte Nebenlösungen oder *lokale Optima* an den Punkten 2,3 und 4, in deren *Nachbarschaft* kein weiterer zulässiger Punkt mit niedrigerer Zielfunktion zu finden ist. Allerdings gibt es weiter weg zulässige Entwurfsvariable mit kleineren Zielfunktionswerten, die jedoch keine Lösung sind.

Offensichtlich hängt die Existenz der lokalen Lösungen mit der unregelmäßige Berandung des zulässigen Bereichs zusammen. Denn dieser Bereich bzw. die ihn definierenden Restriktionsfunktionen sind nicht konvex. Bei der (numerischen) Lösung solcher nicht konvexen Optimierungsaufgaben kann nicht garantiert werden, daß die globale Lösung gefunden wird. Der Optimierungsalgorithmus kann zu lokalen Lösungen konvergieren, ohne daß – von Ausnahmen abgesehen – mit Sicherheit feststellbar wäre, ob es sich um eine lokale oder globale Lösung handelt. In der Praxis hilft man sich durch mehrere Optimierungsrechnungen mit unterschiedlichen Startvektoren. Konvergiert der Algorithmus immer zur gleichen Lösung, so existiert höchstwahrscheinlich nur eine, nämlich die globale. Andernfalls wird dann die beste der verschiedenen ermittelten (lokalen) Lösungen benutzt von der man dann annimmt sie sei die globale. Dieser Zusammenhang zwischen der geometrischen Eigenschaft der Nichtkonvexität der Optimierungsaufgabe und der (möglichen) Existenz lokaler Lösungen wird in Kapitel 4 noch vertieft.

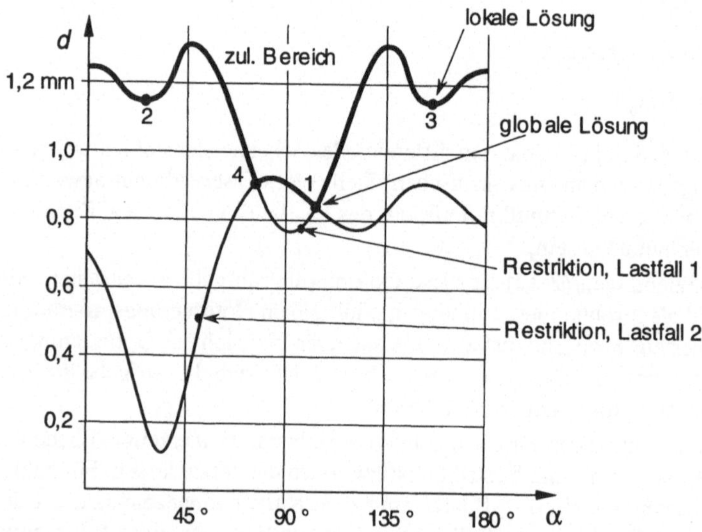

Bild 2-6: Ebene der Entwurfsvariablen für ein Zahlenbeispiel der faserverstärkten Scheibe

Die in Bild 2-6 verwendete Darstellung der Aufgabe in der Entwurfsvariablenebene (hier: d,α) ist für die Diskussion und das Verständnis bestimmter Phänomene sehr hilfreich. Allerdings sollte man aus zweidimensionalen (auch hypothetischen) Beispielen nur sehr vorsichtig allgemeine Schlüsse ziehen. Sie taugen eher zu Plausibilitätsuntersuchungen oder zum Aufzeigen von Gegenbeispielen für eine bestimmte Hypothese. Bei den üblicherweise mehr als zwei bis drei Variablen verbunden mit impliziten Formulierungen geht die unmittelbare geometrische Anschauung und insbesondere Darstellbarkeit verloren. Die n Entwurfsvariablen spannen dann den n-dimensionalen Entwurfsvariablenraum auf, in dem sich die Optimierungsaufgabe mit ihren Funktionen verhält.

2.1.4 Die faserverstärkte Scheibe: mehrere Ziele gleichzeitig

Zuweilen sind neben oder statt dem Gewicht weitere Zielfunktionen maßgebend. So sind durch entsprechenden Laminataufbau in manchen Anwendungen neben ausreichender Festigkeit auch möglichst (betragsmäßig) kleine Wärmedehnungskoeffizienten α_t zu erreichen. Dann können letztere anstatt des Gewichtes die Zielfunktionen bilden und das Gewicht (die Scheibendicke d) wird nach oben beschränkt. Die Optimierungsaufgabe ist dann

minimiere $\alpha_t^2\,(d,\alpha)$

so daß $d - d^u \geq 0$ (2-13)
sowie   Festigkeitsrestriktionen
und   Systemgleichungen

Mögliche Anisotropie in der Wärmedehnung ist der Einfachheit halber nicht berücksichtigt. Zu beachten ist die Quadrierung von α_t in der Zielfunktion, da bei diesen Werkstoffen (insbesondere bei CFK) der Wärmedehnungskoeffizient negativ werden kann aber natürlich der betragsmäßig kleinste interessiert. Alternativ zur Formulierung (2-13) können Gewicht und Wärmedehnungskoeffizienten auch *gleichzeitig* als Ziele betrachtet werden. Man spricht dann von einem *Vektoroptimierungsproblem*, da jetzt anstatt einer Zielfunktion mehrere in einem Zielfunktionsvektor aufgelistet werden:

,minimiere' $z = \{\text{Laminatgewicht, Wärmedehnungskoeffizient}^2\}^T$ (2-14)

so daß   Festigkeits- und andere Restriktionen (s. o.) erfüllt sind.

In dieser Aufgabe ist das Wort ,minimiere' in Anführungsstriche gesetzt, da jetzt durchaus nicht mehr a priori die Lösungsdefinition offensichtlich ist. So ist ja z. B. nicht zu erwarten, daß die einzelnen Zielfunktionen nun gleichzeitig (d. h. für die gleichen Entwurfsvariablen) ihre jeweiligen (evtl. auch lokalen) Minima annehmen. Vielmehr werden in bestimmten Variablenbereichen die Funktionsverläufe sogar gegenläufig sein. Die Verkleinerung einer von ihnen kann nur durch Vergrößerung mindestens einer anderen erkauft werden. Dies wird auch gerade angestrebt, denn ein Variablenvektor mit einer zulässigen Nachbarschaft von Punkten

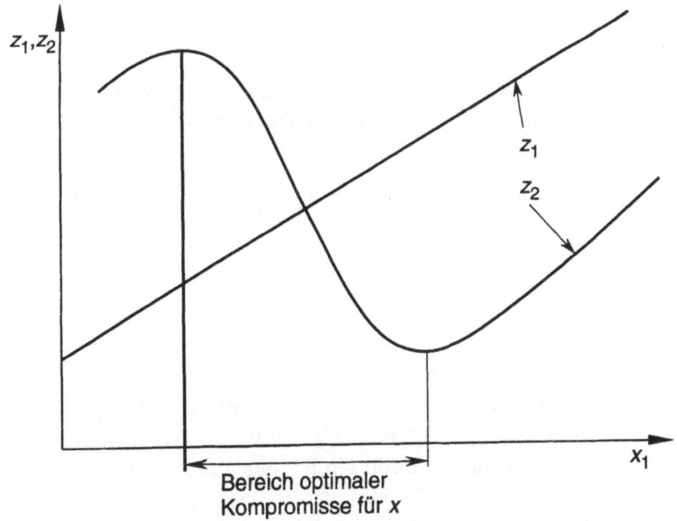

Bild 2-7: Bereich optimaler Kompromisse bei mehreren Zielen

mit in allen Zielen kleineren Werten kann ja nicht Lösung sein. Es ist also vielmehr ein optimaler Kompromiß zwischen den verschiedenen Zielen zu ermitteln. Dies ist in Bild 2-7 für zwei hypothetische Zielfunktionen z_1 und z_2 in einer Variablen x dargestellt. Welche der möglichen Kompromisse nun tatsächlich ausgewählt wird, hängt von der Bedeutung der einzelnen Ziele ab. Beispielsweise wird man für ein hochgenaues Teleskop unter (hohen) Temperaturgradienten sehr niedrige Wärmedehnungskoeffizienten auf Kosten des Gewichts anstreben. Letztlich bleibt bei solchen Vektoroptimierungsaufgaben ein nicht automatisch lösbarer Entscheidungsspielraum. Für deren Lösung sind allerdings die Grundlagen und Algorithmen der üblicheren skalaren Optimierungaufgaben notwendig. Denn unter geeigneten Voraussetzungen lassen sich Vektoroptimierungsprobleme auf skalare Aufgaben transformieren, z. B. über eine resultierende Zielfunktion

$$z_{ges} = w_1 z_1 + w_2 z_2 \tag{2-15}$$

Der Entscheidungsspielraum liegt jetzt in der – in der Praxis nicht ganz unproblematischen – Wahl der Wichtungsfaktoren w_1 und w_2. Das resultierende Ziel z_{ges} muß dann auch nicht mehr eine unmittelbare physikalische Bedeutung besitzen. Wenn nicht ausdrücklich anders erwähnt, sind im folgenden immer skalare Optimierungsaufgaben gemeint. Eine detailliertere Diskussion vektorieller Aufgaben geschieht in Kapitel 9.1.

2.1.5 Dynamische und zeitabhängige Antworten im Optimierungsmodell

Bei dynamischen Anregungen sind häufig nicht nur die Eigenfrequenzen und -formen, sondern auch das Antwortverhalten bezüglich Wege und Beschleunigungen von Interesse. Denn neben der dynamischen Belastung des Tragwerkes selbst sollen dynamische Beschleunigungen der am Tragwerk befestigten Geräte oder empfindlichen Instrumente niedrig gehalten werden. So seien für den Zweimassenschwinger des Bildes 2-8 die Steifigkeiten k_1 und k_2 so zu bestimmen, daß die Beschleunigung $\ddot{u}_1$ der durch die Kraft $F_1.\cos\Omega t$ angeregten Masse m_1 möglichst klein ist. Dies führt auf:

$$\text{minimiere} \qquad z = \ddot{u}_1^2(k_1, k_2) \tag{2-16a}$$

$$\text{so daß} \qquad 1 \le k_i \le 10^9, \quad i=1,2 \tag{2-16b}$$

Die Steifigkeiten dürfen sich also in einem sehr breiten Band von extrem weich bis extrem steif bewegen. Wegen der harmonischen Anregung ergeben sich mit dem Ansatz $u_i = \hat{u}_i \cos\Omega t$ die Bewegungsgleichungen zu

$$-(\Omega^2 m_1 \cdot \cos\Omega t) \cdot \hat{u}_1 - (k_1 + k_2) \cdot \cos\Omega t \cdot \hat{u}_1 + k_2 \cdot \cos\Omega t \cdot \hat{u}_2 = F_1 \cdot \cos\Omega t$$
$$(\Omega^2 m_2 \cdot \cos\Omega t) \cdot \hat{u}_2 - k_2 \cdot \cos\Omega t \cdot (\hat{u}_2 - \hat{u}_1) = 0 \tag{2-16c}$$

wobei die $\hat{u}_i$ die Amplituden sind. Die Gl. (2-16c) sind hier die Systemgleichungen.
Durch die Quadrierung von $\ddot{u}_1$ in (2-16a) wird erreicht, daß der Betrag von $\ddot{u}_1$ minimiert wird und nicht etwa $\ddot{u}_1 = -\infty$ als ‚Lösung‘ möglich wird. Ergebnisse der Aufgabe sind in Tabelle 2-1 zusammengestellt. Je nach Startvektor für den Lösungsalgorithmus – d.h. vorgegebene Anfangswerte für k_1 und k_2 für die Optimierungsiteration – ergeben sich unterschiedliche Lösungen. Bei der globalen Lösung in Zeile 1 mit einer ‚numerischen Null‘ für $\ddot{u}_1$ wirkt m_2 als Schwingungstilger, es ist hier $k_2 = \Omega^2 m_2$. Mit $k_1 = 10^9$ wird m_1 mit dem Fußpunkt starr verbunden, es ist dann ebenfalls $\ddot{u}_1 = 0$, also eine weitere globale Lösung gleichen Zielfunktionswertes vorhanden. Bei den lokalen Lösungen bewegt sich für $k_2 = 10^9$ und $k_1 = 1$ die Masse

m_1 zusammen mit m_2 praktisch als starrer Körper. In der letzten Zeile mit $k_2=1$ (also praktisch keine Steifigkeit) bewegt sich m_1 alleine. Zwar mußten hier zur Ermittlung der lokalen Lösungen die Startvektoren bewußt schlecht gewählt werden, doch treten lokale Lösungen bei Aufgaben mit dynamischen Antworten doch häufiger auf als bei Aufgaben aus der Statik. Schon am Beispiel des Einmassenschwingers mit Fußpunktanregung ergeben sich für die Minimierung der Vergrößerungsfunktion entsprechend Bild 2-9 zwei Lösungen: eine lokale mit $\omega \gg \Omega$ bzw. $k \gg 1$, bei der das System als starrer Körper der Fußpunktanregung folgt und eine globale mit $\omega \ll \Omega$ bzw. $k \ll 1$, bei der die Masse von der Fußpunktanregung entkoppelt (isoliert) ist und in Ruhe bleibt. Generell führen Anregungen in Eigenfrequenznähe zu starken Schwingungsüberhöhungen. Bei

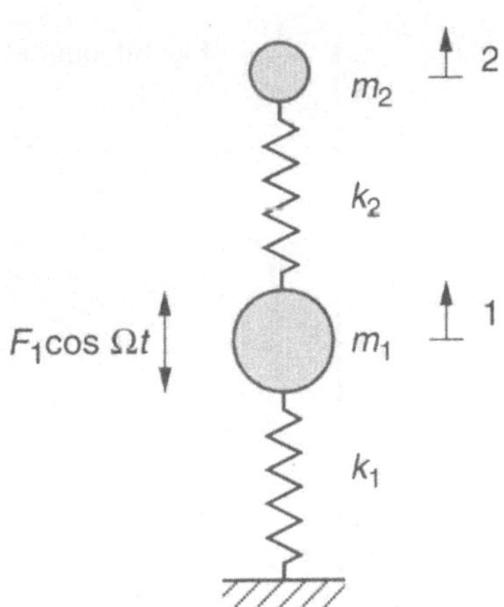

Bild 2-8: Zweimassenschwinger
mit harmonischer Kraftanregung

restringierten Antworten im zulässigen Entwurfsvariablenraum bedeutet dies bei schwacher Dämpfung fast entkoppelte und bei (hypothetisch angenommener) nicht vorhandener Dämpfung vollständig entkoppelte zulässige Gebiete. Dies ist in Bild 2-10 für ein hypothetisches Beispiel mit zwei Entwurfsvariablen skizziert. Der zulässige Bereich ist dadurch hochgradig nicht konvex. Tritt die dynamische Antwort in der Zielfunktion z auf wie in Aufgabe (2-16) , so ist dann z nicht konvex.

Zielfunktion z	Startvektor	z	Lösungsvektor	z^{opt}
	$10^6, 10^6$	3.5	$9{\cdot}10^5,\ 7.9{\cdot}10^5$	10^{-4}
$z = \ddot{u}_1^2$	$10^4, 10^7$	0.8	$1, 10^9$	0.6
	2, 2	1.0	1, 1	1.0

Tabelle 2-1: Globale und lokale Lösungen für den Zweimassenschwinger

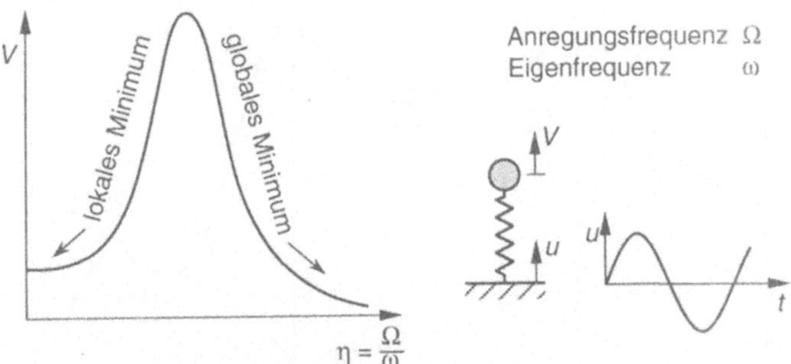

Bild 2-9: Vergrößerungsfunktion V für den Einmassenschwinger
bei Fußpunktanregung, lokales und globales Minimum für V

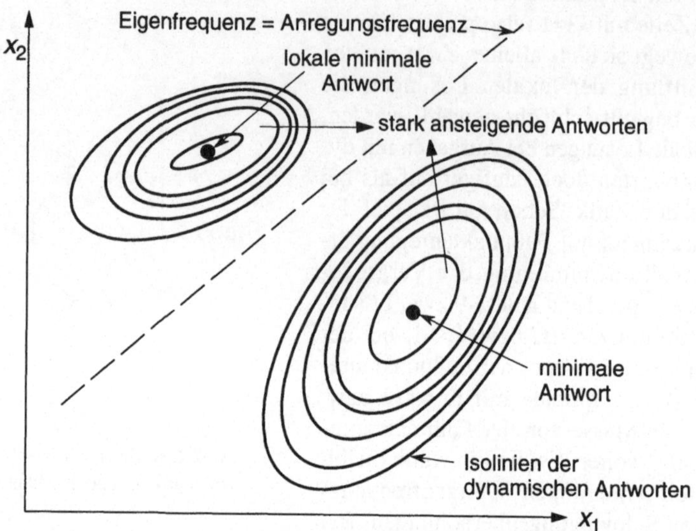

Bild 2-10: Isolinien für dynamische Antworten bei schwach gedämpften Schwingungssystemen

Eine weitere Besonderheit tritt auf, wenn das Tragwerk durch beliebige Kraft-Zeit-Funktionen angeregt wird: dann tritt die Zeit als expliziter Parameter in Ziel- und/oder Restriktionsfunktionen auf, also z.B.:

$$\text{minimiere} \quad z = \max_{t}\left\{\ddot{u}_i^2(x,t)\right\} \tag{2-17a}$$

$$\text{so daß} \quad \ddot{u}_k^u \le \ddot{u}_k(x,t) \le \ddot{u}_k^o \quad , k=1,\dots;\ k \ne i \tag{2-17b}$$

$$\text{und} \quad \text{Systemgleichungen.}$$

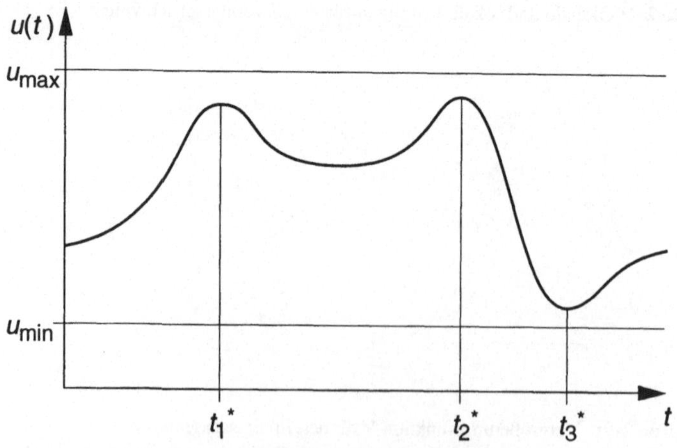

Bild 2-11: Diskretisierung zeitabhängiger Restriktionen

Zeitabhängige Restriktionen bedeuten zunächst unendlich viele Restriktionen, da ja (2-17b) jeweils zu jedem beliebigen Zeitpunkt erfüllt sein muß. Auch ist in der Zielfunktion der Zeitpunkt maximaler Antwort ja nicht von vornherein bekannt und kann sich durch Änderungen der Optimierungsvariablen auch verschieben. Selbst die Benutzung aller zur Integration der System- oder Bewegungsgleichung benötigten Zeitschritte führt noch zu sehr vielen Restriktionen. Eine pragmatischere Vorgehensweise ist in Bild 2-11 skizziert. Vor einer eigentlichen Optimierungsiteration werden in einer ersten Antwortanalyse die Zeitpunkte t_i^* mit besonders kritischen Restriktionswerten erfaßt. Nur die zu t_i^*, $t_i^*+\Delta t_i$, $t_i^*-\Delta t_i$ gehörigen Antworten gehen in den Satz der Restriktionen ein, diese sind dann auf eine geringere endliche Anzahl zurückgeführt. Die kritischen Zeitwerte sind nach einer stärkeren Modifikation des Tragwerks und damit seiner dynamischen Eigenschaften während der Optimierungsiterationen dann erneut zu bestimmen. Dies wird in Abschnitt 7.2 ausführlicher behandelt.

2.2 Allgemeinere Formulierung der Tragwerksoptimierungsaufgabe

In diesem Abschnitt wird eine umfassendere Aufgabenformulierung zusammengestellt, wobei allerdings infolge der Vielfalt möglicher Aufgabenstellungen nicht von *dem* Tragwerksoptimierungsproblem gesprochen werden kann, sondern eher die meisten typischen Elemente aufgeführt sind. Auch sind für eine bestimmte technische Aufgabenstellung durchaus auch mehrere unterschiedliche mathematische Formulierungen möglich und z.T. auch sinnvoll. So kann einerseits bei Gewichtsminimierung die erste Eigenfrequenz restringiert oder andererseits diese maximiert und dafür das Gewicht beschränkt werden.

2.2.1 Die Grundformulierung

Eine recht allgemeine Grundformulierung der Aufgabe ist

$$\text{minimiere} \quad z = Gewicht(x_1, x_2, ..., x_n)$$

$$\text{so daß} \quad x_i^u \leq x_i \leq x_i^o \qquad i=1,..,n$$

$$1 - \frac{u_d(\mathbf{x}, t^*)}{u_{zul}} \geq 0 \qquad d \in D \qquad \text{(Verschiebungen)}$$

$$1 - \frac{\ddot{u}_j(\mathbf{x}, t^*)}{u_{zul\,j}} \geq 0 \qquad j \in J \qquad \text{(Beschleunigungen)} \qquad (2\text{-}18)$$

$$1 - \frac{\omega_k(\mathbf{x})}{\omega_k^o} \geq 0 \qquad k \in K \qquad \text{(Eigenfrequenzen)}$$

$$\frac{\omega_k(\mathbf{x})}{\omega_k^u} - 1 \geq 0$$

$$1 - \frac{f(\sigma_{lm}(\mathbf{x}, t^*))}{\sigma_{zul\,q}} \geq 0 \qquad q=1,... \; ; \; l,m=1,... \qquad \text{(Spannungen)}$$

und den Systemgleichungen

$$s_p(\mathbf{u}, \ddot{\mathbf{u}}, \omega, \sigma, \mathbf{x}) = 0 \qquad p=1,\ldots$$

Es ist ein Entwurfsvariablenvektor $\mathbf{x} = \{x_1, x_2, \ldots x_n\}^T$ zu bestimmen, der das Gewicht minimiert und Schranken bezüglich Verschiebungen u_d, Beschleunigungen $\ddot{u}_j$, Frequenzen ω_k, Spannungen $\sigma_{l,m}$ (bzw. Versagenskriterien in f) und zu beachtende Variablenschranken x_i^u, x_i^o einhält. Die jeweils vorgegeben Werte sind mit dem Index ,*zul* ' (für zulässig) bzw. ,*o,u* ' (für oben, unten) versehen. Insgesamt ist wichtig, gerade bezüglich der Restriktionen eine vorliegende Aufgabe möglichst vollständig und umfassend zu beschreiben. Überflüssige Restriktionen – d.h. in der Lösung inaktive – werden dann vom Optimierungsalgorithmus erkannt. Die Restriktionen sollten auch geschickt formuliert werden, d.h. daß mit möglichst wenig Aufwand zur Auswertung der Systemgleichungen die technische Aufgabe gut getroffen wird. So sollten zum Beispiel Restriktionen für dynamische Antworten im Zeitbereich weitgehend durch Forderungen an Eigenfrequenzen und Vergrößerungsfunktionen im Frequenzbereich ersetzt werden. So ist in (2-18) auch zunächst vereinfachend angenommen, daß für restringierte zeitabhängige Antworten (jeweils) kritische diskrete Zeitwerte t_j^* bekannt sind. Die Schranken x_{iu}, x_{io} können gegebenenfalls wiederum eine (nichtlineare) Funktion der Entwurfsvariablen sein. Solche und ähnliche nicht direkt zur technischen Aufgabe gehörende Schranken ergeben sich nicht nur aus Fertigungsgründen, sondern gelegentlich auch aus Forderung nach Auswertbarkeit der Systemgleichungen: tritt z.B. eine Ausdruck der Form $\sqrt{f(\mathbf{x})}$ wie z.B. beim von Miseschen Versagenskriterium auf, so muß i. a. aus physikalischen Gründen und wegen der programmtechnischen Auswertbarkeit $f(\mathbf{x}) \geq 0$ sein. Auch darf die Steifigkeitsmatrix des Tragwerks nicht singulär werden z.B. durch Degenerierung oder Wegfall von finiten Elementen. Beim Stabzweischlag von Bild 2-12 mit nur vertikaler Last F wird ein Optimierungsalgorithmus den Stab 1 entfernen und somit die Steifigkeitsmatrix singulär machen. Vermeidbar ist dies durch Vermeidung extremer Steifigkeitsunterschiede (z.B. durch $a_i \geq a^u$ mit $a^u = 10^{-5} \max a_i$) und ggf. auch durch direktere Restringierung der Kondition der Steifigkeitsmatrix. Natürlich würde in Bild 2-12 ein wahrscheinlich realistischerer mehrachsiger Lastfall auch zu $a_1 > 0$ führen.

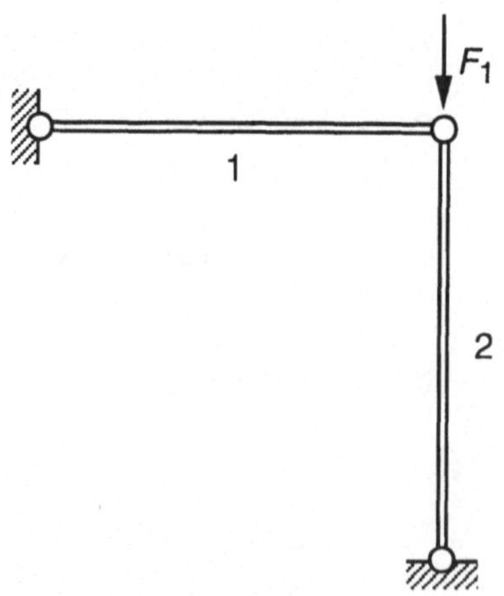

Bild 2-12: Stabzweischlag mit Vertikallast

Das in Bild 1-1 des Kapitels 1 besprochene Beispiel der Bogenbrücke enthält viele typische Elemente der Tragwerksoptimierung: für die Bogenbrücke sind Gestalt, Querschnittsflächen und auch Details der Fahrbahnplatten so zu bestimmen, daß ihr Gewicht minimal ist und in keinem der (vielen) Lastfälle des Brückenverlegens und Überfahrens durch schwere Fahrzeuge vorgegebene Verformungen, Spannungen, und Stabilität überschritten werden und gleichzeitig vorgegebene Bereiche für Eigenfrequenzen und Abmessungen eingehalten werden. Solche umfangreichen Aufgaben werden bei einer praktischen Entwicklung in der Regel nicht in einer einzigen Formulierung gelöst, sondern die Aufgabe wird vielmehr in unterschiedliche Teilaufgaben zerlegt (Dekomposition). So werden z. B. zunächst die Bogengestalt und die Querschnittsflächen der Stäbe bei festgehaltenen Fahrbahneigenschaften bestimmt. Systemgleichungen hierbei sind sicherlich solche der FEM mit der Fahrbahn als eigene zunächst nicht zu variierende Substruktur. In einer weiteren Aufgabe werden dann im Einzelnen die Abmessungen der Fahrbahnplatten optimiert, gegebenenfalls einschließlich der optimalen Position von Steifen. Hier wird dann aus Gründen der Recheneffizienz für die Systemgleichungen auch auf die klassische Plattenmechanik in Verbindung mit eventuell vorgeschriebenen Auslegungs- und Stabilitätsformeln zurückgegriffen. Dies ist in einem in Abschnitt 10.1 dargestellten praktischen Beispiel so durchgeführt.

2.2.2 Zielfunktion

Das Tragwerksgewicht wird besonders bei (schnell) zu beschleunigenden Tragwerken als Zielfunktion benutzt, insbesondere in der Luft- und Raumfahrt, dem Fahrzeugbau oder auch bei beweglichen Bauten. Natürlich sind zuweilen andere Zielfunktionen möglich und sinnvoll, beispielsweise die Minimierung von Verformungen oder die Maximierung von Eigenfrequenzen. Bei formelmäßig formulierbaren Zusammenhängen zwischen Kosten und Entwurfsvariablen ist natürlich bei Restringierung physikalisch-technischer Antworten eine Kostenminimierung angebracht.

2.2.3 Restriktionsfunktionen

Verschiedene mögliche einzeln oder auch gleichzeitig auftretende Restriktionen sind im Zusammenhang mit (2-18) zusammengestellt und weitere besprochen worden. Zusätzlich können aber noch weitere Arten hinzukommen, so z.B. bezüglich Fertigung, wobei die Zusammenhänge wieder formelmäßig-numerisch darstellbar sein müssen. Wesentlich ist, alle (vermutlich) relevanten Restriktionsarten in der konkreten Aufgabenformulierung aufzuführen.

2.2.4 Entwurfsvariable

Als Entwurfsvariable stehen zunächst alle Tragwerksparameter zu Verfügung, so z.B.

- topologische Größen, die die Art des Tragwerksaufbaus beschreiben
- Größen der ‚äußeren‘ Geometrie wie Bauhöhen, Form, Steifenpositionen, etc.
- Größen der ‚inneren‘ Geometrie wie Dicken und Querschnittsflächen
- ggf. Werkstoffeigenschaften

Eine formale Behandlung des topologischen Tragwerkaufbaus mit Optimierungsmethoden ist bisher nur in speziellen Fällen möglich, sie ist eher dem konstruktiven Arbeiten zuzuordnen. Gestaltparameter als Entwurfsvariable führen im Vergleich zu Größen der inneren Geometrie als Entwurfsvariable zu einer deutlicheren Entwurfsoptimierung bei höherem rechnerischem Aufwand. Bei Verwendung der FEM als Sytemgleichungsprozessor werden bei jeder neuen Iteration Positionen der Diskretisierungsknoten oder gar die Netzeinteilung modifiziert. Zusätzliche Probleme wie Degenerierung des FE-Netzes müssen vermieden werden. Der größere Teil der Anwendungen bezieht sich allerdings auf Größen der inneren Geometrie als Entwurfsvariable. Zuweilen können auch diskrete Entwurfsvariable auftreten, d. h. diese dürfen im zulässigen Bereich nur bestimmte vorgegebene diskrete Werte (z.B. Normabmessungen) annehmen. Eine *diskrete Optimierungsaufgabe* ist in Bild 2-13 skizziert.

Insbesondere bei größeren praktischen Beispielen wird nicht jeder Parameter y_i eines jeden finiten Elementes (z.B. Plattendicke) genau einer Entwurfsvariablen x_j entsprechen. Vielmehr werden die Parameter mehrerer finiter Elemente eines Tragwerksbereiches wie in Bild 2-14

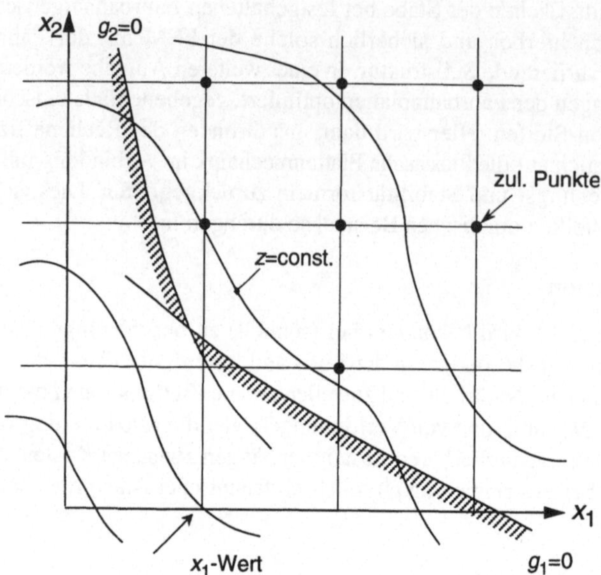

Bild 2-13: Eine diskrete Optimierungsaufgabe

skizziert zu jeweils einer Entwurfsvariablen zusammengefaßt. In diesem Beispiel seien alle Querschnittsflächen eines Stockwerkes gleich und gehören damit zu jeweils einer Optimierungsvariable. Zusätzlich wird noch eine Skalierung eingeführt, die die angenommenerweise ca. 100-fach größere Querschnittsfläche des unteren Stockwerkes gegenüber dem oberen auf Optimierungsvariable **x** etwa gleicher Größenordnung bringt. Allgemein ist diese Skalierung für das Konvergenzverhalten der Optimierungsalgorithmen von Vorteil. Insgesamt führt dies dann auf eine Transformation

$$y_i = \sum t_{ij}\, x_j \qquad i=1,..,m \; ; j=1,..,n \; ; \quad \text{i.a. } m>>n \tag{2-19}$$

mit der auch Symmetrien in Entwurfsvariablen einfach berücksichtigt bzw. erzwungen werden können. Die Transformation (2-19) ist jeweils vor Auswertung der Systemgleichungen durchzuführen, um die Optimierungsvariable auf physikalische Parameter des Rechenmodells (Systemgleichungen) abzubilden. In einem Rechenprogramm wird man allerdings nicht die Matrix t_{ij} aufbauen sondern dies über direkte Koinzidenzzuordnungen und Skalierungen behandeln.

2.2.5 Die Systemgleichungen

Die das (physikalische) Verhalten des zu optimierenden Systems beschreibenden Systemgleichungen erhalten die sich während der Optimierungsiteration ändernden Entwurfsvariablen als Input und liefern als Output die in Ziel- und Restriktionsfunktionen eingehenden Systemantworten wie Verschiebungen, Spannungen, Eigenfrequenzen usw. Ihnen kommt damit besondere Bedeutung zu, da sie ja einerseits die Qualität des Optimierungsmodells wesentlich mitbestimmen, und andererseits natürlich bei jeweils gegebenen Entwurfsvariablen die Systemantworten mit möglichst geringem Rechenaufwand liefern sollen. Hinzu kommt, daß während der Optimierungsiterationen in der Regel Gradienten von Ziel- und Restriktionsfunktion und

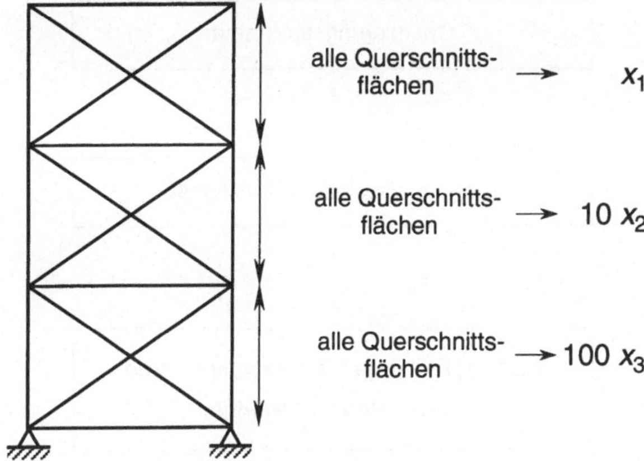

Bild 2-14: Mögliche Koinzidenz und Skalierung
zwischen Querschnittsflächen und Entwurfsvariablen

damit auch der Systemantworten nach den Optimierungsvariablen erforderlich sind. Somit sind auch diese möglichst effizient zu berechnen. Dies gelingt besonders gut bei den Matrizenmethoden der Mechanik und insbesondere der Finite-Element-Methode, wie sich noch zeigen wird. Insgesamt ist dem Zusammenspiel zwischen Aufgabenformulierung, Systemgleichungen, Gradientenbildung und Optimierungsalgorithmus besondere Aufmerksamkeit zu schenken. Und es ist dieses Zusammenspiel, das die Disziplin ‚Strukturoptimierung' besonders charakterisiert.

Verschiedene Möglichkeiten von Systemgleichungen in der Tragwerksoptimierung zeigt Bild 2-15 zusammen mit den anderen Hauptelementen der Optimierungsaufgabe. Wegen ihrer hohen Allgemeingültigkeit und Anwendungsbreite auch bei komplexen Aufgaben – und solche sind ja für eine Optimierung besonders interessant – kommt zur Beschreibung der Systemgleichungen vornehmlich die Finite-Element-Methode (FEM) in Betracht. Die verschiedenen Arten von Systemgleichungen können in einer Aufgabe auch kombiniert auftreten, so z.B. die FEM für die Tragwerks-Systemanalyse und die Laminatanalyse für die Festigkeitsanalyse benutzter Faserverbundwerkstoffe.

Auf in der Optimierung wesentlichen Grundlagen der FEM wird in Abschnitt 3 genauer eingegangen. Diese numerischen Tools führen per Definition auf einen nur numerisch darstellbaren Zusammenhang zwischen Optimierungs- und Antwortvariablen, also zu impliziten Optimierungsaufgaben, während hingegen aus formelmäßigen Systemgleichungen bei kleineren Problemen meist explizite Optimierungsaufgaben resultieren.

In manchen Einzelfällen sind auch andere Verfahren erwägenswert. So z.B. bietet für Stabtragwerke (aber i.a. nur für diese) das Kraftgrößenverfahren mit seinen statisch überzähligen Kräften den Vorteil, daß die Größe der nach diesen aufzulösenden Gleichungen dem Grad der statischen Unbestimmtheit entspricht. Es ist damit also meist wesentlich kleiner als das für die Verschiebungen beim Verschiebungsgrößenverfahren der FEM. Andererseits wird man nicht wegen einer doch recht speziellen Aufgabenklasse spezielle Systemgleichungen aufbereiten, sondern auch hierfür die FEM benutzen.

Gerade auch bei multidisziplinären Aufgaben werden häufiger gleichzeitig unterschiedliche Arten von Systemgleichungen (z.B. FEM und Differenzenverfahren) kombiniert. Sei eine Optimierungsaufgaben mit den Disziplinen A (z.B. Beschreibung von Temperaturfeldern auf

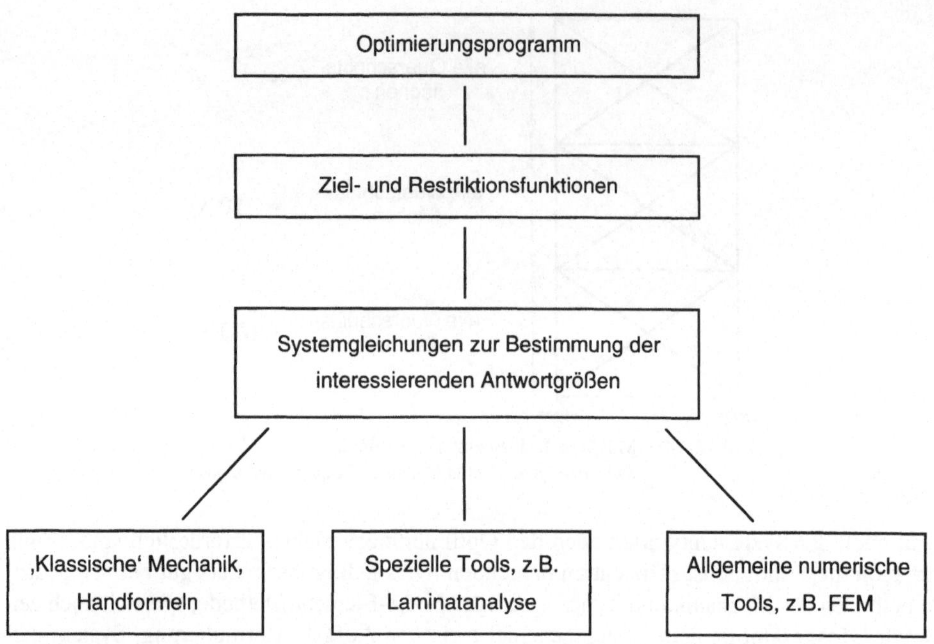

Bild 2-15: Mögliche Arten von Systemgleichungen

einem Festkörper) und B (z.B. Elastomechanik, insbesondere unter Temperaturlasten) gegeben, so seien die Systemgleichungen:

$$s_A(\mathbf{x}, \mathbf{r}_A) = 0 \qquad\qquad (2\text{-}20)$$

$$s_B(\mathbf{x}, \mathbf{r}_B) = 0$$

Dabei wird deutlich, daß über die Entwurfsvariable $\mathbf{x}$ und den Antworten $\mathbf{r}_A$ und $\mathbf{r}_B$ eine Kopplung der Disziplinen bzw. der Systemgleichungen stattfindet. Eine Änderung der Entwurfsvariablen (Geometrien des Festkörpers) ändert dann die Antworten sowohl der Disziplin A (also z.B. die Temperaturen) als auch der Disziplin B (also dessen Steifigkeiten und Verformungen).

Rein formal braucht in einer Grundformulierung (2-18) keine scharfe Trennung zwischen Entwurfsvariablenvektor $\mathbf{x}$ und Systemvariablenvektor $\mathbf{r}$ – der die interessierenden Systemantworten wie Spannungen und Verformungen enthält – vorgenommen werden, sondern diese können gemeinsam in einem Gesamtvektor zu bestimmender Variablen $\mathbf{y}=\{\mathbf{x},\mathbf{r}\}^T$ aufgelistet werden. Die Systemgleichungen sind dann unmittelbar zum Optimierungsproblem gehörende Gleichheitsrestriktionen, und der gesamte Vektor $\mathbf{y}=\{\mathbf{x},\mathbf{r}\}^T$ wird vom Optimierungsalgorithmus bestimmt. Dies ist auch zunächst gedanklich attraktiv. Doch empfiehlt sich dies algorithmisch i. a. nicht, da Optimierungsalgorithmen die spezielle Struktur der Systemgleichungen (z.B. große Gleichungssysteme oder Eigenwertprobleme mit Bandstruktur) i.a. nicht so vorteilhaft nutzen wie dies z. B. Finite-Element-Programme tun. Es ist besser, für den jeweiligen Entwurfsvariablenvektor $\mathbf{x}$ die zugehörigen Antwortgrößen $\mathbf{r}$ (und eventuelle benötigte Gradienten) mit den jeweils geeigneten Vorgehensweisen beziehungsweise speziellen Programmen zur Behandlung der Systemgleichungen zu bestimmen.

2.2.6 Gemeinsamkeiten der Aufgabenstellungen

Die in den vorigen Abschnitten besprochenen Beispiele und Aufgaben besitzen folgende Gemeinsamkeiten:

1. Die Aufgaben sind alle von der Form

$$\begin{aligned}
\text{minimiere} \quad & z(x_1,x_2,....x_n) \\
\text{so daß} \quad & g_j(x_1,x_2,...x_n) \geq 0 \;\; ; \;\; j=1,...,p \\
\text{und} \quad & h_k(x_1,x_2,...x_n) = 0 \;\; ; \;\; k=1,...,q
\end{aligned} \qquad (2\text{-}21)$$

   oder kürzer

$$\text{minimiere} \quad \{ z(\mathbf{x}) \mid g_j(\mathbf{x}) \geq 0, \; h_k(\mathbf{x})=0; \; j=1,..,p; \; k=1,...,q \}$$

   Es ist also ein Variablenvektor $\mathbf{x}$ so zu bestimmen, daß die Zielfunktion z möglichst klein wird und p Ungleichheitsrestriktionen g_j sowie q Gleichheitsrestriktionen h_k erfüllt sind. Typische Zielfunktion ist das Gewicht, häufig vorkommende Ungleichheitsrestriktionen sind solche bezüglich Spannungen, Verformungen und Frequenzen. ‚Eigentliche' Gleichheitsrestriktionen wie z.B. vorgegebene zu erreichende Verformungen oder Eigenfrequenzen treten in der Strukturoptimierung seltener auf. Allerdings lassen sich die Systemgleichungen wie oben erwähnt formal als solche in die Optimierungsaufgabe direkt integrieren. Die Systemantworten wären dann ebenfalls Optimierungsvariable. Der Variablenvektor $\mathbf{x}$ spannt den n-dimensionalen Entwurfsraum auf, in dem die Restriktionen den zulässigen vom unzulässigen Bereich abtrennen und die Zielfunktion ein Maß für die niedrigsten zulässigen Werte darstellt. Meist ist $\mathbf{x}$ kontinuierlich, zuweilen diskret.

2. Die inhaltliche Bedeutungen der Zielfunktion und Restriktionen sind zunächst irrelevant. Es brauchen auch keine vermuteten oder tatsächlichen physikalischen Eigenschaften der Lösung im vorhinein angegeben oder in den Lösungsalgorithmus eingebaut werden. In bestimmten Fällen können sich damit allerdings Vereinfachungen ergeben. So ist z.B. ein sinnvoll gewählter Startvektor immer hilfreich.

3. Die Tragwerksoptimierung führt wie viele andere technische Optimierungsaufgaben in der Regel zu nichtlinearen Problemen. Unter anderem bedeutet die Nichtlinearität, daß die Lösungsverfahren iterativ arbeiten. Nur wenn *alle* Funktionen in (2-21) linear sind, ist sie eine lineare Optimierungsaufgabe.

4. Insbesondere infolge des i.a. nur numerisch formulierbaren Zusammenhangs zwischen Entwurfsvariablen und Tragwerksantworten in den Systemgleichungen ist die Aufgabe implizit. Damit sind auch genaue mathematische Eigenschaften nicht immer von vornherein angebbar, insbesondere ist von Nichtkonvexität auszugehen.

5. Der Lösungsvorgang ist iterativ. Seine prinzipielle Vorgehensweise ist im nächsten Abschnitt skizziert. Typisch ist der meist beachtliche Aufwand während der Optimierungsiterationen zur Bestimmung der Systemantworten (große Gleichungssysteme oder Eigenwertprobleme, etc.). Ein effizienter Lösungsprozeß arbeitet also mit möglichst wenig Iterationen und insbesondere Auswertungen der Systemgleichungen. Bei einigen Algorithmen wird deshalb auch der implizite und numerisch aufwendige Zusammenhang zwischen den Entwurfsvariablen und Antworten bereichsweise durch explizite (meist lineare oder quadratische) Polynome approximiert.

6. Bei Nichtkonvexität von (2-21) können lokale Optima vorliegen, in deren Umgebung kein weiterer zulässiger Entwurfsvariablenvektor mit niedrigerer Zielfunktion existiert. Außer bei speziellen mathematischen Eigenschaften der Optimierungsaufgabe kann nicht garantiert werden, daß Lösungsalgorithmen die globale anstatt den lokalen Lösungen finden.

In der Aufgabe (2-21) ist stillschweigend vorausgesetzt, daß $n>q$, d. h. daß mehr Entwurfsvariable als Gleichheitsrestriktionen vorliegen. Falls $q=n$ und die Gleichungen voneinander unabhängig sind, läßt sich x aus diesen bestimmen ohne Berücksichtigung der Zielfunktion. Durch Einsetzen in die Ungleichheitsrestriktionen wird dann überprüft ob diese erfüllt sind; andernfalls hat die Aufgabe keine zulässige Lösung. Falls $q>n$ lassen sich die unabhängigen Gleichungen nur noch näherungsweise erfüllen. Es handelt sich dann um ein Ausgleichsproblem mit Ungleichheitsrestriktionen, das ebenfalls als Optimierungsaufgabe formulierbar ist, z.B. über $z = \sum_k h_k^2$ als (weiterer) Zielfunktion.

Es ergibt sich also für:

$$n=q \quad \longrightarrow \quad \text{nichtlineares Gleichungssystem}$$
$$n<q \quad \longrightarrow \quad \text{nichtlineares Ausgleichsproblem}$$
$$n>q \quad \longrightarrow \quad \text{nichtlineares Optimierungsproblem}$$

2.3 Das Prinzip des Lösungsvorganges

In diesem Abschnitt wird das Prinzip des Lösungsvorganges soweit diskutiert, daß die wesentlichen Schritte deutlich werden und die in den weiteren Abschnitten besprochenen Grundlagen und Anwendungen auch diesbezüglich entsprechend eingeordnet werden können.

Das Grundsätzliche der Vorgehensweise ist in Bild 2-16 dargestellt: In Schritt 1 wird zunächst das Optimierungsproblem analog zu den vorigen Beispielen formuliert, programmiert und einem Optimierungsprogramm zugeordnet. (Bei Aufgaben die in eine Standardform wie die der Grundformulierung (2-18) passen, können am Markt erhältliche Strukturoptimierungsprogramme direkt benutzt werden, siehe auch Kapitel 6. Die in solchen Rechenprogrammen nicht berücksichtigte spezielle Restriktions- oder Zielfunktionstypen können in der Regel in entsprechenden Benutzer-Unterprogrammen hinzugefügt werden.) Zum Schritt 1 gehört insbesondere die geschickte Aufbereitung der Systemgleichungen bzw. Analysemodelle, da diese ja wesentlich die Qualität des Optimierungsmodells und den Aufwand zur Bestimmung der jeweils notwendigen Systemantworten bestimmen. Bei komplexeren Aufgaben kommt meist eine geschickte Zerlegung in Teilaufgaben hinzu, sei es aus Gründen des rechnerischen Aufwandes oder wegen der Abläufe in Entwicklungsprozessen mit ihren erst in der Zeitfolge zunehmend generierter System- und Detailinformation. Im zweiten Schritt werden notwendige Steuerparameter für die Lösungsalgorithmen sowie eine erste ingenieurmäßige Abschätzung für den Lösungsvektor, dem Startvektor, festgelegt. Ersteres erfordert Einsicht in das numerische Verhalten der Algorithmen, letzteres ein Verständnis der Aufgabenstellung, da der Startvektor möglichst zulässig sein sollte (bei manchen Algorithmen auch sein muß) und natürlich auch im Sinne der Zielfunktion möglichst ‚gut' sein sollte (aber nicht muß). Es empfiehlt sich, mit dem Startvektor eine erste Tragwerksberechnung (Systemanalyse) durchzuführen und vor Beginn der eigentlichen Optimierungsiterationen das Ergebnis sorgfältig auszuwerten. Damit wird das Problemverständnis weiter verbessert und falls sinnvoll und notwendig werden Steuerparameter, Startvektor oder gar die Problembeschreibung z. B. bezüglich zu berücksichtigender Restriktionen noch einmal modifiziert. Die darauf folgenden Schritte laufen dann innerhalb einer Rechenanlage ab.

Insbesondere wird in Schritt 3 eine Systemanalyse vorgenommen (für k=1 ggf. die aus Schritt 2 benutzt) zur Berechnung der Antwortgrößen wie Verschiebungen, Spannungen,

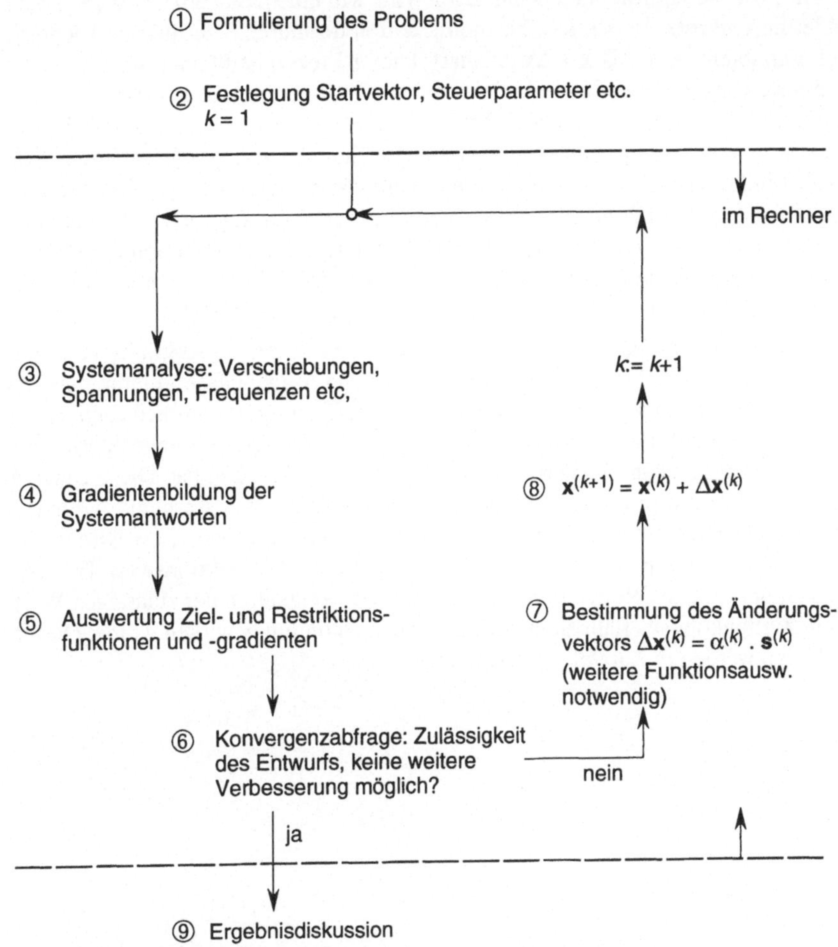

Bild 2-16: Prinzip des Lösungsvorganges

Frequenzen etc. Falls die Optimierungsalgorithmen Gradienten der Funktionen nach den Entwurfsvariablen benötigen, werden diese in Schritt 4 für die Systemantworten berechnet. Anschließend erfolgt in Schritt 5 die Auswertung der Restriktionsfunktionen sowie ggf. ihrer Gradienten.

In einer Konvergenzabfrage wird danach überprüft, ob der Variablenvektor zulässig ist und eine weitere Verbesserung der Zielfunktion durchführbar ist. Dies geschieht dann mit Hilfe eines Änderungsvektors Δx in Schritt 8 so, daß im neuen Iterationsschritt die Zielfunktion kleiner geworden ist und die Restriktionen eingehalten bzw. noch nicht erfüllte (besser) erfüllt werden. Der Änderungsvektor Δx selbst wird im Schritt 7 mit den meisten Algorithmen dadurch bestimmt, daß zunächst eine sogenannte Suchrichtung s ermittelt wird die die Richtung des Änderungsvektors im obengenannten Sinn festlegt, also in Richtung eines verbesserten Entwurfs zeigt („Suchrichtungsbestimmung'). In Bild 2-17 wird der sinnvoll mögliche Bereich für s durch die eingezeichneten Linien begrenzt. Die Linke ergibt sich aus der Forderung nach Zulässigkeit, die rechte aus der nach Zielfunktionsabnahme. Am besten liegt s

‚mittendrin', wie sich in Kapitel 5 noch zeigen wird. Mit einem Skalar α wird dann die Länge des Änderungsvektors $\Delta x = \alpha\, s$ so bestimmt, daß in der durch s definierten Richtung kein besserer Variablenvektor als $x + \Delta x$ existiert. Dieser Prozeß heißt auch wegen der Bestimmung der einen skalaren Größe α ‚eindimensionale Optimierung'. Die eindimensionale Optimierung selbst ist wiederum iterativ und erfordert ebenfalls Auswertungen der Ziel- und Restriktionsfunktionen und damit auch der Systemgleichungen, um Zulässigkeit und möglichst kleinen Zielfunktionswert in Richtung von s zu bekommen. Anschließend wird der Iterationsindex um Eins erhöht und die Iterationsschleife bis zur Erfüllung eines Abbruchkriteriums durchlaufen. Solche Abbruchkriterien sind bei Erfülltsein aller Restriktionen beispielsweise nur noch sehr kleine Änderungen von Zielfunktion oder der Entwurfsvariablen vom k-ten zum $(k+1)$-ten Iterationsschritt.

Nach Beendigung des Optimierungsvorganges ist das Ergebnis sorgfältig zu prüfen hinsichtlich physikalisch-technischer Relevanz , d. h. ob die Aufgabenformulierung und ihre Lösung die vorliegende Entwurfsaufgabe tatsächlich trifft. Wichtig ist natürlich auch, ob wirklich ein – wenn auch lokales – Optimum vorliegt und nicht etwa der Lösungsalgorithmus z. B. durch ungeschickt gewählte Steuerparameter vorzeitig abgebrochen hat. Diese Untersuchungen werden durch Überprüfung der Optimalitätsbedingungen von Abschnitt 4.3 unterstützt. Interessant ist auch die Untersuchung des Einflusses der vorgegebenen Restriktionsschranken auf die ermittelte Lösung und den zugehörigen minimalen Zielfunktionswert. Es wird dabei abgeschätzt, bei welchen Restriktionen eine eventuelle Relaxation der zulässigen Werte eine besondere Zielfunktionswertabnahme im dann neuen Optimum bewirken würde. Diesbezügliche Methoden werden in Kapitel 9.6 besprochen.

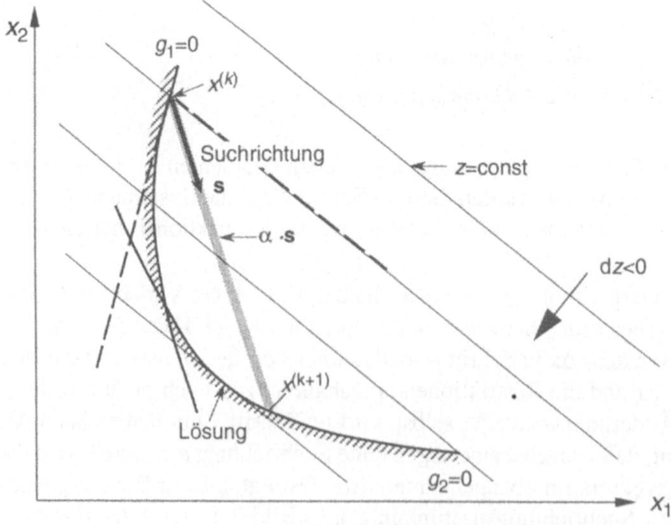

Bild 2-17: Ein typischer Iterationsschritt von $x^{(k)}$ auf $x^{(k+1)}$

Aus dieser Darstellung geht hervor, daß der numerische Gesamtaufwand für den Lösungsprozeß hauptsächlich bestimmt wird durch:

- die Anzahl der notwendigen Iterationsschritte bis zur Konvergenz,
- den Aufwand innerhalb einer Iteration, bei größeren Tragwerksmodellen also insbesondere der für die Bestimmung der Systemantworten und ihrer Gradienten,
- den rechnerischen Aufwand für den Optimierungsalgorithmus selbst,
- und z. T. Verwaltung und Zugriff auf größere Datenmengen.

Insbesondere die beiden ersten Merkmale bestimmen den Aufwand in vielen Anwendungen am stärksten, wobei die Auswertung der Systemgleichungen meist den überwiegenden Anteil des Rechenaufwandes pro Optimierungsiteration liefert. Hierauf konzentrieren sich auch die Maßnahmen in der Algorithmenentwicklung: einerseits durch den Optimierungsalgorithmus selbst die Anzahl der Iterationsschritte und somit auch die der Systemanalysen möglichst klein zu halten, sowie andererseits den Aufwand für die Sytemantwortbestimmung und Berechnung von Gradienten zu begrenzen. Insbesondere wird dazu der mit der FEM numerisch aufwendige implizite Zusammenhang zwischen Antwort- und Entwurfsvariablen durch verschiedene explizite und auch durch physikalische Einsicht begründete Polynome bereichsweise approximiert. Stützwerte für diese Polynome sind die Systemantworten und deren Gradienten an den Entwicklungspunkten der Polynome. Diese Approximationen werden durch gelegentliche genaue (FEM)-Rechnungen insbesondere nach größeren Variablenvariationen jeweils wieder verbessert, wie dies in Abschnitt 5.4 genauer geschildert wird. Denn eine genaue Tragwerksberechnung ist insbesondere in den Anfangsphasen der Optimierungsiterationen meist nicht notwendig. Deshalb spielt das Zusammenwirken zwischen Optimierungsalgorithmus, Systemanalyse, Sensitivitätsanalysen, den Approximations- und Interpolationsmethoden sowie anderen Hilfsroutinen eine wesentliche Rolle und macht das Spezifische der Tragwerksoptimierung aus. Dieses Zusammenwirken ist in Abschnitt 6 aus Sicht der Rechenprogramme vertieft.

2.4   Der Tragwerksoptimierung benachbarte Aufgaben

In diesem Abschnitt werden Optimierungsaufgaben besprochen, die denen der Tragwerksoptimierung ähnlich sind. Denn sie führen auch zu ähnlich aufgebauten nichtlinearen, restringierten Optimierungsaufgaben z. T. mit ebenfalls numerisch aufwendigen Systemgleichungen. Dabei interessieren neben weiteren Aufgaben aus der Festkörpermechanik insbesondere auch multidisziplinäre Aufgaben, bei denen Entwurfs- und Optimierungsprobleme der Tragwerksmechanik z. B. mit der Thermodynamik oder Regelungstechnik verknüpft sind. Unabhängig davon bleibt wesentlich: die formale Struktur der Aufgabenstellung mit ihren Elementen Zielfunktion - Restriktionen - Systemgleichungen - Optimierungsvariable ist überall gleich, und die für die Tragwerksoptimierung vorgestellten Lösungsverfahren lassen sich leicht auf diese benachbarten Aufgabenstellung übertragen.

Wir wollen hier verschiedene Aufgaben betrachten, nämlich

- die Optimierung einer Viergelenkkette als Beispiel für die Optimierung bei Mechanismen unter Beachtung von Geometrie bzw. Kinematik
- die Optimierung der Wärmeleitungseigenschaften eines Faserverbundbauteils

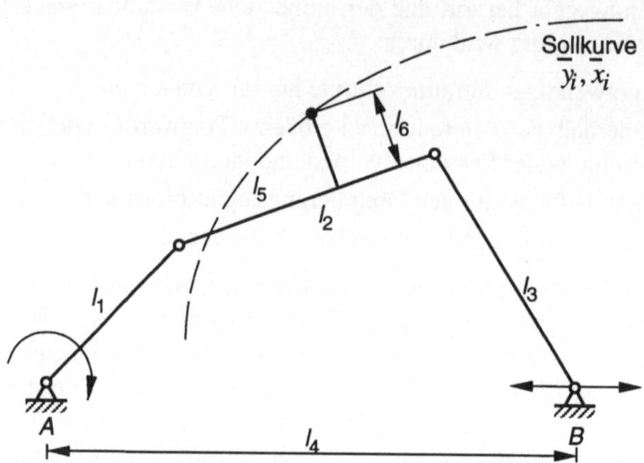

Bild 2-18: Viergelenkkette mit Entwurfsvariablen

- die Anpassung von Parametern mathematischer Modelle aus Versuchsdaten, wobei hier insbesondere strukturdynamische Parameter von Interesse sein sollen
- die Optimierung mechanischer und regelungstechnischer Parameter bei der aktiven (d. h. über Regelungstechnik beeinflußbaren) Verformungsminimierung eines Balkens

Das zweite und gerade auch das letztgenannte Beispiele führen hin zu multidisziplinären Aufgaben, bei denen neben der Festkörpermechanik auch andere Disziplinen zumindest über die Entwurfsvariable in den Restriktions- bzw. auch Zielfunktionen verknüpft sind.

Optimierung einer Viergelenkkette

Die ebene Viergelenkkette von Bild 2-18 stellt eine Grundform eines Getriebes dar. Für deren Entwurf sind die Längen l_i, $i = 1, ..., 6$, und gegebenenfalls auch die Position des Lagers B so zu wählen, daß bei Rotation des Elementes 1 um das Lager A die Bewegungskurve des Punktes C einer vorgegebenen möglichst nahe kommt.

Dies führt dann auf die Optimierungs- oder Ausgleichsaufgabe

$$\underset{l_1,...,l_6}{\text{minimiere}} \; z = \sum_j (\bar{y}_j - y_j(l_1,...,l_6))^2 + \sum_j (\bar{x}_j - x_j(l_1,...,l_6))^2 ; j = 1,... \qquad (2\text{-}22a)$$

so daß z. B.: $\qquad\qquad\qquad l_1 + l_2 - l_4 \geq 0 \qquad\qquad\qquad\qquad\qquad\qquad (2.22b)$

Systemgleichungen: $\qquad\quad (y_j, x_j) = f(l_1,...,l_6) \qquad\qquad\qquad\qquad\qquad (2\text{-}22c)$

Mit (2-22a) wird der quadratische Abstand der tatsächlichen Bahnkurve y_j, x_j von der vorgegebenen $\bar{y}_j, \bar{x}_j$ minimiert. Dazu wird die Rotation um das Lager A und damit die Bahnkurve in einen Satz diskreter Werte aufgeteilt. Die Längen l_i als Entwurfsvariable dürfen dabei nicht beliebig gewählt werden, sondern die Rotation muß gewährleistet sein, also die kinematische Verträglichkeit eingehalten werden. Dazu zählt beispielsweise die Restriktion (2-22b) die gewährleistet, daß die Summe bestimmter Elementlängen mindestens dem Lagerabstand entspricht. Systemgleichungen (2-22c) beschreiben die Kinematik des Getriebes.

Optimierung der Wärmeleitung eines Faserverbundbauteils

Faserverbundstrukturen wie z. B. CFK-Fachwerke und -stäbe werden häufiger auch als steife und leichte Stützstrukturen für empfindliche (z.B. optische) Geräte benutzt. Einerseits können sich solche Geräte im Betrieb erwärmen, so daß auch die Stützstruktur möglichst viel Wärme abführen sollte, also die Wärmeleitung maximiert werden sollte. In anderen Fällen hingegen muß die Wärmeleitung möglichst klein sein, so z. B. bei Stützstrukturen für kryogene Instrumente mit Flüssigwasserstoff oder -sauerstoff. Für das CFK-Laminat sind in solchen Fällen die Wärmeleitungseigenschaften zu maximieren oder zu minimieren und natürlich weiterhin die strukturmechanischen Restriktionen bezüglich Festigkeit, Steifigkeit und auch des Gewichts einzuhalten. Mit den Faserwinkeln α_i und Schichtdicken d_i wird auch die Wärmeleitung des Laminats beeinflußt. Damit ergibt sich als Optimierungsaufgabe mit den Entwurfsvariablen d_i und α_i:

$$\underset{d_i,\alpha_i}{\text{minimiere (oder maximiere)}} \; z = \lambda_{res} = \sum d_i \cdot \lambda_i \cdot \cos \alpha_i \qquad (2\text{-}23\text{a})$$

$$\text{so daß} \qquad \text{Festigkeitsrestriktionen erfüllt (siehe Kapitel 2.1.3)} \qquad (2\text{-}23\text{b})$$

$$\text{und} \qquad d^o - \sum d_i \geq 0 \;\; ; \;\; i=1,\dots \qquad (2\text{-}23\text{c})$$

In (2-23a) wird die resultierende Wärmeleitung λ_{res} in einer bestimmten Richtung (z. B. Stablängsachse) als Zielfunktion betrachtet, wobei λ_i die Wärmeleitung in Faserlängsrichtung ist und α_i deren Winkel gegenüber der geforderten Referenzrichtung bedeutet. Die Wärmeleitung pro Schicht *i* ist auch der Schichtdicke d_i proportional. Der Einfluß der Kunststoffmatrix auf die Wärmeleitung wird hier nicht berücksichtigt, da die der Kohlefasern um einige Größenordnungen höher ist.

Die Aufgabe (2-23) ist genau genommen eine multidisziplinäre Optimierungsaufgabe, bei der neben Kriterien der Festkörpermechanik auch solche anderer Disziplinen, wie hier der Thermodynamik bzw. Wärmeleitung, eingehen. Für die formale Strukturierung der Optimierungsaufgabe ist dies aber zunächst unerheblich. Bei komplexeren multidisziplinären Aufgaben kann das Zusammenführen z. B. der Systemgleichungen aus unterschiedlichen Disziplinen zu einem gewissen Aufwand führen, insbesondere wenn diese Systemgleichungen numerisch-implizit beschrieben werden. Dabei kann es auch darauf ankommen, die Aufgabe geschickt in die jeweiligen Teildisziplinen so zu zerlegen, daß die jeweilig effizienten Verfahren insbesondere für die Systemgleichungen genutzt und die Kopplung über entsprechende Bedingungen eingearbeitet wird. Dabei spielt, wie in den anderen Fällen auch, die technische Einsicht und numerische Erfahrung des Ingenieurs eine wichtige Rolle. Auf multidisziplinäre Aufgaben wird genauer in Kapitel 9.5 eingegangen.

Parameteranpassung als Optimierungsaufgabe

Parameteranpassung bedeutet die Bestimmung von (noch) nicht genau bekannten Parametern eines mathematischen Modells aus gemessenen Daten. Zuweilen wird hierfür auch der Begriff der Identifikation verwendet. Mit dem dann angepaßten Modell können nicht nur die experimentellen Ergebnisse gut bis exakt wiedergegeben werden, sondern das Modell kann dann in weiteren Anwendungen sehr viel genauere Simulationsergebnisse als vorher liefern. Dieser zunächst trivial anmutende Prozeß erfordert neben sorgfältiger Versuchsplanung und -auswertung zur Gewährleistung möglichst genauer und aussagekräftiger Meßergebnisse insbesondere bei mehreren zu bestimmenden Parametern geeignete Anpassungsalgorithmen.

Diese Anpassungs- oder Ausgleichsrechnung kann als ein Teilgebiet der Optimierungsrechnung angesehen werden. Natürlich muß bei dieser Anpassung gewährleistet sein, daß die Parameter zu einem im Prinzip physikalisch richtigen Modell gehören. Denn mit einem parameterangepaßten aber ansonsten ungeeigneten Modell ist es durchaus möglich, die Versuchsergebnisse brauchbar zu reproduzieren. Unter anderen als den für die Anpassung benutzten Versuchsbedingungen wäre dann aber das ungeeignete Modell weiterhin schlecht.

Als Beispiel für eine Parameteranpassung in der Strukturdynamik seien für den Zwei-Massen-Schwinger von Bild 2.8 die Eigenfrequenzen ω_1 und ω_2 sowie die beiden zugehörigen Eigenformen ϕ_1 und ϕ_2 - also sogenannte modale Daten - gemessen. Infolge einer ungenauen Beschreibung des oberen Teils des Schwingungssystems im mathematischen Modell (nämlich in k_2 und/oder m_2) mögen sich Abweichungen der Analyseergebnisse zu Meßergebnissen ergeben. Durch Anpassung von k_2 und m_2 sollen die rechnerischen modalen Daten (Index ‚A‘ für ‚Analyse‘) den experimentellen (Index ‚T‘ für ‚Test‘) möglichst gut angenähert werden. Das vorhandene mathematische Modell soll also für weitere Analysen und Anwendungen verbessert werden. Dies führt auf:

$$\min_{k_2,m_2}iere \; z = \sum_i \left(\omega_{iA}(k_2,m_2) - \omega_{iT}\right)^2 - w\sum_{i,j}\left(\varphi_{ijA}(k_2,m_2) - \varphi_{ijT}\right)^2 \; ; \quad i,j=1,2 \qquad (2\text{-}24)$$

Systemgleichungen für ω_i , φ_{ij} (i-te Komponente von ϕ_j)

Die ‚A‘-Daten sind eine nichtlineare Funktion von k_2 und m_2. Mit der Wichtung w können auch die infolge unterschiedlicher Dimensionen möglichen Größenordnungsunterschiede der einzelnen Terme in (2-24) ausgeglichen werden. Zu beachten ist auch, daß bei der iterativen Lösung der Aufgabe (2-24) jeweils das Eigenschwingungsproblem in den Systemgleichungen behandelt werden muß.

Als weiteres Kriterium der Parameteranpassung mag hinzukommen, daß die identifizierten neuen Parameter sich nicht grundsätzlich, sondern eher nur graduell von den vorherigen unterscheiden sollen. Denn bei sorgfältigem Aufbau des mathematischen Modells sind dessen Parameter sicherlich vernünftig, wenn auch in gewissen Bereichen nicht genau genug. Dies führt für dieses Beispiel mit den Ausgangsparametern k_{20} und m_{20} dann auf:

$$\text{minimiere} \quad z = \sum_i \left(\omega_{iA} - \omega_{iT}\right)^2 + w_1 \sum_{i,j}\left(\varphi_{ijA} - \varphi_{ijT}\right)^2$$

$$+ w_2\left[\left(k_2 - k_{20}\right)^2 + \left(m_2 - m_{20}\right)^2\right] \qquad (2\text{-}25)$$

$$\text{mit:} \quad i,j = 1,2$$

Damit wird eine Identifikation gegenüber den Ausgangswerten gänzlich anderer und vielleicht physikalisch-technisch unsinniger Parameter vermieden. Es fällt auch auf, daß ein weiterer Wichtungsfaktor w_2 eingeführt wurde, d. h. die Erfahrungen und Vorstellungen des Ingenieurs gehen in den Lösungsprozeß mit ein, der keinesfalls im ‚black-box‘-Verfahren behandelt werden sollte. Größere praktische Beispiele hierzu zeigt Kapitel 10.

Minimierung von Thermalverformungen eines Balkens mit Reglerkräften

Für bestimmte hochgenaue Systeme wie astronomische optische Spiegel oder Teleskope muß deren Gestalt trotz verschiedenster mechanischer und thermischer Einflüsse zur Erzielung

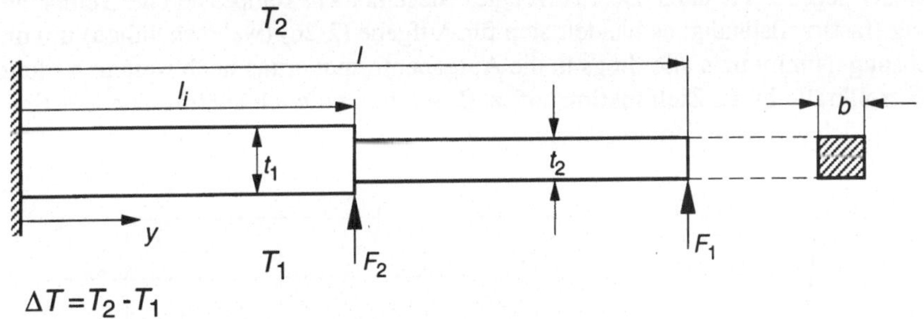

Bild 2-19: Optimale Gestaltregelung bei einem Balken

eines hochwertigen Bildes möglichst genau erhalten bleiben. Dies gelingt zum einen durch entsprechende passive Auslegung und Optimierung, z. B. durch Auswahl von CFK-Laminaten mit sehr niedrigen Wärmedehnungskoeffizienten. In bestimmten Fällen ist aber selbst dies nicht ausreichend, so daß dann über mit Stellern ausgeübten Regelkräften eine – möglichst weitgehende – Verformungskompensation durchgeführt werden muß. Eine technisch vereinfachte aber das Grundsätzliche treffende Aufgabe zeigt Bild 2-19. Abmessungen bzw. Steifigkeiten des Balkens sowie Größe und Position der Regelkräfte sind so zu bestimmen, daß die durch eine Temperaturdifferenz von Balkenoberseite zur -unterseite entstehende Verformung über die Balkenlänge (Koordinatenrichtung y) durch die stellerinduzierte Verformung möglichst kompensiert wird. Dies führt dann auf

$$\text{minimiere} \qquad z = \frac{1}{l} \int\limits_{0}^{l} (u_T(y) + u_F(y))^2 \mathrm{d}y \qquad\qquad (2\text{-}26a)$$

$$\text{so daß:} \qquad m_{\max} - m(t_1, t_2, l_1) \geq 0 \qquad\qquad (2\text{-}26b)$$

$$t_{iu} \leq t_i \leq t_{io}$$

$$F_{iu} \leq F_i \leq F_{io} \qquad i=1,2$$

$$l_{1u} \leq l_1 \leq l_{1o}$$

mit den Entwurfsvariablen t_1, t_2, F_1, F_2 und l_1. Der Aspekt der Verformungsregelung ist also zunächst auf die Bestimmung von Kontrollkräften F_i reduziert. In komplexeren technischen Anwendungen käme aber die Auslegung des Regelkreises einschließlich der Auswahl der Sensoren zur Verformungsbestimmung hinzu. Der Zusammenhang zwischen den Verformungen und den Entwurfsvariablen läßt sich explizit angeben, also z. B.:

$$u_T(x) = \frac{\alpha_T \cdot \Delta T}{t_1} \cdot \frac{y^2}{2} \qquad \text{für } y \leq l_1 \qquad\qquad (2\text{-}26c)$$

Grafische Aufbereitungen der Zielfunktion zeigen deutlich nichtkonvexen Charakter, wie dies aus Bild 2-20 für die Abhängigkeit von z von t_1 deutlich wird.
Somit sind lokale Lösungen zu erwarten, und solche werden je nach Struktur für die Optimierungsiteration auch ermittelt. Bild 2-21 zeigt zwei typische Lösungen: einen Balken mit relativ großen Dicken und verteilten Kontrollkräften, und einen sehr dünnen Balken mit großen, nahe

beieinander liegenden Kräften. Deren erzeugtes Biegemoment kompensiert die Temperaturverformung (fast) vollständig, es handelt sich für Aufgabe (2-26) (wahrscheinlich) um die globale Lösung. Nimmt man allerdings in die Aufgabenformulierung noch weitere Kriterien für die Kontrollkräfte in die Zielfunktion auf, z. B. solche bezüglich aufzuwendender Energien, so ergeben sich wieder andere Lösungen.

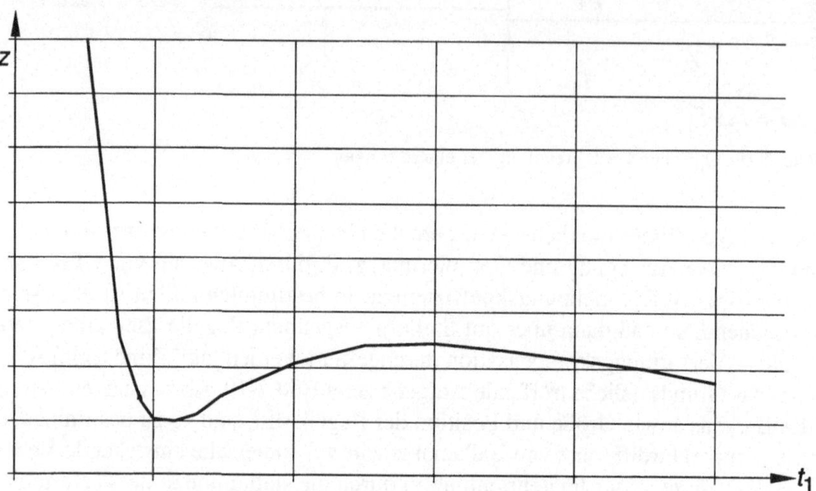

Bild 2-20: Abhängigkeit der Zielfunktion von der Balkenhöhe t_1

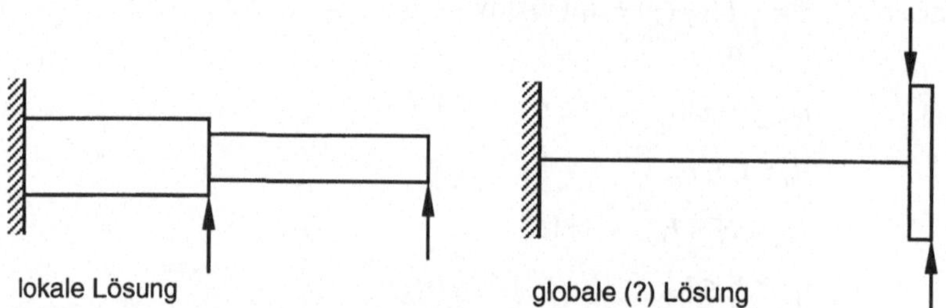

Bild 2-21: Qualitative Ergebnisse der Aufgabe der Gestaltregelung

Schlußfolgerungen

Dieser kurze Ausflug in andere als ‚reine' Aufgaben der Tragwerksoptimierung zeigt, daß viele andere technische Entwurfsprobleme als Optimierungsaufgaben formuliert werden können mit gleicher oder zumindest ähnlicher Strukturierung wie die Tragwerksoptimierung. Die Aufgaben sind nichtlinear (in Ziel- und/oder Restriktionsfunktionen) und meist implizit mit für größere praktische solcher Beispiele ebenfalls rechnerisch relativ aufwendigen Systemgleichungen. Damit können Grundlagen, Algorithmen und zum großen Teil auch Erfahrungen aus der Tragwerksoptimierung auf solche Aufgaben übertragen werden.

3   Die Finite-Element-Methode als Systemgleichungsprozessor

Im folgenden wird die Finite-Element-Methode (FEM) als Systemgleichungsprozessor aus der Sicht der Tragwerksoptimierungsaufgaben kurz zusammengefaßt und bewertet. Für vertieftes Studium der FEM sei auf die Literatur verwiesen [3-1;3-2;3-3]. Natürlich ist zum Aufbau der Systemgleichungen nicht immer die FEM notwendig. Insbesondere bei kleineren und spezielleren Aufgaben können zuweilen vorteilhafter formelmäßige, explizite und damit meist effizientere Verfahren angewendet werden. Allerdings ist die FEM wesentlich allgemeiner, was letztlich bei Optimierungsaufgaben in der Strukturmechanik ebenso wie bei klassischen Analysen dazu führt, daß diese zu Recht fast ausnahmslos bei allgemeinerer Tragwerksoptimierungssoftware benutzt wird. Denn letztlich bestimmt die Qualität und Anwendungsbreite des Systemgleichungsprozessors neben den Optimierungsalgorithmen ganz wesentlich die Qualität und Anwendungsbreite der Strukturoptimierungs-Software.

Wie bisher beschränken wir uns auf mechanisch lineare Systeme, denn sie stellen ja auch die häufigsten Anwendungsfälle.

3.1   Das Grundkonzept der Finite-Elemente-Methode

Mechanische Strukturen sind im einfacheren Fall diskrete Bauteile wie Stäbe und Balken, und im allgemeineren Fall Kontinua wie Schalen, Volumenkörper sowie verschiedene Kombinationen hiervon. Sie sind bestimmten Randbedingungen, statischen sowie auch dynamischen Lasten unterworfen, und es interessieren die dadurch entstehenden Verformungen, Spannungen und Dehnungen. Eine geschlossene Lösung der das Problem beschreibenden Differentialgleichungen oder Variationsaufgaben ist in den allgemeinen und in der Technik üblichen Fällen komplexer Geometrien, Randbedingungen, Materialkombinationen

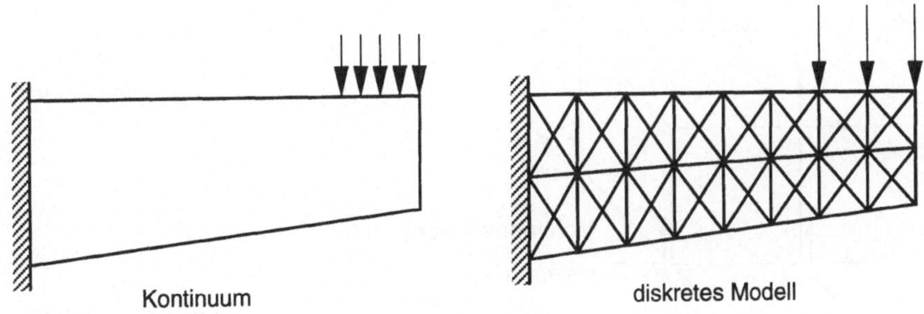

Bild 3-1: Kontinuum und diskretes Finite Element Modell

usw. in der Regel nicht möglich. Hierzu werden vielmehr die Diskretisierungsverfahren wie
die FEM benutzt.

Der Gesamtprozeß der FEM

Mit der FEM wird das Gesamtsystem in (viele) endliche Stab-, Flächen- oder Volumenelemente unterteilt (siehe Bild 3-1). Für die Elemente werden jeweils Approximationsansätze
des Verschiebungsfeldes benutzt, die diejenigen im Inneren mit den diskreten Knotenverschiebungen des Elementes verknüpfen (Bild 3-2). Die Lösung der Variationsaufgabe für
diese insbesondere in Geometrie und Werkstoff klar strukturierte Elemente liefert die Elementsteifigkeitsmatrizen, deren ‚Aufsummierung' über alle Elemente auf die Gesamtsteifigkeitsmatrix $\mathbf{K}$ führt. Sie verknüpft den Vektor aller diskreten Knotenverschiebungen $\mathbf{u}$ mit
der äußeren Last $\mathbf{F}$. In der Statik ist dann

$$\mathbf{K} \cdot \mathbf{u} = \mathbf{F} \tag{3-1}$$

Nach Einführung von Randbedingungen (z. B. vorgegebene Verschiebungen einschließlich
Nullverschiebungen an Lagern) wird aus (3-1) $\mathbf{u}$ bestimmt. Über den Rückrechnungsprozeß
wird dann der diskrete Verschiebungsvektor wieder auf Elementebene heruntergebrochen.
Über den oben erwähnten Elementverschiebungsansatz werden damit die approximierten
Verschiebungsfelder im Elementinnern und damit die Dehnungen bzw. mit dem Werkstoffgesetz auch die Elementspannungen berechnet. Die wesentlichen Schritte einer FEM-Ana-
lyse in der Statik sind in der linken Spalte der Tabelle 3-1 zusammengefaßt.

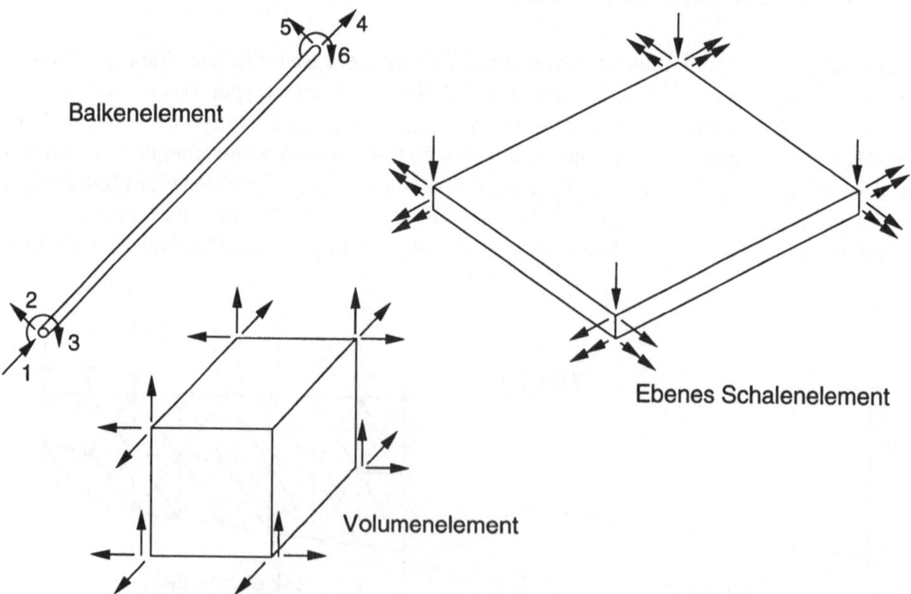

Bild 3-2: Typische finite Elemente und ihre diskreten Verschiebungsfreiheitsgrade

Elementsteifigkeitsmatrizen

Auf Elementebene sind der Kernpunkt der Herleitung die Elementverschiebungsansätze

$$\tilde{u}_i = \sum_a n_{ia} \cdot u_a \qquad , i = 1,..,c,\ a = 1,..,m \tag{3-2}$$

bei der das von den Elementkoordinaten abhängige Interpolationspolynom n_{ia} die m diskreten Verschiebungen u_a mit den kontinuierlichen $\tilde{u}_i$ des c-dimensionalen Elementes verknüpft. Das hier gebräuchliche aber nicht einzig mögliche Prinzip der virtuellen Verschiebungen liefert die Elementsteifigkeitsmatrix

$$k_{ab} = \sum_{i,j,k,l} \int_v \frac{\partial \varepsilon_{ij}}{\partial u_a} e_{ijkl} \frac{\partial \varepsilon_{kl}}{\partial u_b}\ dv \qquad ; i,j,k,l = 1,..,c;\ a,b = 1,..,m \tag{3-3}$$

Mit den Dehnungen

$$\varepsilon_{ij} = \frac{1}{2}\left(\frac{\partial \tilde{u}_i}{\partial x_j} + \frac{\partial \tilde{u}_j}{\partial x_i} \right) \qquad , i,j = 1,..,c \tag{3-4}$$

und dem Werkstoffgesetz e_{ijkl} der Spannungs-Dehnungs-Beziehung

$$\sigma_{ij} = \sum_{k,l} e_{ijkl} \cdot \varepsilon_{kl} \qquad , i,j,k,l = 1,..,c \tag{3-5}$$

wird schließlich

$$k_{ab} = \sum_{i,j,k,l} \int_V \frac{\partial n_{ia}}{\partial x_j} e_{ijkl} \frac{\partial n_{kb}}{\partial x_l}\ dV \tag{3-6}$$

Mit (3-3) bis (3-6) ist die (approximierte) Mechanik auf Elementebene und mit den Schritten der Tabelle 3-1 der FEM-Algorithmus bis hin zur Systemebene beschrieben. Die Interpolations- oder Approximationsfunktionen n_{ia} bestimmen den Elementtyp: einfache Ansätze lassen in (3-6) einfache Interpretationen zu, erfordern aber dann auf Systemebene einen höheren Diskretisierungsgrad mit kleineren Elementen und vielen diskreten Verschiebungen. Umgekehrt lassen höherwertige Ansatzfunktionen größere Elemente zu mit höherem Aufwand in (3-6), aber dafür weniger über (3-1) zu bestimmende diskrete Verschiebungen. Genauso wie in einer üblichen FE-Analyse gilt auch in der Optimierung, daß es für die Wahl des Elementtyps/Ansatzgrade z.B. für Schalen oder Volumenelemente keine feste Regeln gilt. Am besten ist meist ein guter Kompromiß: einerseits nicht zu einfache (meist nur lineare) Verschiebungsansätze, aber andererseits auch nicht zu unüberschaubare und zu komplexe. Insbesondere werden bei Aufgaben der Gestaltoptimierung aus in Abschnitt 8 besprochenen Gründen vorteilhaft Elemente höherer und variierbarer Ansatzgrade (Nutzung der p-Konvergenz der FEM) benutzt.

Beschreibung der Strukturdynamik auf FEM-Basis

Für Probleme der Dynamik gilt die diskretisierte Bewegungsgleichung

$$\mathbf{M}(\mathbf{x}) \cdot \ddot{\mathbf{u}} + \mathbf{D}(\mathbf{x}) \cdot \dot{\mathbf{u}} + \mathbf{K}(\mathbf{x}) \cdot \mathbf{u} = \mathbf{F}(t) \tag{3-7}$$

wobei $\mathbf{M}$ die Massen- und $\mathbf{D}$ die Dämpfungsmatrix sind und die Last $\mathbf{F}$ zeitabhängig ist. Im allgemeinen wird (3-7) nicht direkt integriert, sondern zunächst (bei nicht allzu starker Dämpfung) das Eigenwertproblem

$$(\mathbf{K}(\mathbf{x}) - \lambda_i \cdot \mathbf{M}(\mathbf{x})) \cdot \Phi_i = 0$$

gelöst, das ja auch die meist interessierenden Eigenfrequenzen $\omega_i{}^2 = \lambda_i$ und die zugehörigen Eigenformen ϕ_i liefert. Durch eine Modaltransformation mit den (ersten) r Eigenformen

$$\mathbf{u} = \sum_i \phi_i \cdot q_i \quad ; \quad i = 1,2,\dots r \tag{3-8}$$

wird ausgenutzt, daß sich durch Links-Rechts-Multiplikation der Massen- und Steifigkeits-matrix und der Modalmatrix dann Diagonalmatrizen ergeben. Mit vereinfachenden Annahmen über die Dämpfung $\mathbf{D}$ gelingt die Diagonalisierung bzw. Entkopplung von (3-7):

$$\ddot{q}_i + d_i \cdot \dot{q}_i - \omega_i^2 \cdot q_i = \tilde{p}_i(t) \quad ; \quad i = 1,2\dots r \tag{3-9}$$

Jede dieser r entkoppelten Gleichungen wird nach t integriert. Anschließend erfolgt mit (3-8) eine Rücktransformation auf die physikalischen Freiheitsgrade $\mathbf{u}$.

In der Regel sind die Massen- und Steifigkeitsmatrix von den Entwurfsvariablen abhängig. Die Optimierung sorgt für eine optimale Verteilung von Steifigkeit und strukturellen Massen. In einigen Fällen - z.B. bei hohen konstanten Nutzmassen die nicht geändert werden - ist allerdings der Einfluß z.B. von strukturellen Geometrieänderungen auf die Massenmatrix gering. Meist ist die Dämpfungsmatrix von den Entwurfsvariablen (insbesondere deren der Geometrie) unabhängig. Vielmehr wird die Dämpfung aus Erfahrung und in selteneren Fällen aus Berechnung vorab bestimmt und dann während Optimierungsiterationen konstant gehalten. Manchmal ist eine Dämpfungsoptimierung z.B. durch Wahl von Plazierung und Abmessung spezieller Dämpfungsmaterialien ebenfalls angebracht, doch sind die Steifigkeiten die meist sensitiveren Parameter für das dynamische Antwortverhalten.

Das Kapitel 7 widmet sich ausführlicher der Behandlung dynamischer Anforderungen bei Optimierungsaufgaben.

3.2   Die Interaktion FE-Analyse und Optimierung

Natürlich ändert sich aus der Sicht der Optimierung nicht die FEM per se, sondern es kommen einige neue Aspekte hinzu. Im wesentlichen läuft es darauf hinaus, daß die Systemmatrizen jetzt nicht mehr wie bei üblichen FE-Analysen konstant bleiben sondern sich als Funktion der Entwurfsvariable während der Optimierungsiteration ändern. Dies wird im folgenden genauer beleuchtet.

Die beiden zentralen Beziehungen der FEM in der Statik sind:

$$\mathbf{K}(\mathbf{x}) \cdot \mathbf{u}_j = \mathbf{F}_j(\mathbf{x}) \quad ; \quad j = 1,..,m \tag{3-10}$$

$$\text{und} \qquad \sigma_j = \mathbf{B}(\mathbf{x}) \cdot \mathbf{u}_j \tag{3-11}$$

In (3-10) verknüpft die von den Entwurfsvariablen $\mathbf{x}$ abhängige Gesamtsteifigkeitsmatrix $\mathbf{K}$ den zu ermittelnden Verschiebungsvektor $\mathbf{u}_j$ mit dem j-ten von insgesamt m Lastvektoren $\mathbf{F}_j$.

FEM-Schritt	Konsequenzen in der Optimierung
① Aufbau der Elementsteifigkeitsmatrizen	Geometrie (t,A) ändert Matrizen; bei Werkstoffoptimierungen auch Werkstoffgesetz; bei Gestaltoptimierung auch Integrationsbereich
② Transformation von Elementkoordinaten auf Strukturkoordinaten	wird bei Gestaltoptimierung beeinflußt
③ Zusammenbau der Gesamtsteifigkeitsmatrix	wird bei Topologieoptimierung beeinflußt
④ Lösung des Gesamtgleichungssystems liefert Gesamtverschiebungsvektor	zuweilen Näherungslösungen
⑤ Rücktransformation des Gesamtverschiebungsvektors auf die Elementverschiebungen	wird bei Topologie- und Gestaltoptimierung beeinflußt
⑥ Elementdehnungen	
⑦ Elementspannungen	Werkstoffoptimierung beeinflußt Werkstoffgesetz

Tab. 3.1: Finite-Element-Methode und die Sicht der Optimierung

Die im Vektor σ_j aufgelisteten interessierenden Spannungen sind über die Matrix $\mathbf{B(x)}$ mit $\mathbf{u}$ verknüpft, wobei $\mathbf{B}$ Geometrie- und Werkstoffdaten enthält. Der Lastvektor $\mathbf{F}_j$ kann wie z. B. bei Trägheitslasten auch von den Entwurfsvariablen abhängen, ist aber meistens fest vorgegeben. Wie in Tabelle 3-1 dargestellt, wird $\mathbf{K}$ in der Vorwärtsrechnung über die Elementssteifigkeitsmatrizen sowie Richtungs- und Koinzidenztransformationen aufgebaut. Nach Bestimmung von $\mathbf{u}$ aus (3-10) erfolgt die Rückrechnung über Koinzidenz- und Geometrietransformationen zur Bestimmung der interessierenden Dehnungen und Spannungen. Die Konsequenzen für die Optimierung zeigt die rechte Spalte der Tabelle 3-1.

Prinzipiell können alle in den verschiedenen Matrizen und Rechenschritten der FEM auftretenden Parameter Entwurfsvariable sein. Werden lediglich Größen der inneren Geometrie wie Plattendicken oder Querschnittsflächen als Variable benutzt so sind die Richtungs- und Koinzidenztransformation sowie die Rückrechnungsmatrix $\mathbf{B}$ von $\mathbf{x}$ unabhängig. Bei anderen Aufgaben wie der Optimierung des Lagenaufbaus von Faserverbundstrukturen ändert sich hingegen auch das Werkstoffgesetz, und damit sind sowohl die Element- und Gesamtsteifigkeitsmatrix als auch die Rückrechnungsmatrix $\mathbf{B}$ Funktionen der Entwurfsvariablen Laminatdicken und Lage der Fasern. Auch bei der Gestaltoptimierung mit den sich ändernden Koordinaten der Diskretisierungsknoten wird dieser Teil der FEM ebenfalls von den Optimierungsvariablen beeinflußt. Für Stabelemente bedeutet dies dann Änderung der Richtungstransformation, für Platten- oder Volumenelemente wird schon die Bildung der Elementsteifigkeitsmatrix durch sich ändernde Entwurfsvariable (Elementgeometrie) beeinflußt. In diesen Fällen ist dann auch die Interaktion zwischen Optimierungs- und Finite-Element-Programm besonders ausgeprägt. Sie wird noch ausgeprägter wenn zusätzlich noch topologische Größen wie Positionen von Versteifungsrippen variabel sind, denn dann ändern sich auch Knotenkoinzidenzen.

Bei vielen Aufgaben der Tragwerksoptimierung werden Variable aus Bereichen des Tragwerks variiert während andere Bereiche (oder auch Substrukturen) nicht verändert werden.
In diesen Fällen liegt die Verwendung der Substrukturtechnik nahe, bei der die Verschiebungsfreiheitsgrade der nicht variierten Bereiche bis auf diejenigen an den Rändern zu den
variierenden Bereichen eliminiert oder auch kondensiert werden. Dies ist in Bild 3-3 skizziert, bei dem nur die Stäbe Optimierungsvariable erzeugen mögen und die Scheibendaten
konstant gehalten werden. Somit wird dann auf die eingezeichneten Freiheitsgrade kondensiert. Wird der Satz der zu den variierenden Bereichen gehörenden Freiheitsgrade mit v und
der zu den konstanten gehörenden mit c bezeichnet, so wird aus der Grundgleichung (3-1)

$$\begin{bmatrix} \mathbf{K}_{vv} & \mathbf{K}_{vc} \\ \\ \mathbf{K}_{cv} & \mathbf{K}_{cc} \end{bmatrix} \begin{bmatrix} \mathbf{u}_v \\ \\ \mathbf{u}_c \end{bmatrix} = \begin{bmatrix} F_v \\ \\ F_c \end{bmatrix} \tag{3-12}$$

$$\mathbf{K}_{vv}\mathbf{u}_v + \mathbf{K}_{vc}\mathbf{u}_c = F_v$$
$$\mathbf{K}_{cv}\mathbf{u}_v + \mathbf{K}_{cc}\mathbf{u}_c = F_c$$

und $\mathbf{u}_c$ kann vorab eliminiert werden

$$\mathbf{u}_c = \mathbf{K}_{cc}^{-1}(F_c - \mathbf{K}_{cv}\,\mathbf{u}_v)$$

Der Verschiebungsvektor der zu variierenden Bereiche folgt dann aus

$$\left(\mathbf{K}_{vv} - \mathbf{K}_{vc}\cdot\mathbf{K}_{cc}^{-1}\cdot\mathbf{K}_{cv}\right)\cdot\mathbf{u}_v = F_v - \mathbf{K}_{vc}\cdot\mathbf{K}_{cc}^{-1}\cdot F_c \tag{3-13}$$

Diese Vorabelemination ist in der Optimierung dann von Vorteil, wenn

- (unabhängig ob optimiert wird oder nicht) Substrukturen mit gleichem $\mathbf{K}_{cc}$ öfter
  vorkommen und die Matrixinversion nur einmal vorgenommen werden muß
- bei den Optimierungsiterationen sich die Matrixinversion bzw. Gleichungsauflösung auf
  den kleineren Anteil $\mathbf{K}_{vv}$ bzw. $\mathbf{u}_v$ beizieht.

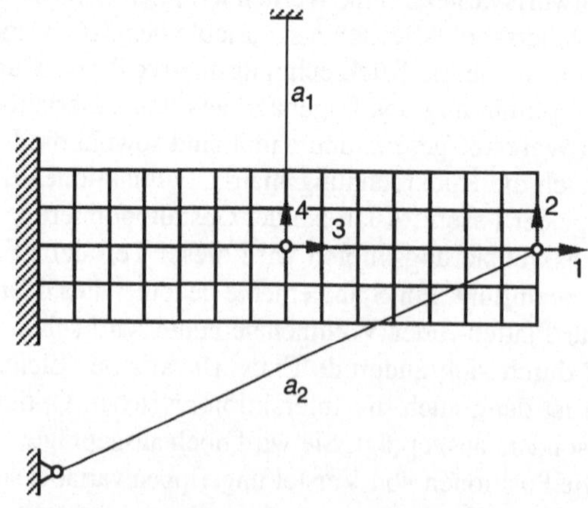

Bild 3-3: (Extremes) Beispiel für zu kondensierende Freiheitsgrade

Diese Vorteile werden allerdings erst positiv spürbar wenn die Anzahl der zu kondensierenden Freiheitsgrade recht groß ist. Denn in (3-13) ist die Bandbreite der Koeffizientenmatrix meist wesentlich größer als in (3-10). Hinzu kommt der nicht zu unterschätzende zusätzliche Aufwand für Datenverwaltung und Matrizenmultiplikation.

3.3 Gradienten der Antwortgrößen nach den Entwurfsvariablen

Die effizienteren Optimierungsalgorithmen benutzen Gradienten der Ziel- und Restriktionsfunktionen und damit auch die Gradienten der Antworten nach den Entwurfsvariablen. In der Statik erhält man diese durch Differenzieren von (3-10) bzw. (3-11) zu

$$\mathbf{K} \cdot \frac{\partial}{\partial x_i} \mathbf{u} = -(\frac{\partial}{\partial x_i} \mathbf{K}) \cdot \mathbf{u} + \frac{\partial}{\partial x_i} \mathbf{F} \tag{3-14}$$

$$\text{und} \; \frac{\partial}{\partial x_i} \sigma = (\frac{\partial}{\partial x_i} \mathbf{B}) \cdot \mathbf{u} + \mathbf{B} \cdot \frac{\partial}{\partial x_i} \mathbf{u} \tag{3-15}$$

wobei die auch bei den Matrizen geltende Produktregel benutzt wurde.

Wesentlich ist, daß damit die Gradienten zunächst ‚exakt' bestimmt werden können und nicht näherungsweise und aufwendig über Differenzenquotienten mit erforderlicher Neurechnung. Ganz besonders interessant dabei ist, daß (3-14) die gleiche Koeffizientenmatrix $\mathbf{K}$ wie (3-10) besitzt. Da für (3-14) eine erneute Dreieckszerlegung der Steifigkeitsmatrix entfällt, können die Gradienten meist numerisch effizient bestimmt werden. Die rechte Seite von (3-14) ist dann formal ein weiterer ‚Pseudo-Lastfall', bei dessen Bildung allerdings die Multiplikation $(\partial \mathbf{K}/\partial x_i) \cdot \mathbf{u}$ sinnvollerweise schon auf Elementebene durchzuführen ist. Da der Lastvektor $\mathbf{F}$ meist nicht von den Entwurfsvariablen abhängt, ist dessen Ableitung dann meist Null. Der Vergleich von (3-15) mit (3-11) zeigt bei von $\mathbf{x}$ unabhängigem $\mathbf{B}$, daß bei bekanntem Gradientenvektor von $\mathbf{u}$ die Rückrechnung zur Bestimmung der Spannungsgradienten formal wie die ‚normale' Rückrechnung der FEM abläuft, nur daß anstatt $\mathbf{u}$ der Gradientenvektor zu benutzen ist.

Der wesentliche Schritt für (3-14) ist die Bildung der Pseudo-Last oder rechten Seite, dabei insbesondere der Ableitung der Steifigkeitsmatrix nach den Entwurfsvariablen. Dies gelingt analytisch nur für die einfacheren Elementtypen und -steifigkeitsmatrizen. Bei Stab- oder Scheibenelementen beispielsweise erhält man die partielle Ableitung der Gesamtsteifigkeitsmatrix nach den Querschnittsflächen a_i bzw. Scheibendicken t_i dadurch, daß die jeweils von diesen Variablen beeinflußten Elementsteifigkeitsmatrizen mit $a_i=1$ bzw. $t_i=1$ gebildet werden und die aller anderer Variabler Null sind. Denn diese Variablen gehen ja in die Matrizen linear ein. Im allgemeinen hingegen ist die Approximation der partiellen Ableitung der Matrizen durch Differenzenquotienten der Matrizen wesentlich einfacher und z.B. für höherwertige Schalen- oder Volumenelemente der einzig praktisch gangbare Weg. Dies wird in der Literatur als die ‚semi-analytische Gradientenbildung' bezeichnet. Sie ist in der Regel auch seitens der Rechengenauigkeit vollkommen ausreichend. Allerdings empfiehlt sich insbesondere für manche Sonderfällen z.B. in der Gestaltoptimierung das Rechnen mit doppelter Genauigkeit, siehe auch [3-4]

Zu ähnlichen Resultaten wie die semi-analytische Gradientenbildung führt die Perturbationsmethode, bei der kleine Störungen in die Systemgleichungen induziert werden. Im Beispiel von (3-10) wird dies:

$$(\mathbf{K} + \Delta\mathbf{K})(\mathbf{u} + \Delta\mathbf{u}) = \mathbf{p}$$

Die Vernachlässigung von Gliedern höherer als erster Ordnung liefert

$$\mathbf{K} \cdot \Delta\mathbf{u} = -\Delta\mathbf{K} \cdot \mathbf{u} \tag{3-16}$$

also eine der Gleichung (3-14) analoge Beziehung. Für hinreichend kleines $\Delta\mathbf{K}$ gehen beide ineinander über, d. h. es ist dann

$$\frac{1}{\Delta x_i}\Delta\mathbf{u} \approx \frac{\partial}{\partial x_i}\mathbf{u}$$

Es brauchen somit nicht in (3-14) die differenzierten Steifigkeitsmatrizen berechnet werden – was wie oben gesagt für höhere finite Elemente durchaus aufwendig sein kann –, sondern mit (3-16) lediglich die Änderungsmatrix $\Delta\mathbf{K}$. Sinnvollerweise wird aber die Multiplikation mit dem Verschiebungsvektor schon auf Element- bzw. Substrukturebene vorgenommen.

Entsprechende Vorgehensweisen sind auch in der Dynamik anwendbar. Denn auf ähnliche Weise wie oben erhält man für die Gradienten von Eigenwerten

$$\frac{\partial}{\partial x_i}\lambda_j = \phi_j^T \cdot \left(\frac{\partial}{\partial x_i}\mathbf{M} - \lambda_i \cdot \frac{\partial}{\partial x_i}\mathbf{K} \right) \cdot \phi_j \tag{3-17}$$

worauf aber in Kapitel 7.1.1 detaillierter eingegangen wird. Die Ableitung der Matrizen in (3-17) kann ebenfalls durch geeignete Differenzenquotienten ersetzt werden.

3.4   Konsequenzen für FE-Rechenprogramme

Die obigen Ausführungen in den Kapiteln 3.2 und 3.3 haben natürlich Konsequenzen für die mit den Optimierungstools zu verknüpfenden FE-Rechenprogramme. In ihrer Programmorganisation sind sie dynamisch aufzubauen, da sich ja der Rechenfluß bei jeder Neuberechnung der Systemantworten durch die vom Optimierungsalgorithmus variierten Entwurfsvariable ändert. Insbesondere müssen auch Gradienten der Antwortgrößen nach den Entwurfsvariablen in Anlehnung an Kapitel 3.3 bereitgestellt werden. Dies gelingt wegen der sich in die Standard-FEM einpaßbare Vorgehensweise zunächst meist ohne allzu massive Umorganisationen vorhandener Programme. Allerdings sollte all dies möglichst rechen-effektiv ablaufen. Dies führt dazu, daß manche Softwarehersteller spezielle optimierungsorientierte FE-Programme neu aufbauen. Dies bringt den Vorteil höherer Recheneffizienz, allerdings auch mächtigen Aufwand in der Softwareentwicklung zur Erzielung der Funktionalität der über viele Jahre entwickelten und gereiften Standardprogramme mit ihren vielleicht nicht ganz so rechen-effizienten optimierungsorientierten Ergänzungen. Der Disput welche dieser beiden Konzeptionen die bessere ist, ist fast so alt wie die Strukturoptimierung selbst und bis heute nicht entschieden. Eine detailliertere Betrachtung unter Software-Aspekten findet sich in Kapitel 6.

4 Mathematische Grundlagen für die Anwendung

In diesem Kapitel werden die wesentlichen Grundlagen der mathematischen Optimierung in dem Umfang besprochen wie dies für Methodik und insbesondere Anwendung in der Tragwerksoptimierung von Bedeutung ist. Dazu zählen eine allgemeine Diskussion der nichtlinearen mathematischen Optimierungsaufgabe, deren Nichtkonvexität, die daraus folgende mögliche Existenz lokaler Lösungen sowie auch notwendige und zum Teil gleichzeitig hinreichende Kriterien denen ein Optimum genügen muß. Der Schwerpunkt der Darstellung liegt dabei weniger bei Herleitungen oder gar mathematischen Beweisen, sondern vielmehr auf Anschaulichkeit und praxisrelevanter Einordnung. Für den mehr mathematisch Interessierten kann der Stoff z.B. mit Hilfe der Lehrbücher [4-1, 4-2, 4-3] vertieft werden. Die besonderen Eigenschaften und Definitionen bei spezielleren Aufgaben wie z.B. den Vektoroptimierungsproblemen werden in Kapitel 9 besprochen, wobei ebenfalls auf die hier diskutierten Grundlagen zurückgegriffen wird.

4.1 Die nichtlineare mathematische Optimierungsaufgabe und ihre Sonderfälle

Die hier betrachteten Optimierungsaufgaben sind von der Form

$$\text{minimiere } \left\{ z(\mathbf{x}) \,\middle|\, g_j(\mathbf{x}) \geq 0,\ h_k(\mathbf{x}) \geq 0,\ j = 1,..,p,\ k = 1,..,q \right\} \tag{4-1}$$

d. h. es ist ein n-dimensionaler Variablenvektor $\mathbf{x}$ so zu bestimmen, daß eine Zielfunktion z minimal wird und p Ungleichheitsrestriktionen g_j sowie q Gleichheitsrestriktionen h_k eingehalten sind. Die Restriktionsfunktionen lassen sich auch in den Funktionsvektoren $\mathbf{g}$ bzw. $\mathbf{h}$ zusammenfassen; dann wird aus (4-1) noch kürzer:

$$\text{minimiere } \left\{ z(\mathbf{x}) \,\middle|\, \mathbf{g}(\mathbf{x}) \geq 0,\ \mathbf{h}(\mathbf{x}) = 0 \right\} \tag{4-2}$$

mit $\mathbf{g}\colon R^n \to R^p$ und $\mathbf{h}\colon R^n \to R^q$, d.h. der Funktionenvektor $\mathbf{g}$ bzw. $\mathbf{h}$ bildet den durch $\mathbf{x}$ erzeugten n-dimensionalen Variablenraum R^n in einen p- bzw. q-dimensionalen reellen Raum ab. Die Formulierung (4-1) läßt ein solch breites Spektrum unterschiedlichster Aufgabenstellungen zu, daß sehr viel mehr Spezifisches eigentlich nicht gesagt zu werden braucht und der Schwerpunkt der Diskussion bei den Lösungsalgorithmen hierfür liegen könnte. Allerdings dienen die folgenden Definitionen zur Herausarbeitung weiterer Eigenschaften und des Verhaltens von Lösungsalgorithmen und Lösungspunkten. Sie sind für eine sinnvolle Nutzung der mathematischen Optimierung, der Diagnose von Problemen und der Interpretation von Ergebnissen äußerst hilfreich.

Das Problem (4-1) ist eine *nichtlineare Optimierungsaufgabe,* wenn mindestens eine der in (4-1) auftretenden Funktionen in **x** nichtlinear ist. Tragwerksoptimierungsaufgaben – wie viele andere technische Entwurfsoptimierungsaufgaben auch – führen fast immer auf nichtlineare Aufgaben, insbesondere wegen der Restriktionen. (Diese Art der Nichtlinearität sollte nicht verwechselt werden mit nichtlinearem Tragwerksverhalten, bei dem der nichtlineare Zusammenhang z. B. zwischen Lasten und Systemantworten auftritt; hier bezieht er sich auf den nichtlinearen Zusammenhang zwischen den Systemantworten z.B. in den Restriktionsfunktionen und den Entwurfsvariablen.)

Sonderfälle nichtlinearer Optimierungsaufgaben sind solche mit linearen Restriktionen und quadratischer oder auch beliebig nichtlinearer Zielfunktion, also

$$\text{minim.} \left\{ z(\mathbf{x}) \ \middle| \ \sum_i a_{ji}x_i - b_j \geq 0, \ \sum_i c_{ki}x_i - d_k = 0, \ i = 1,..,n, \ j = 1,..,p, \ k = 1,..,q \right\} \quad (4\text{-}3)$$

wobei bei quadratischer Zielfunktion gilt

$$z(\mathbf{x}) = 0{,}5 \cdot \mathbf{x}^T \mathbf{Q} \mathbf{x} + e^T \mathbf{x} + t \qquad (4\text{-}4)$$

und mit **Q**=0 eine lineare Optimierungsaufgabe vorliegt.

Die Koeffizienten a_{ji}, b_j etc. sind von **x** unabhängig. Für (4-3) gibt es schärfere (d. h. zuverlässigere und effizientere) Lösungsalgorithmen als für den allgemeinen Fall (4-1). Insbesondere läßt sich die *quadratischen und linearen Aufgaben* in endlich vielen Schritten lösen. Spezielle Tragwerksoptimierungsaufgaben besitzen bei nichtlinearer Zielfunktion lediglich lineare Restriktionen wie in (4-3). Lineare oder quadratische Ausgangsprobleme sind allerdings selten. Sie sind mehr von seiten der Lösungsalgorithmen interessant, da einige Lösungsalgorithmen bereichsweise lineare oder quadratische Approximationen für die nichtlinearen Funktionen in (4-1) benutzen. Verschiedene Arten zweidimensionaler Aufgaben sind zur geometrischen Verdeutlichung in Bild 4-1 dargestellt.

Eine Linearität der Zielfunktion bei ansonsten nichtlinearen Restriktionen liefert kaum grundsätzliche Vorteile gegenüber einem Problem mit nichtlinearer Zielfunktion. So ist auch (4-1) äquivalent mit

$$\text{minimiere} \ \left\{ x_{n+1} \ \middle| \ x_{n+1} - z(\mathbf{x}) \geq 0, \ g_j(\mathbf{x}) \geq 0, \ \mathbf{h}_k = 0, \ ... \right\} \qquad (4\text{-}5)$$

d. h. bei möglichst kleinem x_{n+1} ist dann auch z(**x**) möglichst klein. Das (lediglich) um eine Variable x_{n+1} vergrößerte Ausgangsproblem läßt sich somit immer auf eines mit linearer Zielfunktion zurückführen. Dies führt aber seitens der Lösungsalgorithmen kaum zu Vorteilen, da es für die Algorithmen die nichtlinearen Restriktionen sind die besonderen Aufwand erfordern.

Eine weitere Sonderform der allgemeineren nichtlinearen Aufgaben bilden die der *geometrischen Programmierung,* bei denen sich alle Funktionen durch ‚Posynome' (Polynome mit positiven Koeffizienten) darstellen lassen, z.B.:

$$g(\mathbf{x}) = 2x_1 x_2^{-3} + 3.5 x_1^2 x_2^2$$

Eine solche Optimierungsaufgabe ist dann a priori *explizit* im Gegensatz zu den im allgemeinen *impliziten* und gerade in den Systemgleichungen numerisch beschriebenen Tragwerksoptimierungsaufgaben. Einige wenige spezielle Aufgaben der Tragwerksoptimierung

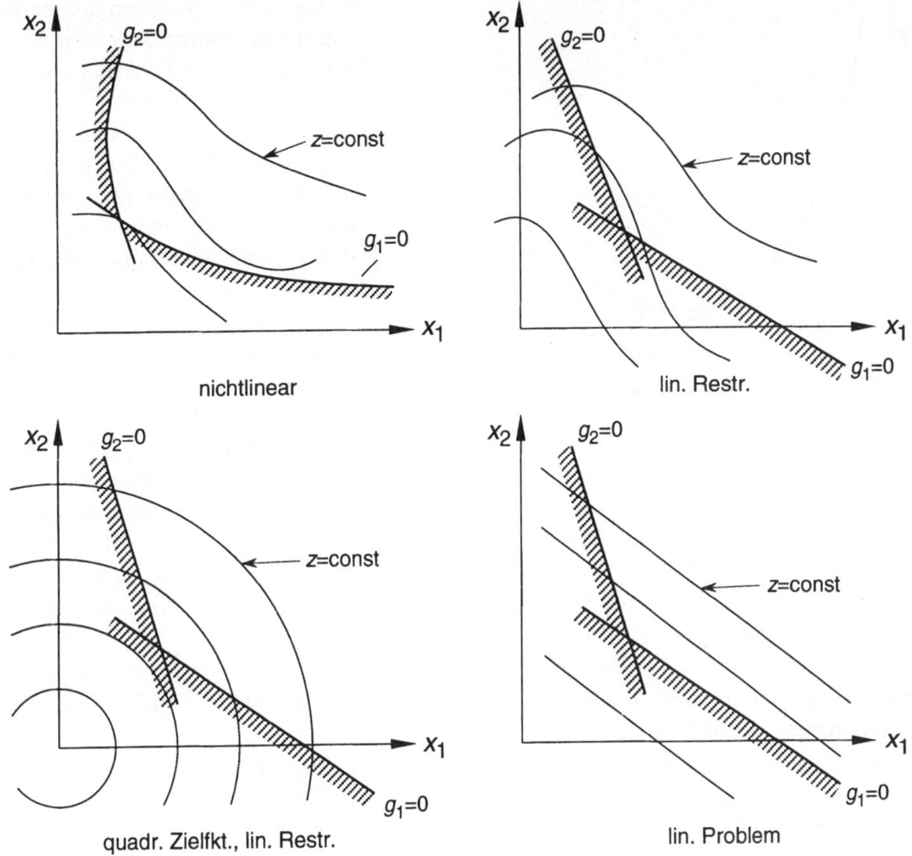

Bild 4-1: Verschiedene Arten von Optimierungsaufgaben

lassen sich zwar als geometrisches Programm formulieren, doch sind die zu Grunde liegenden Lösungsalgorithmen dann zu eingeschränkt und vom Ablauf her durchaus nicht einfach. Es sei deshalb auf einschlägige Literatur verwiesen. Auch sollte die Bezeichnung ‚geometrische Programmierung' nicht verwechselt werden mit der Geometrieoptimierung von Tragwerken.

Die Aufgabe (4-1), (4-2) mit den Restriktionen **g** und **h** heißt *beschränkt..* Unbeschränkte oder nichtlineare *freie Optimierungsaufgaben* ohne Restriktionen sind in der Anwendung seltener. Freie lineare Ziele ergeben ja von vornherein keinen Sinn. Freie Optimierungsaufgaben lassen sich allerdings wesentlich einfacher lösen, was man sich auch bei der Konstruktion gewisser Lösungsalgorithmen zunutze macht. Bei diesen werden für das beschränkte oder restringierte Problem unbeschränkte Ersatzprobleme aufgebaut deren Lösungen mit denen des Ausgangsproblems (4-1) übereinstimmen. Dies wird in Abschnitt 5.2 genauer besprochen.

Die Funktionen z, g_j, h_i sind stetig und in der Regel zumindest zweimal stetig differenzierbar. Ist dies einmal nicht der Fall, wird speziell darauf hingewiesen und es müssen mögliche Konsequenzen bedacht werden. Schwache Unstetigkeiten wie die in Bild 4-2 skizziert werden meist ohne besonde Konsequenzen sein. Durch die Auswertung der Funktionen nur

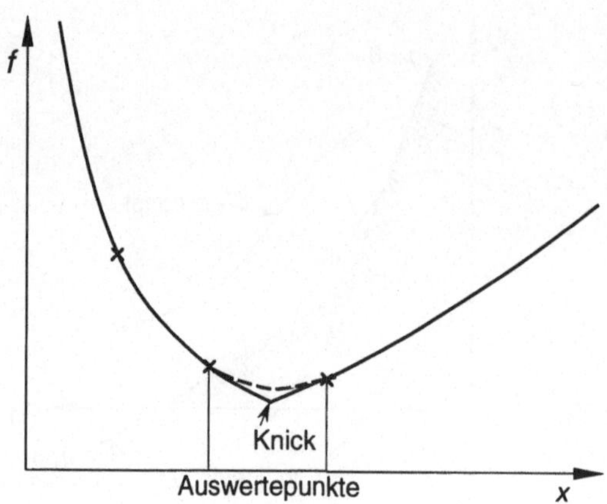

Bild 4-2: Quasi-Glättung von Unstetigkeiten

an von der Optimierungsiteration bestimmten Punkten werden solche Unstetigkeiten in Funktion und/oder Ableitungen ‚geglättet', es sei denn es würde genau an solchen Stellen ausgewertet. Starke Unstetigkeiten, die z.B. zu mehreren getrennten zulässigen Variablenbereichen führen können, sind allerdings problematischer.

Nicht immer dürfen die Optimierungsvariable den gesamten reellen zulässigen Variablenbereich sondern nur bestimmte *diskrete* Werte überstreichen. Dies trifft z. B. zu wenn Querschnitte als Entwurfsvariable von vornherein aus einem Satz vorgegebener Normprofile entnommen werden sollen. Das Problem (4-1) ist dann nicht mehr kontinuierlich sondern diskret wie in Bild 2-13 von Kapitel 2. *Diskrete Optimierungsaufgaben* sind im strengen Sinne wesentlich schwieriger zu lösen als kontinuierliche und werden deshalb meist über heuristische Algorithmen ‚pragmatisch' behandelt. Solche werden in Kapitel 9.2 skizziert.

Sind neben $z(\mathbf{x})$ noch weitere Ziele (ggf. auch der Maximierung) vorhanden, so werden diese im Zielfunktionsvektor $\mathbf{z}(\mathbf{x})$ aufgelistet. Das dann vorliegende Problem heißt dann *Vektoroptimierungsproblem.*

Die Aufgabe (4-1) ist zunächst eine *statische* Optimierungsaufgabe im Gegensatz zu *dynamischen,* bei denen der Optimierungsprozeß durch eine Kette von Folgeproblemen läuft. Typischerweise fallen darunter viele Planungs- und auch Regelungsaufgaben, bei denen ein Handlungs- oder Regelungsschritt aus dem vorigen folgt und zum optimalen Endzustand führt. Wenn nicht anders erwähnt sind immer statische Aufgaben gemeint. Zunächst besteht zu den Anwendungen der Optimierung in den Mechanikdisziplinen ‚Statik' und ‚Strukturdynamik' kein unmittelbarer Zusammenhang. Deshalb soll im letzteren Fall immer von Restriktionen aus der Dynamik statt von dynamischen Restriktionen gesprochen werden.

4.2 Zulässiger Bereich

Optimierungsvariable $\mathbf{x}$ heißen zulässig wenn sie alle Restriktionsfunktionen erfüllen. Die Menge aller zulässigen $\mathbf{x}$ definiert den n-dimensionalen zulässigen Bereich $R_z^{\,n}$:

$$R_z^n = \left\{ \mathbf{x} \mid \mathbf{g}(\mathbf{x}) \geq 0, \ \mathbf{h}(\mathbf{x}) = 0 \right\} \tag{4-6}$$

Damit läßt sich die Standardaufgabe (4-1) noch kürzer formulieren:

$$\text{minimiere } \left\{ z(\mathbf{x}) \mid \mathbf{x} \in R_z^n \right\} \tag{4-7}$$

Verschiedene Beispiele zu R^2 sind in Bild 4-3 eingezeichnet. Der durch Punkt 1 definierte Vektor ist zulässig, der durch Punkt 3 unzulässig. Der Punkt 2 ist ebenfalls zulässig, für ihn

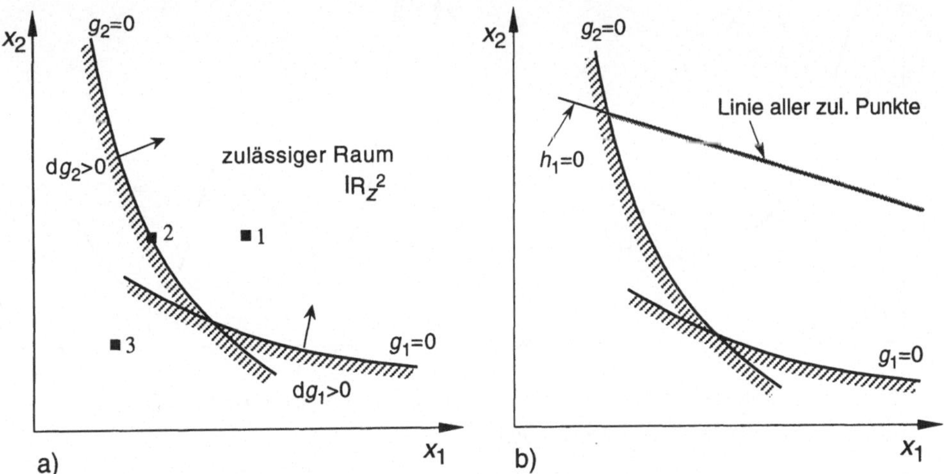

Bild 4-3: Verschiedene Fälle inaktiver, aktiver und verletzter Restriktionen

gilt gerade $g_2=0$, d. h. diese Restriktion ist gerade *aktiv*. Für Punkt 1 sind alle Restriktionen inaktiv, für Punkt 3 alle überaktiv oder verletzt. Im Beispiel des Bildes 4-3b ist zusätzlich die Gleichheitsrestriktion h_1 vorhanden, auf ihr müssen alle zulässigen Vektoren liegen. Im Lösungspunkt heißen aktive Restriktionen auch bindende Restriktionen. Gleichheitsrestriktionen sind per Definition bindend. Sie müssen aber während der Lösungsiteration nicht aktiv sein, sondern erst nahe oder in der Lösung.

4.3 Konvexe und nichtkonvexe Optimierungsaufgaben

Konvexität oder Nichtkonvexität von Funktionen ist eine wichtige (geometrische) Eigenschaft für die Optimierungsaufgabe (4-1): sie bestimmt ob das Problem nur eine Lösung hat oder ob mehrere Lösungen existieren *können* wie dies am Beispiel der faserverstärkten Scheibe von Abschnitt 2.1.3 deutlich wurde. Eine Funktion $z(x)$ heißt konvex innerhalb des Bereiches $[a,b]$, wenn gilt:

$$z\left[\mu x_1 + (1-\mu)x_2\right] \le \mu \cdot z(x_1) + (1-\mu) \cdot z(x_2) \quad , \qquad \mu \text{ beliebig} \tag{4-8}$$

d. h. wenn wie in Bild 4-4 dargestellt die Funktionswerte $z(x)$ im Intervall $[a,b]$ immer unterhalb der die Punkte $z(a)$ und $z(b)$ verbindenden Gerade liegen. Gilt in (4-8) das Gleichheitszeichen, heißt $z(x)$ schwach konvex. Die Funktion $z(x)$ ist konkav, wenn $-z(x)$ konvex ist. Andere Eigenschaften von Konvexität sind z. B., daß eine Tangente an die Funktion immer unterhalb der Funktionswerte liegt. Ist $z(x)$ zweimal differenzierbar, so ist $d^2z/dx^2 > 0$ innerhalb des betrachteten Intervalls. Bei Funktionen $z(\mathbf{x})$ in mehreren Variablen gelten diese Aussagen sinngemäß, jetzt ist eine Tangentialebene statt der Tangente zu benutzten. Die durch die partiellen zweiten Ableitungen gebildete Hesse-Matrix $\mathbf{H}=\partial^2z/\partial x_i \cdot \partial x_j$ ist für konvexes z positiv definit. Andernfalls ist $z(\mathbf{x})$ konkav, gegebenenfalls auch konvex-konkav oder schlicht nicht konvex. Die für die Optimierung wesentliche Konsequenz wird schon für $z(x)$ aus Bild 4-4 deutlich: es *können* mehrere lokale Minima vorhanden sein.

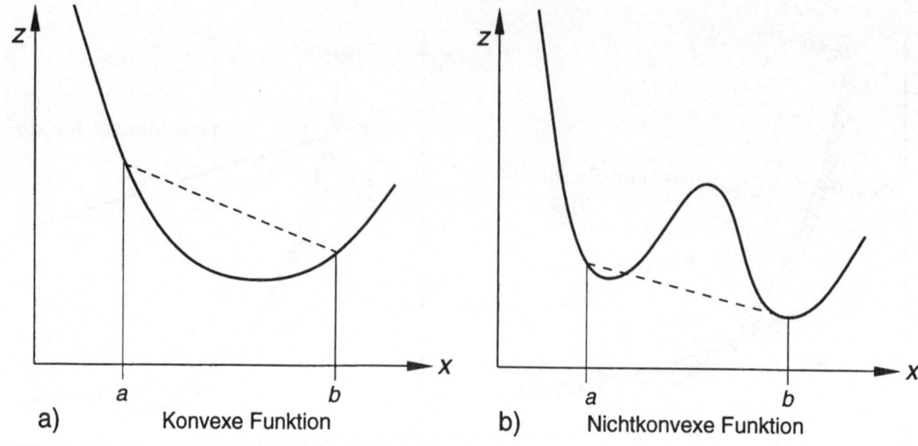

Bild 4-4: Konvexe und nichtkonvexe Funktion $z(x)$

Bei dem durch die Funktionen **g** und **h** definierten zulässigen Raum ist Konvexität geometrisch dadurch gegeben, daß eine zwei zulässige Punkte verbindende Strecke ebenfalls nur im zulässigen Bereich verläuft. Einige Beispiele hierzu sind in Bild 4-5 dargestellt. Der konvexe zulässige Bereich wird durch konvexe Funktionen $-g_j(\mathbf{x})$ begrenzt. Bei Gleichheitsrestriktionen ist die Aufgabe nur dann konvex, wenn alle diese Restriktionen linear sind. Denn nur dann liegen Verbindungsstrecken zweier zulässiger Punkte im zulässigen Bereich. Wie aus diesen Bildern und auch aus Beispielen des Kapitels 2 deutlich wird, *können* auch bei nichtkonvexem zulässigen Bereich lokale Optima auftreten.

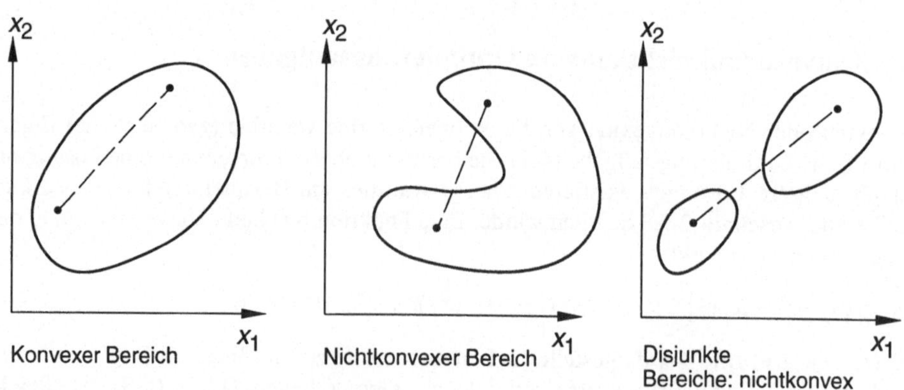

Bild 4-5: Konvexe und nichtkonvexe Variablenbereiche

Aus dieser Betrachtung wird aber auch deutlich, daß insbesondere bei impliziten Optimierungsaufgaben eine Verifizierung der Konvexität kaum möglich ist, da ja z. B. die Überprüfung der Positivdefinitheit der Hesse-Matrix **H** für alle Funktionen (!) bestenfalls nur für wenige Punkte möglich wäre und nicht für (unendlich viele Punkte beinhaltende) Bereiche. So ist dann zunächst von Nichtkonvexität und damit von möglicher Existenz lokaler Minima auszugehen. Weiterhin gelten viele Sätze der mathematischen Optimierungsrechnung und theoretische Konvergenzbetrachtungen von Algorithmen streng nur für konvexe Probleme.

Ihre Umsetzung und Anwendbarkeit für Aufgaben mit Nichtkonvexitäten ist dann sorgfältig zu prüfen, bzw. eventuelle Folgen der Nichtkonvexität einzuplanen.

4.4 Lösungsdefinition: lokale und globale Optima

Aus dem bisher Besprochenen ergibt sich die Lösungsdefinition der Optimierungsaufgabe (4-1) quasi von selbst: ein zulässiger Vektor $\mathbf{x}^{opt}$ heißt Lösung von (4-1), wenn in seiner Umgebung U kein weiterer zulässiger Vektor $\mathbf{x}$ mit niedrigerer Zielfunktion als bei $\mathbf{x}^{opt}$ existiert, also

$$\mathbf{x}^{opt} \in \mathbf{R}_z^n, \; z(\mathbf{x}^{opt}) \leq z(\mathbf{x}), \; \forall \mathbf{x} \in \mathbf{R}_z^n \cap U(\mathbf{x}^{opt}) \tag{4-9}$$

Kann die Umgebung U beliebig groß sein, so heißt $\mathbf{x}^{opt}$ *globale Lösung*, ansonsten ist es eine *lokale Lösung*. Gilt in (4-9) das Gleichheitszeichen, handelt es sich um ein *schwaches Optimum*. Verschieden Beispiele zu lokalen und globalen Lösungen werden aus Bild 4-6 deutlich. Konvexe Optimierungsaufgaben haben höchstens eine Lösung, die dann natürlich gleichzeitig lokale und globale ist. Nichtkonvexe Aufgaben können mehrere Lösungen haben, die man z.B. durch unterschiedliche Startvektoren für den Optimierungsalgorithmus finden kann. Allerdings sollte nicht jedes Resultat von Optimierungsiterationen als (zumindest lokales) Optimum aufgefaßt werden. Vielmehr ist dies z.B. mit den Kriterien von Abschnitt 4.7 sorgfältig zu überprüfen. Denn bei ungeeigneten Steuerparametern für den Lösungsalgorithmus kann dieser auch mal an Punkten ‚hängen' bleiben, die nicht (lokales) Optimum sind.

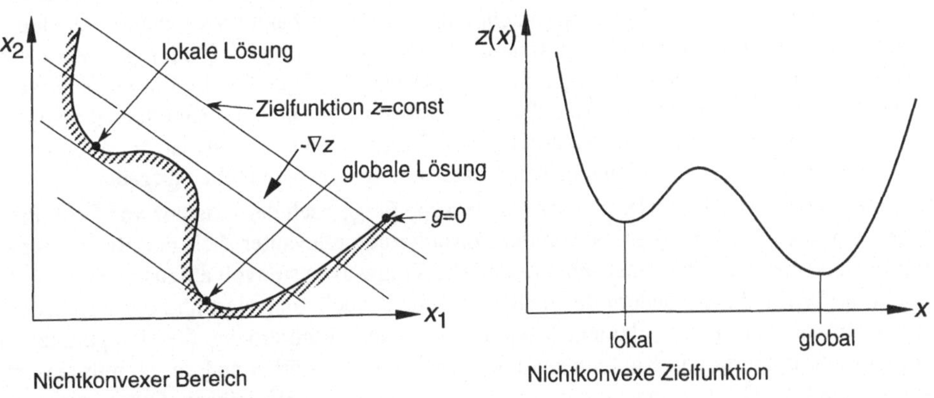

Bild 4-6: Beispiele für lokale Lösungen

In der Anwendung begegnet man neben den lokalen und globalen Optima häufiger auch den sogenannten *flachen Optima,* in deren zulässiger Nachbarschaft sich der Zielfunktionswert selbst bei stärkerer Änderung der Variablen kaum ändert. Dies ist in Bild 4-7 verdeutlicht. Bei Aufgaben mit mehreren Variablen ist dies möglich durch gegenläufige Einflüsse von Variablen auf die Funktionen: Vergrößerung einer Variablen macht bei Einhaltung von Restriktionen eine entsprechende Verkleinerung einer anderen möglich. Der Nettoeffekt auf den Zielfunktionswert ist dann aber möglicherweise gering, es liegt ein flaches Optimum vor.

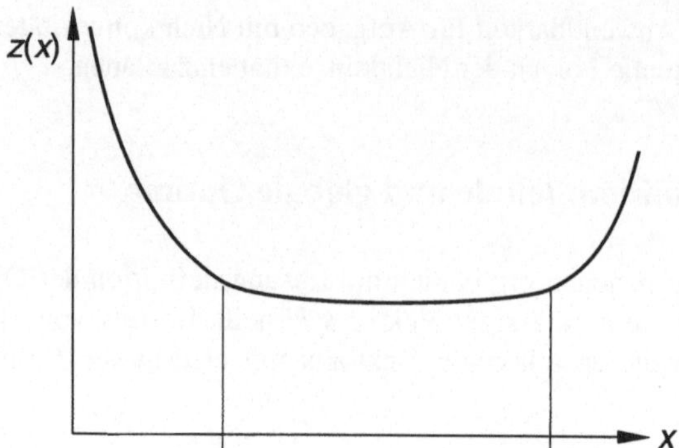

Bild 4-7: Ein flaches Optimum (Minimum) von $z(x)$

Meist wird die Existenz einer Lösung stillschweigend vorausgesetzt, was ja auch für die aus einer praktischen Problemstellung stammenden Optimierungsaufgaben in der Regel zutrifft. Mögliche Ursachen eventueller Nichtexistenz von Lösungen sind

- der zulässige Bereich $\mathbf{R}_z^n$ ist leer, z.B. durch Formulierung widersprüchlicher Restriktionen. Bei komplexen Aufgaben mit physikalisch-technisch vollkommen unterschiedlichen Restriktionsarten kann dies durchaus vorkommen. Dies muß durch sorgfältige Problemformulierung vermieden werden, und die Lösungssoftware sollte auf mögliche leere zulässige Bereiche hinweisen.

- die Zielfunktion ist im zulässigen Bereich nicht nach unten beschränkt. Man spricht dann nicht von einen Minimum sondern vom Infimum der Zielfunktion; meist liegt dann eine unsaubere Problemformulierung vor. Werden z.B. bei (lediglich) Temperaturbelastung eines Tragwerks alle Steifigkeiten gleichmäßig mit einem Faktor γ verändert, so ändern sich eventuell vorhandene Wärmespannungen nicht. Wenn $\gamma \to 0$ oder gar $\gamma \to -\infty$ strebt, bleiben die Spannungen gleich und zulässig, Steifigkeiten als Entwurfsvariable werden Null bzw. bei nicht vorhandenen Schranken stark negativ. Eine Gewichtsminimierung lediglich unter Berücksichtigung von Wärmespannungen ist also bei homogener Materialverteilung und stationären Temperaturfeldern keine sinnvolle Aufgabe.

Mindestens ebenso wichtig wie die eher theoretische Frage nach der Existenz von Lösungen ist die nach ihrer Brauchbarkeit. Neben der Formulierung relevanter Ziel- und Restriktionsfunktionen ist auch das mathematische Modell des Tragwerkes sinnvoll aufzustellen: es wird ja nicht die Wirklichkeit sondern das mathematische Modell analysiert und optimiert. Dies bezieht sich auch auf Finite-Element-Modelle zur Systembeschreibung, die sich gerade bei einer Gestaltoptimierung in Knotenlagen oder gar Topologie stärker ändern. So müssen ggf. auch während der Optimierungsiteration neu entstehende Bereiche höherer Spannungen mit einer feineren Diskretisierung berücksichtigt werden. Zu grobe Elementeinteilung verfälscht Steifigkeiten und damit auch Kraftflüsse und Spannungsverteilungen und kann in der Optimierung dann zu ungeeigneten Dimensionierungen führen.

4.5   Einige Umformungen der Optimierungsaufgabe

In der Aufgabe (4-1) wurde die Standardform der Optimierungsaufgabe so festgelegt, wie sie auch von einem Lösungsalgorithmus ,erwartet' wird: eine Zielfunktion ist zu minimieren, die Ungleichheitsrestriktionen sind von der Form ,$\geq$', Im folgenden werden einige andere Formen von Optimierungsaufgaben besprochen, die aber durch Umformulierung wieder auf die vereinbarte Standardform (4-1) zurückgeführt werden können.

4.5.1   Maximierung der Zielfunktion

Ist die Zielfunktion z zu maximieren statt zu minimieren, so kann durch Vorzeichenumkehr zur Zielfunktionsmaximierung eine Minimierungsaufgabe gemacht werden, d. h. eine Lösung der Aufgabe

$$\text{maximiere} \quad \left\{ z(\mathbf{x}) \,\middle|\, \mathbf{x} \in \mathbf{R}_z^n \right\} \tag{4-10}$$

ist identisch mit einer von

$$\text{minimiere} \quad \left\{ -z(\mathbf{x}) \,\middle|\, \mathbf{x} \in \mathbf{R}_z^n \right\} \tag{4-11}$$

und es gilt:

$$\text{Maximum } \{ z(\mathbf{x}^{opt}) \} = - \text{ Minimum} \{ -z(\mathbf{x}^{opt}) \}$$

Dies wird auch aus Bild 4-8 deutlich.

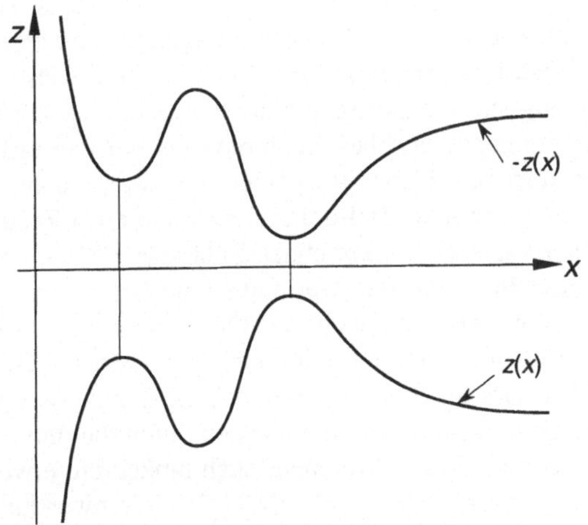

Bild 4-8: Minima der negativen Funktion liegen bei Maxima der Ausgangsfunktion

4.5.2   Negative Ungleichheitsrestriktionsfunktionen

Läßt sich eine Ungleichheitsrestriktionsfunktion zunächst anschaulicher formulieren mit

$$g_j(\mathbf{x}) \leq 0 \tag{4-12}$$

so wird durch Multiplikation mit -1 daraus die in (4-1) benutzte Standardform:

$$g_j(\mathbf{x}) \geq 0 \tag{4-13}$$

4.5.3   Umwandlung von Ungleichungen in Gleichungen und umgekehrt

Zuweilen ist es notwendig Ungleichheitsrestriktionsfunktionen in Gleichheitsrestriktionsfunktionen umzuwandeln oder umgekehrt, z.B. dann wenn ein zur Verfügung stehende

Lösungsalgorithmus nur eine der beiden Restriktionsformen verarbeitet. Der Ungleichung $g_j(\mathbf{x}) \geq 0$ entspricht die Gleichung

$$g_j(\mathbf{x}) - c_j^2 = 0 \qquad (4\text{-}14a)$$

oder $\qquad g_j(\mathbf{x}) - c_j = 0 \quad$ mit $\quad c_j \geq 0 \qquad\qquad (4\text{-}14b)$

wobei c_j als weitere, sogenannte Schlupfvariable aufgenommen wird.

Die Gleichheitsrestriktionsfunktion $h_k(\mathbf{x})$ ist erfüllt, wenn gleichzeitig gilt

$$h_k(\mathbf{x}) \geq 0 \qquad (4\text{-}15a)$$

und $\qquad -h_k(\mathbf{x}) \geq 0 \qquad\qquad (4\text{-}15b)$

wobei dann natürlich wie angestrebt nur das Gleichheitszeichen zutreffen kann. Dies kann dann in einen Lösungsalgorithmus eingebaut werden der formal nur Ungleichheitsrestriktionen behandelt. Möglichst sollten aber ‚passende‘ Algorithmen benutzt werden.

4.5.4 Weglassen nichtbindender Restriktionen

Ist ein Optimierungsmodell mit leicht geänderten Parametern wie z. B. leicht geänderten zulässigen Spannungen oder Lasten erneut zu lösen, so ist zunächst zu vermuten, es könne zur Einsparung von Rechenaufwand auf in der vorherigen Lösung nichtbindende und insbesondere stark inaktive Restriktionen verzichtet werden, da sie sowieso ‚keine Rolle‘ spielen. Dies ist zwar häufig richtig und vernünftig, gilt allerdings strenggenommen nur für konvexe Probleme und wird für ein hypothetisches nichtkonvexes Beispiel in Bild 4-9 widerlegt. In diesem Bild ist die gegenüber der bisher gewohnten die etwas andere Darstellung zu beachten. Es sind dort eine nichtkonvexe Zielfunktion $z(x)$ und zwei Restriktionsfunktionen g_1 und g_2 als Funktion einer Variablen x gezeichnet. Zulässige x-Werte mit $g_1 \geq 0$, $g_2 \geq 0$ liegen im stark ausgezeichneten Intervall, das Optimum liegt bei x^* mit $g_2 \gg 0$. Wird nun g_2 einfach weggelassen, liegt jetzt ein weiteres Optimum bei x'. Allerdings wäre dort $g_2(x') \ll 0$, d. h. diese Restriktion ist nun ‚plötzlich‘ stark verletzt. Bei nichtkonvexen Problemen dürfen also selbst stark inaktive Restriktionen nicht ohne weiteres weggelassen werden, ohne daß man das Erfülltsein der weggelassenen durch die ohne sie ermittelte Lösung überprüft. Allerdings läßt sich dieses Argument auch umkehren: erweist sich während der Anwendung der Optimierung in einem Entwicklungsprozeß ein Restriktionstyp *inhaltlich* als nicht mehr relevant, so sollte dieser aus dem vorhandenen Satz an Restriktionen herausgenommen werden, selbst wenn bei den bis dahin ermittelten Lösungen diese Restriktionen stark unterkritisch waren. Denn nach Bild 4-9 sind ja nun durchaus noch bessere Lösungen als die bisher ermittelten möglich.

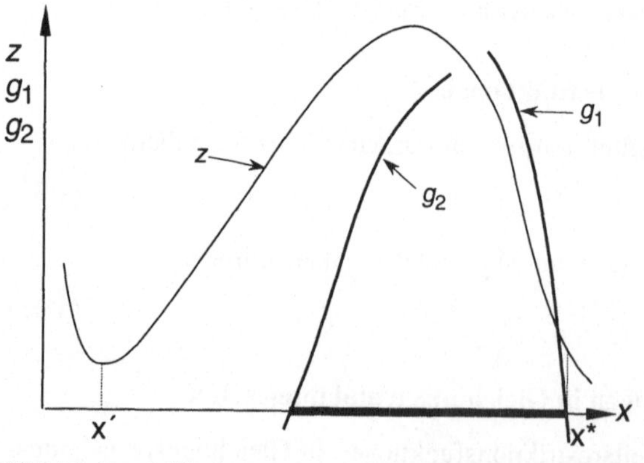

Bild 4-9: Durch Weglassen von g_2 ergibt sich ein anderes Optimum

4.6   Lagrangefunktion und Dualität

Die im folgenden diskutierte Lagrangefunktion der Optimierungsaufgabe ist eine Möglichkeit, Restriktionen und Zielfunktion in *einer* Funktion zu berücksichtigen. Meist wird sie im Zusammenhang mit theoretischeren Untersuchungen benutzt, sie bildet aber auch die Basis für bestimmte, wenn auch nicht zentrale Klassen von Lösungsalgorithmen. Ein Analogon hierzu existiert bei Variationsaufgaben, bei denen ja statt Variable wie in der Optimierungsrechnung Funktionen zu ermitteln sind, die ein Zielkriterium minimieren. Eventuell vorhandene Nebenbedingungen für die zu ermittelnden Funktionen, die durch Variation von Ausgangsfunktionen erzeugt werden, werden dann auch über die Lagrangefunktion behandelt.

Die Funktion

$$L(\mathbf{x},\lambda,\mu) = z(\mathbf{x}) - \sum g_j(\mathbf{x}) \cdot \lambda_j - \sum h_k(\mathbf{x}) \cdot \mu_k \; ; \; j=1,..p, \; k=1,..q \tag{4-16}$$

mit $\lambda_j \geq 0$ heißt Lagrangefunktion der nichtlinearen Optimierungsaufgabe (4-1). Die λ_j und μ_k sind die zu den Restriktionen gehörenden Lagrangeparameter. Die wesentliche Eigenschaft dieser Lagrangefunktion ist, daß ein Sattelpunkt von L gleichzeitig Lösung der zugehörigen Optimierungsaufgabe ist. Dies wird plausibel bei der Betrachtung einer Optimierungsaufgabe, die nur eine Ungleichheitsrestriktion enthält. Dann ist die zugehörige Lagrangefunktion

$$L(x,\lambda) = z(x) - g_1(x) \cdot \lambda_1$$

An einem Sattelpunkt x^{opt}, λ^* hiervon gilt ja nach (4-16)

$$L(\mathbf{x},\lambda_1^*) \leq L(\mathbf{x}^{opt},\lambda_1^*) \leq L(\mathbf{x}^{opt},\lambda_1) \tag{4-17}$$

Da ja $\lambda > 0$ sein soll, ist die linke Ungleichung nur für $g_1(x) \geq 0$ erfüllbar, sie sorgt also für Zulässigkeit. Die rechte Ungleichung hingegen sorgt für ein Minimum von z bei $\mathbf{x}^{opt}$, da ja $g_1(\mathbf{x}^{opt})=0$. Diese Überlegungen sind auf den allgemeinen Fall entsprechend übertragbar.

Für nichtkonvexe Aufgaben ist diese Sattelpunktseigenschaft sogar hinreichend und nicht notwendig. Dies bedeutet aber auch, daß in diesem Fall nicht zu jeder Lösung der Optimierungsaufgabe ein entsprechender Sattelpunkt der zugehörigen Lagrangefunktion existieren muß. Für konvexe Optimierungsaufgaben ist dies notwendig und hinreichend, für die (dann einzige) Lösung $\mathbf{x}^{opt}$ existiert genau ein Sattelpunkt $\mathbf{x}^*$, λ^*, γ^*. Die Bestimmung des Sattelpunktes heißt zuweilen auch die zum Ausgangsproblem (4-1) gehörende duale Aufgabe.

Sind z, $\mathbf{g}$ und $\mathbf{h}$ und damit die Lagrangefunktion differenzierbar, so ist am Sattelpunkt unter praktisch meist erfüllten und hier nicht weiter diskutierten Voraussetzungen die notwendige Bedingung

$$\frac{\partial z}{\partial x_i} = \sum_j \frac{\partial g_j}{\partial x_i}\lambda_j + \sum_k \frac{\partial h_k}{\partial x_i}\mu_k \qquad , \; i=1,..,n \; , \; j=1,..p, \; k=1,..q \tag{4-18}$$

erfüllt. Dies ist die im nächsten Abschnitt genauer zu besprechende Kuhn-Tucker-Bedingung. Sie dient z.B. zur Überprüfung ob ein Vektor $\mathbf{x}$ tatsächlich eine Lösung $\mathbf{x}^{opt}$ der Optimierungsaufgabe ist.

Würde man λ^* und μ^* kennen, so könnte man dadurch das restringierte in ein freies Problem überführen durch Lösung der Aufgabe

$$\text{minimiere } L(\mathbf{x},\lambda^*,\mu^*) = z(\mathbf{x}) - \sum \lambda_j^* g_j(\mathbf{x}) - \sum \mu_k^* h_k(\mathbf{x}) \tag{4-19}$$

Eine Vorabkenntnis der ‚richtigen' Lagrangeparameter ist zwar meist nicht gegeben, doch arbeiten manche Lösungsalgorithmen über sukzessiven Aufbau der Lagrangeparameter für die Lagrangefunktion und deren Sattelpunktsbedingung statt mit dem Ausgangsproblem selbst. Dies geschieht z. B. bei den in den Abschnitten 5.4.4 bzw. 5.5.2 beschriebenen Optimalitätskriterienverfahren und den dualen Lösungsverfahren.

4.7   Notwendige und hinreichende Optimalitätsbedingungen

In diesem Abschnitt werden Bedingungen diskutiert denen eine (lokale) Lösung der Optimierungsaufgabe (4-1) genügen muß. Diese Optimalitätsbedingungen sind für die Anwendung wichtig, und zwar hauptsächlich

- zur Überprüfung, ob der mit einem Optimierungsalgorithmus ermittelte (vermutliche) Lösungsvektor diesen Bedingungen genügt, aber auch
- zur Herleitung von Optimierungsalgorithmen, siehe Kapitel 5.5.2.
- für Sensitivitätsanalysen der Optimierungsrechnung, da mit Hilfe der weiter unten diskutierten Bedeutung der Lagrangeparameter Abschätzungen durchgeführt werden können über einen neuen optimalen Zielfunktionswert bei (leicht) geänderten Restriktionsschranken.

Solche Optimalitätsbedingungen sind für Minimierungsaufgaben von Funktionen ohne Restriktionen vertraut. Für das Minimum einer nichtrestringierten Funktion $z(\mathbf{x})$ muß ja gelten:

$$\frac{\mathrm{d}z}{\mathrm{d}x} = 0 \;;\; \frac{\mathrm{d}^2 z}{\mathrm{d}x^2} > 0$$

und für eine Funktion in n Variablen $\mathbf{x}$:

$$\frac{\partial z}{\partial x_i} = 0 \;,\; \forall i \;,\qquad \mathbf{H} = \frac{\partial^2 z}{\partial x_i \partial x_j} \;;\quad i,j = 1,..n \quad \text{pos. definit} \tag{4-20}$$

Der erste Teil von (4-20) ist notwendig, der zweite hinreichend für Vorhandensein eines Minimums. Für die allgemeinere Optimierungsrechnung wird dies - zumindest für den notwendigen Teil der Bedingungen - durch entsprechende Berücksichtigung von Restriktionen erweitert, denn für ein Optimum mit bindenden Restriktionen gilt ja i. a. gerade nicht (4-20).

Die Kuhn-Tucker-Bedingungen als mindest notwendiges Optimalitätskriterium

Die für nichtkonvexe Probleme notwendige und für konvexe Probleme notwendige und hinreichende Optimalitätsbedingung ist die Kuhn-Tucker-Bedingung:

$\mathbf{x}^{opt}$ sei eine (lokale oder globale) Lösung der Optimierungsaufgabe (4-1). Dann gibt es Zahlen $\lambda_j \geq 0$ und μ_k, so daß gilt:

$$\frac{\partial z}{\partial x_i}\Big|_{\mathbf{x}^{opt}} = \sum_j \frac{\partial g_j}{\partial x_i}\Big|_{\mathbf{x}^{opt}} \cdot \lambda_j + \sum_k \frac{\partial h_k}{\partial x_i}\Big|_{\mathbf{x}^{opt}} \cdot \mu_k$$

$$\tag{4-21a}$$

$$\mathbf{x}^{opt} \in \mathbf{R}_z^n \tag{4-21b}$$

$$\sum g_j \lambda_j = 0 \tag{4-21c}$$

$$\lambda_j \geq 0 \qquad\qquad j = 1, \ldots p \tag{4-21d}$$

Nach Beziehung (4-21a) ergibt sich im Lösungspunkt der Gradientenvektor der Zielfunktion als Linearkombination der Gradientenvektoren der bindenden Restriktionen, wobei die Multiplikatoren für die Ungleichheitsrestriktionen nicht negativ sein dürfen. Geometrisch bedeutet diese Bedingung, daß der Gradientenvektor der Zielfunktion sich zusammensetzen läßt aus einer skalierten Vektorsumme der Restriktionsgradienten. Mit (4-21c) sind die zu den nichtbindenden Restriktionen gehörenden Multiplikatoren Null, d.h. diese inaktiven Restriktionen gehen nicht unmittelbar in die Kuhn-Tucker-Bedingungen ein. Natürlich müssen alle Restriktionen erfüllt sein. Auf den offensichtlichen Zusammenhang zwischen der Sattelpunktsbedingung (4-18) für differenzierbare Lagrangefunktionen und der Kuhn-Tucker-Bedingung (4-21) sei hingewiesen.

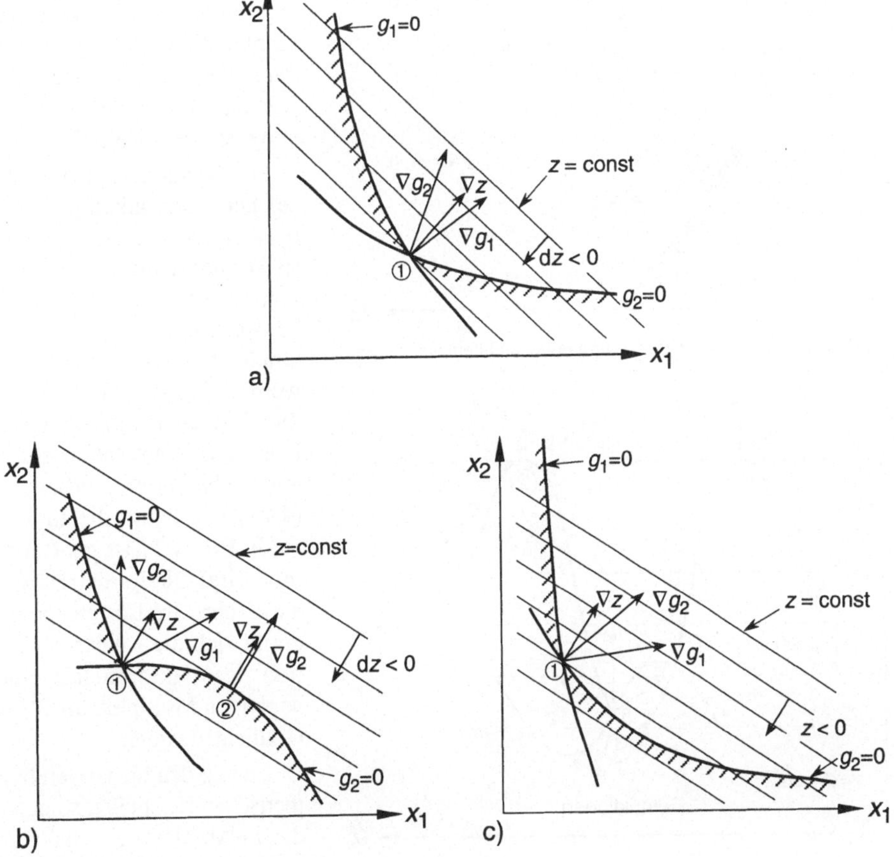

Bild 4-10: Verschiedene Fälle des Kuhn-Tucker-Kriteriums

Statt einer Beweisführung für die Kuhn-Tucker-Bedingung werden im folgenden verschiedene hypothetische und praktische Beispiele gezeigt. Aus diesen geht die Plausibilität und insbesondere der nur notwendige Charakter dieser Bedingung für nicht konvexe Aufgaben hervor.

Verschiedene geometrische Interpretationen für die Beziehungen (4-21) sind für hypothetische Probleme in Bild 4-10 diskutiert: in Bild 4-10a ist der Punkt 1 Lösungspunkt, der Gradientenvektor ∇z läßt sich als positive Linearkombination der Gradientenvektoren ∇g_1 und ∇g_2 erzeugen. Dies gilt ebenso für Punkt 1 aus Bild 4-10b, allerdings existiert für diese infolge g_2 nichtkonvexe Aufgabe ein weiterer Kuhn-Tucker-Punkt (d. h. ein Punkt der (4-21) erfüllt), der nicht Lösungspunkt ist. Die Bedingung ist also hier nur notwendig, d.h. sie muß am Lösungspunkt erfüllt sein, es können aber noch weitere Kuhn-Tucker-Punkte existieren die nicht Lösung der Optimierungsaufgabe sind. In Bild 4-10c ist der Punkt 1 fälschlicherweise als Lösungspunkt angenommen, ∇z läßt sich nicht als positive Linearkombination von ∇g_1 und ∇g_2 darstellen; die (mindest) notwendige Kuhn-Tucker-Bedingung ist also nicht erfüllt.

Die Nichtexistenz von Vorzeichenbeschränkung für Multiplikatoren der Gleichheitsrestriktionen wird aus der Überlegung plausibel, daß Gleichheitsrestriktionen und damit die Gradienten mit -1 multipliziert werden können ohne daß sich die Aufgabenstellung ändert. Dies trifft dann auch für die Vorzeichen ihrer Gradienten in (4-21) und damit die μ_k selbst zu. In Bild 4-11 ist ein Beispiel mit Gleichheitsrestriktionen aufgeführt. Im Lösungspunkt 1 ergibt sich die Linearkombination der Vektoren mit einem negativen Multiplikator für den Gradienten von h.

Analog den bisherigen hypothetischen Beispielen zeigt auch das in Abschnitt 2.1 diskutierte mechanische Beispiel der Dickenminimierung einer faser-

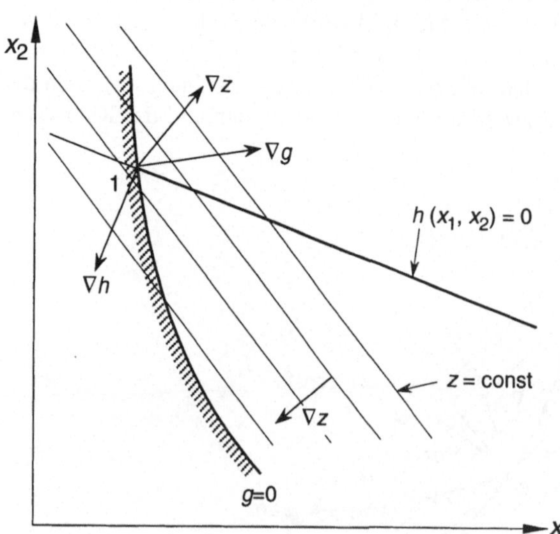

Bild 4-11: Kuhn-Tucker-Bedingung bei Gleichheitsrestriktion

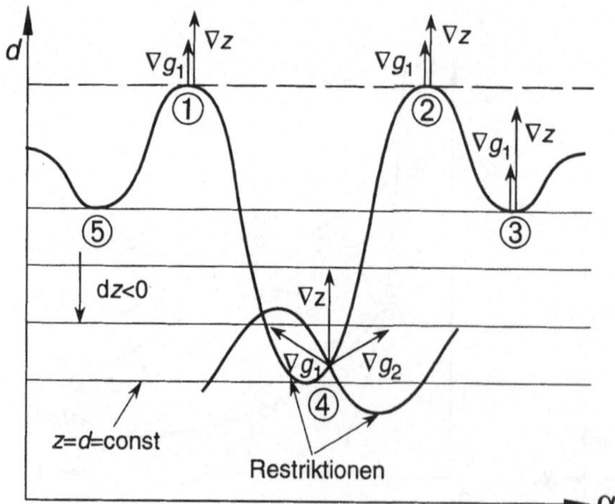

Bild 4-12: Kuhn-Tucker-Bedingung am Beispiel der faserverstärkten Scheibe

verstärkten Scheibe unter Spannungsrestriktionen in Bild 4-12, daß bei Nichtkonvexität die Bedingung (4-21) nur notwendig ist. Denn neben den lokalen Lösungen 3 und 5 und der globalen 4 ist in Bild 4-12 die Kuhn-Tucker-Bedingung (4-21) auch bei den Punkten 1 und 2 erfüllt, obwohl diese keine Lösung der Optimierungsaufgabe sind.

Meist sind in der Lösung weniger Restriktionen bindend als Entwurfsvariable vorhanden sind. Zuweilen (insbesondere bei festigkeitsdominierten Aufgaben) sind in den optimalen Lösungen (mindestens) genau so viele Restriktionen bindend wie Entwurfsvariable vorhanden sind. Für diesen Fall gilt folgende hinreichende Form der Kuhn-Tucker-Bedingungen: gibt es unter den Vektoren $\nabla z(x^*)$, $\nabla g_j(x^*)$, $j \in J_{krit}$, und $\nabla h_k(x^*)$ insgesamt n linear unabhängige und Zahlen $\lambda_i > 0$, die (4-21) erfüllen, so ist $x^* = x^{opt}$ Lösung der Optimierungsaufgabe. Die Multiplikatoren für die bindenden Ungleichheitsrestriktionen müssen also dann streng positiv sein. Dies ist z.B. relevant im Zusammenhang mit der sogenannten vollbeanspruchten Struktur (siehe Abschnitt 5.5.1), bei der per Definition genauso viele Spannungsrestriktionen oder Variablenschranken bindend sind wie Entwurfsvariable vorhanden sind: Ist die Kuhn-Tucker-Bedingung erfüllt, die Multiplikatoren also nicht negativ, so ist die vollbeanspruchte Struktur mit Sicherheit optimal.

Ein Beispiel linear abhängiger Restriktionsgradienten zeigt Bild 4-13. Obwohl der Punkt 1 Lösung der Aufgabe ist, läßt sich die Bedingung (4-21) wegen linearer Abhängigkeiten in den Koeffizientenmatrizen nicht überprüfen, eine solche Restriktionsentartung muß ausgeschlossen werden und tritt auch in der Praxis selten auf.

Die wesentlichste Anwendung der Kuhn-Tucker-Bedingung wird aus (4-21) sofort deutlich: nach Ermittlung einer (ev. vermeintlichen) Lösung werden die für (4-21) notwendigen Gradientenvektoren bestimmt und die Multiplikatoren aus dem für sie dann linearen Gleichungssystem bestimmt. Falls die Anzahl m der bindenden Restriktionen kleiner ist als die Anzahl der Entwurfsvariablen n, so können z.B. die ersten m Gleichungen aus (4-21) benutzt werden. Dies funktioniert allerdings nur dann befriedigend, wenn das Optimum und die dort vorhandenen Gradienten sehr genau ermittelt werden, was allerdings praktisch meist nicht notwendig ist. Es ist deshalb besser die Multiplikatoren im Sinne eines minimierenden Fehlerquadrats für (4-21a) zu bestimmen.

Ist mindestens eines der λ_j negativ, so kann x^* nicht Lösung x^{opt} sein. Ist dagegen (4-21) erfüllt, so ist selbst bei nichtkonvexen Problemen der Vertrauensgrad sehr hoch, da ja x^* von einem Optimierungsalgorithmus ‚angeboten' wird. Ein Optimierungsalgorithmus wird in der Regel nicht bei einem nichtoptimalen Kuhn-Tucker-Punkt wie einem Punkt 1 oder 2 in Bild 4-12 abbrechen.

Die Erfahrung zeigt aber auch, daß trotz praktisch durchaus ausreichender Lösungsnähe noch einige λ_j (schwach) negativ sein können. Dies erfordert eine sorgfältige Ergebnisinterpretation, denn bei gegenüber den anderen Multiplikatoren betragsmäßig kleinen aber negativen Multiplikationen

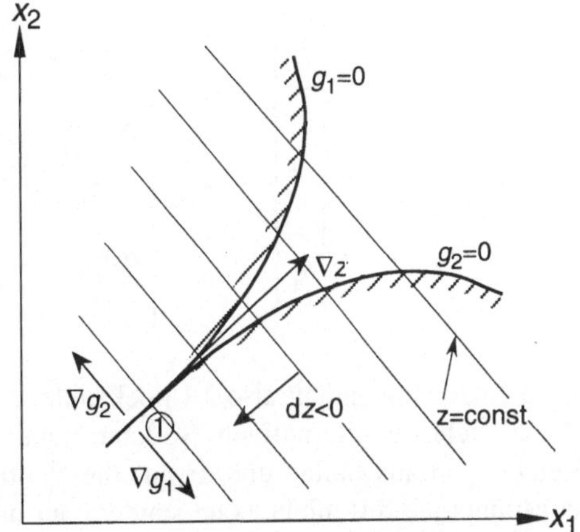

Bild 4-13:   Restriktionsentartung mit linear abhängigen Gradienten

kann das Ergebnis durchaus akzeptabel sein. So trifft man bei stark bindenden und das Ergebnis deutlich bestimmenden Spannungsrestriktionen Multiplikatoren in der Größenordnung von 1000 an, während bei schwach bindenden Spannungsrestriktionen einige Multiplikatoren leicht negativ mit Beträgen in der Größenordnung von 1 sein können. Dann ist die ermittelte Lösung durchaus noch akzeptabel.

Überprüfung der Kuhn-Tucker-Bedingungen am praktischen Beispiel

Die wesentliche Anwendung der i. a. nur notwendigen Kuhn-Tucker-Bedingung ist offensichtlich: nach Ermittlung eines (ev. vermeintlichen) Lösungsvektors werden die Gradientenvektoren ∇z und ∇g_j, ∇h_k bestimmt (falls sie vom Optimierungsprogramm nicht sowieso benötigt werden und schon vorliegen) und (4-21a) nach den Multiplikatoren λ_j und μ_k aufgelöst. Falls genauso viele Restriktionen bindend sind wie Entwurfsvariable vorhanden sind, handelt es sich um ein lineares Gleichungssystem in (4-21a). Für den allgemeineren Fall daß weniger Restriktionen bindend als Variable vorhanden sind, sind die Multiplikatoren eher über ein lineares Ausgleichsproblem zu bestimmen.

Der numerische Aufwand zur Bestimmung der Multiplikatoren und Überprüfung ob $\lambda_j{\geq}0$ ist in der Regel klein gegenüber dem der Optimierungsiterationen selbst.

Als einfache Aufgabe sei

$$\text{minimiere } \{z=x^2 \mid g = x - 2 \geq 0 \}$$

betrachtet mit der offensichtlichen Lösung bei $x^{opt}=2$. Mit $dz/dx=2x$, $dg/dx=1$ und Einsetzen der Lösung $x=2$ ergibt sich der positive Multiplikator zu 4.

Im Fall der Gewichtsminimierung eines statisch bestimmten Stabtragwerkes unter Spannungsrestriktionen ergibt sich das in Abschnitt 5.5.1 besprochene vollbeanspruchte Tragwerk als optimale Lösung. Wie in diesem Abschnitt gezeigt ist, läßt sich dafür die Kuhn-Tucker-Bedingung weitgehend algebraisch anwenden und liefert wie erwartet positive Multiplikatoren. Für den Stabdreischlag des Bildes 2.1 aus Kapitel 2 sind im Optimum im Stab 1 die Spannungsrestriktion für den Lastfall 1 und im Stab 3 die für den Lastfall 2 bindend. Die Kuhn-Tucker-Bedingung ist hierfür:

$$\begin{bmatrix} l_1 \\ \\ l_2 \\ \\ l_3 \end{bmatrix} = -\frac{1}{\sigma_{zul}} \begin{bmatrix} \dfrac{\partial\sigma_{1(1)}}{\partial A_1} & \dfrac{\partial\sigma_{3(2)}}{\partial A_1} \\ \dfrac{\partial\sigma_{1(1)}}{\partial A_2} & \dfrac{\partial\sigma_{3(2)}}{\partial A_2} \\ \dfrac{\partial\sigma_{1(1)}}{\partial A_3} & \dfrac{\partial\sigma_{3(2)}}{\partial A_2} \end{bmatrix} \begin{bmatrix} \lambda_1 \\ \\ \lambda_2 \end{bmatrix} \qquad (4\text{-}22)$$

Diese Gleichung enthält also 2 Unbekannte λ_1 und λ_2 mit drei Gleichungen. Zur Auflösung gibt es mehrere Alternativen. So kann man z.B. zumindest theoretisch zwei aus den drei Gleichungen auswählen und daraus die Multiplikatoren berechnen. Allerdings ist der Lösungspunkt ja i.d.R. nicht exakt sondern nur näherungsweise bestimmt, so daß auch z.B. die Restriktionsgradienten nicht exakt denen an der Lösung entsprechen. Dann können sich auch die berechneten Multiplikatoren dadurch unterscheiden, welche der Zeilen aus dem überbestimmten Gleichungssystem ausgewählt wurden. Besser ist also die Auflösung im Sinne minimaler Fehlerquadrate. Sie liefert für das in Kapitel 2 angegebene Optimum positive Multiplikatoren, d. h. die Kuhn-Tucker-Bedingung wird (notwendigerweise) erfüllt. Infolge Symmetrie sind die Lagrangeparameter λ_1 und λ_2 gleich. Wäre mindest einer der Multiplikatoren (deutlich) negativ, könnte es sich ganz sicher nicht um ein (lokales) Optimum handeln.

Eine weitere interessante Aussage ergibt sich für den Sonderfall nur einer bindenden Restriktion, z. B. wenn nur eine bestimmte Eigenfrequenz ω oder die Sytemzuverlässigkeit restringiert ist. Es ist dann:

$$\frac{\partial z}{\partial x_i} = \frac{\partial \omega}{\partial x_i} \cdot \lambda \tag{4-23}$$

d. h. also $(\partial z/\partial x_i)/(\partial \omega/\partial x_i) = $ const für alle x_i.

Dies bedeutet, daß im optimalen Tragwerk das Verhältnis der Zielfunktionssensitivität zur Restriktionssensitivität für alle Entwurfsvariable gleich sein muß. Eine Optimierungsvariable mit großem Einfluß in der Zielfunktion hat auch (in der Lösung) großen Einfluß auf die Restriktionsfunktion, und umgekehrt. Der Gradientenvektor der Zielfunktion unterscheidet sich dann vom dem der Restriktion nur um seine Länge.

Interpretation der Lagrangefunktion und der Lagrangeparameter

Die Lagrangemultiplikatoren λ_j und μ_k haben außer der formalen in (4-21) noch weitere Bedeutung. Schreibt man nämlich die Restriktionsfunktionen in der Form

$$g_j = b_j - \tilde{g}_j(\mathbf{x}) > 0 \qquad \text{und} \qquad h_k = \bar{h}_k(\mathbf{x}) - c_k = 0 \tag{4-24}$$

mit b_j und c_k als vorgegebene Restriktionsniveaus (z.B. zul. Systemantworten) und interpretiert den jeweils optimalen Zielfunktionswert als Funktion dieser Restriktionsniveaus, so gilt

$$\lambda_j = -\frac{\partial z(b_1,...)}{\partial b_j} \tag{4-25a}$$

$$\text{und} \qquad \mu_k = -\frac{\partial z}{\partial c_k} \tag{4-25b}$$

Dies ergibt sich an x^{opt} sich unmittelbar aus den Kuhn-Tucker-Bedingungen, wenn die b_j und c_k als unabhängige Variable auch für z_{opt} aufgefaßt werden. Die Multiplikatoren geben also an, wie sich der optimale Zielfunktionswert ändert bei (differentieller) Änderung des Restriktionsniveaus. Auch hieraus wird deutlich, daß im Optimum nicht $\lambda_j < 0$ sein kann. Denn dann wäre nach (4-25a) durch eine Verminderung des Restriktionsniveaus (also z. B. der zulässigen Spannung) eine Verkleinerung der Zielfunktion (also z. B. des Gewichtes) möglich, was unsinnig ist.

In den Wirtschaftswissenschaften haben die Multiplikatoren auch die Bezeichnung ‚Schattenpreise‘, d. h. sie geben an welcher ‚Preis‘ durch die jeweilige (bindende (!)) Restriktion in der Zielfunktion zu zahlen ist. Hohe Schattenpreise bedeuten starken Einfluß der zugehörigen Restriktionen auf den optimalen Zielfunktionswert, höhere Ressource (sprich höhere Restriktionsniveaus) würden den optimalen Zielfunktionswert weiter verkleinern bei sinkenden Schattenpreisen. Der Schattenpreis Null ist zu zahlen bei mehr vorhandenen Ressourcen als benötigt werden, also bei nichtbindenden Restriktionen.

Allerdings ist zu beachten, daß die Multiplikatoren infolge unterschiedlicher Dimensionen ggf. stark unterschiedliche Größenordnung annehmen können, so daß eine Interpretation und Erstellung einer Rangfolge des Restriktionseinflusses auf das Optimum nur innerhalb des gleichen Restriktionstyps sinnvoll ist.

Die Aufgabe (4-19) zur Ermittlung eines Sattelpunktes der Lagrangefunktion bei vorgegebenen Multiplikatoren ist dann ein Kompromiß zwischen zahlbaren Schattenpreisen und möglichst kleiner Zielfunktion. Bei vorgegebenen Multiplikatoren (sprich: Schattenpreisen) wird derjenige Variablenvektor und Zielfunktionswert ermittelt, der die mit den vorgegebenen Preisen ‚kaufbaren‘ Restriktionsniveaus am besten ausnutzt, bei dem also die Differenz zwischen den Zielfunktionskosten und denen zum ‚Kauf‘ der Ressourcen möglichst klein ist.

Eine solche Aufgabe ist z.B. dann sinnvoll, wenn nur einige oder wenige Restriktionen vorhanden sind, die Restriktionsniveaus nicht genau definiert werden (können) oder für ein breiteres Spektrum an Restriktionsniveaus optimale Lösungen bei Variation der Multiplikatoren ermittelt werden sollen. Durch Variation des Schattenpreises lassen sich so relativ leicht verschiedene Optima für unterschiedliche, allerdings vorab nicht bekannten Restriktionsniveaus erzeugen. Letzteres ist ein Grund dafür, daß diese Möglichkeit in der Praxis nur eine geringere Bedeutung hat.

5 Algorithmen zur Lösung von Optimierungsaufgaben

Der mathematische Optimierungsalgorithmus in programmierter Form ist das zentrale Element und der Motor eines Programms zur Strukturoptimierung. Er steuert die Verbesserung der Optimierungsvariablen während der Optimierungsrechnung und beeinflußt so maßgeblich die Effizienz der Optimierungsrechnung.

Im folgenden wird zunächst ein Gliederungsschema für Optimierungsalgorithmen eingeführt, mit dem die umfangreich gewordene Menge unterschiedlicher Verfahren strukturiert werden kann.

In den Abschnitten 5.2 bis 5.5 werden einige wichtige Optimierungsalgorithmen vorgestellt. Dabei werden die grundsätzlichen Unterschiede zwischen den einzelnen Verfahrensgruppen hervorgehoben. Einige wenige typische Verfahren werden detaillierter beschrieben, bei deren Auswahl einerseits die Bedeutung für die praktische Anwendung in der Strukturoptimierung, andererseits aber auch didaktische Überlegungen berücksichtigt wurden. Die vergleichende Darstellung der unterschiedlichen Prinzipien hat Vorrang vor einer (freilich ohnehin kaum erreichbaren) Vollständigkeit der vorgestellten Algorithmen. Die zuerst beschriebene Verfahrensgruppe der Straffunktionsmethoden wird – gemessen an ihrer mittlerweile eher geringen Bedeutung für die Strukturoptimierung – recht ausführlich behandelt, weil an ihrem Beispiel die allgemeine Funktionsweise von Optimierungsalgorithmen gut veranschaulicht werden kann. Die weiteren Verfahrensgruppen werden mit der Ausführlichkeit beschrieben, die ihrer praktischen Bedeutung entspricht. Leser, die weitergehende Informationen über Optimierungsalgorithmen suchen, finden z.B. in [5-1] eine noch ausführlichere Darstellung.

Die Beurteilung der unterschiedlichen Algorithmen hinsichtlich ihrer Eignung für die Strukturoptimierung bildet den Abschluß des Kapitels.

Um dem Leser über das theoretische Verständnis hinaus eigene Erfahrungen mit der Optimierungsrechnung zu ermöglichen, ist im Anhang A ein sehr einfacher Optimierungsalgorithmus in Fortran77-Code abgedruckt, mit dessen Hilfe kleine Optimierungsaufgaben gelöst werden können. Leistungsfähigere Optimierungsalgorithmen sind jedoch in vielen mathematischen Software-Bibliotheken (z.B. NAG Library [5-29]) verfügbar.

5.1 Übersicht

5.1.1 Der Algorithmusbegriff

Der Begriff des Algorithmus wird dem Gebiet der praktischen Mathematik zugeordnet. Andere Bezeichnungen für Algorithmus sind Prozedur, Prozeß, Verfahren, Methode, usw. Darunter wird ein Satz von Regeln oder Anweisungen verstanden, um von einem gegebenen ‚Input' zu einem bestimmten ‚Output' zu kommen. Jeder Schritt ist so präzise definiert, daß die Übersetzung in eine Computersprache und die Ausführung mit einem Rechner möglich sind. Dies bedeutet zunächst die Ausschaltung von Unwägbarkeiten und subjektiven Kriterien, kann aber durchaus zufallsgesteuerte logische Verzweigungen und Berechnungen einschließen, wie wir später sehen werden. Die meisten Optimierungsalgorithmen sind jedoch determiniert und nicht zufallsgesteuert.

Das Konzept eines Algorithmus existiert als Idee unabhängig von jeder Implementierung auf einem Computer. Jedoch ist ein Rechenprogramm ein hervorragendes Hilfsmittel zur Überprüfung der Tauglichkeit eines Algorithmus.

Das Grundkonzept von Optimierungsalgorithmen wurde in Abschnitt 2.3 behandelt:

① Lege einen Startvektor $\mathbf{x}^{(k)}$ fest; setze den Iterationsindex $k = 1$

② Ermittle einen Änderungsvektor $\Delta\mathbf{x}^{(k)}$, der $\mathbf{x}^{(k)}$ im Sinne der Optimierungsaufgabe verbessert. (Auswertungen von Zielfunktion und Restriktionen sind dazu erforderlich)

③ Bilde: $\mathbf{x}^{(k+1)} = \mathbf{x}^{(k)} + \Delta\mathbf{x}^{(k)}$

④ Überprüfe ein Abbruchkriterium;
   falls nicht erfüllt: $k: = k + 1$; gehe zu ②

⑤ Lösungsvektor: $\mathbf{x}^{opt} = \mathbf{x}^{(k+1)}$

Die einzelnen Algorithmen unterscheiden sich hauptsächlich darin, wie der Änderungsvektor $\Delta\mathbf{x}^{(k)}$ gebildet wird (Schritt ②). Ein Algorithmus soll stets nach einer möglichst geringen Anzahl von Schritten die Umgebung der Lösung erreichen und dann abbrechen. Für die Beschreibung des Konvergenzverhaltens von Optimierungsalgorithmen sind folgende Begriffe wichtig:

- Der *Konvergenzbereich* bezeichnet den Teil des n-dimensionalen Raumes $\Re^n$, in dem der Startvektor $\mathbf{x}^{(1)}$ liegen muß, damit die Folge der $\mathbf{x}^{(k)}$ gegen den optimalen Entwurfsvariablenvektor $\mathbf{x}^{opt}$ strebt.

- Die *Konvergenzrate p* ist definiert als

$$ p = \lim_{k\to\infty} \left| \frac{e^{(k+1)}}{e^{(k)}} \right| < 1 \tag{5-1} $$

$e^{(k)}$ stellt dabei ein Fehlermaß dar: $e^{(k)} = \| \mathbf{x}^{opt} - \mathbf{x}^{(k)} \|$ Die Folge der $\mathbf{x}^{(k)}$ strebt für steigende k gegen einen Grenzwert $\mathbf{x}^{opt}$. Für $0 < p < 1$ spricht man von linearer Konvergenz, $p = 0$ bedeutet superlineare Konvergenz. Zu beachten ist, daß die Konvergenzrate das Verhalten des Algorithmus im Limes, also kurz vor der Lösung, beschreibt und nicht unbedingt am Anfang einer Iteration. Ein Algorithmus mit linearer Konvergenz kann bei einem schlechten Startvektor schneller in Lösungsnähe gelangen als ein superlinear konvergierender.

Zur Beurteilung der Optimierungsalgorithmen ist in der Praxis der Rechenaufwand zur Bestimmung des Optimums wichtiger als die theoretisch definierte Konvergenzrate. Diese Gesamtrechenzeit setzt sich zusammen aus der CPU-Zeit für Systemanalyse und Gradientenberechnung (z.B. mit FEM) in sämtlichen Iterationsschritten und der vom Optimierer selber benötigten CPU-Zeit. Bei mittleren und größeren Optimierungsaufgaben bestimmen Systemanalysen und Gradientenberechnungen und die Anzahl der Iterationsschritte maßgeblich die Gesamtrechenzeit.

5.1.2 Überblick über Optimierungsalgorithmen

Zur Lösung von Tragwerksoptimierungsaufgaben kommen sehr unterschiedliche Lösungsverfahren in Frage, deren Anzahl mittlerweile kaum mehr überschaubar ist. Aus der großen Menge haben sich jedoch einige Algorithmen herausgeschält, die besondere Vorteile aufweisen. Die wichtigsten Qualitätskriterien sind Allgemeingültigkeit (definiert als Breite der unterschiedlichen Aufgabenstellungen, die gelöst werden können), Effizienz (Maßstab ist die Rechenzeit, die oft durch die Anzahl der notwendigen Funktionsauswertungen bestimmt wird) und Zuverlässigkeit (Erfolgswahrscheinlichkeit, mit der eine a priori geeignete Aufgabenstellung gelöst wird). Diese Maßstäbe werden in Abschnitt 5.6 ausführlicher behandelt.

Optimierungsalgorithmen weisen zwei Bestandteile auf: Lösungsstrategie und Lösungserzeuger.

Die *Lösungsstrategie* beschreibt den prinzipiellen Lösungsweg (z.B. die bereichsweise Linearisierung von Zielfunktion und Restriktionen). Ein wesentlicher Aspekt ist dabei die Behandlung der Restriktionen, die beispielsweise entweder direkt berücksichtigt werden (Aufgabe mit Nebenbedingungen) oder in einen Straffunktionsterm transformiert und in die Zielfunktion integriert werden können.

Der *Lösungserzeuger* (‚Optimierer‘) übernimmt dann innerhalb der gewählten Strategie – quasi als ‚Motor‘ – die eigentliche iterative Veränderung des Optimierungsvariablenvektors $\mathbf{x}^{(k)}$. In der Regel geschieht dies durch Erzeugung eines Änderungsvektors $\Delta\mathbf{x} = \alpha^{(k)} \cdot \mathbf{s}^{(k)}$, der im k-ten Iterationsschritt aus dem Suchrichtungsvektor $\mathbf{s}^{(k)}$ und dem Skalar $\alpha^{(k)}$, der die Schrittweite beschreibt, aufgebaut wird.

Lösungsstrategien

Vier Gruppen von Lösungsstrategien mit ihren Vor- und Nachteilen werden in den Abschnitten 5.2 bis 5.5 vorgestellt:

a) Straffunktionsverfahren

   Die restringierte Optimierungsaufgabe wird in eine Folge unbeschränkter und daher relativ einfach lösbarer Ersatzaufgaben transformiert. Die Ersatzaufgaben werden so bestimmt, daß die Folge ihrer Lösungen gegen die Lösung der Ursprungsaufgabe konvergiert. Das Prinzip ist also: Ersetze eine einzelne, schwerer lösbare Aufgabe durch mehrere einfacher lösbare. Die Zielfunktion der unbeschränkten Ersatzaufgabe wird dabei aus der ursprünglichen Zielfunktion $z(\mathbf{x})$ und einem Straffunktionsanteil $p(\mathbf{x})$, der mit zunehmend aktiv werdenden Restriktionen immer größer wird, additiv zusammengesetzt. Durch diese Bestrafung aktiv werdender Restriktionen wird erreicht, daß der Lösungserzeuger Restriktionen ‚erkennt‘, ohne sie explizit verarbeiten zu müssen.

   Von ihrer geschichtlichen Bedeutung her werden die Straffunktionsmethoden an erster Stelle genannt, obwohl ihre aktuelle Wertigkeit – bedingt durch die zwischenzeitliche Entwicklung effizienterer Verfahren – nicht mehr groß ist. Gleichwohl sind sie sehr gut dazu geeignet, das Verständnis der Funktionsweise von Optimierungsalgorithmen allgemein zu fördern. Vorteile der Straffunktionsverfahren sind ihre relative Einfachheit und die hohe Allgemeingültigkeit. Ihr entscheidender Nachteil ist jedoch der hohe Rechenaufwand infolge der häufigen Funktionsauswertungen. Kapitel 5.2 behandelt diese Straffunktionsmethoden.

b) Approximationsverfahren

Wie Straffunktionsmethoden lösen auch Approximationsverfahren die Optimierungsaufgabe über eine Folge von Subproblemen. Bei den Approximationsverfahren wird jedoch die Strukturierung der Optimierungsaufgabe in Zielfunktion und Restriktionen beibehalten. Zielfunktion $z(\mathbf{x})$ und die i.d.R. nichtlinearen Restriktionen $g_j(\mathbf{x,u})$, deren Berechnung häufig die aufwendige Lösung der impliziten Systemgleichungen zur Bestimmung der Systemantworten $\mathbf{u}$ voraussetzt, werden mit Hilfe einer Taylor-Reihenentwicklung durch einfache, explizite Funktionen – z.B. lineare Polynome – approximiert. Es wird dann mit diesen approximierten und expliziten Systemgleichungen bzw. Restriktionsfunktionen weitergearbeitet. Die Lösung $\mathbf{x}^{(k)}$ der expliziten Ersatzaufgabe kann mit geringem Aufwand ohne weitere Systemanalysen ermittelt werden. An der Stelle $\mathbf{x}^{(k)}$ wird nun eine neue Approximation aufgestellt und die Ersatzaufgabe gelöst. Dieser Vorgang wird wiederholt, bis das Optimum mit ausreichender Genauigkeit angenähert ist. Approximationsverfahren, die zu den neueren Verfahrensgruppen zählen, haben sich als besonders effizient erwiesen, da sie mit relativ wenig FE-gestützten Systemanalysen auskommen. In Abschnitt 5.4 werden einige Approximationsalgorithmen beschrieben.

c) Direkte Verfahren

Mit Straffunktions- und Approximationsverfahren wird die originäre Aufgabenstellung erst in eine andere Form gebracht, bevor sie gelöst wird. Mit den direkten Verfahren dagegen wird die ursprüngliche, beschränkte Optimierungsaufgabe direkt und unmittelbar ohne eine Approximation oder den Umweg über eine Ersatzzielfunktion mit Straffunktionsanteil gelöst. Die Lösungsstrategie besteht also nur darin, die originäre Aufgabenstellung unverändert an den Lösungserzeuger durchzureichen (siehe Kap. 5.3).

d) Optimalitätskriterienverfahren

Für bestimmte Arten von Optimierungsaufgaben sind Bedingungen bekannt, die der optimale Entwurf – mathematisch streng oder auch nur aus der Erfahrung vermutet – erfüllt. Im Abschnitt 4.7 wurde bereits ein wichtiges mathematisches Optimalitätskriterium eingeführt: die Kuhn-Tucker Bedingungen. Ein empirisches (triviales) Beispiel für ein Optimalitätskriterium lautet: der Querschnitt a eines mit der Normalkraft N belasteten Zugstabes in einem statisch bestimmten Fachwerk unter einer Spannungsrestriktion $\sigma < \sigma_{zul}$ ist dann gewichtsoptimal dimensioniert, wenn der Stabquerschnitt voll – d.h. bis an die Grenze der zulässigen Spannungen – beansprucht ist. Anstatt – wie bei den drei erstgenannten Verfahrensgruppen der mathematischen Programmierung – den Optimierungsvariablenraum vom Startentwurf bis zum Optimum quasi im geometrischen Sinne zu durchschreiten, wird ein Optimierungsvariablenvektor ermittelt, der das Optimalitätskriterium erfüllt. Die Vorgehensweise ist also prinzipiell anders als bei den unter a) bis c) erläuterten Strategien.

Optimalitätskriterienverfahren sind nur bei wenigen speziellen Gruppen von Optimierungsaufgaben effizient einsetzbar, für die sich aus den Optimalitätsbedingungen entsprechende Algorithmen formulieren lassen. Sie werden im Abschnitt 5.5 erläutert.

Lösungserzeuger (Optimierer)

Die Vielfalt der Lösungserzeuger, auch Optimierer genannt, ist noch größer als die der Strategien. Ein Lösungserzeuger setzt sich in der Regel (aber nicht immer) aus einem Suchrichtungserzeuger zur Bestimmung der Suchrichtung $\mathbf{s}^{(k)}$ und einem Algorithmus zur Bestimmung der Schrittweite $\alpha^{(k)}$ zusammen.

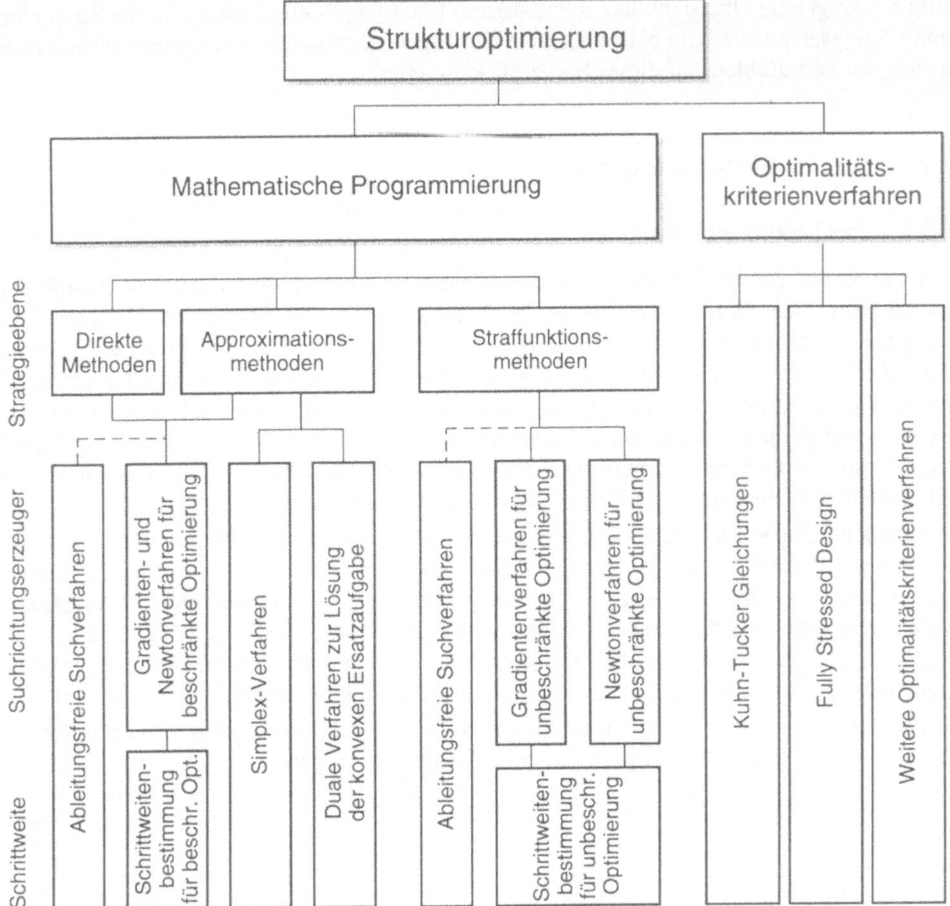

Bild 5-1: Gliederungsschema für Lösungsstrategien und Lösungserzeuger

Bei der Auswahl eines Lösungserzeugers ist darauf zu achten, daß er zur gewählten Lösungsstrategie paßt. Ein Lösungserzeuger für lineare Aufgaben paßt beispielsweise zur Strategie der linearen Approximation. Klassifikationsmerkmale für Lösungserzeuger sind:

- Eignung für
  - lineare
  - quadratische oder
  - allgemein nichtlineare Aufgaben
- Lösung von
  - restriktionsfreien oder
  - restringierten Aufgaben
- Arbeitsweise
  - ohne Gradienten (ableitungsfreie Suchverfahren)
  - mit Gradienten (Gradientenverfahren) oder
  - mit der Hesse-Matrix (direkt oder approximiert) der Funktionen des Optimierungsmodells (Newton Verfahren).

In den folgenden Abschnitten werden einige typische Lösungserzeuger jeweils im Anschluß an eine passende Lösungsstrategie beschrieben.

Bild 5-1 zeigt eine Übersicht über die in diesem Buch vorgestellten Gruppen von Strategien und Lösungserzeugern. Um bei der Lektüre der folgenden Abschnitte den roten Faden zu behalten, wird empfohlen, auf dieses Bild zurückzugreifen.

5.2   Straffunktionsverfahren

5.2.1   Das Lösungsprinzip

Ein komplexes, schwer lösbares Problem auf leichter zu lösende Aufgaben zurückzuführen, ist die hinter den Straffunktionsverfahren steckende Idee. Das Prinzip besteht darin, die komplexe nichtlineare Optimierungsaufgabe mit Restriktionen in eine Folge einfacherer Aufgaben ohne Restriktionen zu überführen. Deren Lösungsfolge strebt unter geeigneten Voraussetzungen gegen die Lösung der Ursprungsaufgabe. Mit einer solchen Vorgehensweise entledigt man sich der schwieriger zu behandelnden Restriktionen. Der Vorteil muß jedoch mit einem hohen numerischen Aufwand erkauft werden. Zur Lösung von unbeschränkten Aufgaben steht eine Fülle von Optimierern zur Verfügung.

Eine ähnliche Vorgehensweise begegnete uns bereits bei der Einführung der Langrange Funktion in Kapitel 4.6, bei der die nichtlineare, beschränkte Optimierungsaufgabe in eine äquivalente unbeschränkte Aufgabe Gl.4-19 (eine einzige, nicht eine Folge von Aufgaben) überführt wurde. Allerdings müssen dann – anders als bei den Straffunktionsverfahren – als zusätzliche Variable die Lagrange-Parameter in Kauf genommen werden. Die beiden Strategien sind daher trotz oberflächlicher Ähnlichkeit nicht direkt verwandt.

Ein einfaches Beispiel soll das Prinzip der Straffunktionsverfahren verdeutlichen: Gegeben sei die in Bild 5-2 dargestellte, eindimensionale Aufgabe:

$$\min_{x}\left\{ z(x) = x \ \mid \ g(x) = x - 2 \geq 0 \right\} \tag{5-2}$$

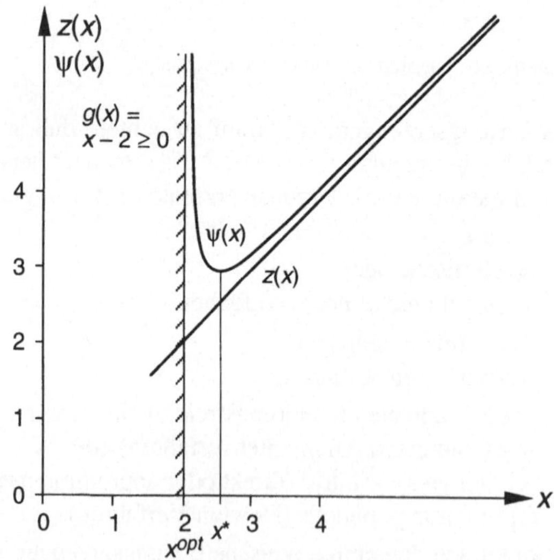

Bild 5-2: Zielfunktion $z(x)$ und Ersatzzielfunktion $\psi(x)$ (Aufgabe 5-2)

Abgesehen davon, daß die Lösung $x^{opt}=2$ offensichtlich ist, handelt es sich um ein lineares Optimierungsproblem, das zweckmäßigerweise mit einem Simplex-Algorithmus gelöst wird. (Der Simplex-Algorithmus [5-2; 5-3] ist *das* klassische Verfahren zur Lösung linearer, beschränkter Optimierungsaufgaben). Mit der Anwendung eines Straffunktionsverfahrens wird lediglich die Absicht verfolgt, deren Prinzip an diesem geschlossen lösbaren Beispiel zu verdeutlichen.

Zunächst wird für die Restriktion $g(x) = x\text{-}2 \geq 0$ eine Funktion so konstruiert und zur Zielfunktion addiert, daß die auf diese Weise erzeugte Ersatzzielfunktion an der Grenze des zulässigen Bereiches ($x\to 2$) sehr groß wird. Damit wird dem Minimierungsalgorithmus deutlich gemacht, daß die Restriktionen vom zulässigen Bereich herkommend im Begriff sind, verletzt zu werden. Mit der Inversen der Restriktionsfunktion $1/g(x)=1/(x\text{-}2)$ gelingt die Konstruktion einer solchen Funktion einfach. Die für den Bereich $g(x) \geq 0$ definierte Ersatzaufgabe lautet:

$$\min_{x}\left\{ \psi = z(x) + r \cdot \left(\frac{1}{x-2} \right) \right\} \tag{5-3}$$

Wie in Bild 5-2 erkennbar ist, unterscheidet sich die Ersatzzielfunktion ψ von der Zielfunktion $z(x)$ weit im Inneren des zulässigen Bereiches nur sehr wenig. Am Rand des zulässigen Bereiches ($x\to 2$) steigt ψ dagegen stark an, da der Straffunktionsanteil $p=1/(x\text{-}2)$ sehr groß wird. Gleichzeitig wird die Rolle des zusätzlich eingeführten Parameters r deutlich: für kleiner werdendes r schmiegt sich ψ immer stärker an $z(x)$ an, um dann erst in unmittelbarer Nähe zur Restriktionsgrenze stark anzusteigen. Mit kleiner werdendem r strebt die Lösung der Ersatzaufgabe x^{*} immer mehr zur Lösung der Ursprungsaufgabe x^{opt}.

Die einfache, unbeschränkte Aufgabe 5-3 läßt sich algebraisch lösen: Für das Minimum x^{opt} gilt:

$$\frac{\partial \psi}{\partial x} = 1 - r \frac{1}{(x-2)^2} = 0 \qquad \Rightarrow x = 2 + \sqrt{r}$$

$$\tag{5-4}$$

$$x^{opt} = \lim_{r \to 0} (2 + \sqrt{r}) = 2$$

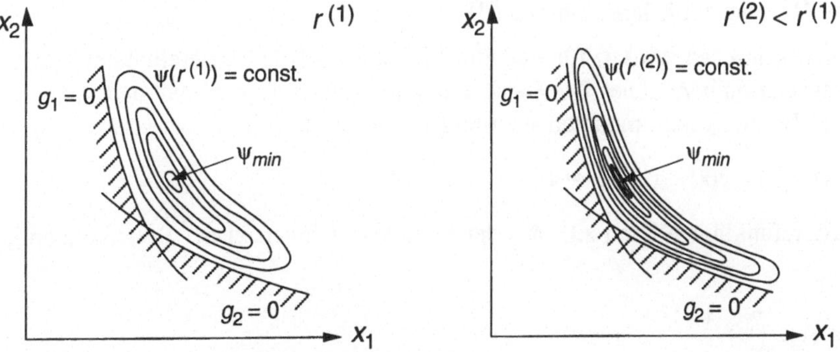

Bild 5-3: Isolinien der Ersatzzielfunktion für $r^{(1)}$ und $r^{(2)}$

Für $r{\to}0$ wird damit $x^{opt}{=}2$. Die analytische Minimierung von 5-3 kann also auch sofort mit sehr kleinem (im mathematischen Sinne verschwindendem) r durchgeführt werden. Von einfachen Beispielen abgesehen, können die Lösungen jedoch nicht analytisch, sondern nur iterativ und numerisch erzeugt werden; gerade dann kommt es darauf an, daß die Aufgabe möglichst gut konditioniert ist. Im allgemeinen wird die Konditionierung der Ersatzzielfunktion ψ mit kleiner werdendem r immer schlechter; bei schlechten Startvektoren ist das Minimum dann nur schwer zu finden. In Bild 5-3 ist dieser Sachverhalt für eine 2-dimensionale Optimierungsaufgabe gezeigt. Zu Beginn der Rechnung sollte r hinreichend groß sein (Regel: $r^{(1)}{=}z(x^{(1)})/\psi(x^{(1)})$), um dann im Laufe der Rechnung mit steigendem Iterationsindex k kleiner zu werden (Regel: $r^{(k+1)}{=}0{,}1r^{(k)}$). Letztlich zielen die vorherigen Minimierungsschritte bei größerem r darauf, jeweils einen Startvektor für die nachfolgende, wegen des kleineren r schlechter konditionierte Optimierungsaufgabe zu bestimmen.

Im Englischen heißen solche Verfahren Penalty-Verfahren, r wird als Penalty-Konstante bezeichnet. Das Lösungsprinzip ist die *Sequential Unconstrained Minimization Technique*, daher auch die in der Literatur häufig vorkommende Abkürzung SUMT-Methode.

Für die Aufgabe

$$\min_{\mathbf{x}}\Big\{z(\mathbf{x}) \,\Big|\, g_j(\mathbf{x}) \geq 0 \;;\; j=1,m\Big\} \tag{5-5}$$

lautet der allgemeine Straffunktionsalgorithmus:

① Wähle einen Straffunktionsansatz (siehe Abschnitt 5.2.2)

② Wähle die Startwerte $\mathbf{x}^{(k)}$, $r^{(k)}$, $k{=}1$

③ Stelle die unbeschränkte Ersatzzielfunktion $\psi(\mathbf{x},r^{(k)})$ auf und minimiere sie.
    Die Lösung sei $\mathbf{x}^{(k+1)}$
    (Minimierungsalgorithmen sind in Kap. 5.2.3 und 5.2.4 beschrieben)

④ Überprüfe ein Abbruchkriterium.
    Falls nicht erfüllt: $k{:=}k+1$; $r^{(k)}{=}0{,}1r^{(k-1)}$; gehe zu ③

⑤ Lösungsvektor: $\mathbf{x}^{(k+1)}$

5.2.2   Ansätze für Straffunktionen

5.2.2.1   Barrierefunktionsmethode (BFM)

Der oben beschriebene Ansatz für eine Straffunktion wird als Barrierefunktion oder auch innere Straffunktion bezeichnet. Die Barrierefunktion soll die Eigenschaft haben, am Rand des zulässigen Bereichs stark monoton anzusteigen. Die Ersatzzielfunktion ψ lautet allgemein:

$$\psi(\mathbf{x},r^{(k)}) = z(\mathbf{x}) + r^{(k)} \cdot p(\mathbf{g}(\mathbf{x})) \tag{5-6}$$

Die Barrierefunktion p kann z.B. aus der Summe der Inversen der Restriktionen gebildet werden:

$$p(\mathbf{x}) = \sum_{j=1}^{m} \frac{1}{g_j(\mathbf{x})} \;;\; g_j > 0 \tag{5-7}$$

Eine Alternative dazu ist die logarithmische Barrierefunktion, die allerdings Restriktions-werte kleiner als 1 voraussetzt, um positive Werte p zu liefern:

$$p(\mathbf{x}) = \sum_{j=1}^{m} -\ln(g_j(\mathbf{x})) \quad ; \quad 0 < g_j < 1 \tag{5-8}$$

Der Ansatz 5-7 ist einfacher als 5-8 und wird meistens ausgewählt. Die Lösungsfolge der Aufgabe 5-6 konvergiert mit beiden Barrierefunktionsansätzen bei einem zulässigen Start-vektor $\mathbf{x}^{(1)}$ für eine monoton fallende Folge $r^{(k)} \to 0$, $k \to \infty$ gegen die Lösung der originären Optimierungsaufgabe $\mathbf{x}^{opt}$:

$$\lim_{k \to \infty} \psi(\mathbf{x}^{(k)}, r^{(k)}) = \lim_{k \to \infty} z(\mathbf{x}^{(k)}) = z(\mathbf{x}^{opt}) \tag{5-9}$$

Der Startvektor $\mathbf{x}^{(1)}$ muß zulässig sein ($g_j(\mathbf{x}) > 0$; $j=1,m$), da Gl.5-7 für $g_j=0$ und Gl.5-8 für $g_j \leq 0$ nicht definiert sind. Außerdem liefert die Barrierefunktionen 5-7 bei $g_j(\mathbf{x}) < 0$ nega-tive Werte und verkleinert damit die Ersatzzielfunktion ψ, was der Minimierungsalgorith-mus fälschlicherweise als den gewünschten positiven Schritt interpretieren würde. Die Definitionen 5-7 und 5-8 gelten also nur für das Innere des zulässigen Bereichs.

Um den Definitionsbereich von Gl.5-6 auch in den unzulässigen Bereich auszudehnen, wird durch den Algorithmus geprüft, welche Restriktionen aktiv oder verletzt sind: $g_j(\mathbf{x}) < \varepsilon$ (ε ist eine kleine positive Zahl, die mit steigendem k verkleinert wird). Ist eine Restriktion verletzt, wird Gl.5-7 wird ersetzt durch:

$$p(\mathbf{x}) = \sum_j b_j(\mathbf{x}) \tag{5-10a}$$

$$\text{mit} \quad b_j(\mathbf{x}) = \begin{cases} \dfrac{1}{g_j(\mathbf{x})} & \text{für } g_j(\mathbf{x}) \geq \varepsilon \\[2ex] \dfrac{1}{\varepsilon}\left[\left(\dfrac{g_j(\mathbf{x})}{\varepsilon}\right)^2 - 3\dfrac{g_j(\mathbf{x})}{\varepsilon} + 3\right] & \text{für } g_j(\mathbf{x}) < \varepsilon \end{cases} \tag{5-10b}$$

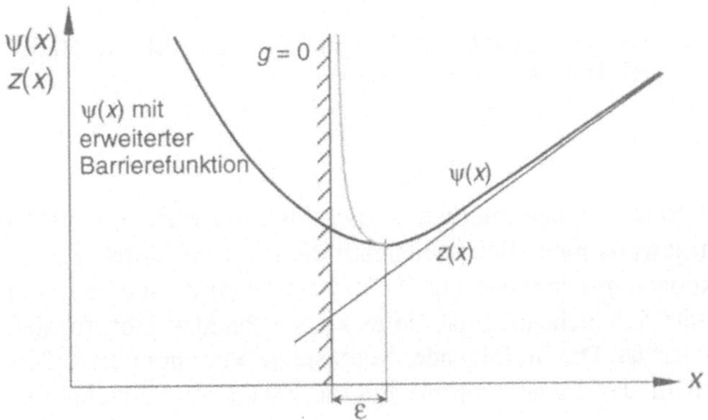

Bild 5-4: Erweiterte Barrierefunktion

Die Gleichung 5-10 ist so konstruiert worden, daß die abschnittsweise definierte Funktion und ihre beiden ersten Ableitungen auch für $g_j(\mathbf{x})=\varepsilon$ definiert sind. Bild 5-4 zeigt ein Beispiel der erweiterten Barrierefunktion.

Vor Beginn der Rechnung wird der Startwert der Penalty-Konstante $r^{(1)}$ gewählt: Einerseits muß er groß genug sein, um eine ausreichende Konditionierung der Aufgabe zu gewährleisten, andererseits soll er so klein wie möglich sein, um ein gutes Ergebnis des Iterationsschritts zu gewährleisten. Beiden Anforderungen wird man gerecht, wenn – für einen brauchbaren Startvektor $\mathbf{x}^{(1)}$ – weder die Zielfunktion noch der Straffunktionsanteil dominiert, wenn also gilt

$$r^{(1)} \cdot p(\mathbf{x}^{(1)}) \approx z(\mathbf{x}^{(1)}) \tag{5-11}$$

Mit steigendem k wird r verkleinert:

$$r^{(k+1)} = a \cdot r^{(k)} \quad \text{mit} \quad 0{,}1 < a < 0{,}5 \tag{5-12}$$

Der Algorithmus der Barrierefunktionsmethode lautet:

① Startvektor $\mathbf{x}^{(k)}$ bestimmen; $k=1$
   Wähle den Anfangswert der Penaltykonstanten $r^{(k)}$

   z.B.: $\qquad\qquad r^{(1)} = \dfrac{z(\mathbf{x}^{(1)})}{p(\mathbf{x}^{(1)})}$

   Bestimme $\qquad c = \dfrac{\varepsilon^{(1)}}{r^d} c \qquad \text{mit} \quad 0{,}1 < \varepsilon^{(1)} < 0{,}3$

   $$\text{und} \quad \frac{1}{3} < d < \frac{1}{2}$$

② Minimiere ausgehend von $\mathbf{x}^{(k)}$ die unbeschränkte Ersatzzielfunktion:

$$\min_{\mathbf{x}}\left\{ \psi = z(\mathbf{x}) + r^{(k)} \cdot p(\mathbf{x}) \right\} \tag{5-13}$$

   $p(\mathbf{x})$ wird nach Gl.5-10a berechnet.
   Die Lösung sei $\mathbf{x}^{(k+1)}$

③ Ist ein Abbruchkriterium (siehe Kapitel 6.3) erfüllt?
   Wenn ja: Stop

④ Verkleinere die Penalty-Konstante: $r^{(k+1)} = a \cdot r^{(k)} \qquad \text{mit } 0{,}1 < a < 0{,}5$
   Passe ε an: $\qquad \varepsilon^{(k+1)} = c \cdot (r^{(k+1)})^d$
   $k := k+1$
   Gehe zu ②

Gleichheitsrestriktionen können mit dem Barrierefunktionsverfahren nicht verarbeitet werden. Selbst wenn jeweils eine Gleichheitsrestriktion $h_j(\mathbf{x})=0$ durch zwei äquivalente Ungleichheitsrestriktionen $g_j \geq h(\mathbf{x})$ und $g_{j+1} \geq -h(\mathbf{x})$ ersetzt wird, ist eine Lösung mit dem Barrierefunktionsansatz 5-7 nicht möglich, da es keinen Punkt $\mathbf{x}$ gibt, für den die Ersatzzielfunktion 5-6 definiert ist. Das im folgenden vorgestellte Verfahren der äußeren Straffunktion ist dagegen auch in der Lage, Optimierungsaufgaben mit Gleichheitsrestriktionen zu behandeln.

5.2.2.2   Methode der äußeren Straffunktion (SFM)

Im Unterschied zur Barrierefunktion 5-7, die Restriktionsverletzungen erst gar nicht zuläßt, bestraft die äußere Straffunktion eine Restriktionsverletzung. Analog zu Gl.5-6 wird die Ersatzzielfunktion formuliert :

$$\psi(\mathbf{x}, r^{(k)}) = z(\mathbf{x}) + \frac{1}{r^{(k)}}\, p(\mathbf{x}) \qquad\qquad (5\text{-}14)$$

Die Straffunktion läßt sich bilden mit

$$p(\mathbf{x}) = \sum_j p_j(\mathbf{x}) \qquad\qquad (5\text{-}15)$$

mit: $p_j(\mathbf{x}) = \sum_j \left[\min(0\,,\, g_j(\mathbf{x}))\right]^2 \qquad ; \ j=1, m_g \qquad$ (Ungleichheitsrestriktionen) (5-16)

$$p_j(\mathbf{x}) = \sum_j (h_j(\mathbf{x}))^2 \qquad\quad ; \ j = m_g+1, m \qquad \text{(Gleichheitsrestriktionen)} \qquad (5\text{-}17)$$

Bei einer Verkleinerung der Penaltykonstanten $r^{(k)}$ im Laufe der Rechnung vergrößert sich der Anteil der Straffunktion an der Ersatzzielfunktion, d.h. Restriktionsverletzungen werden immer stärker bestraft. Für das eindimensionale Beispiel

$$\min_x \left\{ z(x) = 2x^2 \mid g(x) = x - 0,5 \geq 0 \right\} \qquad\qquad (5\text{-}18)$$

zeigt Bild 5-5 für zwei unterschiedliche Werte r die äußere Straffunktion. Erkennbar nimmt auch hier mit sinkendem r die Nichtlinearität der Ersatzzielfunktion zu, die Konditionierung der Aufgabe wird schlechter.

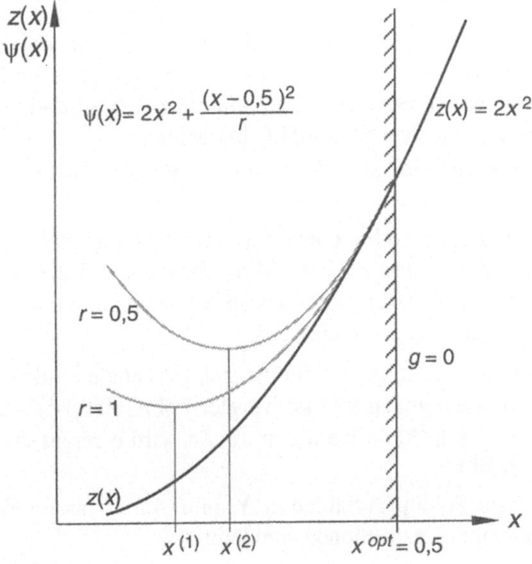

Bild 5-5: Äußere Straffunktion für Aufgabe 5-18

Als Startwert $r^{(1)}$ kann eine Zahl zwischen 1 und 10 gewählt werden; bei großen Zielfunktionswerten sollte $r^{(1)}$ kleiner als 1 sein, damit die Straffunktion gegenüber der Zielfunktion noch ins Gewicht fällt.

Der wesentliche Nachteil der äußeren gegenüber der inneren Straffunktion liegt darin, daß die Lösung vom unzulässigen Bereich her angenähert wird und somit alle Zwischenlösungen unzulässig sind. Der Vorteil besteht in der Möglichkeit, auch Gleichheitsrestriktionen zu verarbeiten.

5.2.2.3 Erweiterte Lagrange-Methode

Sowohl die innere als auch die äußere Straffunktionsmethode haben einen wesentlichen Nachteil: Für kleine Werte r ist die Ersatzzielfunktion ψ (Gl. 5-6 und 5-14) im Bereich der Lösung x^{opt} schlecht konditioniert. Bei ihrer Lösung können deshalb numerische Probleme auftreten. Die Schwierigkeiten lassen sich vermeiden, wenn nicht die Zielfunktion, sondern die in Kapitel 4.6 eingeführte Lagrange-Funktion als Basis der Straffunktionsmethode verwendet wird. Diesen Weg geht das leistungsfähigste der Straffunktionsverfahren, das *Erweiterte Lagrange-Methode* oder auch *Multiplier-Methode* genannt wird. Das Prinzip wird im folgenden knapp skizziert, für Einzelheiten wird jedoch auf die Literatur [5-4] und [5-5] verwiesen.

Die Multiplier-Methode wurde zunächst für Optimierungsaufgaben mit Gleichheitsrestriktionen $h_j(\mathbf{x})$ entwickelt: Die Lagrange-Funktion der Optimierungsaufgabe

$$L(\mathbf{x},\mu) = z(\mathbf{x}) - \sum_j \mu_j \cdot h_j(\mathbf{x}) \tag{5-19}$$

wird um einen Straffunktionsterm erweitert, die Ersatzaufgabe lautet dann:

$$\psi(\mathbf{x}) = z(\mathbf{x}) - \sum_j \mu_j^{(k)} \cdot h_j(\mathbf{x}) + \frac{1}{r^{(k)}} \cdot \sum_j h_j(\mathbf{x})^2 \tag{5-20}$$

Aufgabe 5-20 wird wie alle Penalty-Verfahren mit einem Algorithmus zur freien Minimierung für gegebene Werte $\mu^{(k)}, r^{(k)}$ gelöst. Die Lagrange-Parameter $\mu^{(k)}$ und die Penalty-Konstante $r^{(k)}$ werden nach jeder Iteration angepaßt, so daß $\mathbf{x}(\mu^{(k)}, r^{(k)})$ gegen x^{opt} konvergiert. Dabei lassen sich zwei Extremfälle betrachten:

a) $\mu=0$: Aufgabe 5-20 wird reduziert auf die einfache Penalty-Formulierung 5-14 (äußere Straffunktion).

b) $\mu=\mu^{opt}$: Besitzen die Lagrange-Parameter ihren endgültigen Wert μ^{opt}, kann gezeigt werden, daß für beliebige Werte $r > 0$ die Minimierung von 5-20 die Lösung x^{opt} der Ursprungsaufgabe ergibt. Die Lösung könnte also bei bekanntem μ^{opt} mit einer einzigen unbeschränkten Minimierung ermittelt werden.

Die Betrachtung der Grenzfälle zeigt, daß für die sich μ^{opt} annähernden Lagrange-Parameter die Folge der Ersatzaufgaben gegen x^{opt} konvergiert, ohne daß $r^{(k)}$ – wie bei den anderen Straffunktionsverfahren – sehr klein werden muß. So wird erreicht, daß die Ersatzaufgabe stets gut konditioniert bleibt.

Durch Einführung von Schlupfvariablen c_j (Kapitel 4.5.3) lassen sich Ungleichheitsrestriktionen $g_j(\mathbf{x})$ in Gleichheitsrestriktionen wandeln:

$$h_j(\mathbf{x}) = g_j(\mathbf{x}) - c_j^2 = 0 \tag{5-21}$$

So läßt sich das Verfahren auf Ungleichheitsrestriktionen erweitern, wobei sich die zusätzlichen Variablen c_j durch einige mathematische Umformungen wieder herauskürzen lassen.

Während die beiden erstgenannten Straffunktionsverfahren mit der primalen Optimierungsaufgabe umgehen, basiert die Multiplier-Methode auf der Lagrange-Funktion. Je nach Standpunkt wird daher die Multiplier-Methode entweder als Penalty-Verfahren betrachtet oder den dualen Lösungsverfahren (siehe Kapitel 5.4.4) zugerechnet; in der Literatur findet sich auch die Bezeichnung ‚Primales-duales Verfahren'.

Es sei abschließend nochmals bemerkt, daß die Straffunktionsverfahren stark an Bedeutung verloren haben, seit die leistungsfähigeren Approximationsverfahren verfügbar sind, die mit sehr viel weniger Systemanalysen und Gradientenberechnungen auskommen.

Im folgenden Abschnitt werden nun Verfahren aufgezeigt, mit denen die unbeschränkte Ersatzzielfunktion ψ minimiert werden kann.

5.2.3 Algorithmen zur Minimierung freier Funktionen

Im folgenden werden Minimierungsverfahren für freie Funktionen mit n Variablen behandelt, die als Lösungserzeuger für die oben beschriebenen Straffunktionsstrategien benötigt werden und quasi die Funktion eines ‚Motors' im Gesamtalgorithmus übernehmen sollen. Die Zielfunktion wird in diesem Abschnitt allgemein mit z und nicht mit dem Symbol der transformierten Ersatzzielfunktion ψ bezeichnet, um deutlich zu machen, daß die nachstehend beschriebenen Verfahren zur Minimierung beliebiger unbeschränkter, nichtlinearer Funktionen geeignet sind. Als direkte Lösungsverfahren für die i.d.R. beschränkten Strukturoptimierungsaufgaben sind solche Lösungserzeuger für freie Funktionen dagegen nicht anwendbar.

Minimierungsalgorithmen werden in der Literatur auch häufig als *Hill Climbing Verfahren* bezeichnet. Dieser Name ist auf die anschauliche Analogie zu einer zweidimensionalen Optimierungsaufgabe zurückzuführen, bei der die Zielfunktion als Gebirge über der durch die Optimierungsvariablen x_1 und x_2 aufgespannten Ebene dargestellt wird und die Optimierung mit dem Aufsuchen einer Bergspitze (Maximierung) oder einer Mulde (Minimierung) zu vergleichen ist.

Die Minimierung einer freien Funktion $z(\mathbf{x})$ erfolgt grundsätzlich in zwei Schritten:

- Bestimmung der Suchrichtung $\mathbf{s}^{(k)}$, in der eine verbesserte Lösung erwartet wird.

- Eindimensionale Suche in Richtung $\mathbf{s}^{(k)}$: Bestimmung der Schrittweite $\alpha^{(k)}$, so daß sich die verbesserte Lösung ergibt zu

$$\mathbf{x}^{(k+1)} = \mathbf{x}^{(k)} + \alpha^{(k)} \cdot \mathbf{s}^{(k)}$$

Lösungserzeuger werden unterschieden in

- ableitungsfrei arbeitende Suchverfahren.

- Verfahren, die Ableitungsinformationen zur Suchrichtungsfindung nutzen (Gradientenverfahren).

- Algorithmen, die die zweiten Ableitungen der Zielfunktion (Hesse-Matrix) zur Konvergenzsteigerung nutzen (Newton Verfahren).

5.2.3.1 Ableitungsfreie Suchverfahren

Suchverfahren sind Algorithmen, die das Minimum ausschließlich mit Hilfe des immer wieder berechneten Funktionswerts $z(\mathbf{x})$ bestimmen, ohne auf Ableitungen zurückzugreifen. Ihr entscheidender Nachteil ist die geringe Effizienz, die sich aus dem Verzicht der Nutzung von Ableitungsinformationen zwangsläufig ergibt. Ein bescheidener Vorteil liegt in der relativen Robustheit, die einige Suchverfahren auszeichnet. Sie können auch dann einsetzbar sein, wenn die Zielfunktion nicht differenzierbar oder gar schwach unstetig ist.

Für Suchverfahren existieren die unterschiedlichsten Ansätze, von denen im folgenden einige wenige skizziert werden sollen. Eine gute Übersicht über ableitungsfreie Suchverfahren wird in [5-6] geboten.

Vollständige Enumeration

Bei der *vollständigen Enumeration* (Bild 5-6) wird das Suchgebiet der n-dimensionalen Optimierungsaufgabe mit einem n-dimensionalen Gitter überzogen. An den Gitterpunkten werden die Zielfunktionswerte bestimmt und miteinander verglichen, der Gitterpunkt mit dem kleinsten Zielfunktionswert wird als Lösung $\mathbf{x}^*$ betrachtet. Es ist offensichtlich, daß diese Methode schon bei kleineren Optimierungsaufgaben zu einem extremen Rechenaufwand führt, so daß sie – trotz ihrer äußerst einfachen Programmierbarkeit – kaum tauglich ist. Da das gesamte Lösungsgebiet untersucht wird, kann ein globales Optimum von möglicherweise vorhandenen lokalen Optima unterschieden werden.

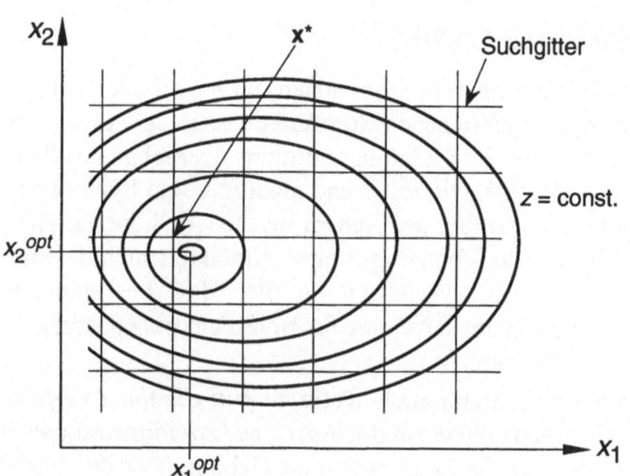

Bild 5-6: Vollständige Enumeration

Monte-Carlo-Verfahren

Beim *Monte-Carlo-Verfahren* (Bild 5-7) werden die Suchpunkte nicht durch ein Gitter, sondern mit Hilfe eines Zufallszahlengenerators gesetzt. Die Zielfunktion wird ausgewertet. Um denjenigen Punkt mit dem geringsten Zielfunktionswert wird ein verkleinerter Suchraum gebildet und erneut zufallsorientiert Suchpunkte festgelegt. Dieser Schritt wiederholt sich so lange, bis ein Abbruchkriterium erfüllt ist. Das Verfahren ist sehr rechenzeitaufwendig und damit ineffizient.

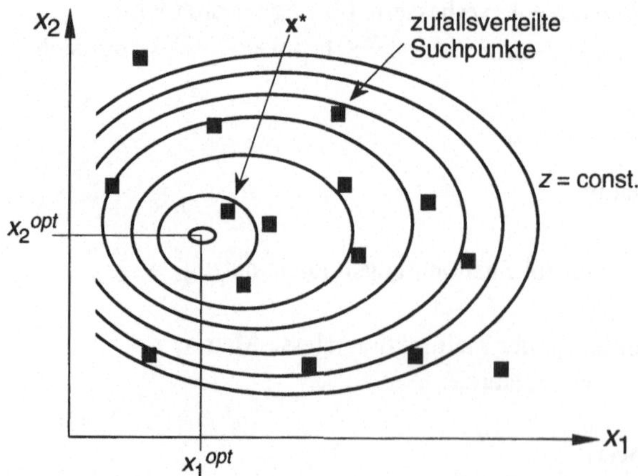

Bild 5-7: Monte-Carlo-Verfahren

Sukzessive Variation

Die *sukzessive Variation* (Bild 5-8) ist im Unterschied zu den beiden erstgenannten Verfahren keine Gebietsmethode, denn sie arbeitet sequentiell: ausgehend von einem Punkt $\mathbf{x}^{(k)}$ wird ein verbesserter Punkt $\mathbf{x}^{(k+1)}$ durch Bestimmung von Suchrichtung und Schrittweite gefunden. Die Suchrichtung des Iterationsschritts k wird dabei durch nacheinander ausgeführte eindimensionale Suchen in sämtliche Koordinatenrichtungen e_i, $i=1,n$ gewonnen. Auch dieses Verfahren ist ineffizient, da die Suche auch in solche Koordinatenrichtungen ausgeführt wird, die keine Verbesserung der Zielfunktion erbringen.

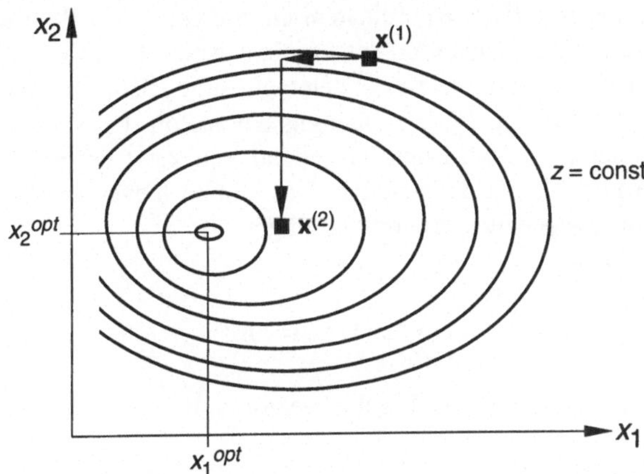

Bild 5-8: Sukzessive Variation

Hooke-Jeeves Verfahren

Das *Hooke-Jeeves Verfahren* [5-7] ist ein Beispiel für ein vergleichsweise effizientes Suchverfahren. Im Unterschied zur sukzessiven Variation wird die Suchrichtung beim Hooke-Jeeves Verfahren nicht mit den Koordinatenachsen gekoppelt, sondern der Kontur der

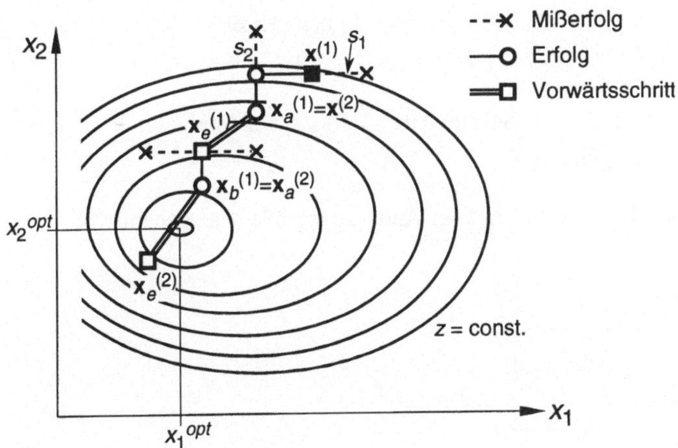

Bild 5-9: Hooke-Jeeves Verfahren

Zielfunktion angepaßt, um eine höhere Effizienz zu erreichen. Bei der Festlegung der Suchrichtung werden die aus den vorigen Iterationsschritten gewonnenen Informationen genutzt.

Das Schema des Verfahrens besteht aus ‚Tastschritten‘ zur Informationsgewinnung und extrapolierenden ‚Vorwärtsschritten‘. Ausgehend von einem Vektor $\mathbf{x}^{(k)}$ wird mit festzulegenden Schrittweiten s_i, $i=1,n$ in den n Koordinatenrichtungen ein Punkt mit einem besseren Zielfunktionswert ertastet: Jeweils eine Koordinate x_i wird um s_i verändert und der zugehörige Zielfunktionswert wird geprüft. Ist die Zielfunktion kleiner, wird der neue Punkt als Ausgangspunkt für den Tastschritt in die nächste Koordinatenrichtung $i+1$ gewählt, andernfalls wird von $\mathbf{x}^{(k)}$ aus in der negativen Koordinatenrichtung getastet. Alle n Koordinatenrichtungen werden auf diese Weise abgetastet, das Ergebnis ist der Punkt $\mathbf{x}_a{}^{(k)}$. Da vermutet werden kann, daß die Verbindungslinie $\mathbf{x}^{(k)}$ - $\mathbf{x}_a{}^{(k)}$ eine günstige Richtung darstellt, wird in ihr extrapoliert (Vorwärtsschritt $\rightarrow\mathbf{x}_e{}^{(k)}$). Unabhängig davon, ob der Vorwärtsschritt die Zielfunktion verbessert oder nicht, wird nun ausgehend von $\mathbf{x}_e{}^{(k)}$ ein neuer Tastzyklus durchgeführt ($\rightarrow\mathbf{x}_b{}^{(k)}$). Bild 5-9 zeigt das Schema. Das Hooke-Jeeves Verfahren wird als Optimierer des im Anhang angegebenen Programms eingesetzt.

Der Iterationsalgorithmus lautet:

① Wähle Startvektor $\mathbf{x}^{(k)}$ und Änderungsgrößen $s_i{}^{(k)}$, $i=1,n$
   Iterationszähler $k=1$

② Führe von $\mathbf{x}^{(k)}$ einen Tastschritt (A) aus; Ergebnisvektor: $\mathbf{x}_a{}^{(k)}$

③ Prüfe: $z(\mathbf{x}_a{}^{(k)}) \geq z(\mathbf{x}^{(k)})$;
   Wenn ja: gehe zu ⑧

④ Vorwärtsschritt: $\mathbf{x}_e{}^{(k)} = 2\mathbf{x}_a{}^{(k)} - \mathbf{x}^{(k)}$

               $s_i{}^{(k)} := s_i{}^{(k)}\,\mathrm{sign}(\mathbf{x}_a{}^{(k)} - \mathbf{x}^{(k)})$ für alle $i=1,n$

⑤ Führe von $\mathbf{x}_e{}^{(k)}$ einen Tastschritt (B) aus; Ergebnisvektor: $\mathbf{x}_b{}^{(k)}$

⑥ Prüfe: $z(\mathbf{x}_b{}^{(k)}) \geq z(\mathbf{x}_a{}^{(k)})$;
   Wenn ja: $\mathbf{x}^{(k)} = \mathbf{x}_a{}^{(k)}$; gehe zu ⑨

⑦ Prüfe: $|\,\mathbf{x}_{bi}{}^{(k)} - \mathbf{x}_{ai}{}^{(k)}| \leq s_i{}^{(k)} / 2$ für alle $i=1,n$
   Wenn ja: $\mathbf{x}^{(k)} = \mathbf{x}_a{}^{(k)}$; gehe zu ⑧
   Wenn nein: $\mathbf{x}^{(k)} = \mathbf{x}_a{}^{(k)}$; $\mathbf{x}_a{}^{(k)} = \mathbf{x}_b{}^{(k)}$; gehe zu ④

⑧ Prüfe: $|s_i{}^{(k)}| \leq \varepsilon$; $\varepsilon \ll 1$
   Wenn ja: Stop
   Wenn nein, verringere die Schrittweite: $s_i{}^{(k)} := s_i{}^{(k)} / 2$

⑨ $k := k+1$;   gehe zu ②

Ausführung eines Tastschrittes mit der Änderungsgröße $\mathbf{s}$ ausgehend von $\mathbf{x}$:

a) $i = 0$; $\mathbf{x}_c = \mathbf{x}$

b) $x_{ci} = x_i + s_i$
   Prüfe: $z(\mathbf{x}_c) \leq z(\mathbf{x})$
   Wenn ja: gehe zu d)

c) $x_{ci} = x_i - 2s_i$
   Prüfe: $z(\mathbf{x}_c) \leq z(\mathbf{x})$
   Wenn nein: $x_{ci} = x_i$

d) Prüfe: $i = n$
   Wenn nein: $i := i + 1$;   gehe zu b)
e) Das Ergebnis des Tastschrittes ist $\mathbf{x}_c$
   Stop

Evolutionsstrategie

Die auf Rechenberg [5-8] und Schwefel [5-6] zurückgehenden *Evolutionsstrategien* sind höher entwickelte Zufallsstrategien, die dem biologischen Prozeß der Evolution nachempfunden sind und auf den Prinzipien Mutation und Selektion beruhen. Ausgehend von einem Startvektor (Eltern) werden mit Hilfe eines Zufallszahlengenerators mehrere Vektoren (Nachkommen) erzeugt, die normalverteilt in der Umgebung des Startvektors liegen (Mutation). Nun wird die Qualität der so erzeugten zweite Generation mit Hilfe der Zielfunktion überprüft. Diejenigen Punkte mit den besten Zielfunktionswerten dienen als Eltern der nächsten Generation, die anderen zufallserzeugten Punkte werden verworfen (Selektion). Die Streuung der Normalverteilung (Schrittweite) wird über das Verhältnis von Anzahl der Nachkommen mit verbessertem Zielfunktionswert zur Gesamtzahl der Nachkommen gesteuert; sinkt diese Erfolgsquote, wird die Schrittweite reduziert. Evolutionsstrategien sind nicht nur zur Lösung restriktionsfreier Optimierungsaufgaben anwendbar, mit ihnen lassen sich grundsätzlich auch beschränkte Aufgaben lösen. Sie weisen eine hohe Allgemeingültigkeit auf und sind leicht programmierbar.

Nicht nur dem Laien erscheinen die Evolutionsstrategien besonders plausibel und faszinierend, da die ihnen zugrunde liegenden Ideen aus der Biologie bekannt und dort bewährt sind. Eine große Zahl von Veröffentlichungen in populärwissenschaftlichen Zeitschriften zeugt davon, daß die Übertragung von Prinzipien der Biologie auf technische Fragestellungen (Bionik) von großem Interesse ist (siehe auch Kapitel 8.2). Bei der Beurteilung der Evolutionsstrategien wird jedoch häufig übersehen, daß die biologische Evolution Milliarden von Jahren und damit sehr viele Mutationen für die Entwicklung (Optimierung) des Lebens bis zu seiner heutigen Form benötigt hat. Von einem Algorithmus zur Strukturoptimierung wird dagegen höchste Effizienz erwartet, die Evolutionsstrategien nicht bieten können. Denn diese nutzen viel zu wenig der in den Modellen vorhandenen mathematischen Informationen aus.

5.2.3.2   Gradientenverfahren

Gradientenverfahren für freie Optimierungsaufgaben verwenden im Unterschied zu den Suchverfahren die Ableitungen 1. Ordnung zur Bestimmung der Suchrichtung und der Schrittweite, um so die Effizienz der Rechnung zu steigern. Bei Optimierungsaufgaben mit mäßiger Nichtlinearität erfüllt sich diese Erwartung in der Regel. Es werden die Ableitungen der Zielfunktion $\partial z / \partial x_i$, $i = 1, n$ benötigt bzw. $\partial \psi / \partial x_i$, wenn eine transformierte Ersatzzielfunktion $\psi(\mathbf{x})$ minimiert werden soll. Für die Barrierefunktion 5-6 mit 5-7 errechnet sich die Ableitung zu :

$$\frac{\partial \psi}{\partial x_i} = \frac{\partial z}{\partial x_i} - r \cdot \sum_j \frac{1}{g_j^2} \cdot \frac{\partial g_j}{\partial x_i} \qquad (5\text{-}22)$$

Die *Methode des steilsten Abstiegs* (Steepest Descent Method) ist das einfachste Gradientenverfahren zur Suchrichtungsbestimmung unbeschränkter Optimierungsaufgaben. Ihm liegt die Idee zugrunde, daß der Gradientenvektor $\nabla z(\mathbf{x})$ – der ja per definitionem die Richtung maximaler Funktionszunahme an der Stelle $\mathbf{x}$ angibt – mit (-1) multipliziert in Richtung des steilsten Abstieges der Zielfunktion $z(\mathbf{x})$ weist und damit direkt als Suchrichtung verwendbar ist. Der Algorithmus lautet:

① Startvektor $\mathbf{x}^{(k)}$ bestimmen, $k{=}1$

② Berechnung des Gradientenvektors $\nabla z^{(k)}$, Suchrichtung $\mathbf{s}^{(k)} = -\nabla z^{(k)}$

③ Eindimensionale Optimierung, Bestimmung der Schrittweite $\alpha^{(k)}$:

④ $\mathbf{x}^{(k+1)} = \mathbf{x}^{(k)} + \alpha^{(k)} \cdot \mathbf{s}^{(k)}$

⑤ Konvergenzabfrage: $|z^{(k+1)} - z^{(k)}| < \varepsilon$ oder: $0 \le \|\nabla z^{(k)}\| < \varepsilon$
    Wenn ja: Stop; Lösungsvektor $\mathbf{x}^{*} = \mathbf{x}^{(k+1)}$
    Wenn nein: $k{:=}k{+}1$; gehe zu ②

Die Logik dieses Verfahrens ist besonders einfach, wie sich am Beispiel einer zweidimensionalen Optimierungsaufgabe gut veranschaulichen läßt: Die Zielfunktionswerte bilden ein ,Gebirge' über der Ebene der Optimierungsvariablen x_1 und x_2. Ein Wanderer sucht von einem höher gelegenen Startpunkt aus den tiefsten Punkt (Minimum). Wegen Nebels übersieht er das Gelände nicht, er kann nur an seinem Standort die steilste Abstiegsrichtung erkennen und mit Hilfe des Höhenmessers die aktuelle Höhe (Zielfunktionswert) feststellen. (Im Rechner sind ja auch nicht der gesamte Funktionsverlauf, sondern nur numerisch ermittelte Werte und Gradienten an vorgegebenen Punkten bekannt.) Der Wanderer folgt dieser Richtung des steilsten Abstieges so lange, bis das Gelände wieder ansteigt (eindimensionale Optimierung). Dort angekommen, wählt er wieder eine Richtung des steilsten Abstieges. Die letzten beiden Schritte wiederholt er, bis keine Abstiegsrichtung mehr existiert und er im Tal (oder auf einem Plateau) angekommen ist. Er weiß allerdings nicht sicher, ob es in Nachbartälern nicht noch tiefergelegene Punkte gibt, d.h. ob weitere lokale Minima existieren. Mit der Analogie läßt sich auch der Nachteil des Verfahrens verdeutlichen:
Die Richtung des steilsten Abstiegs ist im allgemeinen nur jeweils lokal, meist jedoch nicht

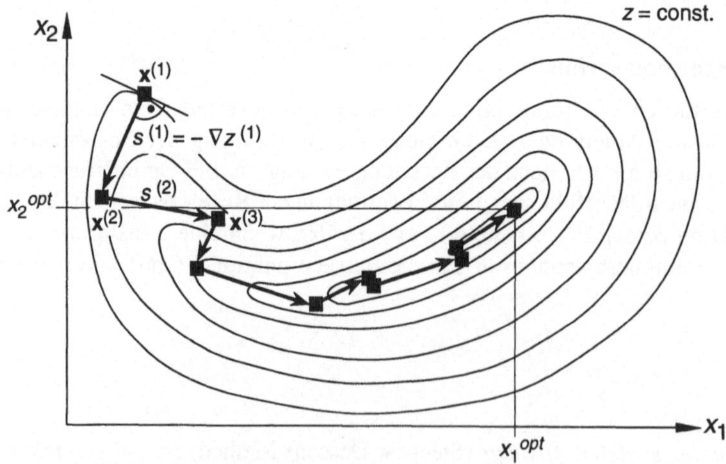

Bild 5-10: Verfahren des steilsten Abstieges

global die beste Richtung (die global beste Richtung weist vom Ausgangspunkt direkt zum Minimum $\mathbf{x}^{opt}$). Bei stark zerklüftetem Gebirge wird das Minimum deshalb häufig wie in Bild 5-10 dargestellt auf einer uneffizienten Zickzack-Route erreicht.

Andere Gradientenverfahren z.B. das auf Fletcher und Reeves zurückgehende *Verfahren der konjugierten Richtungen* [5-9] nutzen im Unterschied zum Verfahren des steilsten Abstieges die in vorangegangenen Iterationsschritten gewonnenen Informationen über den Zielfunktionsverlauf aus; so kann die Effizienz teilweise noch deutlich gesteigert werden. Die konjugierte Suchrichtung berechnet sich zu:

$$\mathbf{s}^{(k+1)} = -\nabla z^{(k)} + \frac{\left|\nabla z^{(k)}\right|^2}{\left|\nabla z^{(k-1)}\right|^2} \cdot \mathbf{s}^{(k)} \qquad (5\text{-}23)$$

5.2.3.3   Newton Verfahren

Die Verwendung der zweiten Ableitungen der Zielfunktion zur Suchrichtungsbestimmung durch die Newton Verfahren kann weitere Verbesserungen der Konvergenz zur Folge haben. Eine quadratische Zielfunktion kann beispielsweise in einem einzigen Iterationsschritt minimiert werden. Newton Methoden werden auch als *‚second-order' Methoden* bezeichnet. Die Zielfunktion wird an der Stelle $\mathbf{x}^{(k)}$ in einer Taylor-Reihe entwickelt, wobei alle Glieder von höherer als zweiter Ordnung weggelassen werden:

$$\varphi(\mathbf{s}) = z^{(k)} + \nabla z^{(k)\mathrm{T}} \cdot \mathbf{s} + \frac{1}{2} \cdot \mathbf{s}^{\mathrm{T}} \cdot \mathbf{H}^{(k)} \cdot \mathbf{s} \qquad (5\text{-}24)$$

mit $\qquad \mathbf{s} = \mathbf{x} - \mathbf{x}^{(k)}$

Die Hesse Matrix $\mathbf{H}^{(k)} = \mathbf{H}(\mathbf{x}^{(k)})$ enthält die zweiten Ableitungen der Zielfunktion nach den Optimierungsvariablen. φ bildet bezüglich $\mathbf{s}$ ein Minimum, wenn die Ableitungen von Gl. 5-18 $\partial\varphi/\partial s_i$; $i=1,n$ einen Nulldurchgang haben. Die Nullstelle von Gl. 5-24 und damit die optimale Suchrichtung $\mathbf{s}$ ergibt sich als Lösung des linearen Gleichungssystems:

$$\mathbf{H}^{(k)} \cdot \mathbf{s} = -\nabla z^{(k)} \qquad (5\text{-}25)$$

Für eine quadratische Funktion läßt sich die optimale Schrittweite ohne weitere Rechnung angeben mit $\alpha^{(k)} = 1$. Für andere Funktionen ist $\alpha = 1$ eine sehr gute Anfangsabschätzung für die nun beginnende eindimensionale Optimierung (Kapitel 5.2.4).

Für die verbesserte Lösung $\mathbf{x}^{(k+1)}$ wird die Zielfunktion erneut als Taylor-Reihe entwickelt; der Vorgang wiederholt sich, bis eine zufriedenstellende Lösung vorliegt.

Voraussetzung für die Lösung ist allerdings, daß die Hesse-Matrix $\mathbf{H}$ nicht singulär ist. Singulär wird sie, wenn eine oder mehrere Optimierungsvariablen linear in die zu minimierende Funktion eingehen. Geht eine Optimierungsvariable nur sehr schwach nichtlinear in die zu minimierende Funktion ein, so kann Gl.5-25 schlecht konditioniert sein. Wichtig ist auch die positive Definitheit der Hesse-Matrix. Ist diese Forderung nicht erfüllt, bedeutet das, daß die Optimierungsaufgabe nicht konvex ist. In den beiden genannten Fällen können u.U. numerische Schwierigkeiten eine effiziente Lösung verhindern.

Die Ermittlung der Hesse Matrix $\mathbf{H}$ ist der zentrale Punkt der Newton Methoden. Sie erfordert in etwa einen quadratisch höheren Rechenaufwand als die Ermittlung der Gradienten erster Ordnung. In der Strukturoptimierung mit ihren aufwendigen Berechnungen der Systemantworten, der ersten und der zweiten Ableitungen gleicht die verbesserte Konvergenz der Newton Verfahren diesen Nachteil häufig nicht aus.

Es gibt jedoch eine Möglichkeit, den stark erhöhten Rechenaufwand zu vermeiden: Die Hesse Matrix wird nicht exakt berechnet, sondern aus den Gradienten ersten Grades zweier aufeinanderfolgender Iterationsschritte approximiert. Im ersten Iterationsschritt wird die Hesse-Matrix als Einheitsmatrix angesetzt, so daß sich als Suchrichtung s aus Gl.5-25 die Richtung des steilsten Abstiegs ergibt. In den nachfolgenden Iterationsschritten wird die Approximation der Hesse Matrix unter Verwendung der Informationen aus den vorigen Iterationsschritten verbessert. Algorithmen, die diesen Weg gehen, werden *Quasi-Newton Methoden* oder auch *Variable Metric Methoden* genannt. Obwohl Quasi-Newton Methoden streng betrachtet Gradientenmethoden sind (da nur die 1. Ableitungen der Zielfunktion benötigt werden), folgen sie dennoch der Logik der Newton Verfahren und sollen diesen deshalb zugerechnet werden.

Aus Gl.5-25 wird zunächst durch Umformung

$$\mathbf{s}^{(k)} = -\mathbf{D}^{(k)} \cdot \nabla z^{(k)} \quad \text{mit} \quad \mathbf{D}^{(k)} = \left[\mathbf{H}^{(k)}\right]^{-1} \tag{5-26}$$

Da es den gleichen Aufwand erfordert, die Hesse-Matrix oder ihre Inverse zu approximieren, wird die zweite Möglichkeit gewählt, so daß mit Gl.5-26 die Suchrichtung direkt bestimmt werden kann.

Für die Update-Formel der Inversen der Hesse-Matrix gibt es unterschiedliche Ansätze, von denen jedoch derjenige nach *Broydon-Fletcher-Goldfarb-Shanno* (BFGS) [5-10 bis 5-13] am häufigsten verwendet wird. Zum Abschluß eines Iterationsschrittes k berechnet sich die verbesserte Inverse der Hesse-Matrix zu

$$\mathbf{D}^{(k+1)} = \mathbf{D}^{(k)} + \mathbf{B}^{(k)} \tag{5-27a}$$

Darin ist $\mathbf{B}$ eine symmetrische Update-Matrix :

$$\mathbf{B}^{(k)} = \left(\frac{v+w}{v^2}\right) \cdot \mathbf{p} \cdot \mathbf{p}^T - \frac{1}{v}\left[\mathbf{D}^{(k)} \cdot \mathbf{y} \cdot \mathbf{p}^T + \mathbf{p} \cdot (\mathbf{D}^{(k)} \cdot \mathbf{y})^T\right] \tag{5-27b}$$

$$\text{mit} \qquad \mathbf{p} = \mathbf{x}^{(k)} - \mathbf{x}^{(k-1)} \tag{5-27c}$$

$$\mathbf{y} = \nabla z^{(k)} - \nabla z^{(k-1)} \tag{5-27d}$$

$$v = \mathbf{p}^T \cdot \mathbf{y} \tag{5-27e}$$

$$w = \mathbf{y}^T \cdot \mathbf{D}^{(k)} \cdot \mathbf{y} \tag{5-27f}$$

5.2.4 Eindimensionale Optimierung freier Funktionen

Mit $\mathbf{s}^{(k)}$ ist nun jene Richtung ermittelt, in der verbesserte Werte der Zielfunktion erwartet werden. Aufgabe der eindimensionalen Optimierung (Eindimensionale Suche, Schrittweitenbestimmung, Line search) ist es, auf dem Strahl der Suchrichtung $\mathbf{s}^{(k)}$ den Punkt mit dem kleinsten Zielfunktionswert zu bestimmen. Diese Schrittweite wird durch den Skalar $\alpha^{(k)}$ beschrieben. Es wird verlangt:

$$z(\alpha^{(k)}) = \min_{\alpha} z(\mathbf{x} = \mathbf{x}^{(k)} + \alpha \cdot \mathbf{s}^{(k)}) \qquad (5\text{-}28)$$

Die Forderung nach der optimalen Schrittweite $\alpha^{(k)}$ kann einen großen Rechenaufwand verursachen. Gerade während der ersten Iterationsschritte der Optimierungsrechnung, wenn die nähere Umgebung der Lösung noch nicht erreicht ist, kann deshalb auch eine einfache Verbesserung der Zielfunktion ausreichend sein. Die Forderung lautet dann:

$$z(\alpha^{(k)}) < z(\alpha = 0) \qquad (5\text{-}29)$$

Mit der Berechnung der Schrittweite $\alpha^{(k)}$ wird die verbesserte Lösung bestimmt zu:

$$\mathbf{x}^{(k+1)} = \mathbf{x}^{(k)} + \alpha^{(k)} \cdot \mathbf{s}^{(k)}$$

Die bei der eindimensionalen Optimierung zur Anwendung kommenden Verfahren ähneln denen zur Optimierung freier Funktionen mit einer Variablen. Die beiden im folgenden vorgestellten Algorithmen – das Intervallverfahren und das Interpolationsverfahren – sind die gebräuchlichsten Methoden. Beide Verfahren setzten im untersuchten Intervall eine unimodale Funktion voraus, d.h. neben dem globalen Minimum sind keine weiteren lokalen Minima vorhanden. Ist diese Voraussetzung nicht erfüllt oder ist es unbekannt, ob sie erfüllt ist, kann das erzielte Ergebnis auch ein lokales Minimum in Richtung $\mathbf{s}^{(k)}$ sein.

Intervallverfahren (z.B. Methode des goldenen Schnitts)

Mit den Intervallverfahren wird das untersuchte Intervall in mehrere Bereiche geteilt. Durch Ausschluß derjenigen Bereiche, in denen das Minimum der Funktion nicht liegen kann, wird das untersuchte Intervall stetig verkleinert, bis das Minimum mit ausreichender Genauigkeit angenähert ist. Zwei Schritte sind erforderlich:

Zunächst wird das Intervall $[\alpha^{min}, \alpha^{max}]$ festgelegt, das das Minimum α^{opt} enthält. Die Untergrenze ergibt sich trivialerweise zu $\alpha^{min} = 0$. Die Obergrenze α^{max} kann z.B. so bestimmt werden, daß der Suchrichtungsstrahl $\alpha^{max} \cdot \mathbf{s}^{(k)}$ an die Grenze des durch die Variablenschranken $\mathbf{x}^o$, $\mathbf{x}^u$ definierten Raumes stößt :

$$\alpha^{max} = \min\left\{ \max(\alpha_i = \frac{x_i^u - x_i^{(k)}}{s_i^{(k)}} \;\; ; \;\; \alpha_i = \frac{x_i^o - x_i^{(k)}}{s_i^{(k)}}) \right\} \;\; ; \;\; i = 1,n \qquad (5\text{-}30)$$

Im zweiten Schritt wird das Intervall verkleinert. Dafür gibt es verschiedene Ansätze, einer davon ist die Methode des goldenen Schnittes (Bild 5-11). Im Intervall $[\alpha^{min}, \alpha^{max}]$ werden anhand des Verhältnisses des goldenen Schnitt (0,38197 / 0,61803) zwei Punkte $\alpha^{(1)}$ und $\alpha^{(2)}$ festgelegt. Dieses als ästhetisch empfundene Teilungsschema, das in der Natur häufig vorkommt, hat sich als recht zweckmäßig erwiesen. Nun wird durch Vergleich der zugehörigen Zielfunktionswerte derjenige Teil des Intervalls $[\alpha^{min}, \alpha^{max}]$ ausgeschlossen, der das Minimum auf keinen Fall enthalten kann. Im Beispiel Bild 5-11 wird $\alpha^{(1)}$ damit zur neuen Untergrenze. Nun wird in das verbleibende Intervall der Punkt $\alpha^{(3)}$ gelegt und wiederum wird der Suchbereich auf denjenigen Teil des Intervalls verkleinert, der das Minimum enthält. Dieser Schritt wird so oft wiederholt, bis das Minimum mit ausreichender Genauigkeit angenähert ist.

Intervallverfahren benötigen keine Ableitungen und sind damit besonders für die Kombination mit ableitungsfreien Suchverfahren geeignet.

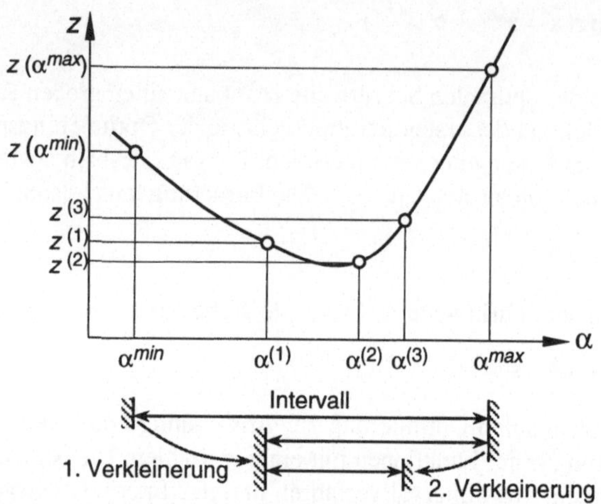

Bild 5-11: Die Methode des goldenen Schnittes

Interpolationsverfahren

Die Zielfunktion $z(\alpha)$ wird durch ein geeignetes Polynom $\varphi(\alpha)$ approximiert. Diese Polynomfunktion hat die Eigenschaft, an den Stützstellen α_1 mit der Zielfunktion übereinzustimmen und sonst deren Verlauf möglichst gut wiederzugeben. Das Minimum eines solchen Approximationspolynoms α^* ist explizit angebbar und dient als Näherung für das gesuchte Minimum α^{opt} der Zielfunktion. An dieser Näherungslösung α^* wird erneut eine Approximationsfunktion aufgestellt und deren Minimum bestimmt. Dieser Vorgang wird wiederholt, bis die Schrittweite α^{opt} mit ausreichender Genauigkeit bekannt ist.

Als Approximationsfunktionen werden quadratische oder kubische Polynome verwendet. Soll ein quadratisches Polynom

$$\varphi(\alpha) = c_0 \cdot \alpha^2 + c_1 \cdot \alpha + c_2 \tag{5-31}$$

benutzt werden, sind zur Bestimmung der drei Polynominalkoeffizienten c_0, c_1, c_2 drei Informationen nötig: entweder

- Funktionswerte an drei Stützstellen $z_1 = z(\alpha_1)$, $z_2 = z(\alpha_2)$, $z_3 = z(\alpha_3)$ oder
- Funktionswert $z(\alpha_1)$ und Ableitung $z_1' = \partial z/\partial \alpha$ an einer Stützstelle α_1 und Funktionswert $z(\alpha_2)$ an einer zweiten Stützstelle α_2

Im letzteren Fall ergeben sich die Polynominalkoeffizienten zu:

$$c_0 = \frac{z_2 - z_1}{(\alpha_2 - \alpha_1)^2} - \frac{z_1'}{\alpha_2 - \alpha_1} \tag{5-32a}$$

$$c_1 = z_1' - 2 \cdot c_0 \cdot \alpha_1 \tag{5-32b}$$

$$c_2 = z_1 - c_1 \cdot \alpha_1 - c_0 \cdot \alpha_1^2 \tag{5-32c}$$

Das Minimum der quadratischen Funktion $\varphi(\alpha)$ läßt sich als Nullstelle der ersten Ableitung bestimmen zu:

$$\alpha^* = \frac{-c_1}{2c_0} \tag{5-33}$$

Für kubische Polynome lassen sich die Beziehungen ebenso leicht formulieren. Bild 5-12 zeigt für das Beispiel

$$z = -0,8 - 1,5\alpha + e^{\alpha} \tag{5-34}$$

die Zielfunktion, quadratische Approximation und kubische Approximation, die an den Stützstellen $\alpha=0$ und $\alpha=1$ gewonnen wurden. In diesem Fall beschreibt die kubische Approximation die Zielfunktion besser als das quadratische Polynom.

Bei der Auswahl eines geeigneten Ansatzes für die Approximation sind einige Dinge zu beachten. Da eine Interpolation grundsätzlich zuverlässiger als eine Extrapolation ist, sollte zunächst eine ausreichend große Obergrenze α^{max} (z.B. mit Gl.5-30) gewählt werden. Für den Bereich $[0, \alpha^{max}]$ kann dann eine quadratische Approximation gebildet werden. Der Funktionswert $z(\alpha=0)$ und die Ableitung $\partial z / \partial\alpha = \nabla z^{(k)T} \cdot s^{(k)}$ an der Stelle $\alpha=0$ liegen bereits vor, es muß zusätzlich nur noch $z(\alpha=\alpha^{max})$ berechnet werden. An der Stelle des Minimums der quadratischen Approximation wird nun ggf. erneut eine Approximation aufgestellt. Da mit dem im ersten Schritt berechneten Minimum ein weiterer Funktionswert zur Verfügung steht, kann nun ohne zusätzlichen Rechenaufwand kubisch approximiert werden. Dieser Vorgang wird wiederholt (ca. 3 bis 5 mal), bis α^{min} mit ausreichender Genauigkeit bestimmt ist. Die Verwendung von Polynomen höherer als 3. Ordnung empfiehlt sich nicht, da die Qualität der Approximation dabei sogar wieder abnehmen kann.

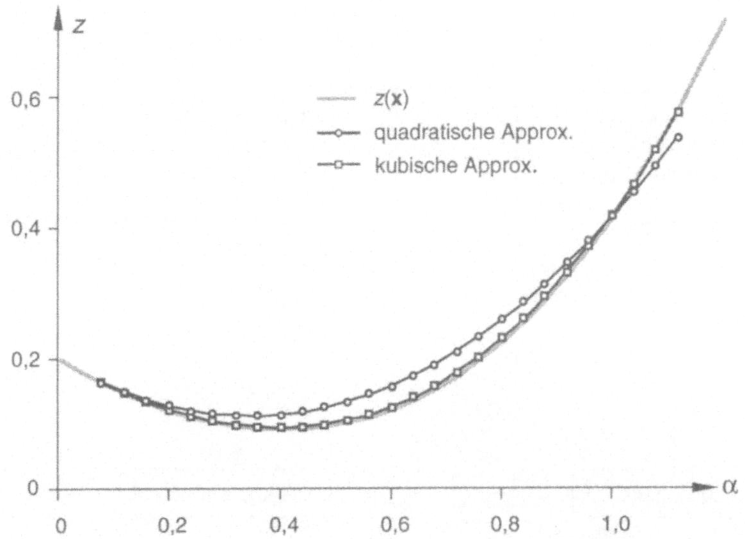

Bild 5-12: Interpolationsverfahren: Approximation der Aufgabe 5-34 durch ein Polynom

5.3 Die direkte Lösung der restringierten Optimierungsaufgabe

5.3.1 Grundgedanke

Mit direkten Verfahren kann die Optimierungsaufgabe

$$\min_{\mathbf{x}}\left\{z(\mathbf{x}) \mid \mathbf{g}(\mathbf{x}) \geq 0 \; ; \; \mathbf{h}(\mathbf{x}) = 0\right\} \tag{5-35}$$

unmittelbar und direkt gelöst werden, ohne – wie bei den Straffunktionsverfahren – den Umweg über eine Reihe von Ersatzaufgaben zu nehmen. Die Strategie besteht also nur darin, die restringierte Optimierungsaufgabe unverändert dem Lösungserzeuger zu übergeben. Bild 5-13 zeigt das Schema im Vergleich zu den Straffunktionsverfahren.

Die im vorigen Abschnitt beschriebenen Lösungserzeuger für freie Optimierungsaufgaben sind für direkte Lösungsstrategien ungeeignet, da mit ihnen keine Restriktionen verarbeitet werden können. Als Suchrichtungserzeuger kommen hier nur Algorithmen in Betracht, die für Aufgaben mit Nebenbedingungen geeignet sind. In den siebziger und achtziger Jahren sind einige Verfahren entwickelt worden, mit denen die direkte Lösung einer Optimierungsaufgabe deutlich effizienter möglich ist als mit Straffunktionsmethoden. An erster Stelle ist die weiter unten erläuterte, auf Zoutendyk [5-14] und Vanderplaats [5-1], zurückgehende *Modifizierte Methode der zulässigen Richtungen* zu nennen.

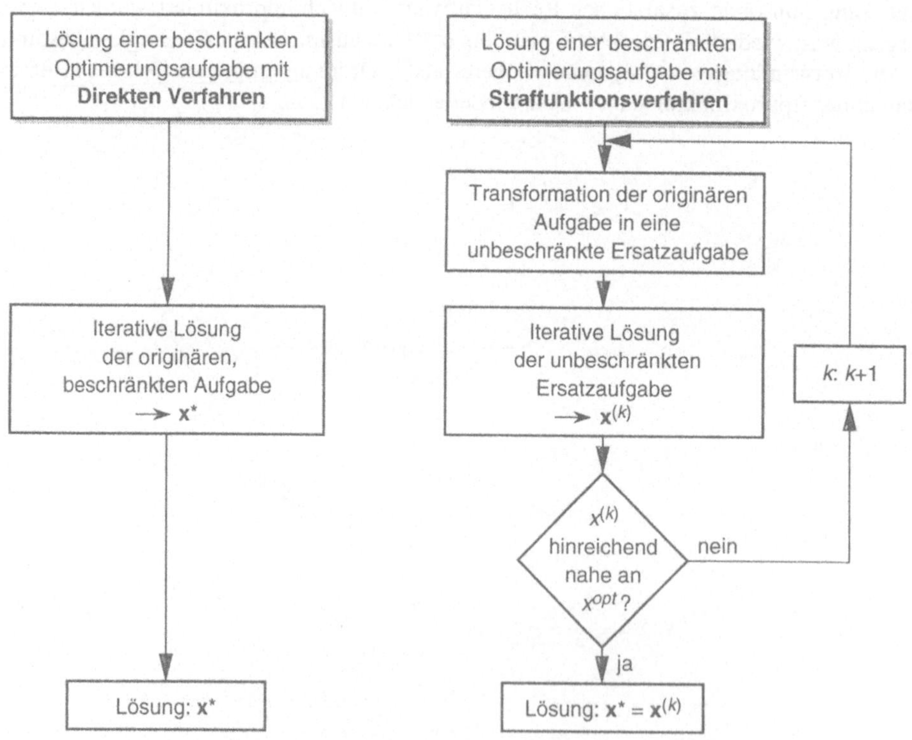

Bild 5-13: Direkte Verfahren und Straffunktionsverfahren

5.3.2   Bestimmung der Suchrichtung

Zur Lösung unbeschränkter Optimierungsaufgaben ist die Methode des steilsten Abstieges ein einfaches und plausibles Gradientenverfahren (Kapitel 5.2.3.2). Für beschränkte Optimierungsaufgaben ist das Verfahren dagegen nicht mehr geeignet, da durch einen Schritt in Richtung des steilsten Abstiegs Restriktionen verletzt werden können. Die Algorithmen zur Lösung beschränkter Aufgaben müssen daher nicht nur die Verbesserung der Zielfunktion sicherstellen, sondern gleichzeitig auch gewährleisten, daß keine der Nebenbedingungen verletzt wird. Diese zweite Notwendigkeit erfordert eine veränderte und erweiterte Vorgehensweise, bei der verschiedene Situationen unterschieden werden müssen, die im Lauf der Optimierungsrechnung auftreten können:

(1)   Der Optimierungsvariablenvektor $\mathbf{x}^{(k)}$ ist unzulässig, d.h. eine oder mehrere Restriktionen sind verletzt.

(2) $\mathbf{x}^{(k)}$ befindet sich mitten im zulässigen Raum, keine Restriktion ist aktiv oder verletzt.

(3) $\mathbf{x}^{(k)}$ liegt auf dem Rand des zulässigen Gebietes, d.h. eine oder mehrere Restriktionen sind aktiv. Für mindestens eine Restriktion j gilt

$$-\varepsilon < g_j(\mathbf{x}^{(k)}) < \varepsilon \quad \text{mit} \quad 0<\varepsilon \ll 1 \tag{5-36}$$

Im ersten Fall wird zunächst versucht, einen zulässigen Vektor zu finden, um die Aufgabe so auf den zweiten oder dritten Fall zurückzuführen. Dies kann beispielsweise durch fortgesetzte Suchrichtungsschritte in Richtung der Gradienten der verletzten Restriktionen erfolgen:

$$\mathbf{s}^{(k)} = \nabla g_j \tag{5-37}$$

Die Schrittweite α ergibt sich aus dem Maß der Restriktionsverletzung:

$$\alpha^{(k)} = -\frac{g_j}{\sqrt{\nabla g_j^T \cdot \nabla g_j}} \tag{5-38}$$

Lösungen $\mathbf{x}^{opt}$ von Strukturoptimierungsaufgaben liegen kaum mitten im zulässigen Raum, sondern in aller Regel am Rand des zulässigen Gebietes. Am Beispiel eines gewichtsoptimalen Tragwerks, für das nur Spannungsrestriktionen zu berücksichtigen sind, wird dies sofort deutlich: Mindestens eine Spannungsrestriktion muß im Optimum aktiv sein, da andernfalls ja die Querschnittsdimensionierungen weiter verringert werden könnten, um so eine weitere Verbesserung der Zielfunktion zu erreichen. Ähnlich verhält es sich bei anderen üblichen Zielfunktionen und Restriktionen. Der Fall (2) – Optimierungsvariablenvektor mitten im zulässigen Gebiet – tritt deshalb eigentlich nur zu Beginn einer Optimierungsrechnung auf, da effiziente Algorithmen stets versuchen, ihren Suchpfad entlang der Grenze des zulässigen Raumes zu suchen. Die restringierte Optimierungsaufgabe wird zunächst wie ein freie Aufgabe behandelt: Suchrichtungsschritte in Richtung des steilsten Abstieges führen schnell an den Rand des zulässigen Raumes. Der zweite Fall ist damit auf den wichtigen Fall (3) zurückgeführt:

Der dritte Fall – eine oder mehrere Restriktionen sind für $\mathbf{x}^{(k)}$ aktiv – ist für die direkte Lösung von Strukturoptimierungsaufgaben der Regelfall: der Behandlung der aktiven

Nebenbedingungen kommt eine besondere Bedeutung zu, die für die Effizienz des Algorithmus bestimmend wird.

5.3.2.1   Ableitungsfreie Suchverfahren

Ableitungsfreie Suchverfahren für freie Optimierungsaufgaben wurden in Abschnitt 5.2.3.1 erläutert. Einige der dort beschriebenen Algorithmen sind auch zur Lösung beschränkter Aufgaben geeignet, wenn das Suchgebiet auf das zulässige Gebiet beschränkt bleibt:

- Vollständige Enumeration
- Monte-Carlo Verfahren
- Evolutionsstrategie

Die Effizienz der genannten drei Verfahren ist allerdings sehr gering.

Diese Vorgehensweise setzt allerdings einen zulässigen Startvektor voraus; ggf. muß zunächst ein zulässiger Vektor ermittelt werden. Wenn die Restriktionsgradienten nicht verfügbar sind, können Gl.5-37 und 5-38 dafür nicht benutzt werden. Statt dessen wird eine unbeschränkte Ersatzaufgabe formuliert, deren Zielfunktion z aus der Summe der Restriktionsverletzungen v_j gebildet wird:

$$z = \sum_j v_j(\mathbf{x}) \;\; ; \;\; \text{mit } v_j = \begin{cases} 0 & \text{für } g_j \geq 0 \\ -g_j & \text{für } g_j < 0 \end{cases} \tag{5-39}$$

Wenn die Ersatzzielfunktion 5-39 im Laufe der Minimierung den Wert 0 annimmt, ist ein zulässiger Startvektor gefunden, die eigentliche Optimierungsrechnung kann dann beginnen.

5.3.2.2   Methode der zulässigen Richtungen

Eines der bekanntesten und gebräuchlichsten Verfahren ist die auf Zoutendyk [5-14] zurückgehende Methode der zulässigen Richtungen (Method of Feasible Directions, MFD). Das Schema basiert darauf, eine Suchrichtung zu finden, die zwei Eigenschaften hat:

Zum einen soll der Zielfunktionswert verkleinert werden: der Suchrichtungsvektor soll also im Sinne des Optimierungszieles *brauchbar* sein; Bild 5-14 zeigt für ein zweidimensionales Beispiel ausgehend von einem Optimierungsvariablenvektor $\mathbf{x}^{(k)}$ den Bereich, in dem die Suchrichtung brauchbar ist. Dieser Sektor ist durch die Bedingung

$$\nabla z^T \cdot \mathbf{s} \leq 0 \tag{5-40}$$

definiert. Der Grenzfall $\nabla z^T \cdot \mathbf{s} = 0$ stellt sich ein, wenn die Suchrichtung tangential zu einer Isolinie der Zielfunktion verläuft.

Die zweite geforderte Eigenschaft des Suchrichtungsvektors ist seine Zulässigkeit (feasibility): Die Restriktionen sollen nicht verletzt werden. Der *zulässige* Sektor ist in Bild 5-14 ebenfalls dargestellt. Die Skalarprodukte aus den Gradienten der m_a aktiven Restriktionen und der Suchrichtung müssen größer 0 sein:

$$\nabla g_j^T \cdot \mathbf{s} \geq 0 \qquad j=1,m_a \tag{5-41}$$

Der zulässige und der brauchbare Bereich überschneiden sich (Bild 5-14), der Überschneidungsbereich wird zulässig-brauchbarer Bereich genannt; die Suchrichtung muß diesem Winkelbereich angehören. Diejenige Suchrichtung $\mathbf{s}'$ aus dem Bereich der zulässig-brauch-

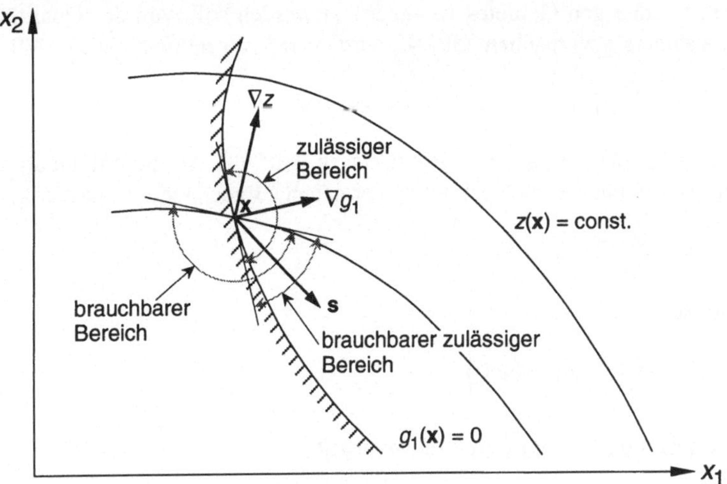

Bild 5-14: Zulässige und brauchbare Suchrichtungen

baren Richtungen, die die Zielfunktion am stärksten verbessert, verläuft tangential zur Grenze des zulässigen Raumes. Da jedoch die Restriktionen meistens nichtlinear und häufig konvex sind, hat ein Schritt in Richtung s' die Verletzung von Restriktionen zur Folge – ein nicht erwünschter Effekt. Die Suchrichtung muß deshalb vom Rand des zulässigen Gebietes ‚weggedrückt' werden. Dies wird durch Einführung des *Push-off Faktors* θ erreicht, mit dem Gl.5-41 ergänzt wird zu:

$$\nabla g_j^T \cdot \mathbf{s} - \theta_j \geq 0 \quad ; \quad j=1,m_a \quad ; \theta_j > 0 \tag{5-42}$$

Der Winkel zwischen dem Restriktionsgradienten und der Suchrichtung bleibt so etwas kleiner als 90°. Bild 5-15 zeigt den Einfluß von θ auf die Suchrichtung.

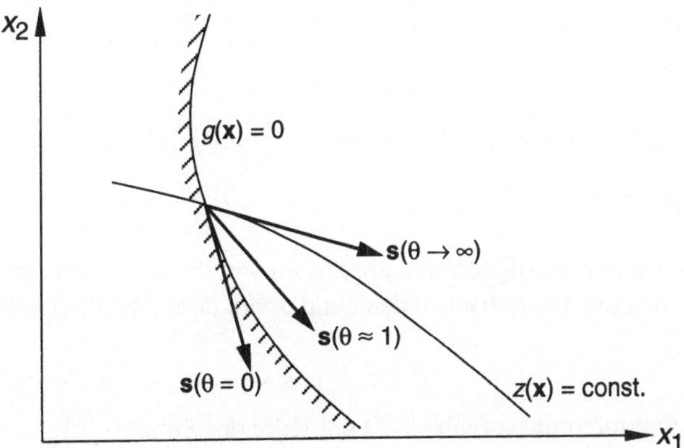

Bild 5-15: Einfluß des Push-off Faktors θ auf die Suchrichtung

Nun ist es für die praktische Anwendung zweckmäßig, das Maß, wie stark die Suchrichtung vom Rand des zulässigen Gebietes weggedrückt werden soll, von der Qualität der Suchrichtung $\nabla z \cdot \mathbf{s}$ abhängig zu machen: Gl.5-42 wird unter Verwendung von Gl.5-40 ergänzt zu:

$$\nabla g_j^T \cdot \mathbf{s} + \left(\nabla z^T \cdot \mathbf{s}\right)\theta_j \geq 0 \quad ; \quad j = 1, m_a \, ; \, \theta_j > 0 \tag{5-43}$$

Die Minimierung der Größe des Produkts in Gl.5-40 ist gleichbedeutend mit der Minimierung von β unter Berücksichtigung der neuen (Brauchbarkeits-) Restriktion:

$$-\left(\nabla z^T \cdot \mathbf{s}\right) + \beta \geq 0 \tag{5-44}$$

Die Aufgabe lautet:

$$\min_{\beta} \left\{ \beta \ \middle| \ -\left(\nabla z^T \cdot \mathbf{s}\right) + \beta \geq 0 \right\} \tag{5-45}$$

Der Wert β erreicht dann sein Minimum, wenn gilt:

$$\beta = \nabla z^T \cdot \mathbf{s} \tag{5-46}$$

Damit läßt sich die Zulässigkeitsrestriktion Gl.5-42 schreiben zu:

$$\nabla g_j^T \cdot \mathbf{s} + \beta \cdot \theta_j \geq 0 \quad ; j = 1, m_a \quad ; \quad \theta_j > 0 \tag{5-47}$$

Wird nun β unter Berücksichtigung der Zulässigkeit Gl.5-47 und der Brauchbarkeit Gl.5-44 minimiert, so wird die Notwendigkeit für eine weitere Beschränkung deutlich: denn mit steigender Länge des Suchrichtungsvektors $\mathbf{s}$ wird auch der Betrag des stets negativen Zahlenwertes von β Gl.5-46 immer größer, ohne daß die Suchrichtung sich verändert. Um das zu verhindern, wird zusätzlich die Länge des Suchrichtungsvektors $\mathbf{s}$ beschränkt:

$$\left| \mathbf{s}^T \cdot \mathbf{s} \right| \leq 1 \tag{5-48}$$

Damit lautet nun die vollständige Aufgabe zur Bestimmung der Suchrichtung $\mathbf{s}^{(k)}$ an der Stelle $\mathbf{x}^{(k)}$:

$$\text{minimiere} \qquad \beta \tag{5-49a}$$

$$\text{so daß} \qquad \beta - \left(\nabla z^{(k)T} \cdot \mathbf{s}\right) \geq 0 \tag{5-49b}$$

$$\nabla g_j^{(k)T} \cdot \mathbf{s} + \beta \cdot \theta_j \geq 0 \, ; \quad j = 1, m_a \quad ; \ \theta_j > 0 \tag{5-49c}$$

$$\left| \mathbf{s}^T \cdot \mathbf{s} \right| \leq 1 \tag{5-49d}$$

Die Gleichungen der Optimierungsaufgabe sind abgesehen von der quadratischen Gleichung Gl.5-47d linear. Ersetzt man die quadratische Gleichung 5-49d durch die lineare Forderung

$$-1 \leq |s_i| \leq 1 \ ; \ i = 1, n \tag{5-49e}$$

so kann die nun lineare Optimierungsaufgabe 5-49 mit Hilfe des Simplex-Algorithmus [5-2] sehr effizient gelöst werden. Allerdings führt Gl. 5-49e im Vergleich zu 5-49d zu einer etwas weniger zweckmäßigen Suchrichtung, da der Suchrichtungsvektor, der wegen 5-49b eine möglichst große Länge erhält, in die Ecken des durch 5-49e geöffneten Kubus gedrängt wird (siehe Bild 5-16).

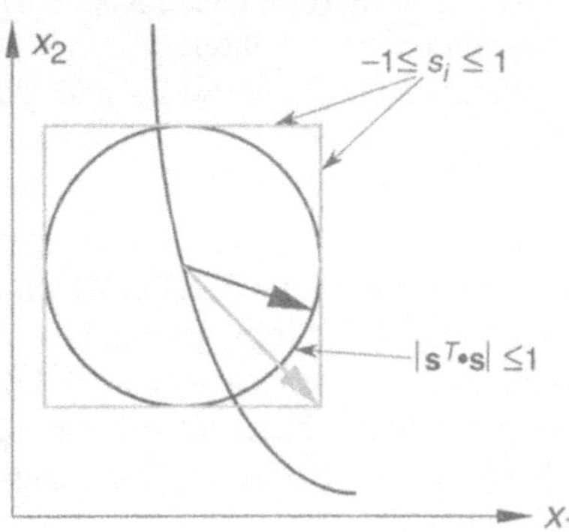

Bild 5-16: Längenbegrenzung des Suchrichtungsvektors

Bei der geeigneteren Begrenzung der Länge des Suchrichtungsvektors mit 5-49d kann die Aufgabe 5-49 unter Anwendung der Kuhn-Tucker Bedingungen mit einem dem Simplex-Verfahren ähnlichen Algorithmus gelöst werden, für Einzelheiten wird auf [5-14] verwiesen.

Die Festlegung der Größe des Push-off Faktors θ_j muß sorgfältig erfolgen: ist θ_j zu klein, besteht die Gefahr, daß die Lösung des auszuführenden Iterationsschrittes $\mathbf{x}^{(k+1)}$ unzulässig wird; bei zu großen θ_j liegt $\mathbf{x}^{(k+1)}$ nicht mehr auf dem Rand des zulässigen Bereiches, sondern zu weit in dessen Inneren. In beiden Fällen wäre ein Iterationsschritt zurück an die Restriktionsgrenze erforderlich, so daß sich ein uneffizienter, zickzack-förmiger Lösungspfad ergäbe. Um dies möglichst zu vermeiden und einen Lösungspfad entlang der Grenze des zulässigen Bereiches anzustreben, können die Push-off Faktoren wie folgt gewählt werden:

- für lineare Restriktionen: $\theta_j = 0$
- für nichtlineare Restriktionen, die aktiv oder verletzt sind, bei normierten Gradienten

$$(\; \|\nabla z\| = 1; \; \|\nabla g_j\| = 1 \;):$$

$$\theta_j = \left(1 - \frac{g_j}{\varepsilon}\right)^2 \qquad \text{mit} \qquad 0,1 < \varepsilon < 0,001 \qquad\qquad (5\text{-}50)$$

Der Push-off Faktor in Gl.5-50 ist vom Zahlenwert der Restriktion abhängig: Wenn die Restriktion von der zulässigen Seite kommend aktiv wird ($g_j = \varepsilon$), ist $\theta_j = 0$. Mit steigender Restriktionsverletzung steigt θ_j quadratisch an und drückt so die Suchrichtung immer stärker zurück in den zulässigen Bereich. Für $g_j=0$ wird $\theta_j=1$: Bild 5-15 zeigt, daß dann der Suchrichtungsvektor den zulässig-brauchbaren Bereich in zwei ähnlich große Teile teilt. Die Grenze $g_j = \varepsilon$, ab der eine Restriktion g_j als aktiv angesehen wird, kann zu Beginn der Optimierungsrechnung mit $\varepsilon = 0,1$ festgelegt werden und sollte mit Annäherung an das Optimum auf $\varepsilon = 0,001$ sinken.

Ein Algorithmus für die Methode der zulässigen Richtungen lautet:

① Bestimme einen zulässigen Startvektor $\mathbf{x}^{(k)}$ und Toleranzschranke ε ; $k=1$
② Führe eine Systemanalyse aus und berechne $z(\mathbf{x}^{(k)})$, $g_j(\mathbf{x}^{(k)})$
③ Bestimme den Satz der m_a aktiven Restriktionen $g_j(\mathbf{x}^{(k)}) < \varepsilon$; $j=1,m_a$
   Errechne die Push-off Faktoren θ_j nach Gl.5-50.
④ Berechne die Gradienten $\nabla z(\mathbf{x}^{(k)})$, $\nabla g_j(\mathbf{x}^{(k)})$; $j=1, m_a$
⑤ Ist mindestens eine Restriktionen aktiv ($m_a \geq 1$) ?
   Wenn ja: Bestimme die brauchbar-zulässige Suchrichtung aus Gl.5-49.
   Wenn nein: $\mathbf{s}^{(k)} = -\nabla z(\mathbf{x}^{(k)})$
⑥ Bestimme die Schrittweite $\alpha^{(k)}$ und bilde $\mathbf{x}^{(k+1)} = \mathbf{x}^{(k)} + \alpha^{(k)} \cdot \mathbf{s}^{(k)}$

⑦ Abbruchkriterium (siehe Kap. 6.3) erfüllt ? z.B. $|z^{(k)}-z^{(k-1)}| \le \varepsilon$
   Wenn ja: Stop
   Wenn nein: $k:=k+1$; gehe zu ②

5.3.2.3 Generalisierte Methode der reduzierten Gradienten

Die auf Wolfe [5-15] zurückgehende Methode der reduzieren Gradienten (Generalized Reduced Gradient Method, GRGM) wurde ursprünglich für nur durch Gleichheitsrestriktionen beschränkte Optimierungsaufgaben entwickelt. Die generalisierte Methode der reduzierten Gradienten [5-16] ist dagegen auf die allgemeine beschränkte Optimierungsaufgabe anwendbar. Ungleichheitsrestriktionen $g_j(\mathbf{x})$ lassen sich durch Einführung von Schlupfvariablen c_j als zusätzlichen Optimierungsvariablen in Gleichheitsrestriktionen $h_j(\mathbf{x})$ umwandeln (Kapitel 4.5.3).

$$g_j(\mathbf{x}) > 0 \;\;\leftrightarrow\;\; h_j(\mathbf{x}) = g_j(\mathbf{x}) - c_j = 0 \quad \text{mit} \quad c_j > 0 \; ; j = 1,m \tag{5-51}$$

Die nur noch durch Gleichheitsrestriktionen und die Variablenschranken x_i^u und x_i^o beschränkte, $(n+m)$-dimensionale Optimierungsaufgabe lautet jetzt mit den zusätzlichen Variablen $x_{n+j} = c_j$; $j=1,m$:

$$\min_{\mathbf{x}} \left\{ z(\mathbf{x}) \;\middle|\; h_j(\mathbf{x}) = 0 \; ; \; x_i^u \le x_i \le x_i^o \; ; \; j = 1,m \; ; \; i = 1,n+m \right\} \tag{5-52}$$

Die Optimierungsvariablen x_i ; $i=1,n+m$ werden aufgeteilt in m abhängige Optimierungsvariable (Schlupfvariable) und n unabhängige Optimierungsvariable.

Die Suchrichtung wird in Abhängigkeit der unabhängigen Optimierungsvariablen ermittelt. Während der eindimensionalen Suche werden die abhängigen Optimierungsvariablen ständig mit Hilfe eines Newton Algorithmus eingestellt, so daß die Gleichheitsrestriktionen erfüllt bleiben.

Die im Verfahrensnamen bezeichneten reduzierten Gradienten ergeben sich, wenn die ursprüngliche Optimierungsaufgabe eigene Gleichheitsrestriktionen h_j, $j=1,m_h$ aufweist: die Anzahl der unabhängigen Optimierungsvariablen reduziert sich dann nämlich von $i=1,n$ auf $i=1,n-m_h$. Bei einer Gleichheitsrestriktion $h(\mathbf{x})=x_2+x_1$ wird beispielsweise die Variable x_1 als unabhängige Variable ausgewählt, die abhängige Variable ergibt sich nun zu $x_2=-x_1$. Die benötigten Gradienten beinhalten nur noch die Ableitungen nach den $(n-m_h)$ unabhängigen Optimierungsvariablen.

Da die Gleichheitsrestriktionen ständig erfüllt bleiben, führt der von der GRGM ermittelte Suchpfad stets am Rand des zulässigen Bereiches entlang, er vermeidet also den bei der Methode der zulässigen Richtungen auftretenden zickzack-förmigen Weg. Diesem Vorteil steht jedoch der Nachteil gegenüber, daß pro Restriktion eine Schlupfvariable als zusätzliche Optimierungsvariable eingeführt wird. Gerade in der Strukturoptimierung, bei der häufig die Anzahl der Ungleichheitsrestriktionen groß ist gegenüber der Anzahl der Optimierungsvariablen, ist dieser Nachteil von Bedeutung.

5.3.2.4 Modifizierte Methode der zulässigen Richtungen

Die weiter oben beschriebene Methode der zulässigen Richtung MFD weist den Vorteil einer effizienten Suchrichtungsbestimmung auf, während ihr Nachteil in dem zickzack-förmigen Lösungspfad zu sehen ist, der wiederum die Effizienz des Algorithmus mindert. Das Verfahren der reduzierten Gradienten bietet dagegen den Vorteil, einen Lösungsweg entlang des Randes des zulässigen Gebietes zu verfolgen. Sein Nachteil besteht jedoch in der durch die Schlupfvariablen erhöhten Anzahl an Optimierungsvariablen.

Ausgehend von der Idee, die Vorteile der beiden genannten Methoden zu vereinen, ohne deren Nachteile zu übernehmen, verbesserte Vanderplaats [5-17; 5-1] die Methode der zulässigen Richtungen weiter zur *Modifizierten Methode der zulässigen Richtungen* (Modified Method of Feasible Directions, MMFD).

Die Suchrichtung $\mathbf{s}^{(k)}$ wird wie beim Verfahren der zulässigen Richtungen Gl.5-49 bestimmt, dabei wird allerdings der Push-off Faktor 0 gesetzt. Um auf dem Rand des zulässigen Gebietes zu verbleiben, werden – wie beim Verfahren der reduzierten Gradienten – während der eindimensionalen Suche die Optimierungsvariablen mit einem Newton Algorithmus ständig auf den Rand des zulässigen Gebietes gedrückt, indem $\mathbf{x}^{(k)}$ durch den Vektor $\delta\mathbf{x}^{(k)}$ ergänzt wird. Der Änderungsvektor ergibt sich als Ergebnis der einfach lösbaren Minimierungsaufgabe:

$$\min_{\delta\mathbf{x}}\left\{\delta\mathbf{x}^T \cdot \delta\mathbf{x} \mid g_j(\mathbf{x}(\alpha)) + \nabla g_j(\mathbf{x}^{(k)})^T \cdot \delta\mathbf{x} = 0 \;\; ; \;\; j = 1, m_a\right\} \tag{5-53}$$

$$\text{mit} \quad \mathbf{x}(\alpha) = \mathbf{x}^{(k)} + \alpha \cdot \mathbf{s}^{(k)}$$

Der verbesserte Optimierungsvariablenvektor ergibt sich zu

$$\mathbf{x}^{(k+1)} = \mathbf{x}^{(k)} + \alpha^{(k)} \cdot \mathbf{s}^{(k)} + \delta\mathbf{x}^{(k)} \tag{5-54}$$

Der so gewählte Lösungspfad führt entlang der Berandung des zulässigen Gebietes (Bild 5-17). Die MMFD gehört zu den effizientesten direkten Lösungsmethoden.

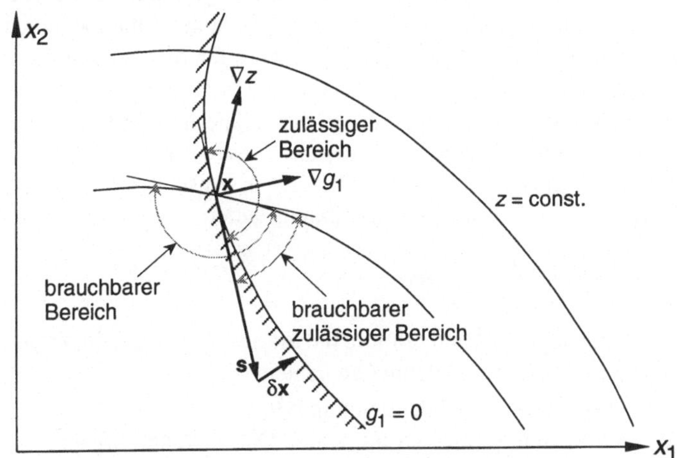

Bild 5-17: Modifizierte Methode der zulässigen Richtungen

5.3.2.5   Sequentielle quadratische Programmierung (SQP)

Ein besonders allgemeingültiges und gleichzeitig effizientes Optimierungsverfahren ist die *Sequentielle quadratische Programmierung*. Es gibt mehrere Varianten, die sich besonders hinsichtlich der Behandlung der Restriktionen unterscheiden ([5-18 bis 5-21]). Die im folgenden skizzierte Variante geht auf Powell [5-18] zurück. Von Schittkowski [5-21] wurde sie verfeinert.

Der Algorithmus verarbeitet nicht die Zielfunktion $z(\mathbf{x})$ direkt, sondern die Lagrange-Funktion $L(\mathbf{x})$ der Optimierungsaufgabe. $L(\mathbf{x})$ wird an der Stelle $\mathbf{x}^{(k)}$ in einer Taylor-Reihe entwickelt, die hinter dem quadratischen Glied abgebrochen wird. Die Restriktionen werden linear entwickelt.

Die Suchrichtung $\mathbf{s}^{(k)}$ ergibt sich mit Gl.5-55 als Lösung der Optimierungsaufgabe mit quadratischer Zielfunktion und linearisierten Restriktionen (der Index $^{(k)}$ bedeutet: an der Stelle $\mathbf{x}^{(k)}$):

$$\min_{\mathbf{s}}\left\{\varphi(\mathbf{s}) = L^{(k)} + \nabla L^{(k)} \cdot \mathbf{s} + \tfrac{1}{2}\mathbf{s}^T \cdot \mathbf{H}^{(k)} \cdot \mathbf{s} \quad \right|$$

$$\text{so daß} \quad g_j^{(k)} + \nabla g_j^{(k)T} \cdot \mathbf{s} \geq 0 \quad ; \quad j=1,m \ \Big\}$$

(5-55)

$\mathbf{H}^{(k)} = \mathbf{H}(\mathbf{x}^{(k)})$ ist eine positiv definite Matrix, die eine Näherung der Hesse-Matrix der Lagrange-Funktion darstellt. Vor dem ersten Iterationsschritt wird $\mathbf{H}^{(1)}$ als Einheitsmatrix $\mathbf{I}$ angesetzt, um dann in den folgenden Iterationsschritten immer weiter verbessert zu werden. Durch diese Vorgehensweise wird – wie schon von den Quasi-Newton Verfahren her bekannt – die aufwendige exakte Ermittlung der Hesse-Matrix vermieden.

Zur Lösung der quadratischen Aufgabe 5-55 gibt es spezielle, sehr effiziente Algorithmen. Es können jedoch auch die weiter oben vorgestellten Suchrichtungserzeuger (z.B. Methode der zulässigen Richtungen) angewandt werden.

Nach der Bestimmung der Suchrichtung $\mathbf{s}^{(k)}$ wird mit den weiter unten vorgestellten Verfahren die Schrittweite $\alpha^{(k)}$ an der originären Optimierungsaufgabe errechnet (Kap. 5.3.3). Die Länge des Suchrichtungsvektors $\mathbf{s}$ ist wegen der hohen Qualität der quadratischen Approximation bereits eine sehr gute Anfangsnäherung für $\alpha^{(k)}$, so daß die Rechnung mit $\alpha^{(k)}=1$ gestartet wird.

Der dritte Schritt ist die Verbesserung der Näherung $\mathbf{H}^{(k)}$ der Hesse Matrix, beispielsweise mit der Update-Formel von *Broydon-Fletcher-Shanno-Goldfarb* [5-10 bis 5-13]. Eine ähnliche Vorgehensweise wurde bereits in Abschnitt 5.2.3.3 bei den Quasi-Newton Verfahren vorgestellt. Ein SQP-Algorithmus lautet:

① Wähle: Startvektor $\mathbf{x}^{(k)}$
$\mathbf{H}^{(k)} = \mathbf{I}$; $k=1$

② Führe eine Systemanalyse aus und ermittle die Startwerte von Zielfunktion $z(\mathbf{x}^{(1)})$ und Restriktionen $g_j(\mathbf{x}^{(1)})$; $j=1,m$ und deren Gradienten.

③ Bestimme mit Aufgabe 5-55 die Suchrichtung $\mathbf{s}^{(k)}$.
Bestimme die Schrittweite $\alpha^{(k)}$ an der originären Optimierungsaufgabe.
Ergebnis: $\mathbf{x}^{(k+1)} = \mathbf{x}^{(k)} + \alpha^{(k)} \cdot \mathbf{s}^{(k)}$

④ Führe eine Systemanalyse aus und berechne Zielfunktion $z(\mathbf{x}^{(k+1)})$ und Restriktionen $g_j(\mathbf{x}^{(k+1)})$; $j=1,m$ und deren Gradienten.

⑤ Abbruchkriterium erfüllt, z.B. $|z^{(k+1)} - z^{(k)}| \leq \varepsilon$?
Wenn ja: Ergebnisausgabe, Stop

⑥ Verbessere die Abschätzung der Hesse-Matrix der Lagrange-Funktion $\mathbf{H}^{(k+1)}$ mit dem BFGS-Update Algorithmus.
$k:=k+1$; Gehe zu ③

Die SQP-Methode hat sich bei verschiedenen Untersuchungen als ein effizienter, besonders allgemeingültiger und recht robuster Algorithmus herausgestellt, dessen Anwendung in der Strukturoptimierung grundsätzlich empfohlen werden kann.

5.3.3   Eindimensionale Optimierung bei restringierten Optimierungsaufgaben

In Abschnitt 5.2.4 wurde die eindimensionale Optimierung bei nichtlinearen, unbeschränkten Optimierungsaufgaben behandelt. Die Aufgabenstellung ist nun auf restringierte Optimierungsaufgaben zu erweitern. Zweck der eindimensionalen Optimierung ist es, den Schrittweitenfaktor $\alpha^{(k)}$ in der allgemeinen Optimierungs-Rekursionsformel

$$\mathbf{x}^{(k+1)} = \mathbf{x}^{(k)} + \alpha^{(k)} \cdot \mathbf{s}^{(k)} \tag{5-56}$$

zu bestimmen. Entlang der Suchrichtung $\mathbf{s}^{(k)}$ wird in einem Intervall $[0, \alpha^{max}]$ das Minimum der Zielfunktion bestimmt. Vorausgesetzt wird dabei, daß im betrachteten Intervall nur ein Extremum vorhanden ist, d.h. die Funktion ist unimodal.

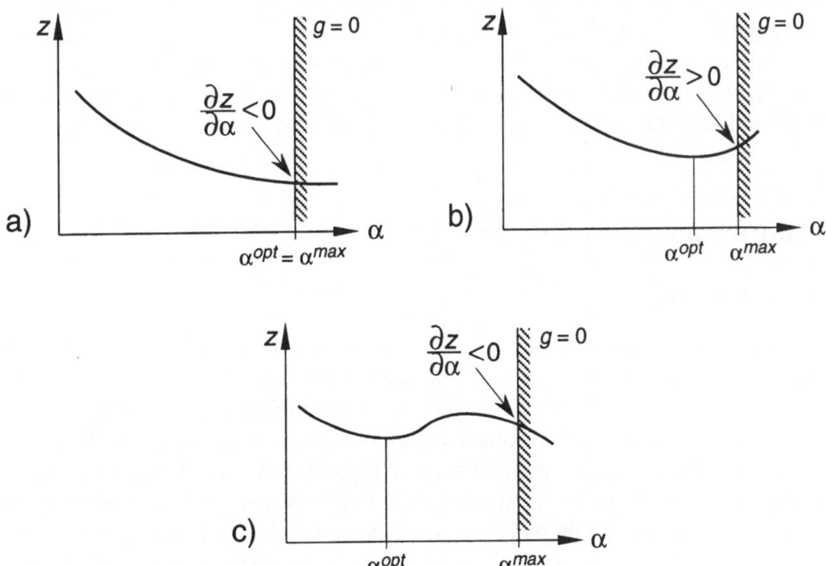

Bild 5-18: Eindimensionale Optimierung bei beschränkten Optimierungsaufgaben

Bei den stets restringierten Tragwerksoptimierungsaufgaben liegt die gesuchte Lösung sehr oft auf dem Rand des zulässigen Gebiets (Bild 5-18a). Dies bedeutet, daß mit einiger Wahrscheinlichkeit dort das Minimum der Zielfunktion $z(\alpha)$ zu finden ist, wo der Suchrichtungsstrahl $\alpha \cdot \mathbf{s}^{(k)}$ die Grenze des zulässigen Raumes durchschneidet. Die Intervallgrenze α^{max} wird deshalb sinnvoll so bestimmt, daß $(\mathbf{x}^{(k)} + \alpha^{max} \cdot \mathbf{s}^{(k)})$ auf dem Rand des zulässigen Gebietes liegt.

Für die optimalen Werte α^{opt} und $z(\alpha^{opt})$ gilt stets:

$$z(\alpha^{opt}) \le z(\alpha^{max}) \quad ; \quad 0 \le \alpha^{opt} \le \alpha^{max} \tag{5-57}$$

Die Zielfunktionswerte der Intervallgrenzen werden miteinander verglichen: Wenn bei einer konvexen Optimierungsaufgabe die Bedingung

$$z(\alpha^{max}) < z(\alpha{=}0) \tag{5-58}$$

erfüllt ist und zusätzlich für die Steigung der Zielfunktion $\partial z/\partial \alpha$ an der Stelle α^{max} gilt

$$\frac{\partial z}{\partial \alpha}\bigg|_{\alpha^{max}} < 0 \tag{5-59}$$

so folgt daraus, daß das Minimum α^{opt} an der oberen Intervallgrenze liegt (Bild 5-18a):

$$\alpha^{opt} = \alpha^{max} \tag{5-60}$$

Bei nichtkonvexen Aufgaben (Bild 5-18c) gilt diese Aussage nicht. Die meisten eindimensionalen Optimierer setzen unimodale Funktionen voraus.

Das Beispiel aus Bild 5-18b ist zwar konvex und Gl.5-58 ist erfüllt, jedoch zeigt die negative Ableitung $\partial z/\partial \alpha\,|_{\alpha max}$, daß α^{opt} nicht am Rand des zulässigen Gebietes liegen kann, sondern im Inneren des untersuchten Intervalls. Die Schrittweite $\alpha^{(k)}$ wird in diesem Fall mit den in Abschnitt 5.2.4 beschriebenen Verfahren für die eindimensionale Optimierung bei freien Optimierungsaufgaben bestimmt. Geeignete Algorithmen zur eindimensionalen Optimierung wie z.B. das Interpolationsverfahren benötigen oftmals nur drei bis fünf Restriktions- und Zielfunktionsauswertungen zur Bestimmung der Schrittweite α^{opt}.

5.4   Approximationsverfahren

5.4.1   Grundgedanke

Die Größe der Strukturoptimierungsaufgaben wuchs im Laufe der Zeit: Nicht nur die Zahl der Optimierungsvariablen, sondern auch die Größe der Strukturmodelle und die Zahl der Restriktionen stieg an. Infolge der besonders bei den Straffunktionsverfahren notwendigen großen Anzahl an Systemanalysen und Gradientenberechnungen stieg die Rechenzeit für solche Optimierungsrechnungen in nicht mehr akzeptable Größenordnungen an. Einen Ausweg brachten erst die in den achtziger Jahren entwickelten Approximationsverfahren, mit denen sich die Anzahl der benötigten Strukturanalysen und Gradientenberechnungen auf ein Mindestmaß reduzieren lassen: Zu Beginn eines Iterationsschritts werden die impliziten Systemgleichungen (z.B. Steifigkeitsmatrix $\mathbf{K}$ · Verformungsvektor $\mathbf{u}$ = Kraftvektor $\mathbf{F}$) durch explizite Funktionen (z.B. lineare Polynome) approximiert, deren Auswertung mit sehr geringem Aufwand möglich ist. So wurden weitere Effizienzsteigerungen der Strukturoptimierungsrechnung ermöglicht.

Die approximierte Ersatzaufgabe des originären Optimierungsproblems lautet:

$$\min_{\mathbf{x}}\Big\{\varphi(\mathbf{x})\ \Big|\ \gamma_j(\mathbf{x}) \ge 0\ ;\ j = 1,m\Big\} \tag{5-61}$$

$\varphi =$ Approximation der Zielfunktion $z(\mathbf{x})$

$\gamma_j =$ Approximation der Ungleichheitsrestriktion $g_j(\mathbf{x})$ bzw.
     der Gleichheitsrestriktion $h_j(\mathbf{x})$

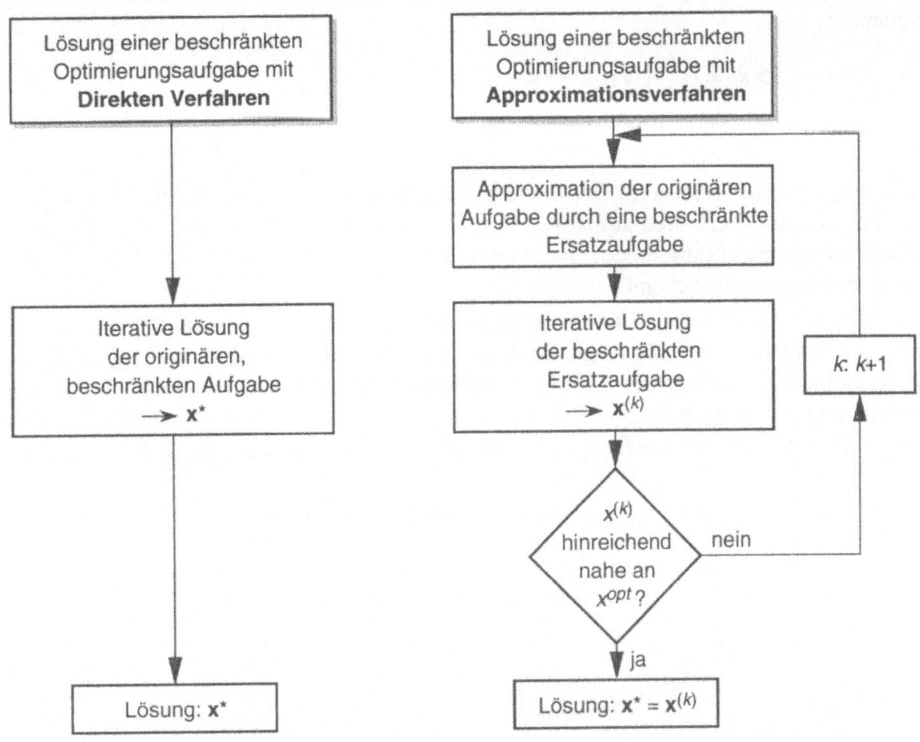

Bild 5-19: Approximationsverfahren im Vergleich zu direkten Strategien

Zur Lösung der approximierten Ersatzaufgabe 5-61 ist keine weitere Strukturanalyse mehr erforderlich, sondern nur noch die Auswertung der Approximationspolynome. Dafür werden entweder spezielle Verfahren verwendet (z.B. das Simplex-Verfahren zur Lösung der linearisierten Ersatzaufgabe). Aber auch allgemeine Verfahren zur direkten Lösung einer beschränkten Aufgabe (z.B. das modifizierte Verfahren der zulässigen Richtungen Kap. 5.3.2.4) kommen in Frage. Schließlich ist es auch möglich, die approximierte, beschränkte Ersatzaufgabe mit einem Straffunktionsverfahren zu lösen. An der Stelle der Zwischenlösung x^{k+1} wird erneut eine Approximation aufgestellt. Bild 5-19 zeigt das Prinzip im Vergleich zu den direkten Verfahren. Die Schritte *Approximation der originären Aufgabe* und *Lösung der beschränkten Ersatzaufgabe* werden so oft wiederholt (ca. 5 bis 10 mal), bis die Lösung der Optimierungsaufgabe mit ausreichender Genauigkeit ermittelt ist: die Lösungsfolge der Ersatzaufgaben konvergiert bei einer geeigneten Approximation gegen die Lösung des originären Optimierungsproblems. Im folgenden werden einige wichtige Approximationstechniken vorgestellt.

5.4.2   Sequentielle lineare Programmierung (SLP)

Eine besonders einfache Form der Approximation ist der Ersatz der Optimierungsaufgabe durch eine Folge linearisierter Gleichungen. Hierzu werden Zielfunktion und Restriktionen an der Stelle $\mathbf{x}^{(k)}$ in Taylor-Reihen entwickelt, die hinter dem linearen Glied abgebrochen werden:

$$z(\mathbf{x}) \;\rightarrow\; \varphi(\mathbf{x}) = z^{(k)} + \nabla z^{(k)T} \cdot (\mathbf{x} - \mathbf{x}^{(k)}) \tag{5-62}$$

$$g_j(\mathbf{x}) \;\rightarrow\; \gamma_j(\mathbf{x}) = g_j^{(k)} + \nabla g_j^{(k)T} \cdot (\mathbf{x} - \mathbf{x}^{(k)}) \tag{5-63}$$

Die solchermaßen linearisierte Optimierungsaufgabe kann nun relativ einfach und effizient mit dem Simplex-Verfahren gelöst werden. An der Stelle der Zwischenlösung $\mathbf{x}^{(k+1)}$ wird die Optimierungsaufgabe erneut linearisiert. Dieser Vorgang wird so oft wiederholt, bis $\mathbf{x}^{(k+1)}$ der Lösung ausreichend nahe ist.

Die lineare Approximation repräsentiert jedoch nur in einer beschränkten Umgebung des Entwicklungspunktes $\mathbf{x}^{(k)}$ die originäre Aufgabe ausreichend genau. Diese Umgebung wird um so kleiner, je nichtlinearer die Funktionen des Optimierungsmodells sind. Ist bei einer Optimierungsaufgabe die Zahl der Restriktionen kleiner als die der Optimierungsvariablen, so liegt das Optimum der linearisierten Ersatzaufgabe im Unendlichen (Bild 5-20a und b).

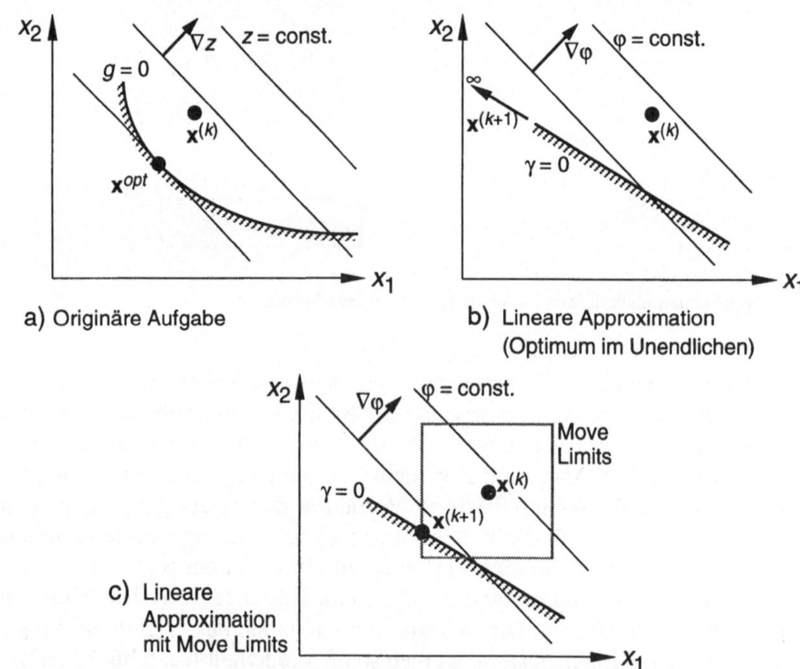

Bild 5-20: Lineare Approximation einer zweidimensionalen Aufgabe mit nur einer Restriktion

Der Betrachtungsbereich muß daher durch zusätzliche Restriktionen, die als *Move Limits* bezeichnet werden, auf die Umgebung reduziert werden, in der die linearisierte Aufgabe ausreichend repräsentativ ist. Move Limits sind zusätzliche obere und untere Schranken für die Optimierungsvariablen, deren Größe jedoch im Verlauf der Optimierungsrechnung – im Unterschied zu den eigentlichen Variablenschranken – verändert werden kann. In Bild 5-20c sind die Move Limits eingezeichnet. Auch die zweite Aufgabe der Move Limits ist in diesem Bild erkennbar: sie statten den zulässigen Raum mit zusätzliche Ecken aus und ermöglichen so auch die Lösung einer linearisierten Aufgabe, die weniger Restriktionen als Optimierungsvariablen hat und deren Lösung deshalb sonst im Unendlichen läge. Die Move Limits werden durch den Faktor θ in der zusätzlichen Nebenbedingung beschrieben:

$$(1-\theta) \cdot x_i^{(k)} \leq x_i \leq (1+\theta) \cdot x_i^{(k)} \qquad \text{mit} \quad i = 1,n \ ; \quad 0 < \theta < 1 \qquad (5\text{-}64)$$

Mit ihnen wird diejenige Teilmenge des Optimierungsvariablenraumes $\Re^n$ festgelegt, für die die jeweilige lineare Ersatzaufgabe als ausreichend repräsentativ für die originäre Optimierungsaufgabe betrachtet wird. Die zweckmäßige Wahl der Move Limits θ hat Einfluß auf die Konvergenz der Optimierungsrechnung, wie in Bild 5-21 beispielhaft an einem Iterationsverlauf gezeigt ist: wird θ zu klein gewählt, sinkt die Effizienz, weil die Move Limits nur eine zu geringe Veränderung des Optimierungsvariablenvektors in jedem Iterationsschritt zulassen (Kurve a in Bild 5-21). Ein zu großer Wert θ kann jedoch stark unzulässige Zwischenlösungen $\mathbf{x}^{(k+1)}$ zur Folge haben – wodurch die Effizienz ebenfalls sinkt (Kurve b in Bild 5-21; es wurde kein zulässiger Punkt mehr gefunden). Ein guter Startwert für θ ist 0,1 bis 0,2 (Kurven c in Bild 5-21).

Nach jedem Iterationsschritt und mit zunehmender Nähe zum Optimum kann θ verringert werden. Als brauchbar haben sich erwiesen:

$$\theta^{(k+1)} = c \cdot \theta^{(k)} \qquad \text{mit } c = 0,5 \qquad (5\text{-}65)$$

$$\text{oder: } \theta^{(k+1)} = \frac{\theta^{(k)}}{1 + \theta^{(k)}} \qquad (5\text{-}66)$$

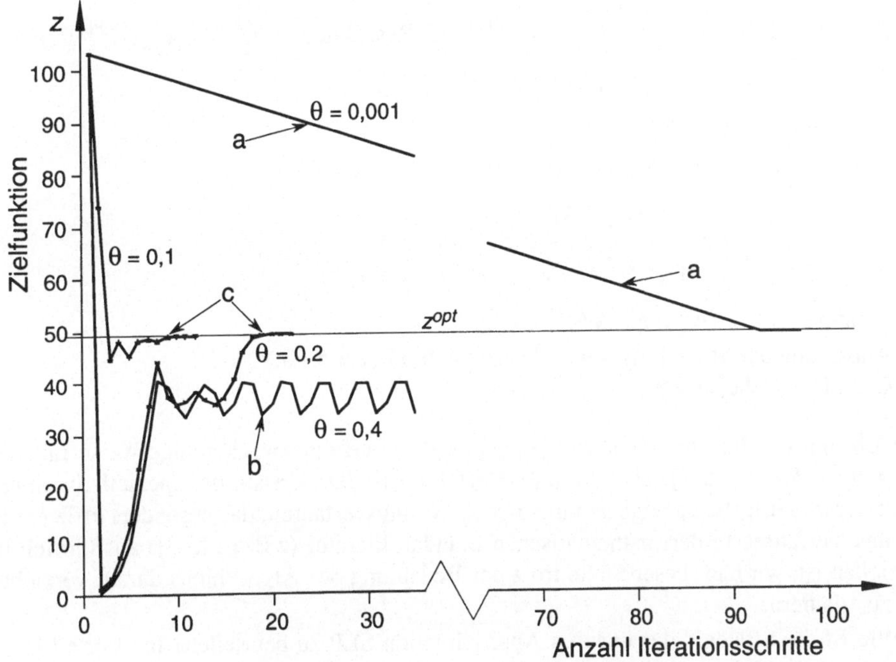

Bild 5-21: Auswirkung unterschiedlich großer Move Limits θ auf die Effizienz

Aus diesen Diskussionen ergibt sich nun ein Algorithmus für die Lineare Programmierung (SLP):

① Wähle Startvektor $\mathbf{x}^{(k)}$, Move Limits $\theta^{(k)}$, $k=1$

② Führe eine Systemanalyse aus.
Berechne Zielfunktion $z(\mathbf{x}^{(k)})$ und Restriktionen $g_j(\mathbf{x}^{(k)})$; $j=1,m$

③ Ermittle die Gradienten von Zielfunktion und Restriktionen an der Stelle $\mathbf{x}=\mathbf{x}^{(k)}$

$$\nabla z^{(k)} = \{\ \partial z/\partial x_1;\ \partial z/\partial x_2;\ \ldots\ldots\ \partial z/\partial x_n\ \}^T$$

$$\nabla g_j^{(k)} = \{\ \partial g_j/\partial x_1;\ \partial g_j/\partial x_2;\ \ldots\ldots\ \partial g_j/\partial x_n\ \}^T\ ;\ j=1,m$$

④ Entwickle Zielfunktion und Restriktionen an der Stelle $\mathbf{x}^{(k)}$ in einer Taylor-Reihe unter Vernachlässigung von Gliedern von höherer als erster Ordnung. Löse die Ersatzaufgabe

$$\min_{\mathbf{x}}\left\{\varphi(\mathbf{x}) = z^{(k)} + \nabla z^{(k)} \cdot (\mathbf{x} - \mathbf{x}^{(k)})\ \right|$$

$$\text{so daß}\quad \gamma_j(\mathbf{x}) = g_j^{(k)} + \nabla g_j^{(k)} \cdot (\mathbf{x} - \mathbf{x}^{(k)}) \geq 0 \quad;\quad j=1,m_a$$

$$(1-\theta) \cdot x_i^{(k)} \leq x_i \leq (1+\theta) \cdot x_i^{(k)} \quad;\quad i=1,n \quad;\quad 0<\theta<1$$

$$x_i^u \leq x_i \leq x_i^o \quad;\quad i=1,n$$

mit dem Simplex-Verfahren [5-2]. Ergebnis: $\mathbf{x}^{(k+1)}$

⑤ Führe eine Systemanalyse aus.
Berechne Zielfunktion $z^{(k+1)} = z(\mathbf{x}^{(k+1)})$ und Restriktionen $g_j^{(k+1)} = g_j(\mathbf{x}^{(k+1)})$; $j=1,m$

⑥ Prüfe: $\quad g_j^{(k+1)} \geq 0$ für alle $j=1,m$?

Wenn nein, gehe zu ⑧

⑦ Abbruchkriterium (siehe Abschnitt 6.3) erfüllt ?

$$\text{z.B.:}\quad \left|\frac{z^{(k+1)} - z^{(k)}}{z^{(k)}}\right| \leq \varepsilon\ ;\quad 0<\varepsilon \ll 1$$

Wenn ja: Endergebnis: $\mathbf{x}^{(k+1)}$; Stop.

⑧ Anpassung der Move Limits $\theta^{(k+1)}$ nach Gl. 5-65 oder 5-66;
$k:=k+1$; Gehe zu ②

Die Lösung der linearen Ersatzaufgabe (Schritt 4) erfolgt zweckmäßigerweise mit dem *Simplex-Verfahren* [5-2]. Das Simplex-Verfahren ist *das* klassische, speziell für lineare Optimierungsaufgaben geeignete numerische Lösungsverfahren, das besonders effizient ist. Da das Verfahren in der mathematischen Standardliteratur (z.B. in [5-3]) ausführlich beschrieben ist, wird an dieser Stelle trotz der Bedeutung des Algorithmus darauf verzichtet, ihn zu erläutern.

Wie ist die Strategie der linearen Approximation SLP zu beurteilen? Ihr Vorteil ist die einfache und effiziente Lösbarkeit der linearen Ersatzaufgabe mit dem Simplex-Verfahren. Ihre Schwäche liegt darin, daß die lineare Approximation nur in einer engen Umgebung des

Entwicklungspunktes $\mathbf{x}^{(k)}$ ausreichend repräsentativ für die originäre Optimierungsaufgabe ist. Dieser Nachteil wird jedoch durch die Eingrenzung des Betrachtungsbereiches mit Hilfe der Move Limits entschärft. Die SLP ist eine bewährte Optimierungsstrategie, die für die meisten Strukturoptimierungsaufgaben gut geeignet ist. Eine sehr starke Nichtlinearität der originären Optimierungsfunktionen kann jedoch zu schlechter Konvergenz führen. In Einzelfällen ist es möglich, daß bei zu groß gewählten Move Limits stark unzulässige Zwischenlösungen erzeugt werden, von denen aus keine zulässige Lösung mehr gefunden wird. Bei (nicht zu stark) unzulässigen Zwischenlösungen ist es aber grundsätzlich möglich, mit den Gl.5-37 und 5-38 (Kapitel 5.3.2) einen Suchrichtungsschritt zurück in den zulässigen Raum auszuführen, bevor an dem so gefundenen zulässigen Vektor erneut linear approximiert wird.

Sequentielle invers-lineare Programmierung (SILP)

Die SLP ist die einfachste Form der Approximation, für die nur die Ableitungen erster Ordnung benötigt werden. Es existieren jedoch noch andere Formen, die besser an die Gegebenheiten bei speziellen Restriktionstypen angepaßt sind. Am Beispiel der Spannungsrestriktion eines Stabes in einem statisch bestimmten Fachwerk wird das deutlich: Die Spannung σ_i des durch die Normalkraft N_i belasteten Stabes mit der Querschnittsfläche a_i berechnet sich zu

$$\sigma_i = \frac{N_i}{a_i} \tag{5-67}$$

Die Spannung ist also direkt proportional zur Inversen der Stabquerschnittsfläche $\sigma_i \sim 1 / a_i$. Für den Idealfall des statisch bestimmten Tragwerks, bei dem die Querschnittsdimensionierungen keinen Einfluß auf die Schnittgrößen haben, berechnet sich die Spannungsrestriktion mit $N_i = $ const. zu:

$$g_j = 1 - \frac{\sigma_i}{\sigma_{i\,\text{zul}}} = 1 - v_i \cdot \frac{N_i}{\sigma_{i\,\text{zul}}} \geq 0 \;;\; v_i = \frac{1}{a_i} \tag{5-68}$$

Die Approximation γ_j wird nun nicht als Funktion der Optimierungsvariablen $x_i = a_i$ direkt, sondern als Funktion ihrer Inversen $v_i = 1/x_i$ entwickelt.

$$\gamma_j = g_j(v_i^{(k)}) + \frac{\partial g_j(v_i^{(k)})}{\partial v_i} \cdot (v_i - v_i^{(k)}) \;;\; v_i = \frac{1}{x_i}\;;\; i=1,n \tag{5-69}$$

Diese Art der Approximation wird invers-lineare Programmierung (SILP) genannt. Zu ihrer Aufstellung sind – wie bei der SLP – nur die Gradienten von Zielfunktion und Restriktionen nach den Optimierungsvariablen notwendig, die sich leicht in die Gradienten nach den inversen Variablen umrechnen lassen:

$$\frac{\partial g_j}{\partial v_i} = \frac{\partial g_j}{\partial x_i} \cdot \frac{\partial x_i}{\partial v_i} = -\frac{\partial g_j}{\partial x_i} \cdot \frac{1}{x_i^2} \tag{5-70}$$

Während sich die Qualität der SILP-Approximation der Spannungsrestriktion gegenüber der SLP stark verbessert, wird eine lineare Zielfunktion weniger gut approximiert. Für dieses Beispiel, daß allerdings wegen der statischen Bestimmtheit der Struktur einen nicht zu verallgemeinernden Idealfall beschreibt, ist zur Lösung nur eine einzige inverse Linearisierung notwendig. Bild 5-22 zeigt schematisch lineare und invers-lineare Approximation der Spannungsrestriktion und der Zielfunktion (Gewicht) eines Fachwerkstabes.

In anderen Fällen (statisch unbestimmte Tragwerke mit mehreren Lastfällen, andere Elemente als Fachwerkstäbe usw.) oder bei anderen Restriktionstypen (z.B. Frequenzrestriktionen) läßt sich nicht in jedem Fall vorhersagen, ob die Restriktion genauer durch eine lineare oder eine invers-lineare Approximation beschreibbar ist. Dies hängt in starkem Maße davon ab, wie die einzelnen Optimierungsvariablen in die Restriktionsfunktion eingehen. Bei der optimalen Einstellung einer Plattendicke t_i könnte z.B. $v_i = 1 / t_i^2$ zur Grundlage der Approximation gemacht werden.

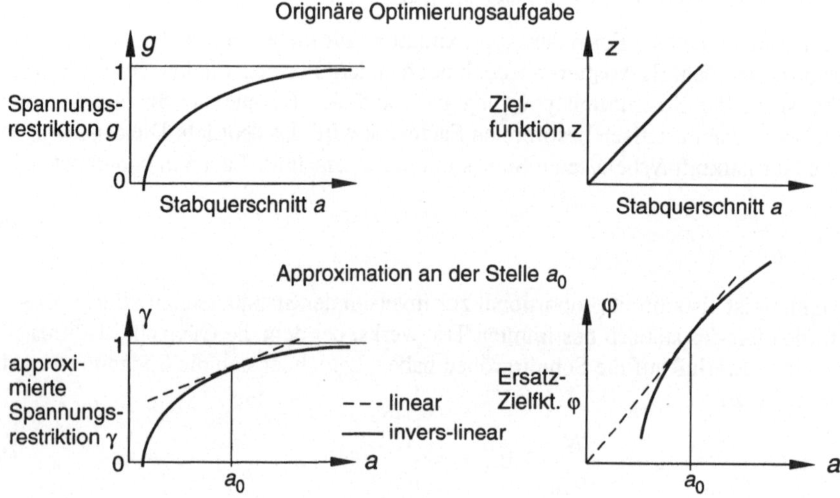

Bild 5-22: Lineare und invers-lineare Approximation

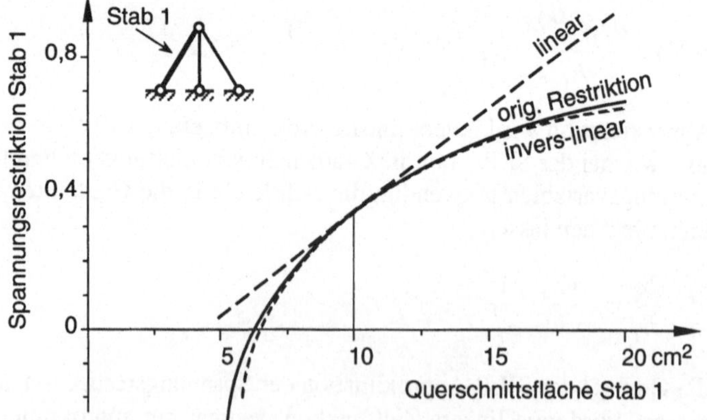

Bild 5-23: SLP und SILP Approximation der Spannungsrestriktion des Stabes 1
in Abhängigkeit von seinem Querschnitt

SLP und SILP können an dem in Bild 5-23 dargestellten Beispiel des statisch unbestimmten Stabdreischlags (Kapitel 2.1.1) mit dem Entwicklungspunkt $a_1 = a_3 = 10$ cm^2; $a_2 = 1$ cm^2 verglichen werden. Lineare und invers-lineare Approximation werden der Originalrestriktion gegenübergestellt. Bild 5-23 zeigt die Spannungsrestriktion des Stabes 1 in Abhängigkeit zu seiner Querschnittsfläche (a_1), Bild 5-24 zeigt das gleiche für Stab 2. In Bild 5-25 ist die Spannungsrestriktion des Stabs 1 in Abhängigkeit zur Optimierungsvariablen ‚Höhe des Stabdreischlags' dargestellt. Im ersten Fall stellt die inverse Linearisierung – die fast exakt übereinstimmt mit der ursprünglichen Spannungsrestriktion – eine wesentlich genauere Approximation als die SLP dar, im zweiten Fall ist es eher umgekehrt. Im dritten Beispiel haben die beiden Approximationen eine ähnliche Qualität, die SLP ist gegenüber der SILP jedoch – im Unterschied zum Fall 2 – die konservativere, auf der sicheren Seite liegende Approximation.

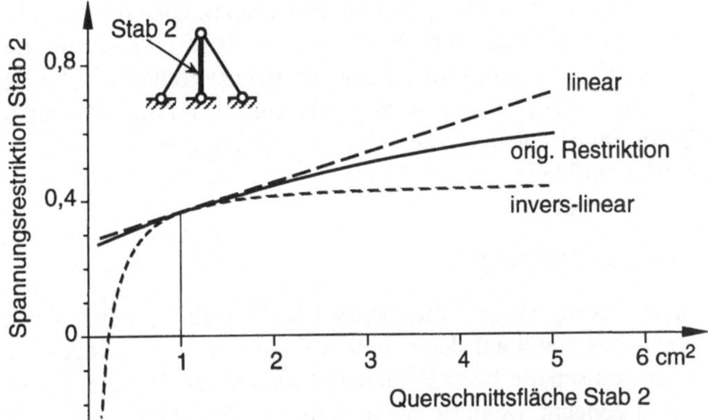

Bild 5-24: SLP und SILP Approximation der Spannungsrestriktion
des Stabes 2 in Abhängigkeit von seinem Querschnitt

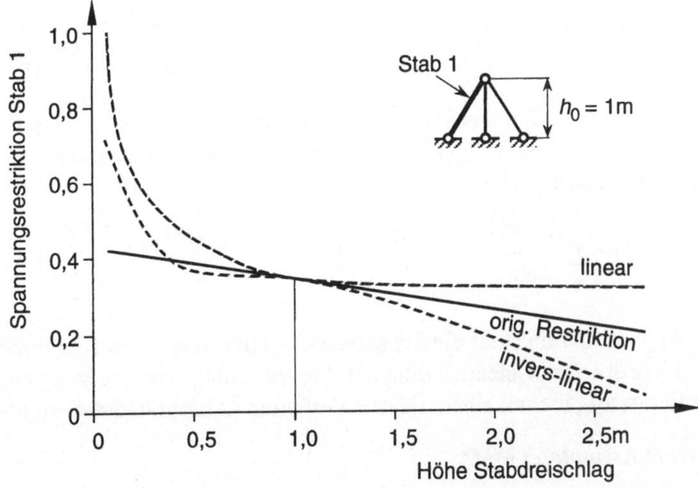

Bild 5-25: SLP und SILP Approximation der Spannungsrestriktion des Stabes 1
in Abhängigkeit von der Höhe des Stabdreischlags

In den meisten Fällen – wie auch in dem Beispiel der Bilder 5-23 bis 5-25 – wäre eine gemischte lineare/inverse Approximation die beste Lösung: je nach Entscheidung des Anwenders würden einige Optimierungsvariablen linear, andere invers-linear berücksichtigt – je nachdem, welche Approximation für die jeweiligen Variablen und Restriktionen die günstigere ist. Da jedoch der Einfluß der Optimierungsvariablen auf die Restriktionen vorab kaum genügend genau bestimmt werden kann, ist diese formal realisierbare Vorgehensweise in der Tragwerksoptimierung nicht sinnvoll.

5.4.3 Sequentielle konvexe Approximation (SCP)

Für die konvexe Approximation (Sequential Convex Programming, SCP) werden ebenfalls – wie bei der SLP – nur die Ableitungen erster Ordnung benötigt. Mit der SCP wird die Idee verfolgt, ein konvexes und damit gut lösbares Subproblem zu erzeugen (trotz einer möglicherweise nicht konvexen originären Optimierungsaufgabe). Gleichzeitig soll die Ersatzaufgabe ausreichend konservativ sein, d.h. der Wert einer Restriktionsapproximation soll im Rahmen ausreichend groß gesetzter Move Limits möglichst geringfügig kleiner als der Wert der originären Restriktion sein. Damit wird gewährleistet, daß die Zwischenlösungen zulässig sind oder zumindest in der Nähe des zulässigen Bereiches bleiben und so der Lösungsvorgang effizient bleibt. Mehrere Varianten der SCP sind bekannt, von denen drei im folgenden skizziert werden.

Konvexe Linearisierung (CONLIN)

Die konvexe Linearisierung ist ein auf Fleury [5-22] zurückgehendes Approximationsverfahren, mit dem – basierend auf den ersten Ableitungen der Optimierungsfunktionen – eine Folge konvexer und separierbarer Ersatzaufgaben aufgestellt wird. (Eine Funktion $f(\mathbf{x})$ wird dann separierbar genannt, wenn sie sich additiv aus Termen zusammensetzt, die jeweils nur von einer einzelnen Variablen x_i abhängen.) Das Vorzeichen der Ableitung entscheidet darüber, ob direkt nach den Optimierungsvariablen entwickelt wird oder nach deren Inversen. Die Approximation einer Restriktion lautet:

$$\gamma_j(\mathbf{x}) = g_j(\mathbf{x}^{(k)}) + \sum_{-} \frac{\partial g_j(\mathbf{x}^{(k)})}{\partial x_i}(x_i - x_i^{(k)}) - \sum_{+}(x_i^{(k)})^2 \frac{\partial g_j(\mathbf{x}^{(k)})}{\partial x_i}\left(\frac{1}{x_i} - \frac{1}{x_i^{(k)}}\right) \qquad (5\text{-}71)$$

Das Vorzeichen unter dem Summensymbol bedeutet, daß die Summation über alle i ausgeführt wird, für die die Ableitung $\partial g_j/\partial x_i$ das jeweilige Vorzeichen aufweist. Entsprechend wird die Zielfunktion approximiert:

$$\varphi(\mathbf{x}) = \varphi(\mathbf{x}^{(k)}) + \sum_{+} \frac{\partial z(\mathbf{x}^{(k)})}{\partial x_i}(x_i - x_i^{(k)}) - \sum_{-}(x_i^{(k)})^2 \frac{\partial z(\mathbf{x}^{(k)})}{\partial x_i}\left(\frac{1}{x_i} - \frac{1}{x_i^{(k)}}\right) \qquad (5\text{-}72)$$

Diese Art der Approximation stellt die konservativste aller möglichen Kombinationen einer gemischt direkt - reziproken Linearisierung dar. Fleury schlägt vor, die so erzeugte konvexe und separable Ersatzaufgabe mit einem dualen Verfahren (Abschnitt 5.4.4) zu lösen.

Method of Moving Asymptotes MMA

Eine Weiterentwicklung der konvexen Linearisierung ist die von Svanberg [5-23] vorgeschlagene ‚Method of Moving Asymptotes‘. Anstatt nach x_i bzw. $1/x_i$ wird nun nach

$1/(v_i - x_i)$ bzw. $1/(x_i-l_i)$ entwickelt. Über die Parameter l_i und v_i, die im Laufe der Rechnung angepaßt werden können, läßt sich die Konservativität der Ersatzaufgabe und damit die Effizienz des Verfahrens gut steuern.

Konvexe Approximation nach Woo [5-24]

Die Restriktionen werden approximiert mit

$$\gamma_j(\mathbf{x}) = g_j(\mathbf{x}^{(k)}) + \sum_{i=1}^{n} \frac{\partial g_j(\mathbf{x}^{(k)})}{\partial x_i} \cdot q(x_i) \tag{5-73a}$$

$$\text{mit} \quad q(x_i) = \left(x_i - x_i^{(k)}\right) \cdot \left(\frac{x_i}{x_i^{(k)}}\right)^{r} \tag{5-73b}$$

$$r = \begin{cases} p & \text{für } \dfrac{\partial g_j}{\partial x_i} \leq 0 \\[2ex] p-n & \text{für } \dfrac{\partial g_j}{\partial x_i} > 0 \end{cases} \tag{5-73c}$$

Die Zielfunktion wird ebenfalls entsprechend Gl. 5-73a approximiert, Gl. 5-73c lautet dann allerdings:

$$r_z = \begin{cases} p-n & \text{für } \dfrac{\partial z}{\partial x_i} \leq 0 \\[2ex] p & \text{für } \dfrac{\partial z}{\partial x_i} > 0 \end{cases} \tag{5-74}$$

Es läßt sich zeigen, daß das so approximierte Subproblem für $p \geq 0$; $p - n < 0$ konvex und damit gut lösbar ist, wenn gilt:

$$\frac{p-1}{p+1} \cdot x_i^{(k)} \leq x_i \leq \frac{p-n-1}{p-n+1} \cdot x_i^{(k)} \quad \text{für} \quad p>1; \quad p\!-\!n\!<\!-1; \quad i=1,n \tag{5-75}$$

Gl. 5-75 läßt sich auch als Move Limit für die Optimierungsvariablen interpretieren.

Die Konservativität der Approximation wird über die Größen p und n in Gl. 5-73c gesteuert. Für $p{\geq}0$ und $(p\!-\!n){\leq}\!-1$ stellt Gl. 5-73a eine konservativere Approximation als SLP und SILP dar, was auf die je nach Vorzeichen der Ableitung unterschiedlichen Exponenten r in Gl. 5-73b zurückzuführen ist (siehe [5-24]). Je größer p und n gewählt werden, desto konservativer wird die Approximation. Als brauchbar erweisen sich $p = 1$ und $n = 2$.

5.4.4   Duale Verfahren zur Lösung der konvexen Ersatzaufgabe

Als Optimierer für die approximierte, restringierte Ersatzaufgabe sind je nach Art der Approximation neben speziellen Verfahren (z.B. Simplex-Verfahren bei der SLP) grundsätzlich die in Kapitel 5.3 im Rahmen der direkten Lösungsmethoden vorgestellten Algorithmen geeignet. Die in diesem Abschnitt behandelten dualen Verfahren sind dagegen speziell zur Lösung einer konvexen, separablen Aufgabe – wie sie mit einer konvexen Approximation erzeugt wird – geeignet.

Duale Lösungsverfahren nutzen den Umstand aus, daß sich bei bekannten Lagrange-Parametern λ^{opt} und μ^{opt} – wegen der Sattelpunktseigenschaft der Lagrange-Funktion (Kap.4, Gl.4-17) – die Lösung der Optimierungsaufgabe mit einer einfachen unbeschränkten Optimierung ermitteln läßt.

Für jede Optimierungsaufgabe läßt sich neben der primalen Formulierung, in der die Optimierungsvariablen x_i die Variablen sind

$$\min_{\mathbf{x}}\left\{ z(\mathbf{x}) \ \mid \ g_j(\mathbf{x}) \geq 0 \ ; \ h_k(\mathbf{x}) = 0 \ ; \ j = 1, m_g \ ; \ k = 1, m_h \right\} \tag{5-76}$$

auch ein duales Problem formulieren, in dem die Lagrange-Funktion

$$L(\mathbf{x},\lambda,\mu) = z(\mathbf{x}) - \sum_j \lambda_j \cdot g_j(\mathbf{x}) - \sum_k \mu_k \cdot h_k(\mathbf{x}) \tag{5-77}$$

die zu maximierende Zielfunktion bildet:

$$\max_{\lambda,\mu}\left\{ L(\lambda,\mu) \ \mid \ \lambda_j \geq 0 \ ; \ j = 1, m_g \right\} \tag{5-78a}$$

$$\text{mit} \ \ L(\lambda,\mu) = \min_{\mathbf{x}} L(\mathbf{x},\lambda,\mu) \tag{5-78b}$$

Anstelle der x_i sind die Lagrange-Parameter λ_j und μ_k die optimal einzustellenden Größen, die im folgenden als duale Variablen bezeichnet werden. In Kapitel 4.6 wurde gezeigt, wie primale und duale Formulierung zusammenhängen: die Lösung der dualen Optimierungsaufgabe ist der Sattelpunkt der Lagrange-Funktion. Der Sattelpunkt läßt sich grundsätzlich ermitteln, indem die Lagrange-Funktion bezüglich der Optimierungsvariablen x_i minimiert wird und bezüglich der Lagrange-Parameter maximiert wird. Für das Optimum nimmt die Lagrange-Funktion den Wert der Zielfunktion an, da für aktive Restriktionen $g_j=0$ bzw. $h_j=0$ gilt und für nicht aktive Restriktionen $\lambda_j=0$ ist:

$$L(\mathbf{x}^{opt},\lambda^{opt},\mu^{opt}) = z(\mathbf{x}^{opt}) \tag{5-79}$$

Der Wert der über $\mathbf{x}$ minimierten Lagrange-Funktion für beliebige λ, μ bildet eine untere Schranke für den optimalen Zielfunktionswert. Vergleicht man deshalb die Zielfunktion $z(\mathbf{x})$ mit der Lagrange-Funktion, so deutet die Größe der Differenz daraufhin, wie weit man noch von der Lösung der Optimierungsaufgabe entfernt ist.

An einer einfachen Optimierungsaufgabe wird der Zusammenhang zwischen primaler und dualer Formulierung gezeigt:

$$\min_{x}\left\{ \frac{1}{x} \ \mid \ 1 - x \geq 0 \right\} \tag{5-80}$$

Die zugehörige Lagrange-Funktion lautet:

$$L(x,\lambda) = \frac{1}{x} - \lambda(1 - x) \tag{5-81}$$

Mit $\partial L/\partial x = 0$ läßt sich die Funktion über x minimieren:

$$\frac{\partial L(x)}{\partial x} = -\frac{1}{x^2} + \lambda = 0 \tag{5-82}$$

Damit lautet die Beziehung zwischen x und λ:

$$\lambda = \frac{1}{x^2} \quad \text{bzw.} : \quad x = \pm \; {1}\!\!\Big/\!\!{\sqrt{\lambda}} \tag{5-83}$$

Das duale Problem wird durch Einsetzen von Gl. 5-83 in Gl. 5-81 zu:

$$\max_{\lambda} \left\{ L(\lambda) = 2\sqrt{\lambda} - \lambda \mid \lambda \ge 0 \right\} \tag{5-84}$$

Das Maximum ergibt sich aus der Bedingung $\partial L / \partial \lambda = 0$:

$$\frac{\partial L}{\partial \lambda} = \frac{1}{\sqrt{\lambda}} - 1 = 0 \tag{5-85}$$

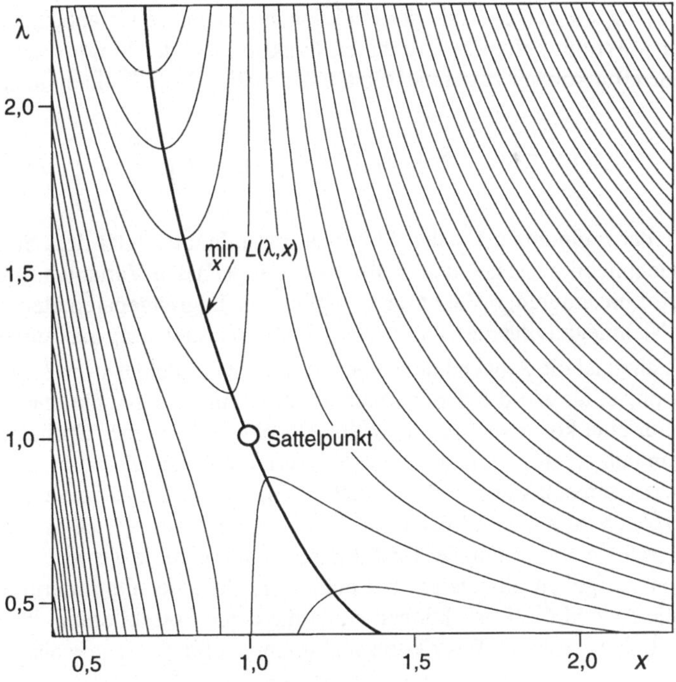

Bild 5-26: Isolinien der Lagrange-Funktion 5-81
für Beispiel 5-80 über (x,λ) aufgetragen

Die Lösung der dualen Aufgabe 5-84 ist $\lambda^{opt}=1$. Mit Gl.5-83 ergibt sich damit $x^{opt}=1$. Bild 5-26 zeigt die Höhenlinien der Lagrange-Funktion über der (x,λ) Ebene aufgetragen. Die Spur der dualen Funktion Gl. 5-82 und der Sattelpunkt als Lösung der Aufgabe 5-84 sind gut erkennbar.

Die duale Formulierung kann dann Vorteile bieten, wenn für gegebene Lagrangeparameter schnell über die Lösung der unbeschränkten Minimierungsaufgabe 5-81 die zugehörigen primalen Variablen bestimmt werden können. Dies ist der Fall, wenn die primale Aufgabe konvex und separierbar ist. (Die explizite Berechnung mit Gl. 5-83 im Beispiel 5-80 diente der Verdeutlichung des Prinzips, stellt aber keine praktikable Vorgehensweise dar.) Die

Konvexität der Aufgabe stellt sicher, daß es keine lokalen Minima gibt. Die Separierbarkeit ermöglicht eine Vereinfachung der Rechnung. Eine Funktion $f(\mathbf{x})$ wird dann separierbar genannt, wenn sie sich additiv aus Termen zusammensetzt, die jeweils nur von einer einzelnen Variablen abhängen. Gemischte Glieder kommen dagegen nicht vor:

$$f(\mathbf{x}) = f_1(x_1) + f_2(x_2) + \ldots + f_n(x_n) \tag{5-86}$$

Beispiele für separierbare Funktionen sind alle linearen Aufgaben und alle Approximationen, die auf der Basis der ersten Ableitungen gebildet werden. Die Gesamtaufgabe läßt sich dann in n Teilaufgaben jeweils einer einzigen primalen Variablen aufspalten. Die Lagrange-Funktion hat die Form:

$$L(\lambda,\mu) = \sum_i z_i(x_i) \; - \sum_j \lambda_j \sum_i g_{ji}(x_i) - \sum_k \mu_k \sum_i h_{ki}(x_i) \tag{5-87}$$

Dabei sind z_i, g_{ji}, h_{ki} diejenigen Teile der Funktionen, die nur von x_i abhängen. Da sich das Minimum oder Maximum einer separierbaren Funktion aus der Summe der Minima oder Maxima der Einzelfunktionen zusammensetzt, läßt sich das duale Problem angeben zu:

$$\max_{\lambda,\mu}\left\{ L(\lambda,\mu) = \sum_i \min_{x_i}\left\{ z_i(x_i) - \sum_j \lambda_j g_{ji}(x_i) - \sum_k \mu_k h_{ki}(x_i) \right\} \;\middle|\; \lambda_j \geq 0 \; ; \; j = 1, m_g \right\} \tag{5-88}$$

Die Ergebnisse der n eindimensionalen Minimierungsaufgaben unter dem Summenzeichen liefern die Beziehungen zwischen den dualen und den primalen Variablen. Im zweiten Lösungsschritt wird die Lagrange-Funktion bezüglich der Lagrangeparameter unter Berücksichtigung der Nichtnegativitätsrestriktionen der dualen Variablen λ_j maximiert.

In welchen Fällen ist die Anwendung dualer Verfahren empfehlenswert? Zwei Voraussetzungen – die Konvexität und die Separierbarkeit der Optimierungsfunktionen – wurden bereits genannt. Für eine konvexe Approximation (Kapitel 5.4.3) einer Optimierungsaufgabe sind sie in jedem Fall erfüllt, weshalb die dualen Verfahren oft in Zusammenhang mit dieser Approximationsart genannt werden. Wesentlichen Einfluß auf die Effizienz des dualen Verfahrens im Vergleich zu anderen Lösungsansätzen hat auch das Verhältnis der Anzahl der Optimierungsvariablen zur Anzahl der Restriktionen. Vorteilhaft lassen sich duale Verfahren zur Lösung von Aufgaben anwenden, bei denen die Zahl der Optimierungsvariablen n größer ist als die Anzahl der Restriktionen m, da die duale Formulierung dann m Optimierungsvariablen λ_i bzw. μ_k und n Restriktionen (Variablenschranken) aufweist.

5.4.5 Approximationen für spezielle Restriktionstypen

Effizienz und Allgemeingültigkeit – zwei wichtige Qualitätskriterien für Optimierungsalgorithmen – stehen häufig im Zielkonflikt miteinander: Verfahren mit einer sehr großen Allgemeingültigkeit sind oft nur mäßig effizient, während extrem effiziente Verfahren manchmal nur für spezielle Aufgabenstellungen einsetzbar sind. Die oben vorgestellten Approximationsverfahren SLP und SCP stellen in dieser Hinsicht einen guten Kompromiß dar: Gute Effizienz verbindet sich mit einer hohen Allgemeingültigkeit. Für spezielle Restriktionstypen gibt es dagegen noch weitaus effizientere Lösungsmethoden:

Approximation der Schnittgrößen (AS); [5-25]

Für ein Stabelement i in einer Struktur berechnet sich die Spannungsrestriktion zu:

$$g_j(\mathbf{x}) = 1 - \frac{N_i(\mathbf{x})}{x_i \cdot \sigma_{i\,zul}} \geq 0 \qquad\qquad (5\text{-}89)$$

mit $N_i(\mathbf{x})$ = Stabkraft des Stabes i

(im Sonderfall der statischen Bestimmtheit ist N_i unabhängig von $\mathbf{x}$)

$\quad\quad\ \ x_i$ = optimal einzustellende Querschnittsfläche des Stabes i

Anstatt die von der Normalkraft $N_i(\mathbf{x})$ und den Optimierungsvariablen $\mathbf{x}$ abhängige Spannungsrestriktion 5-89 zu approximieren mit

$$\gamma_j(\mathbf{x}) = g_j(\mathbf{x}^{(k)}) + \nabla g_j(\mathbf{x}^{(k)})^T \cdot (\mathbf{x} - \mathbf{x}^{(k)}) \quad ; \ j=1,m \qquad (5\text{-}90)$$

wird nun ausschließlich die Normalkraft N_i approximiert, die in die Berechnung der Spannungsrestriktion einfließt:

$$\tilde{N}_i(\mathbf{x}) = N_i(\mathbf{x}^{(k)}) + \nabla N_i(\mathbf{x}^{(k)})^T \cdot (\mathbf{x} - \mathbf{x}^{(k)}) \qquad\qquad (5\text{-}91)$$

Mit der approximierten Normalkraft wird die Spannungsrestriktion des Stabes berechnet:

$$g_j = 1 - \frac{\tilde{N}_i}{x_i \cdot \sigma_{i\,zul}} \geq 0 \qquad\qquad (5\text{-}92)$$

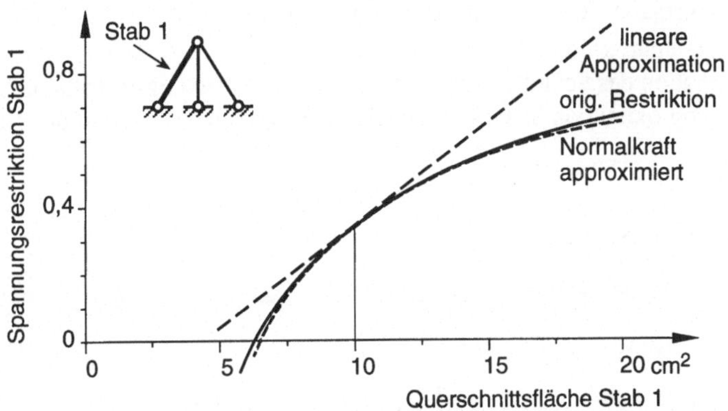

Bild 5-27: Stabdreischlag: Approximationen der Spannungsrestriktion des Stabes 1

Diese aus der entwickelten Längskraft $\tilde{N}_i$ berechnete Spannungsrestriktion 5-92 ist bei gleichem Rechenaufwand eine deutlich bessere Approximation als die lineare Approximation γ_j der Restriktion (Gl. 5-90). Bild 5-27 zeigt das am Beispiel des Stabdreischlags, Spannungsrestriktion des Stabes 1 als Funktion der Stabquerschnittsfläche a_1: Der mit der approximierten Normalkraft berechnete Restriktionsverlauf schmiegt sich eng an die originäre Funktion an, während die lineare Approximation nur in einem engen Bereich um den Entwicklungspunkt brauchbare Abschätzungen liefert. Die bei der SLP eng zu wählenden Move Limits (0,1 – 0,2) können deshalb auf Werte bis zu $\theta = 1,0$ erhöht werden.

Das Verfahren der Approximation der Schnittgrößen ist immer dann anwendbar, wenn von Schnittgrößen auf die Spannungen geschlossen werden kann. Für einen Balken mit der Spannungsrestriktion

$$g_j = 1 - \frac{\sigma_i}{\sigma_{i\,zul}} \geq 0 \quad ; \quad \sigma_i = \frac{N_i(\mathbf{x})}{a_i(\mathbf{x})} + \frac{M_{yi}(\mathbf{x})}{I_{yi}(\mathbf{x})} z - \frac{M_{zi}(\mathbf{x})}{I_{zi}(\mathbf{x})} y \qquad (5\text{-}93)$$

werden die Normalkraft N_i und die beiden Biegemomenten M_{yi} und M_{zi} approximiert (y und z sind dabei die Koordinaten des nachzuweisenden Punkts im Hauptachsensystem des Balkenquerschnitts). Für weitere Tragwerkselemente, z.B. Balken und Platten, wird Gl. 5-92 entsprechend angepaßt und die Spannungsrestriktion aus den approximierten Schnittgrößen berechnet. Die Spannungsrestriktion ergibt sich dann als Funktion der Optimierungs-variablen $\mathbf{x}$ und der approximierten Schnittgrößen: $g_j = g_j(\mathbf{x}, \tilde{N}_i, \tilde{M}_{yi}, \tilde{M}_{zi})$

Mit den Schnittgrößen werden also diejenigen die Restriktion g_j beeinflussenden Größen approximiert, deren Ermittlung rechenzeitintensiv ist. Der mit vernachlässigbarem Rechen-zeitaufwand aus den Schnittgrößen bestimmbare Restriktionswert wird dagegen direkt ermittelt und nicht mit Hilfe einer Taylor-Reihe angenähert. Die Approximation der Schnitt-größen liefert daher repräsentativere Näherungen für die originären Spannungsrestriktionen als alle anderen auf den Gradienten erster Ordnung basierenden Approximationen.

Ein Algorithmus für die Approximation der Schnittgrößen lautet:

① Festlegen des Startvektors $\mathbf{x}^{(k)}$ und der Move Limits $\theta^{(k)}$, $k{=}1$

② Berechnen des Schnittgrößenvektors $\mathbf{v}(\mathbf{x}^{(k)})$ und seiner 1. Ableitungen. ($\mathbf{v}$ enthält alle benötigten Normalkräfte und Biegemomente.)

③ Aufstellen der approximierten Ersatzaufgabe:
- Approximation des Schnittgrößenvektors $\mathbf{v}$ für die Spannungsrestriktionen : $\tilde{\mathbf{v}}$
- Lineare Approximation SLP für alle anderen Restriktionstypen und die Zielfunktion.

$$\min_{\mathbf{x}} \left\{ \varphi(\mathbf{x}) = z(\mathbf{x}^{(k)}) + \nabla z(\mathbf{x}^{(k)})^T \cdot (\mathbf{x} - \mathbf{x}^{(k)}) \right.$$

$$\text{so daß} \quad g_j(\tilde{\mathbf{v}}, \mathbf{x}) \geq 0 \; ; \; j = 1, m$$

$$(1 - \theta) \cdot x_i^{(k)} \leq x_i \leq (1 + \theta) \cdot x_i^{(k)} \; ; \; i = 1, n \; ; \; 0 < \theta < 1 \qquad (5\text{-}94\ a\text{-}e)$$

$$\left. x_i^u \leq x_i \leq x_i^o \; ; \; i = 1, n \right\}$$

$$\text{mit}: \quad \tilde{v}_l(\mathbf{x}) = v_l(\mathbf{x}^{(k)}) + \nabla v_l(\mathbf{x}^{(k)})^T \cdot (\mathbf{x} - \mathbf{x}^{(k)}) \; ; \; l = 1, l_{max}$$

④ Lösung der nichtlinearen Ersatzaufgabe 5-94 mit einem der in 5.3.2 beschriebenen Gra-dientenverfahren (z.B. Modifizierte Methode der zulässigen Richtungen).
   Die Lösung sei $\mathbf{x}^{(k+1)}$

⑤ Abbruchkriterium erfüllt (z.B. $|z^{(k)} - z^{(k-1)}| \leq \varepsilon$) ?
   Wenn ja: Ergebnisausgabe, Stop

⑥ Verringerung der Move Limits θ :

$$\theta^{(k+1)} = \frac{\theta^{(k)}}{1 + \theta^{(k)}}$$

$k := k{+}1$; Gehe zu ②

Approximationen der Eigenwerte λ_i bei Restriktionen aus der Dynamik

Nicht nur in der Statik, sondern auch bei bestimmten Optimierungsaufgaben mit Anforderungen aus der Dynamik sind aufgabenspezifische Approximationsarten zweckmäßig einsetzbar: Bei der Berechnung der harmonischen Antwort (siehe Kapitel 7.2.2) lassen sich mit Hilfe der approximierten Eigenwerte λ_i die Verschiebungsamplituden (Gl.7-39) explizit bestimmen.

5.5   Optimalitätskriterienverfahren

Für spezielle Optimierungsaufgaben sind Kriterien bekannt, die der optimale Entwurf – tatsächlich oder auch nur vermutet – notwendig und/oder hinreichend erfüllt. Ein bereits eingeführtes Beispiel für ein mathematisches Optimalitätskriterium sind die Kuhn-Tucker Bedingungen (Kapitel 4, Gl.4-21). Bei einer konvexen Optimierungsaufgabe sind die Kuhn-Tucker Bedingungen ein notwendiges und hinreichendes Kriterium dafür, daß ein vorliegender Vektor **x** im Sinne der Aufgabe tatsächlich optimal ist.

Ein empirisches, intuitives Optimalitätskriterium liefert das sog. *Prinzip vom voll beanspruchten Tragwerk*. Es basiert auf der Annahme, daß ein Tragwerk dann das geringste Gewicht aufweist, wenn der Werkstoff in möglichst vielen Bauteilen voll ausgenutzt wird. Doch schon am Beispiel des Stabdreischlags wurde deutlich, daß diese Annahme nicht immer gültig ist. Außerdem läßt sich dieses Optimalitätskriterium nur auf den Aufgabentyp Gewichtsoptimierung unter Spannungsrestriktionen anwenden, seine Gültigkeit bleibt also – im Unterschied zu den grundsätzlich gültigen Kuhn-Tucker Bedingungen – nur auf einen Spezialfall beschränkt.

Um einen Algorithmus zu entwerfen, sind zwei Schritte nötig:

a) Formulierung des Optimalitätskriteriums

b) Aufstellen einer Redesign-Formel, mit der der Optimierungsvariablenvektor **x** iterativ im Sinne des Optimalitätskriteriums verbessert wird.

Wo liegt nun der prinzipielle Unterschied zu den in den Abschnitten 5.2 bis 5.4 dargestellten Verfahren? Mit den Methoden der mathematischen Programmierung wird der Optimierungsvariablenraum quasi im geometrischen Sinne durchschritten; dabei werden wiederholt mit Hilfe von Gradienteninformationen Suchrichtungen und Schrittweiten bestimmt – die Analogie zu einem durch das Zielfunktionsgebirge schreitenden Wanderer macht dies besonders plausibel (Kapitel 5.2.3.2). Der Wanderer erkennt wegen Nebels stets nur sein unmittelbares Umfeld und kann deshalb nur lokal zweckmäßige Suchrichtungen bestimmen – unabhängig davon, ob sie global betrachtet sinnvoll sind oder nicht. Im Unterschied dazu ist die Verbesserung des Optimierungsvariablenvektors bei den Optimalitätskriterienverfahren losgelöst von einer schrittweisen, geometrisch beschreibbaren Vorgehensweise. Statt dessen bleibt die globale Ausrichtung des Lösungsvorganges auf das gesuchte Optimum unabhängig von lokalen Gegebenheiten in Form der Redesign-Formel gewährleistet. Deshalb kann ein Optimalitätskriterienverfahren zur Lösung von Aufgaben, für die seine Anwendbarkeit gegeben ist, u.U. besonders effizient sein.

Zur Bewertung der Optimalitätskriterienverfahren lassen sich drei Punkte nennen :

*   Es sind spezielle, wenig allgemeingültige Verfahren.
*   Sie können mathematisch unzuverlässig sein.
*   Bei Aufgaben, bei denen ihre Anwendung funktioniert, konvergieren sie schnell.

Wegen der geringen Allgemeingültigkeit haben die Optimalitätskriterienverfahren für die Optimierungs-Praxis inzwischen nur noch eine geringe Bedeutung. Im folgenden werden zwei Optimalitätskriterienverfahren – ein empirisches und ein mathematisches – vorgestellt. Eine weitergehende Darstellung ist in [5-26] zu finden.

5.5.1 Das Prinzip vom voll beanspruchten Tragwerk (FSD)

Dem Prinzip des voll beanspruchten Tragwerks (Fully Stressed Design, FSD) liegt die – lange für allgemein richtig gehaltene – Annahme zugrunde, daß ein hinsichtlich der Topologie und der Werkstoffe festgelegtes Tragwerk dann gewichtsoptimal dimensioniert ist, wenn in möglichst vielen Bauteilen der Werkstoff bis zur zulässigen Obergrenze σ_{zul} beansprucht ist. Diese Annahme wurde intuitiv aus der Erfahrung des Ingenieurs abgeleitet, sie ist jedoch durchaus nicht in allen Fällen richtig: Der Stabdreischlag (Kapitel 2.1.1) liefert ein Beispiel für eine nicht voll beanspruchte und dennoch gewichtsoptimale Struktur: Die Spannungen des mittleren Stabs betragen im Optimum nur 74% der zulässigen Spannungen. Der voll beanspruchte Stabdreischlag besitzt ein um 7.5% höheres Tragwerksgewicht als der gewichtsoptimale Entwurf.

Im folgenden wird daher die Frage untersucht, welche Gruppen von Tragwerken im vollbeanspruchten Zustand ihr Gewichtsminimum aufweisen und für welche speziellen Optimierungsaufgaben sich FSD-Verfahren zweckmäßig einsetzen lassen.

Zunächst wird das voll beanspruchten Tragwerk definiert:

Ein Tragwerk mit n zu dimensionierenden Bereichen (z.B.Stäbe beim Fachwerk) heißt dann voll beansprucht, wenn für jeden Bereich $i = 1, n$ *entweder* in mindestens einem Lastfall j gilt: $\sigma_{i(j)} = \sigma_{i\,zul}$ *oder* wenn für den zu dimensionierenden Querschnittswert x_i gilt: $x_i{}^u$

5.5.1.1 FSD bei statisch bestimmten Tragwerken

Das statisch bestimmte, gewichtsoptimale Tragwerk unter Spannungs- oder Stabilitätsrestriktionen und Variablenschranken besitzt stets ein *Fully Stressed Design*.

Mit Hilfe der Kuhn-Tucker Bedingungen (Kapitel 4.7) läßt sich der Nachweis führen: Für statisch bestimmte Tragwerke mit voll beanspruchten Querschnitten ist definitionsgemäß die Zahl der aktiven Restriktionen m_a gleich der Anzahl der Optimierungsvariablen n. Die Restriktionsgradientenmatrix $\mathbf{A}=[\nabla g_1, \nabla g_2, ..., \nabla g_{m_a}]$ in der Gleichung zur Bestimmung der Lagrange-Parameter λ

$$\mathbf{A}(\mathbf{x})^T \cdot \lambda = \nabla z(\mathbf{x}) \tag{5-95}$$

ist daher eine quadratische Matrix. Statisch bestimmte Tragwerke haben die Eigenschaft, daß die Veränderung eines beliebigen Querschnittswertes ohne Einfluß auf die Schnittgrößen bleibt. Der Querschnittswert a_i beeinflußt nur die Spannungen σ_i des einen betreffenden Bauteils i. Die Veränderung des Querschnittswertes $x_i = a_i$ führt also jeweils nur zur Änderung der einzigen zu dem jeweiligen Bauteil gehörigen aktiven Festigkeitsrestriktion g_i:

$$\frac{\partial g_i}{\partial x_i} = c \quad \text{für} \quad j = i \tag{5-96}$$

Die Vergrößerung des Querschnittswerts x_i bedeutet eine Entschärfung (Vergrößerung) der Spannungs- oder Stabilitätsrestriktion g_i, so daß gilt: $c > 0$

Für aktive untere Variablenschranken

$$g_i = x_i - x_i{}^u = 0 \tag{5-97}$$

ergibt sich die Ableitung nach x_i zu

$$\frac{\partial g_i}{\partial x_i} = 1 \tag{5-98}$$

Da die Veränderung des Querschnittswerts x_i des Bauteils i in einem statisch bestimmten Tragwerk prinzipiell keinen Einfluß auf die Spannungen in allen anderen Bauteilen $j \neq i$ haben kann, gilt für alle anderen Restriktionsableitungen:

$$\frac{\partial g_j}{\partial x_i} = 0 \quad \text{für} \quad j \neq i \tag{5-99}$$

Damit ist gezeigt, daß die Diagonalelemente der Matrix **A** mit von 0 verschiedenen Werten besetzt sind, während alle anderen Matrixelemente den Wert 0 haben. Aus Gl. 5-95 ergeben sich so die Lagrange-Parameter unmittelbar zu

$$\lambda_i = \frac{\partial z / \partial x_i}{\partial g_i / \partial x_i} \quad ; \quad i = 1,n \tag{5-100}$$

Bei voraussetzungsgemäß positiven $\partial z / \partial x_i$ und positiven $\partial g_i / \partial x_i$ für statisch bestimmte Tragwerke ergeben sich aus Gl.5-100 stets positive Lagrange-Parameter – womit der Beweis erbracht ist, daß statisch bestimmte Tragwerke in voll beanspruchtem Zustand stets gewichtsoptimal sind.

Sonderfall: Formoptimierung statisch bestimmter Fachwerkstrukturen

Ein Sonderfall der Strukturoptimierung ist die Formoptimierung von statisch bestimmten Fachwerken, die durch eine Kombination der Verfahren der mathematischen Programmierung und des voll beanspruchten Tragwerks leicht bewerkstelligt werden kann. Hierzu wird die Optimierung in zwei Teile – einen äußeren und einen inneren Teil – gespalten: Als Optimierungsvariable der äußeren Optimierung werden nur die Formvariable (Knotenkoordinaten) eingeführt. Vor jeder Zielfunktionsauswertung werden in einer inneren Optimierung die Querschnittswerte mit einem FSD-Algorithmus so bestimmt, daß automatisch alle Festigkeitsrestriktionen eingehalten sind. Die äußere Optimierungsaufgabe wird dadurch unbeschränkt und sehr effizient lösbar.

5.5.1.2   FSD bei statisch unbestimmten Tragwerken

Im Unterschied zu statisch bestimmten Tragwerken sind gewichtsoptimale, statisch unbestimmte Tragwerke in der Regel nicht voll beansprucht. Der Stabdreischlag liefert ein Beispiel dafür. Die Erfahrung zeigt, daß in den meisten Sonderfällen, in denen auch statisch unbestimmte Tragwerke im Gewichtsoptimum voll beansprucht sind, statisch überzählige Querschnitte zu Null wurden und so ein statisch bestimmtes Tragwerk übrig geblieben ist. Zwei Sonderfälle werden aufgezeigt:

- Ist ein statisch unbestimmtes Tragwerk nur durch einen einzigen Lastfall belastet, so ergibt sich als gewichtsoptimale Lösung eine voll beanspruchte Struktur.

- Statisch unbestimmte Strukturen, deren Form gewichtsoptimal eingestellt ist, können auch voll beansprucht sein. Bild 5-28 zeigt ein Beispiel: der formoptimierte Stabdreischlag b (Gewicht: 44,7 N) ist voll beansprucht und hat ein geringeres Gewicht als der gewichtsoptimale, jedoch nicht formoptimierte Startentwurf a (49,3 N). Die formoptimierte Struktur ist allerdings wieder statisch bestimmt geworden, da der Querschnitt des mittleren Stabs zu Null wurde.

Das FSD-Prinzip ist – von speziellen Fällen abgesehen – für statisch unbestimmte Strukturen grundsätzlich nicht mehr gültig. Dennoch lehrt die Erfahrung, daß aus dem FSD-Prinzip abgeleiteten Algorithmen für Gewichtsoptimierungsaufgaben unter Festigkeitrestriktionen auch für statisch unbestimmte Strukturen wenn nicht optimale, so doch zumindest deutlich verbesserte Entwürfe liefern können.

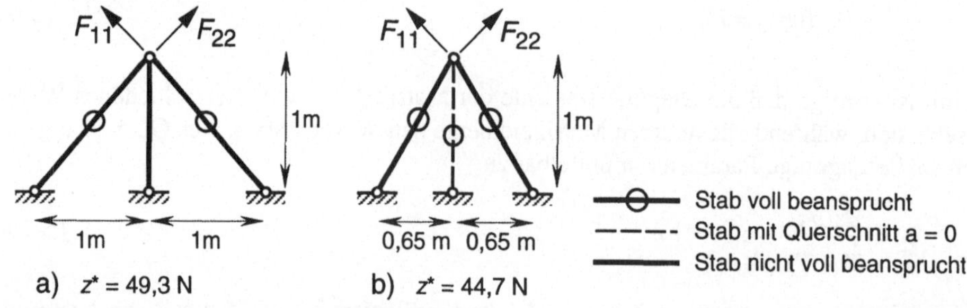

Bild 5-28: Formoptimierung des Stabdreischlags

FSD-Algorithmus für statisch bestimmte und unbestimmte Strukturen

① Wähle : Startvektor $\mathbf{x}^{(k)}$; Iterationszähler $k=1$
② Berechne die Spannungen $\sigma_{i(j)}(\mathbf{x}^{(k)})$ der Bauteile $i=1,n$ über alle Lastfälle $j=1,q$
③ Redesign-Formel:

$$x_i^{(k+1)} = \max\left\{ x_i^u \; ; \; x_i^{(k)} \cdot \left(\frac{\sigma_{i(j)}(\mathbf{x}^{(k)})}{\sigma_{i\,zul}} \right)^{\beta_i} \right\} \; ; \; j=1,q \; ; \; i=1,n \qquad (5\text{-}101)$$

β_i ist ein bauteilabhängiger Parameter, z.B.:

$\beta_i =1$ wenn x_i für eine Stabquerschnittsfläche steht

$\beta_i =0,5$ wenn x_i die Dicke einer Platte darstellt

④ Abbruchkriterium; z.B.:

$$\left| \frac{z(\mathbf{x}^{(k+1)}) - z(\mathbf{x}^{(k)})}{z(\mathbf{x}^{(k)})} \right| < \varepsilon \qquad (5\text{-}102)$$

Wenn ja: Stop

Wenn nein: $k:= k+1$; gehe zu ②

Die Redesign-Formel 5-101 ergibt sich aus der Überlegung, daß die Querschnittswerte in Abhängigkeit von ihrem Ausnutzungsgrad $c=\sigma_{i(j)}(\mathbf{x}^{(k)})/\sigma_{i\,zul}$ verändert werden sollen. Mit dem Exponenten β_i wird die Redesign-Formel nun auf unterschiedliche Bauteile anwendbar. Die β_i ergeben sich aus der Betrachtung statisch bestimmter Tragwerke: Für Stäbe gilt $\sigma_i = N_i\,/a_i$. Eine Veränderung der Spannungen σ_i auf $\sigma_{i\,zul}$ erfordert eine Anpassung der Stabquerschnittsflächen a_i auf

$$a_i^{(k+1)} = c^{\beta} \cdot a_i^{(k)} = c^1 \cdot a_i^{(k)} \tag{5-103}$$

Für Platten gilt: $\sigma_i = m_i \cdot 2\,/\,t_i^2$ (m = Biegemoment pro Längeneinheit). Eine Veränderung der Spannungen σ_i auf $\sigma_{i\,zul}$ wird bewirkt durch eine Anpassung der Plattendicke t_i auf

$$t_i^{(k+1)} = c^{\beta} \cdot t_i^{(k)} = c^{0,5} \cdot t_i^{(k)} \tag{5-104}$$

Der Wert β ist also für Stäbe 1,0 und für Platten mit 0,5 anzusetzen.

Für eine statisch bestimmte Struktur konvergiert der FSD-Algorithmus in einem Schritt. Auch für statisch unbestimmte Tragwerke weist er eine hohe Konvergenzrate auf (ca. 3-5 Iterationsschritte sind notwendig).

FSD bei Strukturen mit Inhomogenitäten bezüglich der Werkstoffeigenschaften

Die Betrachtung von inhomogenen Tragwerken zeigt, daß die Anwendung des FSD Verfahrens zu sehr unerwünschten – wenn auch voll beanspruchten – Lösungen führen kann. Als Beispiel dient die in Bild 5-29 dargestellte Struktur, bei der zwei parallel aufgehängte Fachwerkstäbe aus unterschiedlichen Werkstoffen an ihrem unteren Ende so verbunden sind, daß die Kraft F zu einer gleichen Längenänderung in beiden Stäben führt. Die Spannung in den Stäben mit den Elastizitätsmoduli E_i , den Stabquerschnitten a_i und den Dichten ρ_i ist:

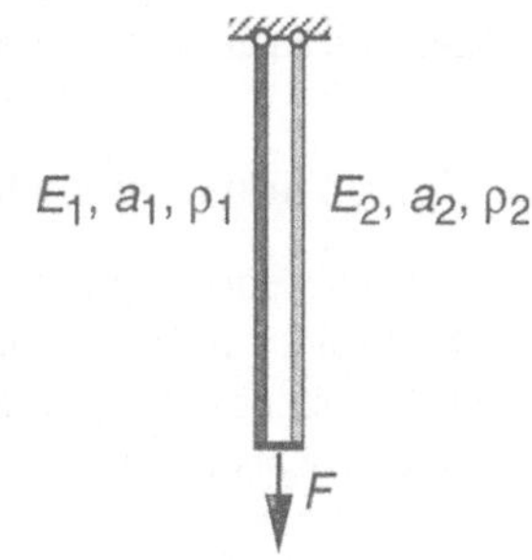

Bild 5-29:   Struktur mit unterschiedlichen Werkstoffen

$$\sigma_i = E_i \cdot \frac{F}{E_1 a_1 + E_2 a_2} \quad ; \quad i = 1,2 \tag{5-105}$$

Wählt man nun zunächst $E_1 = E_2$; $\rho_1 = \rho_2$; $\sigma_{1zul} > \sigma_{2zul}$ (z.B. Stahl-Stahl Kombination mit unterschiedlichen Festigkeiten), so ist die vernünftigste Lösung zu Erreichung eines möglichst geringen Strukturgewichts sicherlich, den höherfesten Stab die gesamte Last übernehmen zu lassen:

$$a_1 = \frac{F}{\sigma_{1zul}} \quad ; \quad a_2 = 0 \tag{5-106}$$

Die Redesign-Formel (Gl.5-101)

$$a_i^{(k+1)} = a_i^{(k)} \cdot \frac{\sigma_i^{(k)}}{\sigma_{i\,zul}} = a_i^{(k)} \cdot c_i^{(k)} \quad ; \quad i = 1,2 \tag{5-107}$$

liefert jedoch $c_2 > c_1$, so daß der Stab 1 eliminiert wird und der weniger feste Stab 2 die Last aufnimmt.

In einem zweiten Fall werden Werkstoffe mit gleichen zulässigen Spannungen, aber unterschiedlichen Elastizitätsmoduli und spezifischen Gewichten gewählt : $E_1 > E_2$; $\rho_1 > \rho_2$; σ_{1zul} = σ_{2zul} (z.B. eine Kombination aus Stahl und hochfestem Aluminium). Das niedrigste Strukturgewicht läßt sich sicherlich erreichen, indem der Stab mit dem geringeren spezifischen Gewicht die Last vollständig übernimmt:

$$a_2 = \frac{F}{\sigma_{2zul}} \quad ; \quad a_1 = 0 \tag{5-108}$$

Wegen Gl.5-107 ist jedoch $c_1 > c_2$, so daß Stab 2 eliminiert wird und der schwerere Stab 1 die Last trägt.

Diese Beispiele zeigen, daß FSD-Verfahren zu voll beanspruchten, aber trotzdem unsinnigen Lösungen führen können, wenn unterschiedliche Werkstoffe verwendet werden.

Sonderfall: FSD durch Anpassen der Werkstoffe

Eine Struktur, deren Spannungsressourcen im Optimum nicht voll ausgeschöpft werden, kann dennoch nachträglich voll beansprucht ausgelegt werden, wenn Werkstoffe mit unterschiedlich hohen zulässigen Spannungen, aber gleichen Elastizitätsmoduli zur Verfügung stehen und so ausgewählt werden, daß in jedem Bauteil das zur Verfügung stehende Restriktionsniveau ausgenutzt wird.

5.5.2   Kuhn-Tucker Optimalitätskriterienverfahren

Kuhn und Tucker formulierten Bedingungen, die für eine konvexe Optimierungsaufgabe im Optimum $\mathbf{x}^{opt}$ notwendig und hinreichend erfüllt sind (siehe Kapitel 4.7). Dieses Optimalitätskriterium bildet die Grundlage einer Gruppe von Algorithmen, die im folgenden am Beispiel einer Gewichtsminimierung unter Spannungs- und Verformungsrestriktionen skizziert wird [5-27].

Die Optimierungsaufgabe sei:

$$\min_{x}\left\{z(\mathbf{x}) \ \middle| \ 1 - \frac{u_j(\mathbf{x})}{u_{j\,zul}} \geq 0 \ ; \ x_i > x_i^u \ ; \ i = 1,n \ ; \ j = 1,m \right\} \tag{5-109}$$

wobei u_j für die nach oben begrenzten Systemantworten (Spannungen und Verformungen) steht. Die Kuhn-Tucker Bedingungen Gl. 4-21 lauten damit:

$$-\sum_j \frac{1}{u_{i\,zul}} \cdot \frac{\partial u_j}{\partial x_i} \cdot \lambda_j \begin{cases} = \dfrac{\partial z}{\partial x_i} & \text{für } x_i > x_i^u \\[2mm] \leq \dfrac{\partial z}{\partial x_i} & \text{für } x_i = x_i^u \end{cases} \quad ; \quad \lambda_j > 0 \ ; \ i = 1,n \ ; \ j = 1,m_a \tag{5-110}$$

Für einen darauf aufbauenden Algorithmus werden drei Elemente benötigt:

- Strategie zur Bestimmung der m_a aktiven Restriktionen
- Iterationsvorschrift für die Lagrange-Parameter λ
- Iterationsvorschrift für den Optimierungsvariablenvektor $\mathbf{x}$

Restriktionen werden dann als aktiv betrachtet, wenn die Bedingung

$$g_j^{(k)} \le \varepsilon^{(k)} \; ; \; 0 < \varepsilon^{(k)} < 1 \; ; \; 0 < \varepsilon^{(k+1)} < \varepsilon^{(k)}$$

(5-111)

erfüllt ist. Dabei ist $\varepsilon^{(k)}$ eine Grenze, die mit dem Iterationsfortschritt verkleinert wird. Die Lagrange-Parameter λ werden zu Beginn der Iteration aus 5-110 bestimmt, wobei angenommen wird, daß alle Restriktionen linear unabhängig sind. Die Iterationsvorschrift für λ kann dann lauten:

$$\lambda_j^{(k)} = \lambda_j^{(k-1)} \left(\frac{u_j^{(k)}}{u_{j\,zul}} \right)$$

(5-112)

Die Iterationsvorschrift für $\mathbf{x}$ wird abgeleitet aus der mit x_i multiplizierten i-ten Gl. 5-110

$$x_i^{(k+1)} = -x_i^{(k)} \cdot \left(\frac{\sum_j \dfrac{1}{u_{j\,zul}} \cdot \dfrac{\partial u_j(\mathbf{x}^{(k)})}{\partial x_i} \cdot \lambda_j^{(k)}}{\dfrac{\partial z(\mathbf{x}^{(k)})}{\partial x_i}} \right) = \Phi(x_i^{(k)}) \; ; \; j = 1, m_a$$

(5-113)

Für eine im Inneren des zulässigen Raumes liegende Lösung $\mathbf{x}^{opt}$ würde der Nenner von 5-113 im Optimum zu 0 werden. Diese Formel läßt sich deshalb nur auf Aufgaben anwenden, deren Lösung nicht im Inneren des zulässigen Raumes liegt, sondern an dessen Grenzen. Der vollständige Algorithmus lautet:

① Bestimme den Startvektor $\mathbf{x}^{(k)}$, setze $k=1$

② Systemanalyse, Bestimmung von Zielfunktion $z^{(k)}$ und Systemantworten $\mathbf{u}^{(k)}$

③ Bestimme den Satz der m_a kritischen Restriktionen

④ Bestimme die Lagrangeparameter $\lambda^{(k)}$ mit Gl. 5-112

⑤ Setze die Move Limits θ fest

$$\Delta x_i^{(k)} = \theta \cdot x_i^{(k)} \; ; \; \theta = 0{,}5; \; i = 1,n$$

⑥ Die Optimierungsvariablen $\mathbf{x}^{(k+1)}$ ergeben sich unter Anwendung von Gl.5-113 zu

$$x_i^{(k+1)} = \max\left\{ x_i^u \; ; \; (x_i^{(k)} - \Delta x_i^{(k)}) \; ; \; \Phi_i(x_i^{(k)}) \right\} \; ; \; i = 1,n$$

(5-114)

⑦ Skalierung, um Zwischenergebnisse zulässig zu halten: $\mathbf{x}^{(k+1)} := \gamma \cdot \mathbf{x}^{(k+1)}$

γ wird so bestimmt, daß eine Restriktion aktiv ist und die anderen unkritisch bleiben.

⑧ Abbruchkriterium erfüllt ? (z.B. Kuhn-Tucker Gleichungen)
Wenn ja: Stop
Wenn nein: $k:=k+1$; gehe zu ②

Dieser Algorithmus ist zwar nur zur Lösung der speziellen Aufgabe 5-109 geeignet, dafür jedoch effizient einsetzbar. Sind andere Restriktionstypen zu berücksichtigen oder ist die Zielfunktion stark nichtlinear, kann die Anwendung u.U. weniger effizient werden.

5.6 Beurteilung der Optimierungsstrategien

Der Eignungsgrad eines Optimierungsverfahrens zur Lösung einer Tragwerksoptimierungs-aufgabe ist von verschiedenen Kriterien abhängig, deren Wichtung von der Aufgabenstruktur und den Erwartungen des Anwenders bestimmt wird.

Das Kriterium Allgemeingültigkeit bzw. Anwendungsbreite dient dazu, grundsätzlich ungeeignete Lösungsverfahren für eine vorliegende Optimierungsaufgabe auszugrenzen. Die Kriterien

- Effizienz
- Zuverlässigkeit und Robustheit
- Zulässigkeit von Zwischenlösungen

sind maßgebend für die Auswahl eines Verfahrens aus einer Gruppe grundsätzlich geeigneter Verfahren. Zur Bewertung der Verfahren müssen jedoch drei relativierende Anmerkungen gemacht werden:

- Algorithmen können in breiterem Umfang nur in Zusammenhang mit ihrer software-mäßigen Umsetzung getestet und beurteilt werden. Ein an sich gutes Verfahren könnte im Vergleich schwach abschneiden, wenn es schlecht programmiert ist. Ein eher schwaches Verfahren wird natürlich auch durch eine zweckmäßige Programmierung seine prinzipiellen Nachteile nicht verlieren.

- Die Untersuchungen zeigten, daß die Wahl der Optimierungsstrategie gegenüber der Auswahl des Suchrichtungserzeuger und des Algorithmus für die lineare Suche den dominierenden Einfluß auf die Eigenschaften eines Verfahrens besitzt. Bei dem Vergleich wird in erster Linie auf die Optimierungsstrategien Bezug genommen, für die jeweils ein geeigneter Lösungserzeuger verwendet wurden.

- Optimalitätskriterienverfahren sind nicht in den Vergleich einbezogen worden, da sie nur für spezielle Aufgabenstellungen geeignet sind.

Im folgenden werden die verschiedenen Kriterien näher erläutert.

Allgemeingültigkeit

Unter Allgemeingültigkeit wird die Breite des Anwendungsbereiches verstanden. Der Anwendungsbereich eines Algorithmus umfaßt die Problemklassen, für die er – ohne eine bestimmte Effizienz oder Zuverlässigkeit zu fordern – hinsichtlich seiner mathematischen Struktur grundsätzlich geeignet ist. Die Klasse wird durch die Art der Optimierungsvariablen, Restriktionen und Zielfunktion und die Größe der Aufgabe bestimmt. Merkmale sind:

- Starke / schwache Nichtlinearität der Optimierungsaufgabe
- Beschränktheit / Unbeschränktheit der Optimierungsaufgabe
- Große / kleine Anzahl von Optimierungsvariablen
- Diskret / kontinuierlich verteilte Optimierungsvariablen
- Große / kleine Anzahl von Restriktionen
- Vorhandensein / Nichtvorhandensein von Gleichheitsrestriktionen
- Art der Zielfunktion
- usw.

Effizienz

Maßstab für die Effizienz eines Verfahrens ist die Rechenzeit, die zur Lösung der Optimierungsaufgabe benötigt wird. Bei mittleren und großen Aufgaben entfällt der weitaus größte Antcil an der Gesamtrechenzeit für die Optimierungsrechnung auf die Strukturanalyse und die Gradientenberechnung. Deren Häufigkeit ist daher das die Effizienz wesentlich bestimmende Merkmal. Für kleine Optimierungsaufgaben ist dagegen die Rechenzeit, die vom Optimierungsmodul benötigt wird, der Maßstab für die Effizienz.

Großen Einfluß auf die Effizienz der Verfahren haben die auch als *Tuning-Parameter* bezeichneten Steuerparameter der einzelnen Algorithmen: Move Limits, Skalierungsfaktoren usw… Sind sie ungünstig eingestellt (z.B. zu kleine Move Limits), kann ein an sich effizientes Verfahren recht uneffizient werden.

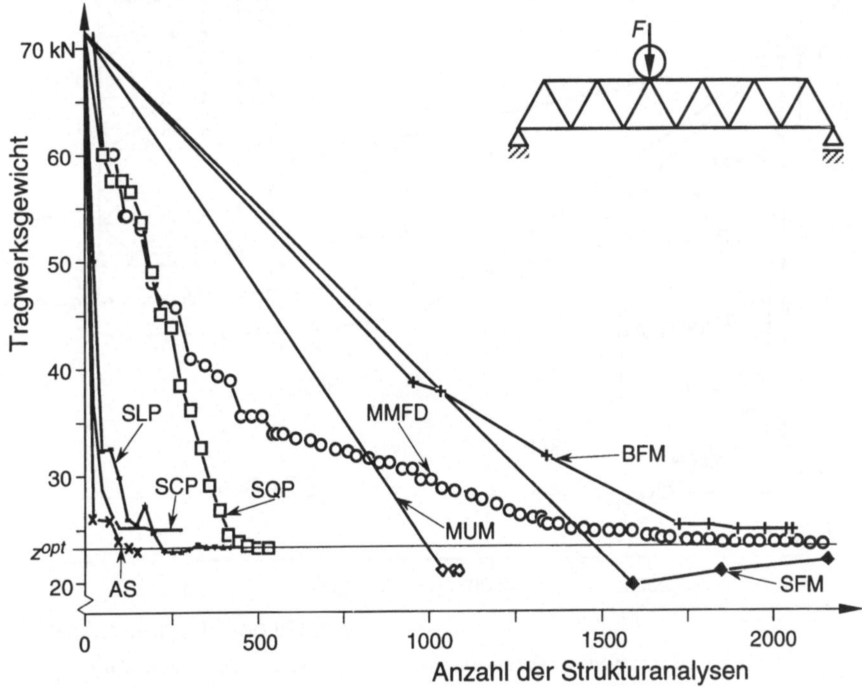

Abkürzungen:

AS	Approximation der Schnittgrößen	SCP	Konvexe Approximation
BFM	Verfahren mit innerer Straffunktion	SFM	Verfahren mit äußerer Straffunktion
MMFD	Mod. Feasible Directions Verfahren	SLP	Lineare Approximation
MUM	Erweiterte Lagrange Methode	SQP	Sequentielle quadratische Programmierung

Bild 5-30: Effizienz einiger Optimierungsverfahren am Beispiel Fachwerkträger

Bild 5-30 zeigt beispielhaft die Effizienz unterschiedlicher Algorithmen bei der Optimierung eines Fachwerkträgers (Gradienten wurden nach dem Finite-Differenzen Verfahren bestimmt). Aus diesen Daten und weiteren hier nicht dokumentierten Ergebnissen lassen sich einige Aussagen ableiten (Abkürzungen der Verfahrensnamen siehe Bild 5-30):

a) Die Approximationsmethoden (AS, SLP, SCP) und die SQP benötigen die wenigsten Systemanalysen und Gradientenermittlungen.

b) Die Methode der zulässigen Richtungen (MMFD) erfordert zwar etwas mehr Systemanalysen und Gradientenermittlungen als die Approximationsmethoden, jedoch kommt sie
    bei kleinen Optimierungsaufgaben mit der geringsten Rechenzeit aus.

c) Straffunktionsmethoden (BFM, MUM, SFM) erfordern deutlich mehr Systemanalysen
    und Gradientenberechnungen als die unter a und b genannten Verfahren. Die Anwendung ist daher für mittlere und große Aufgaben kaum empfehlenswert, wenn andere Algorithmen zur Verfügung stehen.

d) Suchverfahren erfordern mit Abstand am meisten Systemanalysen und weisen die geringste Effizienz auf. Ihre Anwendung ist daher in der Strukturoptimierung für mittlere
    und große Aufgaben grundsätzlich nicht empfehlenswert, wenn andere Algorithmen verfügbar sind.

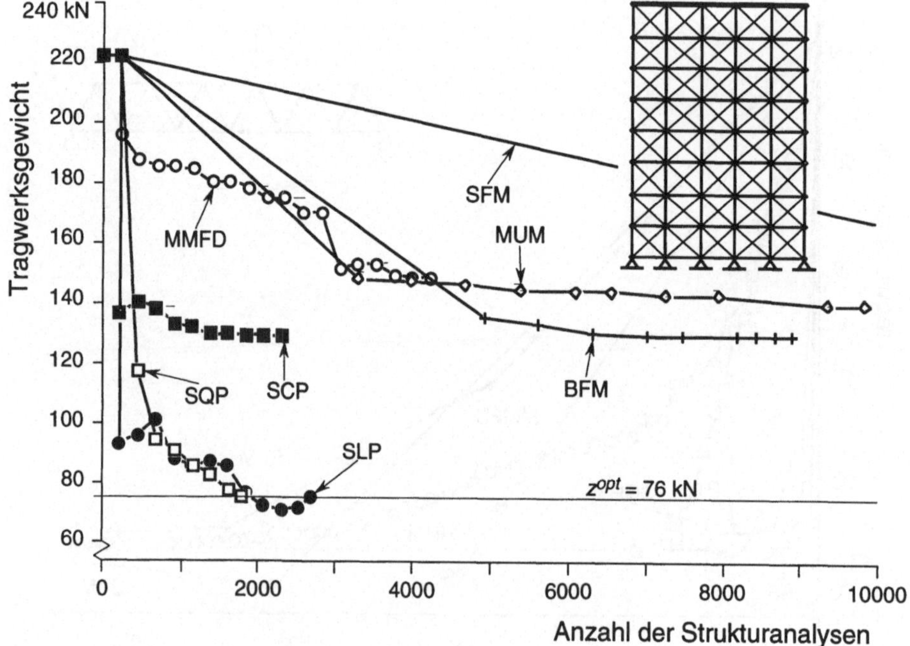

Bild 5-31: Zuverlässigkeit verschiedener Optimierungsverfahren am Beispiel Fachwerkstruktur

Zuverlässigkeit und Robustheit

Maß für die Zuverlässigkeit eines Verfahrens ist die Wahrscheinlichkeit, mit der eine Optimierungsaufgabe einer bestimmten Aufgabenklasse, für die das Verfahren grundsätzlich geeignet ist, richtig gelöst wird. Die Robustheit eines Verfahrens wird an der Spanne von Problemklassen gemessen, die mit einer geforderten Zuverlässigkeit gelöst werden können.

Für eine Fachwerkstruktur mit 229 optimal einzustellenden Stabquerschnitten ist in Bild
5-31 die Optimierungsgeschichte dargestellt. Einige grundsätzlich geeignete Verfahren wurden mit folgendem Ergebnis getestet:

•   Mit der SQP wird das Optimum im ersten Rechengang erreicht. Tatsächlich ist die SQP
    das zuverlässigste und robusteste Verfahren unter den getesteten Algorithmen, die SQP

zeigt für eine weite Klasse von Optimierungsaufgaben eine hohe Zuverlässigkeit und
eine gleichbeibend brauchbare Effizienz.

- Während mit der SLP das Optimum erreicht wird, liefert die SCP trotz Ansprechens des
  regulären Abbruchkriteriums unbrauchbare Ergebnisse. In einem zweiten Rechnungsgang, der bei dem Ergebnisvektor der ersten Rechnung aufgesetzten wurde, konnte auch
  mit der SCP ein brauchbares Endergebnis erzielt werden. Je nach Art der Restriktionen
  ist es zuweilen auch umgekehrt: die SCP erreicht das Optimum, während die SLP nur
  schwach konvergiert. Eine Ursache für diese Art von Problemen können die im Laufe
  der Rechnung zu klein gewordene Move Limits sein, die eine noch notwendige starke
  Veränderung des Optimierungsvariablenvektors nicht mehr erlauben. Wie hier auch kann
  dann in einigen Fällen in einem zweiten Rechnungsgang das Optimum erreicht werden.
  Die Zuverlässigkeit von SLP und SCP ist insgesamt mit gut zu bewerten, wenn die Move
  Limits richtig eingestellt sind.

- Die MMFD ist bei kleineren Optimierungsaufgaben sehr zuverlässig. Bei mittleren und
  großen Aufgaben kann jedoch die Zuverlässigkeit sinken: die Optimierung der Fachwerkstruktur (Bild 5-31) wurde auch bei wiederholten Rechenläufen nicht befriedigend
  gelöst. Diese Einschränkung ist jedoch nicht von sehr großer Bedeutung, da es bei
  mittleren und großen Optimierungsaufgaben ohnehin angebracht ist, anstelle der MMFD
  Approximationsverfahren anzuwenden.

- Keines der drei Straffunktionsverfahren BFM, SFM, MUM erreichte im ersten Lauf ein
  zulässiges und brauchbares Ergebnis.

Zulässigkeit von Zwischenlösungen

Wird für die Optimierungsrechnung aus Zeitgründen nur eine begrenzte Zahl von Iterationsschritten zugelassen, muß mit dem Abbruch der Optimierung gerechnet werden, bevor die
regulären Abbruchkriterien erfüllt sind. In solchen Fällen kommt es darauf an, daß der als
Ergebnis des letzten Iterationsschritts vorliegende Optimierungsvariablenvektor zulässig ist.
Bei nur geringen Verletzungen der Restriktionen lassen sich unzulässige Zwischenlösungen
durch einen Suchrichtungsschritt in den zulässigen Raum im Anschluß an die Optimierung
korrigieren. Bei zulässigem Startvektor ist die Zulässigkeit von Zwischenlösungen
grundsätzlich immer gewährleistet, wenn die lineare Suche an der originären Optimierungsaufgabe ausgeführt wird. Dies ist der Fall bei den hier untersuchten Versionen von MMFD
und SQP.

Mit allen anderen Verfahren kann die Zulässigkeit der Zwischenlösung nicht garantiert
werden. Besonders die SLP weist in dieser Hinsicht schlechte Eigenschaften auf, was auf die
eher schwache Repräsentation der Restriktionen durch ihre linearen Approximationsfunktionen zurückzuführen ist. Das Problem ließe sich entschärfen, wenn nach jedem Iterationsschritt eine unzulässige Zwischenlösung durch einen Schritt in den zulässigen Raum verbessert wird (siehe Abschnitt 5.3.2.2, Gl.5-38 und 5-39), was bei der vorliegenden SLP-Version
jedoch nicht vorgesehen war.

Bild 5-32 zeigt diesen Sachverhalt am Beispiel der Gewichtsoptimierung einer stringerversteiften Platte, bei der die Stringergeometrie und die Lage der Stringer optimal eingestellt
wurden: unzulässige Zwischenlösungen sind durch einen Kreis gekennzeichnet. Das globale
Optimum liegt bei 9,9 kN, ein lokales Optimum ist bei 23 kN erkennbar. Bei der SLP sind
fast alle Zwischenlösungen unzulässig, bei der SCP 2/3 der Zwischenlösungen. SQP und
MMFD weisen nur zulässige Zwischenlösungen auf.

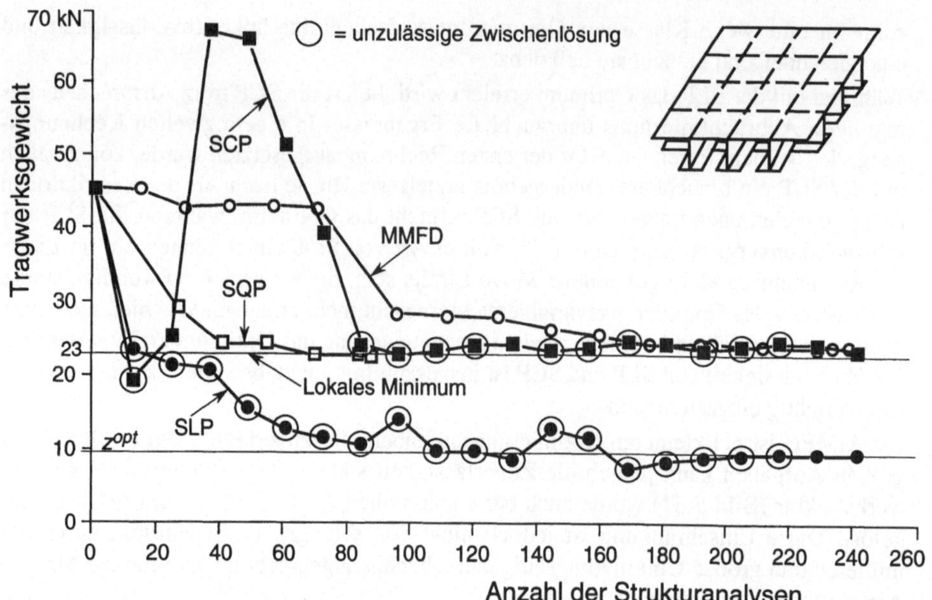

Bild 5-32: Zulässigkeit von Zwischenlösungen am Beispiel der stringerversteiften Platte

Schittkowski e.a. [5-28] hat Optimierungsverfahren getestet, die den hier vorgestellten Algorithmen ähnlich sind, jedoch in anderen softwaremäßigen Realisierungen vorlagen. Er ist dabei zu sehr vergleichbaren Ergebnissen gekommen.

Zusammenfassung

Die vielen Einzelergebnisse lassen sich zu einer einfachen Regel zusammenfassen:

> Kleine Optimierungsaufgaben (≤ 50 Optimierungsvariablen *und* sehr einfache Systemgleichungen) lassen sich sehr gut mit der *Modifizierten Methode der zulässigen Richtungen* lösen, während größere Aufgaben (> 50 Optimierungsvariablen *oder* größeres Tragwerk) zweckmäßigerweise mit einem der vorgestellten Approximationsverfahren oder der SQP gelöst werden.

6 Programme für die Strukturoptimierung

6.1 Ablauf einer Optimierungsrechnung

Nachdem der Leser in den letzten Kapiteln die Grundlagen der Strukturoptimierung kennengelernt hat, wird nun deren Umsetzung in Rechenprogramme behandelt. Dazu wird die Optimierungsrechnung zunächst inhaltlich und dann vom Ablauf her gegliedert. Die Optimierungsrechnung stützt sich auf die in Bild 6-1 gezeigten drei Säulen ab (Drei-Säulen-Konzept [6-1]):

- Säule 1:
  Das strukturanalytische Berechnungsmodell, mit dem das mechanische Strukturverhalten – z.B. Spannungen, Verformungen, Eigenfrequenzen – mathematisch beschrieben wird, bildet die erste Säule. Es basiert auf der gewählten Berechnungsmethode (z.B. der Finite-Element-Methode) und der Art, wie die Gradienten von Zielfunktion und Restriktionen bestimmt werden sollen.
- Säule 2:
  Das Optimierungsmodell, mit dem die technische Aufgabenstellung in die mathematische Form

$$\min_{\mathbf{x}} \ \{ \ z(\mathbf{x}) \ | \ \mathbf{g}(\mathbf{x}) \geq 0; \ \mathbf{h}(\mathbf{x}) = 0 \ \} \tag{6-1}$$

  übersetzt wird, ist die zweite Säule. Die Auswahl der zu optimierenden Entwurfsvariablen, des Optimierungsziels und der zu beachtenden Randbedingungen (Restriktionen) wird getroffen.
- Säule 3:
  Der Optimierungsalgorithmus wird auswählt, mit dem die Optimierungsaufgabe 6-1 gelöst werden soll.

Arbeitstechnisch läßt sich der Ablauf einer Optimierungsrechnung in vier Schritte gliedern, die in Bild 6-2 gezeigt sind.

- Schritt 1: Planung der Optimierungsrechnung
  Der erste Arbeitsschritt der Optimierungsrechnung (siehe Abschnitt 6.2) beinhaltet die
  - Auswahl von Optimierungsvariablen, Zielfunktion und Restriktionen
  - Erstellung des strukturanalytischen Berechnungsmodells
  - Auswahl eines geeigneten Optimierungsalgorithmus
- Schritt 2: Zusammenstellung des Rechenprogrammes und der Eingabedateien
  Zur Lösung der Strukturoptimierungsaufgabe wird ein komplexes Rechenprogramm benötigt, das im folgenden Optimierungsprogrammsystem (OPS) genannt wird. Ein OPS besteht aus mehreren Teilen: Neben dem Optimierer, der einen der in Kapitel 5 beschriebenen Optimierungsalgorithmen in programmierter Form enthält, ist das Modul für die Berechnung der Systemantworten und ihrer Gradienten sehr wichtig. Es sind Programmpakete verfügbar, die bereits alle notwendigen Module enthalten, z.B. PATRAN/P3 [6-2].

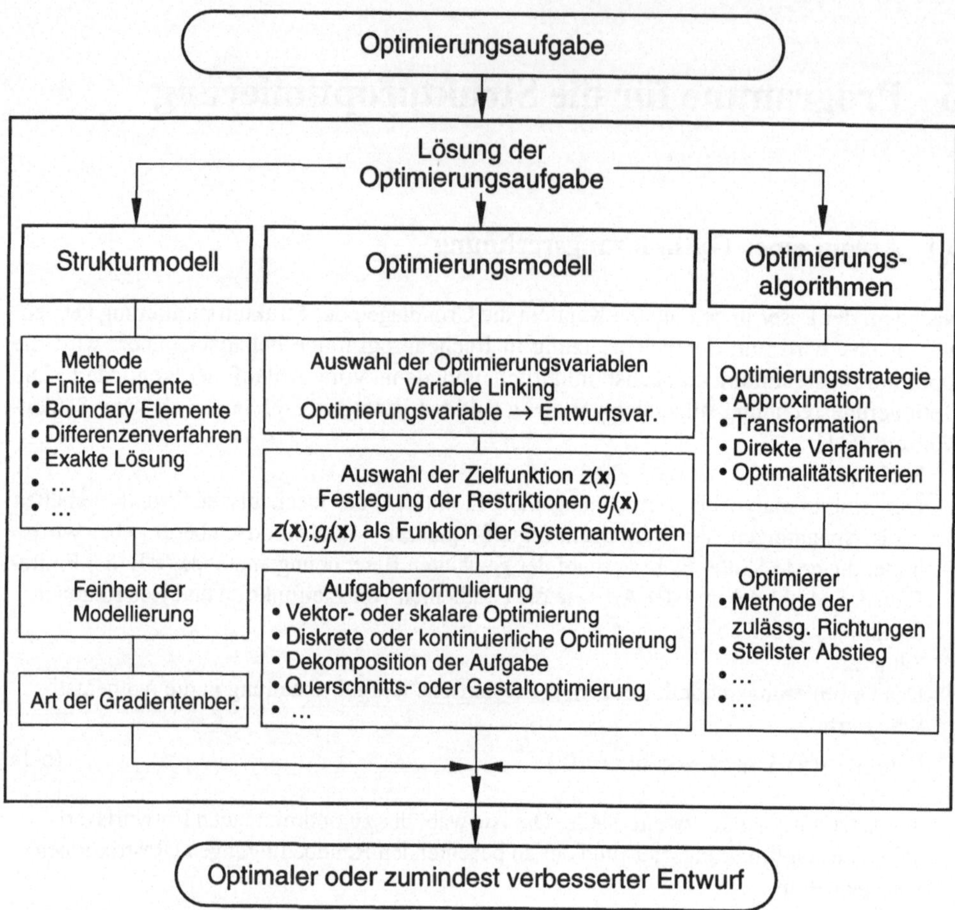

Bild 6-1: Drei-Säulen-Konzept der Strukturoptimierung

Zur Lösung von Standardaufgaben ist die Verwendung solcher OPS sehr zweckmäßig. In anderen Fällen – besonders bei Aufgabenstellungen, die von den Komplettprogrammen (noch) nicht abgedeckt werden – wird das OPS aus einzelnen Modulen programmiert und zusammengebaut. Dieser Vorgang erfordert einige Erfahrung. In Abschnitt 6.3 werden die Bestandteile und der Aufbau von Optimierungsprogrammsystemen erläutert.

- Schritt 3: Ausführung des Rechenlaufes
- Schritt 4: Ergebnisauswertung:
  Es wird beurteilt, ob das Ergebnis des Rechenlaufs aus Schritt 3 plausibel ist. Falls die Resultate fehlerhaft sind, wird die Ursache dafür festgestellt und lokalisiert und wieder zum Schritt 1 oder 2 verzweigt. Abschnitt 6.5 nennt einige typische Fehlerursachen und deren Auswirkungen.

Am Schluß dieses Kapitels wird gezeigt, wie die Anwendung der Strukturoptimierung in bestimmte Fällen mit Hilfe von Expertensystemen oder durch Tabellenkalkulationsprogramme erleichtert werden kann.

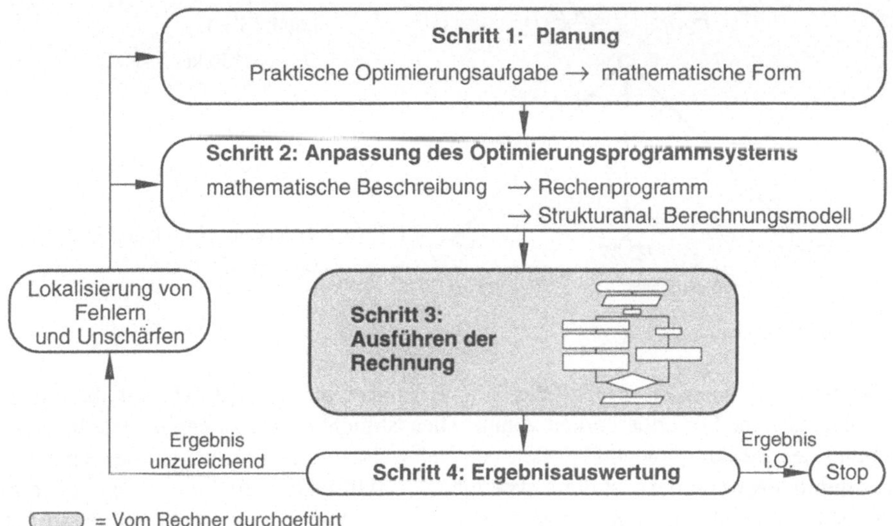

Bild 6-2: Ablauf einer Optimierungsrechnung

6.2   Das Optimierungsmodell

Die Übersetzung der technischen Aufgabenstellung in die mathematische Form 6-1 ist die im Rahmen der Optimierungsmodellbildung zu erfüllende Aufgabe. Dazu werden Zielfunktion, Restriktionen und Optimierungsvariable festgelegt und das strukturanalytische Berechnungsmodell aufgestellt.

Für den im folgenden als Beispiel verwendeten Stabdreischlag liegt das Optimierungsmodell bereits als Bestandteil des im Anhang angegebenen Optimierungsprogramms in programmierter Form vor.

6.2.1   Zielfunktion

Grundsätzlich kann jede angestrebte Eigenschaft eines Tragwerks als Zielfunktion eingesetzt werden. In unserem Beispiel soll das Tragwerksgewicht minimiert werden. Das Gewicht des Stabdreischlags und damit die Zielfunktion ergibt sich zu:

$$z = (l_1 a_1 + l_2 a_2 + l_3 a_3)\rho \tag{6-2}$$

mit: l_i = Länge des Stabes i
a_i = Querschnittsfläche des Stabes i
ρ = 27000 N/m^3 (spezifisches Gewicht des Werkstoffs Aluminium)

Andere Ziele einer Optimierungsrechnung könnten sein:

- minimale Herstellungskosten
- minimale Verformungen
- minimale kleinste Eigenfrequenz
- usw.

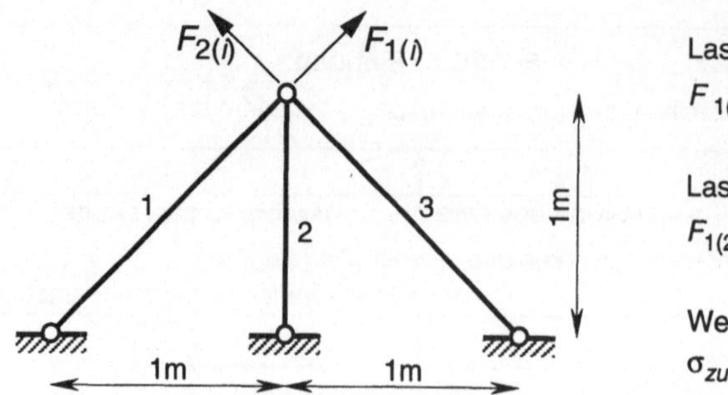

Bild 6-3: Stabdreischlag

Die Verwendung einer Eigenschaft des Tragwerks als Optimierungsziel setzt allerdings deren mathematische Formulierbarkeit voraus. Dies ist nicht immer so einfach wie bei der Berechnung des Strukturgewichts. Sollen beispielsweise die Herstellungskosten eines Tragwerks minimiert werden, so ist die Aufstellung der Zielfunktion ein kaum lösbares Problem. In einigen Fällen läßt sich ein Ausweg finden, indem mathematisch nicht oder kaum erfaßbare Ziele durch leichter beschreibbare Eigenschaften angenähert werden. In vielen Fällen besteht z. B. ein Zusammenhang zwischen den Herstellungskosten und dem Strukturgewicht, so daß sich die Kosten u.U. näherungsweise als Funktion des Gewichtes erfassen lassen. Zur Behandlung mehrzieliger Aufgabenstellungen wird auf Kapitel 9.1 verwiesen.

6.2.2 Restriktionen

Sämtliche beim Entwurf eines Tragwerks zu beachtenden Beschränkungen und Nachweise finden als Restriktionen formuliert Berücksichtigung in der Optimierungsrechnung. Übliche Restriktionen sind:

- Spannungsrestriktionen
- Stabilitätsrestriktionen
- Verformungsrestriktionen
- Frequenzrestriktionen
- Begrenzung der Abmaße der Struktur oder einzelner Teile
- Schranken der Optimierungsvariablen
- usw.

In unserem Beispiel sollen die Stabspannungen begrenzt werden, die sich mit $F=F_{1(1)}=F_{2(2)}$ ergeben zu:

$$\sigma_{1(1)} = \sigma_{3(2)} = F\frac{2a_1 + \sqrt{2}a_2}{2a_1(a_1 + \sqrt{2}a_2)}$$

$$\sigma_{2(1)} = \sigma_{2(2)} = F\frac{1}{\sqrt{2}a_2 + a_1}$$

$$\sigma_{3(1)} = \sigma_{1(2)} = -F\frac{a_2}{2a_1a_2 + \sqrt{2}a_1^2)}$$

$$(6-3)$$

Da die Spannungen jeweils mit einer Unter- und einer Obergrenze (zulässige Druckspannung $\sigma_{zul\,D}$; zulässige Zugspannung $\sigma_{zul\,Z}$) verglichen werden sollen, ergeben sich 12 Restriktionen:

$$g_k = 1 - \frac{\sigma_{i(j)}}{\sigma_{zul\,D}} \geq 0 \; ; \quad i = 1,3 \; ; \quad j = 1,2$$

$$g_m = 1 - \frac{\sigma_{i(j)}}{\sigma_{zul\,Z}} \geq 0 \; ; \quad i = 1,3 \; ; \quad j = 1,2$$

(6-4)

Die Restriktionszahl läßt sich auf 6 reduzieren, wenn die Symmetrie der Lastfälle berücksichtigt wird. Unter Ausnutzung von $\sigma_{1(1)} = \sigma_{3(2)}$, $\sigma_{2(1)} = \sigma_{2(2)}$, $\sigma_{3(1)} = \sigma_{1(2)}$ ergeben sie sich zu:

$$g_1 = 1 - \sigma_{1(1)} / \sigma_{zul\,D} \geq 0$$

$$g_2 = 1 - \sigma_{1(1)} / \sigma_{zul\,Z} \geq 0$$

$$g_3 = 1 - \sigma_{2(1)} / \sigma_{zul\,D} \geq 0$$

$$g_4 = 1 - \sigma_{2(1)} / \sigma_{zul\,Z} \geq 0$$

$$g_5 = 1 - \sigma_{3(1)} / \sigma_{zul\,D} \geq 0$$

$$g_6 = 1 - \sigma_{3(1)} / \sigma_{zul\,Z} \geq 0$$

(6-5)

Als Restriktionen sind nicht nur die offensichtlichen Beschränkungen zu beachten, auch eigentlich triviale Randbedingungen dürfen nicht vergessen werden: Die Optimierungsvariablen müssen sich innerhalb der Grenzen der mathematischen und physikalischen Gültigkeit des Strukturmodells bewegen. Sind die Gültigkeitsgrenzen des Modells nicht streng berücksichtigt, kann sich die Lösung in unsinnige Richtungen entwickeln, wie an zwei Beispielen gezeigt wird:

- Bei der Berechnung der Stabspannung $\sigma_{i(j)} = N_{i(j)}/a_i$ führt $a_i = 0$ zu einer Division durch 0.
- Stabquerschnittsflächen $a_i < 0$ führen rechnerisch zu einem negativen Wert für das Bauteilgewicht, die der Optimierer bei einer Gewichtsoptimierung als Schritt in die richtige Richtung (geringeres Gewicht) interpretiert.

Deshalb ist in jedem Fall als Variablenschranke $a_i > 0$ zu berücksichtigen.

6.2.3 Optimierungsvariablen

Die optimal einzustellenden Entwurfsgrößen werden aus der großen Menge der die Struktur beschreibenden Parameter ausgewählt. Sie werden als Entwurfsvariable **y** bezeichnet. Beim Stabdreischlag sind dies z.B. die drei Stabquerschnittsflächen a_1, a_2 und a_3. Entwurfsvariable **y** und Optimierungsvariable **x** stehen in funktionalem Zusammenhang: Während die Entwurfsvariablen als physikalische Größen in die Berechnung der Systemantworten eingehen, arbeitet der Optimierungsalgorithmus ausschließlich mit den Optimierungsvariablen. Die Koppelung der Entwurfsvariablen mit den Optimierungsvariablen **y** = **y**(**x**) wird als *Variable Linking* bezeichnet.

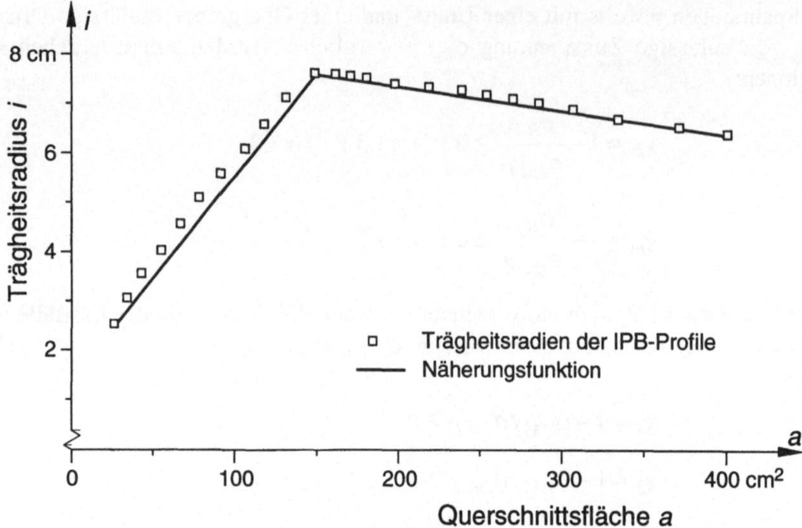

Bild 6-4: Trägheitsradien der IPB-Profile als Funktion der Querschnittsfläche

Warum zwischen Entwurfs- und Optimierungsvariablen unterschieden wird, läßt sich am Stabdreischlag erkennen: Die drei Stabquerschnittsflächen lassen sich auf nur zwei Optimierungsvariablen reduzieren, da wegen der Tragwerkssymmetrie $a_1 = a_3$ gelten soll. Die Stabquerschnittsflächen sind in m² angegeben und haben daher einen sehr kleinen Zahlenwert. Damit die Optimierungsvariablen eine für den Optimierungsalgorithmus numerisch sinnvolle Größenordnung bekommen, wird der Faktor 10^{-4} verwendet. Damit gilt:

$$\mathbf{y} = \begin{bmatrix} a_1 \\ a_2 \\ a_3 \end{bmatrix} = \begin{bmatrix} 10^{-4} & 0 \\ 0 & 10^{-4} \\ 10^{-4} & 0 \end{bmatrix} \cdot \begin{bmatrix} x_1 \\ x_2 \end{bmatrix} \tag{6-6}$$

Nicht immer ist der Zusammenhang zwischen den Optimierungsvariablen $\mathbf{x}$ und den Entwurfsvariablen $\mathbf{y}$ linear. Für den Stabilitätsnachweis eines Druckstabes wird beispielsweise als Entwurfsvariable y_i dessen Trägheitsradius $i_i = \sqrt{(I_i/a_i)}$ benötigt. Die Stabquerschnittsfläche a_i ist mit der Optimierungsvariablen x_i verbunden. Das Variable Linking erfordert nun die Aufstellung der Transformationsfunktion $y_i(\mathbf{x}) = i_i(x_i)$. Bei geometrisch einfachen Querschnittsformen (z.B. Kreisringquerschnitt) ist eine solche Beziehung einfach herleitbar. Aufwendiger ist die Darstellung des funktionalen Zusammenhangs, wenn normierte Profilreihen (z.B. IPB-Stahlträgerprofile) verwendet werden sollen. Die fehlenden Querschnittswerte können dann entweder mit Hilfe einer Datenbank oder durch eine Näherungsfunktion $y_i = \tilde{i}_i(a_i)$ bestimmt werden.

In Bild 6-4 ist der Zusammenhang zwischen Querschnittsfläche a_i und dem Trägheitsradius i_i für die IPB-Profilreihe dargestellt. Die Punkte markieren die aus der Profiltafel entnommenen Werte des Trägheitsradius, während die Kurve die abschnittsweise definierte lineare Näherungsfunktion (6-7) wiedergibt.

$$\begin{aligned} \tilde{i}_i &= 4{,}11\, a_i + 0{,}0146 && \text{für} && 0{,}0026\ \text{m}^2 < a_i < 0{,}0149\ \text{m}^2 \\ \tilde{i}_i &= -0{,}478\, a_i + 0{,}0829 && \text{für} && 0{,}0149\ \text{m}^2 < a_i < 0{,}04\ \text{m}^2 \end{aligned} \tag{6-7}$$

Die geschickte Auswahl der optimal einzustellenden Entwurfsvariablen **y** und ihre Kopplung mit den Optimierungsvariablen **x** ist ein entscheidender Teil der Modellbildung, der wesentlich über die Zweckmäßigkeit des Optimierungsmodells entscheidet. Die Anzahl der Optimierungsvariablen geht quadratisch in die Rechenzeit ein. Um die Zahl der Optimierungsvariablen und damit die Rechenzeit zu reduzieren, sind einige Vereinfachungen möglich und sinnvoll:

- Bei symmetrischen Strukturen und Lasten werden die symmetrischen Entwurfsvariablen i.d.R. jeweils nur mit einer einzigen Optimierungsvariablen verbunden, wie am Beispiel des Stabdreischlages gezeigt wurde (siehe Gl. 6-6)

- In manchen Strukturen gibt es eine Reihe gleicher oder ähnlicher Bauteile, beispielsweise die Untergurte der in Bild 6-5 dargestellten Brücke. Jeder Untergurt könnte als Optimierungsvariable eine eigene Länge und einen eigenen Querschnitt zugewiesen bekommen. Um die Fertigungskosten gering zu halten, kann es jedoch zweckmäßig sein, daß alle Untergurte die gleiche Länge und den gleichen Querschnitt aufweisen. Wird dies bereits bei der Optimierungsmodellbildung beachtet, verringert sich die Anzahl der Optimierungsvariablen und damit der Rechenaufwand erheblich. Tabelle 6-1 zeigt mögliche Vereinfachungen und die dadurch erzielbare Reduzierung der Rechenzeit auf.

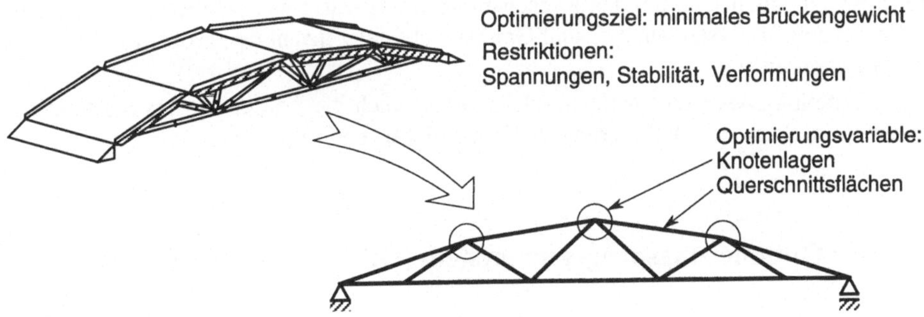

Bild 6-5: Optimierungsmodell

Art der Optimierungsvariablen	Anzahl der variablen Querschnitte n_1	Anzahl der variablen Knotenkoordinaten n_2	$n = n_1 + n_2$	Relativer Rechenaufwand $\sim n^2$
Vollständige Form- und Querschnittsoptimierung	15	14	29	841
Ausnutzung der Symmetrie	8	7	15	225
Zusätzlich: jeweils gleiche Querschnitte für Untergurte, Diagonalen und Obergurte	3	7	10	100
Zusätzlich: gleiche Länge der mittleren drei Untergurte (l/4)	3	5	8	64
Zusätzlich: Untergurtknoten werden in vertikaler Richtung festgehalten	3	3	6	36

Tab. 6-1: Reduzierung der Zahl der Optimierungsvariablen für die Brücke (Bild 6-5)

- Bei der Formoptimierung eines Tragwerks ist vielleicht die qualitative Form des optimierten Tragwerks aus der Erfahrung bekannt. Für die Brücke in Bild 6-5 läßt sich die optimale Gestalt des Obergurtes z.B. durch eine Parabel annähern. Anstelle einzelner Knotenkoordinaten einer Struktur könnten einige wenige Parameter einer Formfunktion optimiert werden, die die Lage der Obergurtknoten beschreiben.

Geschicktes Variable Linking hat u.a. das Ziel, die Dimension n der Optimierungsaufgabe so gering zu halten, wie die Aufgabenstellung dies erlaubt.

6.2.4 Strukturanalytisches Berechnungsmodell

Als Analyseverfahren im Rahmen einer Optimierungsrechnung kommt grundsätzlich jede zur Berechnung der Struktur geeignete Methode in Frage. Im einfachsten Fall – z.B. beim Stabdreischlag – besteht das Berechnungsmodell aus einigen wenigen expliziten Formeln (siehe Gl. 6-3). In den meisten Fällen, in denen eine analytische Lösung nicht möglich oder sinnvoll ist, wird die Finite-Element-Methode genutzt (siehe Kapitel 3).

Das strukturanalytische Berechnungsmodell sollte parallel zum Optimierungsmodell entwickelt werden, um speziellen Erfordernissen der Optimierung gerecht zu werden: Einerseits muß es so fein wie nötig sein, damit aus den Systemantworten die Restriktionen und die Zielfunktion ausreichend genau berechnet werden können. Andererseits sollte es so einfach wie möglich sein, um den Rechenaufwand so niedrig wie möglich zu halten. Denn die Rechenzeit für Systemanalyse und Gradientenbildung macht den größten Anteil an der Gesamtrechenzeit aus.

Zur Erstellung des Berechnungsmodells gehört auch die Festlegung des Startentwurfs, der bereits im Sinne des Optimierungszieles möglichst ‚gut' sein soll.

6.3   Das Optimierungsprogrammsystem (OPS) und seine Module

Nachdem das Optimierungsmodell erstellt ist, werden seine Elemente an die zu verwendende Software angepaßt. Das erforderliche Rechenprogramm, das aus einem einzigen, aber auch aus mehreren selbständigen Modulen bestehen kann, wird Optimierungsprogrammsystem (OPS) genannt. Bild 6-6 zeigt die Bestandteile eines OPS. Seine wichtigsten Elemente werden im folgenden beschrieben. Das im Anhang beispielhaft angegebene Programm PENOPT enthält alle Elemente eines OPS.

① Daten - Eingabemodul

Mit dem *Daten - Eingabemodul* werden zuerst die für die Optimierungsrechnung notwendigen Daten eingelesen. Dies sind:

- Systemspezifische Daten: Parameter, mit denen der Startentwurf der Struktur vollständig beschrieben wird, z.B. Diskretisierung der Struktur, Geometrie, Werkstoffkennwerte, Querschnittsabmessungen, Lasten usw. Bei Verwendung eines Finite-Element Programms sind diese Daten in die FE-Eingabedatei zu schreiben.

- Optimierungsspezifische Daten: Steuergrößen, die für die Optimierungsrechnung benötigt werden, z.B. Startwerte, obere und untere Grenzen der Optimierungsvariablen, Grenzwerte der Restriktionen (z.B. zulässige Spannungen) und Tuningparameter der Optimierer.

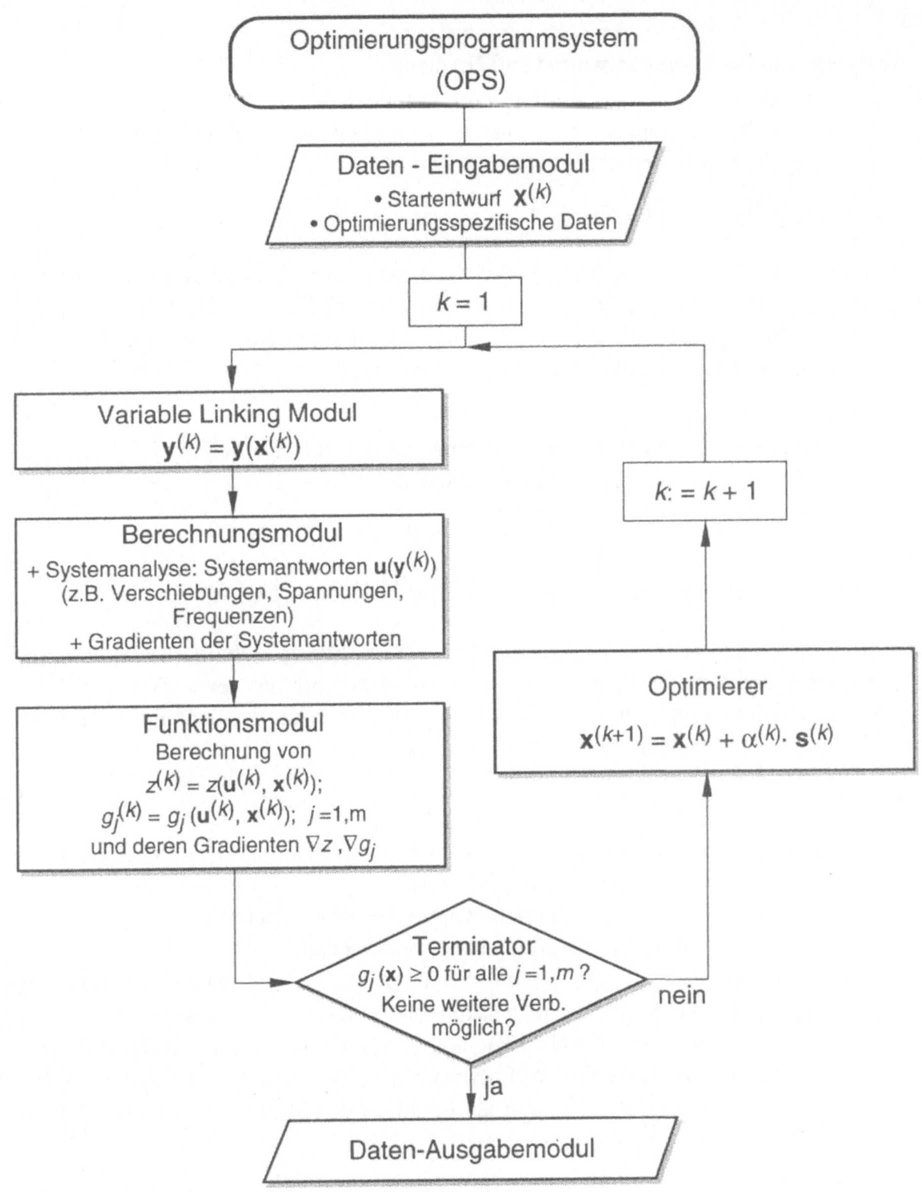

Bild 6-6: Ablauf einer Optimierungsrechnung, Bestandteile eines OPS

② Variable Linking Modul

Mit dem *Variable Linking Modul* werden die Entwurfsvariablen **y** als Funktionen der Optimierungsvariablen **x** bestimmt: $\mathbf{y}^{(k)} = \mathbf{y}(\mathbf{x}^{(k)})$ (Kap. 6.2.3). Dabei sollte durch eine Skalierung gewährleistet werden, daß sämtliche Optimierungsvariablen eine ähnliche Größenordnung erhalten, um die numerische Stabilität der Rechnung zu unterstützen (z.B. Stabdreischlag: Gl. 6-6).

③ Analysemodul für Systemantworten und Gradienten

Das *Analysemodul* für Systemantworten und Gradienten liefert die zur Bestimmung von Zielfunktion und Restriktionen erforderlichen Systemantworten **u** und ggf. auch deren Gradienten ∇u_j als Funktionen der Entwurfsvariablen:

$$\mathbf{u}^{(k)} = \mathbf{u}(\mathbf{y}^{(k)}); \quad \nabla u_j^{(k)} = \nabla u_j(\mathbf{y}^{(k)}); \quad j = 1, m \tag{6-8}$$

In sehr einfachen Fällen können die Systemantworten und ihre Gradienten mit Hilfe expliziter Formeln angegeben werden. Im Normalfall ist jedoch ein FE-Programm oder ein anderes numerisches Lösungsverfahren zur Berechnung notwendig. Die Systemantworten des Stabdreischlags (Stabspannungen $\sigma_{i(j)}$, $i = 1,3$; $j = 1,2$) berechnen sich nach Gl. 6-3.

④ Funktionsmodul

Das *Funktionsmodul* berechnet aus den Systemantworten $\mathbf{u}^{(k)}$ die Werte von Zielfunktion $z^{(k)}$ und Restriktionen $g_j^{(k)}$ und ggf. deren Gradienten:

$$z^{(k)} = z(\mathbf{u}^{(k)}, \mathbf{y}^{(k)}); \qquad g_j^{(k)} = g_j(\mathbf{u}^{(k)}, \mathbf{y}^{(k)}); \qquad j = 1, m$$
$$\nabla z^{(k)} = \nabla z(\nabla \mathbf{u}^{(k)}, \mathbf{y}^{(k)}); \qquad \nabla g_j^{(k)} = \nabla g_j(\nabla \mathbf{u}^{(k)}, \mathbf{y}^{(k)}); \quad j = 1, m \tag{6-9}$$

Die Zielfunktion sollte dabei so skaliert werden, daß ihre Werte nicht kleiner als 1 werden. So lassen sich numerische Probleme beim Optimierungsalgorithmus vermeiden. Zur Berechnung der Restriktionen werden in der Regel die Systemantworten u_j mit ihren zulässigen Maximalwerten $u_{j\,zul}$ verglichen:

$$g_j(u_j) = 1 - u_j / u_{j\,zul} \geq 0 \tag{6-10}$$

Mit Gl.6-10 wird gewährleistet, daß sich die Restriktionswerte in der Größenordnung zwischen 0 und 1 bewegen, was zum einen numerisch zweckmäßig ist und zum anderen bei Kenntnis der Restriktionswerte eine einfache vergleichende Beurteilung ermöglicht, welche Restriktionsniveaus bereits ausgeschöpft sind und welche nicht.

In manchen Fällen sind zur Bestimmung der Restriktionswerte weitere Zwischenrechnungen erforderlich: Die Stabilitätsrestriktion eines Stabes i wird beispielsweise als Funktion der zu berechnenden kritischen Knicklast $P_{ki\,i}$ und der Stabnormalkraft N_i ermittelt. $P_{ki\,i}$ ist wiederum eine Funktion der Entwurfsvariablen Stablänge und Stabquerschnitt. Die Stabilitätsrestriktion ergibt sich dann als Funktion der Systemantwort $N_i^{(k)}$ und des Entwurfsvariablenvektors $\mathbf{y}^{(k)}$ zu:

$$g_j(\mathbf{u}^{(k)}, \mathbf{y}^{(k)}) = 1 - N_i(\mathbf{u}^{(k)}) / P_{ki\,i}(\mathbf{y}^{(k)}) \geq 0 \tag{6-11}$$

Die Restriktionen des Stabdreischlags sind in Gleichung 6-5 angegeben.

⑤ Terminator

Der *Terminator* prüft, ob die Optimierungsrechnung beendet werden kann. Das ist der Fall, wenn eine der beiden folgenden Bedingungen erfüllt ist:

• Die maximal zugelassene Anzahl Iterationsschritte k_{max} ist abgearbeitet. Der Terminator beendet die Rechnung unabhängig davon, ob das Iterationsziel erreicht ist oder nicht (das

Ergebnis der Optimierungsrechnung kann auch in diesem Fall schon brauchbar sein, wenn das Ergebnis zulässig ist und gegenüber dem Startvektor eine Verbesserung erreicht wurde).

- Das gewählte Iterationsziel ist erreicht: Eines der unten aufgeführten Abbruchkriterien ist erfüllt und gleichzeitig sind die aktuellen Optimierungsvariablen $\mathbf{x}^{(k)}$ zulässig $(g_j(\mathbf{x}^{(k)}) \geq 0; j = 1,m)$. Unter der Voraussetzung, daß das Iterationsziel sinnvoll gewählt war und das Optimierungsmodell fehlerfrei und zweckmäßig ist, ist nun eine weitere Verbesserung des Entwurfs nicht mehr möglich oder nicht mehr nötig. Das Programm verzweigt zum Ausgabemodul.

Beispiele für Abbruchkriterien sind:

- das relative Zielfunktionskriterium, mit dem die relative Änderung der Zielfunktion erfaßt wird:

$$\left| \frac{z(\mathbf{x}^{(k-1)}) - z(\mathbf{x}^{(k)})}{z(\mathbf{x}^{(k-1)})} \right| < \varepsilon_1 \quad ; \quad 0 < \varepsilon_1 \ll 1 \tag{6-12}$$

- das absolute Zielfunktionskriterium, das die absolute Änderung der Zielfunktion beschreibt:

$$\left| z(\mathbf{x}^{(k-1)}) - z(\mathbf{x}^{(k)}) \right| < \varepsilon_2 \tag{6-13}$$

- das relative Optimierungsvariablenkriterium, das die größte relative Änderung der einzelnen Optimierungsvariablen zum Maßstab hat:

$$\left| \frac{x_i^{(k-1)} - x_i^{(k)}}{x_i^{(k-1)}} \right| < \varepsilon_3 \quad ; \quad i = 1,n \quad ; \quad 0 < \varepsilon_3 \ll 1 \tag{6-14}$$

- das absolute Optimierungsvariablenkriterium, das die absolute Änderung der einzelnen Variablen mißt:

$$\left| x_i^{(k-1)} - x_i^{(k)} \right| < \varepsilon_4 \quad ; \quad i = 1,n \tag{6-15}$$

- Die Kuhn-Tucker Bedingungen (siehe Abschnitt 4.7, Gl. 4-21) sind notwendigerweise für das Optimum erfüllt. Für die Lagrange-Parameter λ_j aller Restriktionen g_j muß daher gelten: $\lambda_j > 0$; $j = 1, m$. Bei unbeschränkten Aufgaben oder solchen, für deren Optimum keine Restriktion aktiv ist (Ausnahmefall), reduzieren sich die K-T Bedingungen zu der Forderung: $|\nabla z| = 0$, d.h. die Länge des Zielfunktionsgradienten wird im Optimum null.

Die vorgestellten Abbruchkriterien können auf unterschiedliche Art parallel oder hintereinander geschaltet werden, z.B.:

1) Ist die maximale Anzahl der Strategie-Iterationsschritte erreicht:

$k \geq k_{max}$?

Wenn ja: verzweige zum Ausgabemodul ⑦

2) Ist eines der relativen oder absoluten Zielfunktions- oder Optimierungsvariablenkriterien erfüllt?

Wenn nein: verzweige zum Optimierungsmodul ⑥

3) Sind die Kuhn-Tucker Bedingungen erfüllt?
    Wenn ja: verzweige zum Ausgabemodul ⑦
    Wenn nein: verzweige zum Optimierungsmodul ⑥

⑥ Optimierer

Wenn der Terminator die Rechnung nicht beendet, weil eine weitere Verbesserung von $\mathbf{x}^{(k)}$ möglich erscheint, wird der *Optimierer* angesteuert, der einen der in Kapitel 5 beschriebenen Algorithmen enthält. Suchrichtung $\mathbf{s}^{(k)}$ und Schrittweite $\alpha^{(k)}$ werden berechnet. Die verbesserte Lösung ergibt sich zu:

$$\mathbf{x}^{(k+1)} = \mathbf{x}^{(k)} + \alpha^{(k)} \cdot \mathbf{s}^{(k)} \tag{6-16}$$

Nachdem der Iterationszähler hochgesetzt ist, wird zum Variable Linking Modul ② verzweigt. Der nächste Strategie-Iterationsschritt beginnt.

⑦ Ausgabemodul

Die Ergebnisse der Optimierungsrechnung werden vom *Ausgabemodul* protokolliert:

*   Die Dokumentation der strukturspezifischen Daten (Spannungen, Verformungen, Frequenzen, Daten für das Post-Processing usw.) übernimmt i.d.R. das verwendete Analyse- bzw. FE-Programm.

*   Die optimierungsspezifischen Daten (Werte von Zielfunktion und Restriktionen, Optimierungsgeschichte usw.) werden oft in einer eigenen Datei ausgegeben. Diese Daten erlauben die Beurteilung des Optimierungsergebnisses und erleichtern ggf. die Suche nach Fehlern.

⑧ Hauptprogramm

Die Aufgabe des *Hauptprogramms* ist die Steuerung der Optimierungsrechnung, der Aufruf der einzelnen Module und die Gewährleistung des Datenflusses. In seltenen Fällen ist der Optimierer auch selber das Hauptprogramm. Das Hauptprogramm des OPS kann neben der Steuerung der Rechnung einige weitere nützliche Funktionen übernehmen:

*   Protokollierung des Rechenfortschrittes

    Optimierungsrechnungen sind meist rechenzeitaufwendig. Der Anwender soll deshalb stets eine Kontrolle über den Optimierungsfortschritt und die Zulässigkeit der Zwischenlösungen haben, um Fehlentwicklungen und Entartungen des Optimierungsvariablenvektors frühzeitig zu bemerken und rechtzeitig eingreifen zu können. Deshalb ist es sinnvoll, nach jedem Iterationsschritt folgende Daten zu protokollieren:
    - Anzahl der bisher ausgeführten Strategie-Iterationsschritte k
    - Anzahl der bisher erfolgten Systemanalysen
    - Werte der Optimierungsvariablen $\mathbf{x}^{(k)}$
    - Zielfunktionswert $z(\mathbf{x}^{(k)})$
    - Anzahl der aktiven Restriktionen
    - Anzahl der verletzten Restriktionen,
    - Nummer j und Wert $g_j(\mathbf{x}^{(k)})$ der am stärksten verletzten Restriktion

    Die Überwachung der so protokollierten Daten ermöglicht dem Anwender laufend eine erste Beurteilung, ob die Rechnung zu einem glaubwürdigen Ergebnis hin konvergiert oder ob sich der Optimierungsvariablenvektor in eine Richtung entwickelt, die vermutlich nicht richtig ist. Stellt der Anwender fest, daß eine Fortführung der Rechnung sinnlos ist, oder ist er mit dem erreichten Ergebnis bereits zufrieden, obwohl die formalen Abbruchkriterien noch nicht erfüllt sind, so sollte er die Rechnung vorzeitig beenden oder unterbrechen können.

- Restart-Möglichkeit

  Damit auch bei einem Programmabbruch möglichst wenige Informationen verlorengehen, sollten nach jedem Iterationsschritt sämtliche für einen Restart erforderlichen struktur- und optimierungsspezifischen Daten in einer Restart-Datei abgelegt werden. Unter Restart wird dabei der wiederholte Programmstart verstanden, bei dem alle Parameter (also nicht etwa nur die Optimierungsvariablen, sondern auch alle Hilfsparameter des Optimierers, Gradienten usw.) genau den gleichen Wert haben wie zum Zeitpunkt der letzten Erstellung der Restart-Datei.

  Bevor die Rechnung dann erneut gestartet wird, kann das Optimierungsmodell oder die Tuningparameter des Optimierers interaktiv durch gezielte Änderung einzelner Daten verändert werden. Dies kann in unterschiedlichen Situationen wünschenswert sein:

  - Die Zweckmäßigkeit des Optimierungsmodells soll an Hand der Zwischenergebnisse überprüft werden. Ggf. kann das Optimierungsmodell ergänzt oder verändert werden.
  - Eine Optimierungsrechnung hat sich wegen zu klein gewordener Move Limits ‚festgefressen‘ d.h. die Optimierungsvariablen verändern sich kaum noch, obwohl $\mathbf{x}^{(k)}$ vom Optimum noch zu weit entfernt ist. Die Move Limits sollen nun wieder vergrößert werden.
  - Der Optimierungsalgorithmus findet – ausgehend von einem unzulässigen Zwischenergebnis $\mathbf{x}^{(k)}$ – keinen zulässigen Punkt $\mathbf{x}^{(k+1)}$ mehr (dies kann z.B. bei der Sequentiellen Linearen Programmierung bei zu groß gewählten Move Limits vorkommen). Auf Grund der Kenntnis der physikalischen Bedeutung der einzelnen Optimierungsvariablen ist der Ingenieur manchmal intuitiv in der Lage, einen zulässigen Punkt $\mathbf{x}^{(k+1)}$ anzugeben.

- Einzelne Berechnung von Zielfunktion und Restriktionen

  Für die interaktive Optimierung eines Tragwerks ist eine weitere – programmtechnisch einfach realisierbare – Option sehr nützlich: Zielfunktion und Restriktionen sollten sich für einen beliebigen zu beurteilenden Vektor $\mathbf{x}$ unter Umgehung des Optimierungsmoduls berechnen lassen. In dem im Anhang enthaltenen Optimierungsprogramm PENOPT ist das durch die Wahl eines Parameters in der Eingabedatei möglich.

  - Fehler im Optimierungsmodell (z.B. in der Dateneingabe, im Variable Linking Modul oder im Funktionsmodul) können besser festgestellt und lokalisiert werden.
  - Ein Startvektor $\mathbf{x}^{(1)}$ kann vor Beginn der Optimierungsrechnung auf seine Zulässigkeit und Qualität untersucht werden.
  - von Hand erzeugte Entwurfsalternativen können interaktiv berechnet und nachgewiesen werden.

Der Leser kann nun mit Hilfe des im Anhang enthaltenen einfachen Optimierungsprogramms und einer kleinen Beispielaufgabe (z.B. der in Kapitel 2.1.3 beschriebenen Optimierung einer faserverstärkten Scheibe) einige elementare Erfahrungen in der Modellierung und Berechnung von Optimierungsaufgaben selber machen.

6.4   Strukturoptimierungsprogramme bei aufwendiger Systemanalyse

In der Regel sind die Berechnungsmodelle der zu optimierenden Strukturen so groß, daß sie sich nicht – wie beim Stabdreischlag – durch wenige explizite Formeln beschreiben lassen. Dann können diskrete, numerische Methoden – in der Regel die Finite-Element-Methode (Kapitel 3) – verwendet werden, um die Systemantworten und die Gradienten zu bestimmen.

6.4.1 Integrierte Programmsysteme

Immer mehr Hersteller von Finite-Element Software ergänzen ihre Programme mit einem Optimierungsmodul. Nicht in allen Fällen ist die Kopplung gut gelungen, was zum einen daran liegen mag, daß bei der Anpassung des Optimierungsmoduls an das Analyseprogramm zu viele Kompromisse zu Ungunsten des Optimierungsmoduls in Kauf genommen und zum anderen manchmal uneffiziente Optimierungsalgorithmen verwendet wurden. In dieser Hinsicht verbessert sich die Situation jedoch ständig.

Daß dennoch in dieser Art Software die Zukunft liegt, beweisen u.a. Programme wie NASTRAN [6-3] oder PATRAN/P3 [6-2], die über sehr leistungsfähige Optimierungsmodule verfügen. Während NASTRAN als FE-Programm schon lange bekannt ist und vor einiger Zeit um eine Optimierungs-Komponente ergänzt wurde, entstanden die Module von PATRAN/P3 gemeinsam und sind deshalb hervorragend aufeinander abgestimmt. Der PATRAN/P3 FE-Code basiert auf der NASTRAN-Syntax. Beide Programme nutzen die Möglichkeiten, die eine feste Einbindung des Optimierungsmoduls in die Software bietet. Das kann vor allem bei der Gradientenbildung Vorteile bringen: Werden beispielsweise die Ableitungen nicht über das aufwendige Finite-Differenzen Verfahren, sondern mit Hilfe der Perturbationsanalyse (Kapitel 3.2) ermittelt, kann dies eine Rechenzeitersparnis von bis zu 90% bedeuten. Eine weitere Rechenzeitersparnis kann erreicht werden, wenn sich in jedem Iterationsschritt wiederholende Rechnungen mit gleichbleibenden Zahlen vermieden werden (z.B. die Berechnung von Elementsteifigkeitsmatrizen unverändert gebliebener Elemente). Auch die Option aufgabenspezifischer Approximationen (siehe Kapitel 5.4.5) – zum Beispiel Schnittgrößen anstelle der Spannungen zu approximieren – ermöglicht bei entsprechenden Aufgabenstellungen eine deutliche Effizienzsteigerung.

Der zusätzliche Vorteil von PATRAN/P3 besteht in der Kombination mit einem Pre- und Postprozessor, der auch für die optimierungsspezifischen Daten (z.B. die Definition der Restriktionen) eine interaktive Eingabe am Grafik-Terminal erlaubt und damit die Umsetzung der Optimierungsaufgabe in den Rechner maßgeblich unterstützt.

Die Optimierung mit NASTRAN hat den Vorteil, den die Verwendung eines immer mehr zum Standard werdenden FE Codes bietet: Das für die Analyse ohnehin zu erstellende FE Modell der Struktur kann gleichzeitig auch für die Optimierung genutzt werden; der Aufwand, zusätzlich ein weiteres FE Modell für die Optimierungsrechnung zu erstellen, entfällt.

6.4.2 Zusammensetzen eines OPS aus einzelnen Bausteinen

Wenn kein fertiges OPS benutzt werden kann, ist es grundsätzlich möglich, dieses aus vorhandenen Bausteinen selbst zusammenzusetzen. Wichtig ist dabei die Art der Kopplung des Berechnungsmoduls mit dem Hauptprogramm des OPS. Grundsätzlich gibt es dafür zwei Möglichkeiten: Die Einbindung des Berechnungsmoduls als Unterprogramm in das OPS

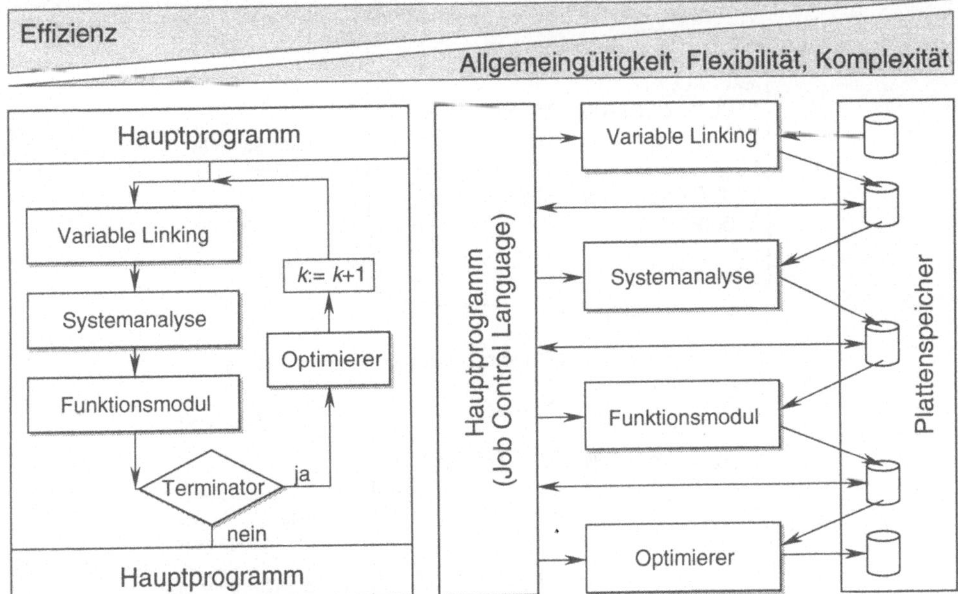

Bild 6-7: Einbindung des Analyseprogramms in das OPS

(Hauptprogramm-Unterprogramm-Modell) oder die Einbindung als eigenständiges Hauptprogramm bei einer Steuerung über das Betriebssystem des Computers (Hauptprogramm-Hauptprogramm-Modell). Beide Alternativen (Bild 6-7) werden nun vorgestellt.

a) *Hauptprogramm - Unterprogramm -Modell (HP-UP)*

Wenn das Strukturanalyseprogramm als Quellcode in einer geeigneten Programmiersprache vorliegt, so ist seine Einbindung in das OPS-Hauptprogramm als Unterprogramm grundsätzlich vorstellbar. Der Arbeitsaufwand für die Umwandlung des Analyse-Hauptprogramms in ein Unterprogramm kann jedoch besonders bei nicht selbsterstellten oder großen Softwarepaketen unwirtschaftlich hoch sein.

Ein Vorteil der HP-UP-Koppelung liegt darin, daß Optimierer und Analyseprogramm z.B. hinsichtlich der Datenübergabe zwischen den Modulen, der Realisierung aufgabenspezifischer Approximationsverfahren (Kapitel 5.4.5) oder der Gradientenberechnung effizienter aufeinander abgestimmt werden können.

Die HP-UP-Koppelung bietet sich dann an, wenn die beliebige Austauschbarkeit des Berechnungsmoduls nicht verlangt wird und sämtliche Rechnungen mit demselben Analysemodul durchgeführt werden sollen. Handelsübliche FE-Pakete lassen sich allerdings kaum auf diese Weise in ein OPS integrieren, da sie meist nicht als Quellcode verfügbar sind und deshalb nicht ohne weiteres in ein Unterprogramm umgewandelt werden können.

b) *Hauptprogramm - Hauptprogramm - Modell (HP-HP)*

Das HP-HP Modell ist dadurch gekennzeichnet, daß der ausführbare Code des Analyseprogramms als eigenständiges Hauptprogramm in das OPS eingebunden ist. Die Steuerung der einzelnen Module erfolgt dabei über ein in der jeweiligen Betriebssystem-Kommandosprache (Job Control Language, JCL) erstelltes Programm.

a) FE-Input : Stabdreischlag - Querschnittsflächen

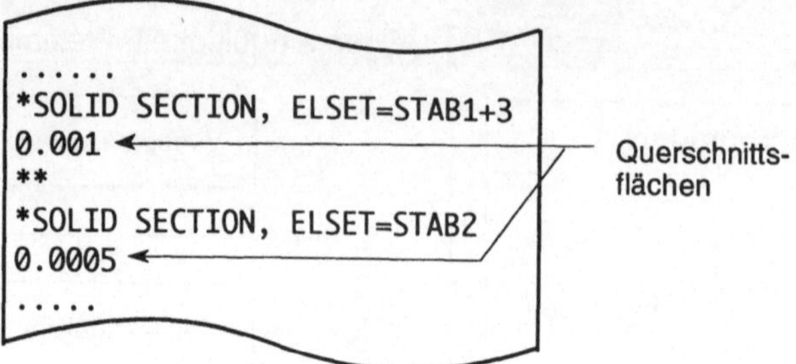

b) FE-Input : Stellen für Querschnittsflächen mit '$' markiert

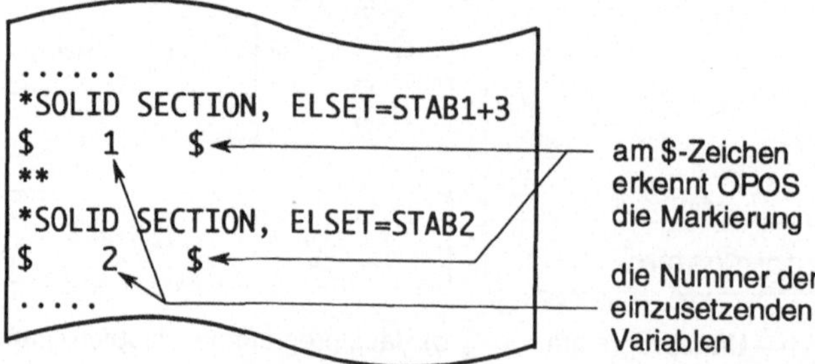

c) ... daraus erzeugt OPOS mit $x_1 = 1{,}5 \cdot 10^{-3} \mathrm{m}^2$ und $x_2 = 0{,}8 \cdot 10^{-3} \mathrm{m}^2$

Bild 6-8: Programm OPOS: Datentransfer über markierte FE Input Dateien

Diese Vorgehensweise hat den Vorteil einer großen Allgemeingültigkeit: Prinzipiell kann jedes verfügbare Analyseprogramm als Berechnungsmodul in der Optimierung verwendet werden. Der Anwender kann also den von ihm präferierten FE-Code auch für die Optimierungsrechnung nutzen – ein nicht zu unterschätzender Vorteil.

Die Effizienz solcher OPS ist jedoch i.d.R. geringer als bei kommerziell erhältlichen Programmen zur Strukturoptimierung, da das Berechnungsmodul und der Rest des OPS nicht so vorteilhaft aufeinander abgestimmt werden können, wie das z.B. bei der Gradientenberechnung oder der Bildung aufgabenspezifischer Approximationen wünschenswert wäre.

Der Datentransfer ist aufwendig, da gemeinsame Speicherbereiche und Übergabelisten nicht vorgesehen werden können. Eine Möglichkeit zur Gestaltung der Datenübergabe besteht darin, das OPS vor jedem Durchlauf des Berechnungsmoduls eine vollständige Input-Datei für das Berechnungsprogramm erzeugen zu lassen, die die aktuellen Werte der Entwurfsvariablen enthält. Nach der Berechnung sucht das OPS aus der Outputdatei des Berechnungsprogramms die interessierenden Systemantworten heraus. Das Beschreiben und Lesen von Dateien kostet einige Rechenzeit, die Effizienz sinkt.

Das Optimierungsprogrammsystem OPOS [6-4] ist nach HP-HP Prinzip aufgebaut. Der Benutzer erstellt zunächst die Eingabedatei für den Startentwurf, die an allen Stellen, an denen zu optimierende Entwurfsvariablen stehen, durch ein besonderes, sonst in der Datei nicht vorkommendes ASCII-Zeichen und eine Nummer markiert ist.

OPOS scannt nach dem Programmstart zunächst diese Datei und sucht nach den vereinbarten Markierungen. Ist eine solche Markierung gefunden, so wird die Stelle in der Datei und die danebenstehende Nummer der Entwurfsvariablen gespeichert (Bild 6-8). Das Variable Linking Modul überschreibt dann jeweils die Input-Datei genau an den markierten Stellen mit den aktuellen Entwurfsvariablen. Nach demselben Prinzip erfolgt das Herauslesen der Systemantworten aus der Output-Datei.

Vorteil des HP-HP Modells ist seine hohe Flexibilität: Jedes Analyseprogramm ist grundsätzlich ohne Veränderungen für die Strukturoptimierung einsetzbar. Der Nachteil liegt dagegen in der eher geringeren Effizienz, die hauptsächlich auf die weniger gut mögliche Abstimmung der einzelnen Programmmodule aufeinander zurückzuführen ist.

6.5 Auswertung der Optimierungsergebnisse

Im vierten und letzten Schritt des Optimierungsvorgangs (Bild 6-2 in Kapitel 6.1) werden die Rechenergebnisse überprüft. Dabei wird beurteilt, ob das Rechenergebnis akzeptiert werden kann oder ob es durch einen der vielfältig möglichen Fehler im Rahmen der komplexen Modellbildung und der numerischen Iterationsrechnung beeinflußt ist: Ist der Wert der Optimierungsvariablen glaubwürdig und plausibel? Sind keine Restriktionen verletzt? Sind alle – auch die nicht restringierten – Systemantworten des vorliegenden Entwurfs akzeptabel? Welche aktiven Restriktionen weisen große, welche weisen kleine Lagrange Parameter auf? Ist der Entwurf so überhaupt realisierbar? Bei der Gestaltoptimierung ist die Begutachtung eines Strukturplots besonders hilfreich.

In Bild 6-9 ist beispielhaft das Ergebnis der Formoptimierungsrechnung eines Brückenträgers dargestellt. Für die mittige Last ist die angeblich optimale Form des Fachwerks erkennbar nicht optimal: An der Stelle der größten Beanspruchung in Trägermitte ist der Abstand vom Untergurt zum Obergurt geringer als in den Randbereichen. Daher ist dieses Ergebnis offensichtlich unbrauchbar. Die Suche nach der dafür verantwortlichen Ursache erfordert einige Erfahrung.

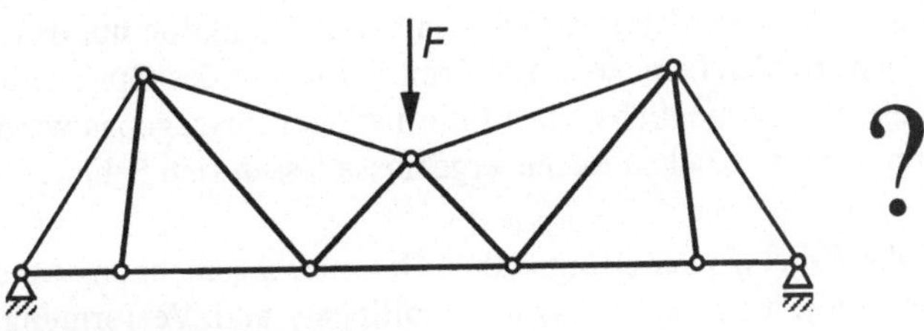

Bild 6-9: Plausibilitätsprüfung

Zunächst sollte mit Hilfe der Ergebnis-Datei des Optimierers die Ursache für den Abbruch der Optimierungsrechnung geklärt werden, die häufig Rückschlüsse auf den Fehler zuläßt:

- Unplanmäßiger Abbruch wegen einer unerlaubten mathematischen Operation.

  (z.B. Division durch 0). Der Ort, an dem der Fehler aufgetreten ist, gibt manchmal einen Hinweis auf die Fehlerursache. In den Output-Dateien sollte die Protokollierung des letzten vollständigen Iterationsschritts überprüft werden: Ist die Rechnung bis dorthin plausibel verlaufen? Wurde eine Restriktion vergessen oder eine Schranke falsch gewählt? Sind die Systemantworten für den aktuellen Optimierungsvariablenvektor möglicherweise mathematisch nicht definiert (z.B. Singularität der Steifigkeitsmatrix)? Sind Programmierfehler gemacht worden?

- Es wurde kein zulässiger Optimierungsvariablenvektor gefunden, die Restriktionen sind verletzt.

  Falls bereits der Startvektor unzulässig war, sollte geprüft werden, ob für das Optimierungsmodell überhaupt eine zulässige Lösung existiert. Ggf. kann versucht werden, von Hand einen zulässigen Vektor $\mathbf{x}$ zu finden und die Rechnung damit erneut zu starten.

  Wenn dagegen mit einem zulässigen Startvektor begonnen wurde und die Rechnung erst später in den unzulässigen Bereich abgerutscht ist, liegt der Fehler möglicherweise in einer Unzulänglichkeit des Optimierungsmodells. Falls die Rechnung mit Approximationsverfahren durchgeführt wurde, kann – bei sonst korrektem Modell – eine Verkleinerung der Move Limits (siehe Abschnitt 5.4.2) hilfreich sein.

- Planmäßige Beendigung der Optimierungsrechnung

  Die planmäßige Beendigung der Optimierungsrechnung wegen Ansprechens eines der in Kapitel 6.3 beschriebenen Abbruchkriterien ist ein Indiz (jedoch keine Sicherheit) für einen numerisch korrekten Abschluß der Optimierungsrechnung.

- Die maximal zugelassene Iterationsschrittzahl ist erreicht

  Wenn die maximal erlaubte Iterationsschrittzahl erreicht ist, wird die Rechnung abgebrochen, auch wenn noch kein reguläres Abbruchkriterium erfüllt ist. Anhand der Optimierungsgeschichte sollte das Konvergenzverhalten überprüft werden. Ist die Konvergenz zu gering oder konvergiert das Ergebnis überhaupt nicht, deutet dies auf einen Fehler im Optimierungsmodell hin. Aber auch ungünstig eingestellte Tuning-Parameter des Optimierungsalgorithmus (z.B. Skalierungsfaktoren, Genauigkeitsschranken, Move Limits, usw.) können trotz sonst fehlerfreiem Optimierungsmodell zu einer stark verlangsamten Konvergenz führen.

Falls durch die Untersuchung der Abbruchursache die Fehlerquelle noch nicht lokalisiert werden konnte, sollte das Optimierungsmodell eingehend geprüft werden, denn die meisten Fehler treten dort auf. Dazu werden Restriktionen und Zielfunktion mit den aktuellen Werten der Optimierungsvariablen berechnet. Die Print-Parameter des Optimierungsprogramms werden dabei so gesetzt, daß möglichst viele Informationen ausgegeben werden. Mit der intensiven Auswertung der so erzielten Rechenergebnisse lassen sich Fehlerquellen gut lokalisieren.

Bild 6-10 zeigt das Ergebnis der erfolgreichen Optimierungsrechnung für einen Brückenträger (Gewichtsminimierung; Spannungs-, Stabilitäts-, und Verformungsrestriktionen; Querschnitte und Knotenkoordinaten wurden optimal eingestellt, 5 Lastfälle mit unterschiedlichen Fahrzeugstellungen). Dabei sind die Resultate einiger Iterationsschritte einzeln dargestellt. Die Strichstärke der Stäbe ist ein Maßstab für ihre Querschnittsfläche. Stäbe, deren Festigkeitsrestriktionen aktiv sind, sind durch eine Kreis markiert. Gut erkennbar wird der Obergurt mit jedem Iterationsschritt immer stärker ausgerundet und immer mehr Festigkeitsrestriktionen werden aktiv.

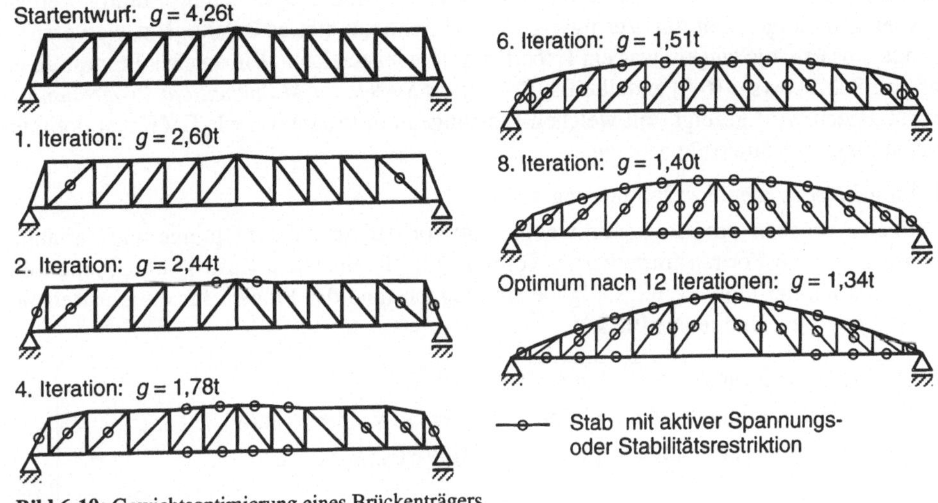

Bild 6-10: Gewichtsoptimierung eines Brückenträgers

6.6 Expertensystemunterstützte Strukturoptimierung

Wie die vorangegangenen Abschnitte zeigten, ist die Strukturoptimierung eine komplexe, vielschichtige und sehr interessante Aufgabe, zu deren Lösung diverse Disziplinen kombiniert werden. Der Anwender kann seine Erfahrungen mit der verwendeten Analysemethode (z.B. FEM), den Bemessungsverfahren, den Optimierungsalgorithmen, dem Umgang mit Computer-Hard- und Software sowie der Programmierung einbringen. Ein Ingenieur, der noch nicht über diesen weiten Erfahrungshorizont verfügt, könnte sich zunächst überfordert fühlen. Was liegt da näher, als auch in der Disziplin ‚Strukturoptimierung‘ auf Expertenwissen zurückzugreifen, das in Form von wissensbasierten Systemen computergestützt zur Verfügung steht und Erfahrungsdefizite des Anwenders zumindest teilweise ausgleichen kann. Ein Expertensystem könnte beispielsweise folgendes leisten:

- Unterstützung bei der Erstellung des Optimierungsmodells; Kontrolle der Daten auf Widerspruchsfreiheit und Vollständigkeit.
- Auswahl geeigneter Algorithmen für eine spezielle Optimierungsaufgabe.
- Aufgabenspezifischer Zusammenbau des Optimierungsprogrammsystems aus einer Reihe verfügbarer Module.
- Organisation des Datenflusses zwischen den Modulen (Datenbankfunktion).
- Ergebnisse aufbereiten, darstellen und verwalten
- Bei unzureichenden Ergebnissen: Unterstützung bei der Fehlersuche

Mit einem Expertensystem kann der Anwender also bei den Arbeitsschritten 2, 3 und 4 (Bild 6-2 in Abschnitt 6.1) unterstützt werden. Der erste Schritt – Planung der Optimierungsaufgabe – wird weiterhin ‚von Hand‘ ausgeführt, da er ein hohes Maß an ingenieurmäßiger

Kreativität erfordert. Eine Black-Box, die ohne Optimierungskenntnisse bedienbar ist, kann (und soll) auch ein solches Expertensystem nicht sein. Der Ingenieur wird aber so unterstützt und von manueller Arbeit so weit wie möglich befreit, daß er seine ganze Aufmerksamkeit dem kreativen Teil der Formulierung und Lösung der Optimierungsaufgabe zuwenden kann. Wirklich ausgereifte Expertensysteme mit einem umfassenden Leistungsumfang werden zwar erst in einiger Zeit zur Verfügung stehen. Dennoch gibt es bereits jetzt vielversprechende Ansätze, die zeigen, was ein Expertensystem leisten kann. Ein solches Programm ist das von Schittkowski [6-5] erstellte EMP – *Expert System for Mathematical Programming*. Im folgenden wird gezeigt, mit welchen Leistungen ein Programm wie EMP den optimierenden Ingenieur unterstützen kann.

a) Eingabe der Daten der Optimierungsaufgabe

Sämtliche Angaben werden interaktiv abgefragt: von der Anzahl der Optimierungsvariablen bis hin zu den in Fortran formulierten Formeln für die einzelnen Restriktionen. Auch die Eigenschaften der Optimierungsaufgabe sind Gegenstand der Fragen, für die ein Beispiel lautet (Antworten sind fett gedruckt):

Ist die Optimierungsaufgabe konvex? [j/n/w] .... → **j**

Ist die Auswertung der Zielfunktion rechenzeitaufwendig? [j/n/w] .... →̇ **n**

Ist die Optimierungsaufgabe gut skaliert? [j/n/w] .... → **w**

...

Ist die Antwort (**j** = ‚ja‘; **n** = ‚nein‘) auf eine Frage nicht bekannt, kann auch **w** = ‚weiß nicht‘ angegeben werden.

b) Regelbasierte Auswahl eines Optimierungsalgorithmus

Der Entscheidungsalgorithmus des Expertensystems arbeitet mit einem System von Regeln, die auch unsicheres Wissen verarbeiten können (Unsicheres Wissen liegt z.B. vor, wenn als Antwort auf eine der oben angegebenen Abfragen ‚weiß nicht‘ angegeben wird). Eine einfache Regel lautet:

Rule	Klassifikation 1
IF	Zielfunktion ist nichtlinear
AND	Restriktionen sind nicht vorhanden
THEN	Unbeschränkte, nichtlineare Optimierungsaufgabe

oder:

Rule	Klassifikation 2
IF	A
AND	B
THEN	C mit (70)

Letztere Regel meint: Wenn Aussage A und gleichzeitig Aussage B gilt, dann gilt mit 70% Wahrscheinlichkeit auch Aussage C.

Für die in der integrierten Programmbibliothek vorhandenen Optimierungscodes werden Faktoren ermittelt, die ein grobes Maß für die prognostizierte Effizienz sind, mit der das Verfahren die Optimierungsaufgabe vermutlich lösen wird (100 = hoch, 0 = niedrig); z.B.:

Faktor	Code	Information
90	**NLPQL**	Sequential quadratic programming method
53	FSQPD	Feasible direction SQP-method
65	ZXMWD	Quasi-Newton method with penalties
11	...	...

c) Zusammenstellung des OPS-Quellcodes, Steuerung von Compilieren, Linken und Ausführen des Programms.

Der durch EMP zusammengestellte FORTRAN-Programmcode enthält alle in Bild 6-6 dargestellten Komponenten eines Optimierungsprogrammsystems.

d) Regelbasierte Ergebnisauswertung

Zunächst wird überprüft, ob die Optimierungsrechnung erfolgreich abgeschlossen wurde oder ob es Indizien dafür gibt, daß das Ergebnis fehlerhaft ist. Mit Hilfe eines regelbasierten Systems wird – verknüpft mit einem Wahrscheinlichkeitswert für die Annahme – eine Diagnose gestellt und Abhilfemaßnahmen vorgeschlagen. Ein Beispiel für die Analyse eines unbrauchbaren Ergebnisses ist im folgenden angegeben. In dem Beispiel sind auch drei Gründe angegeben, die in diesem speziellen Fall zu der Annahme ‚Die Restriktionen könnten fehlerhaft sein' geführt haben und sie untermauern. Mit der Angabe der Gründe lassen sich die Annahmen des Expertensystems nachvollziehen und überprüfen.

Annahme: **Die Restriktionen könnten fehlerhaft sein**

(Wahrscheinlichkeit dieser Annahme (0 = niedrig, 100 = hoch):　75)

Gründe:　　1　Die Restriktionen sind verletzt

　　　　　　2　Die Summe der Restriktionsverletzungen
　　　　　　　　ist größer als 0,1

　　　　　　3　Die Aufgabe scheint gut skaliert zu sein; mehr
　　　　　　　　als 5 Iterationsschritte wurden bereits ausgeführt

Folgende Maßnahmen zur Behebung des Fehlers werden vorgeschlagen:

　　　　　　1　Schränke die Move Limits ein.

　　　　　　2　Überprüfe die Restriktionsdefinition.

　　　　　　3　Versuche, einen anderen Algorithmus anzuwenden.

---

e) Speicherung und Verwaltung der Daten und Ergebnisse in einer Datenbank, Dokumentation der Ergebnisse und der Optimierungsgeschichte

Die Beispiele a bis e zeigen, daß der Anwender durch ein Expertensystem wirksam bei der Strukturoptimierung unterstützt werden kann. Gleichwohl soll auch an dieser Stelle noch einmal betont werden, daß selbst eine noch so komfortable Programmumgebung Grundkenntnisse des Anwenders über die Strukturoptimierung nicht überflüssig macht. Denn die geschickte Definition der Optimierungsaufgabe aus einer technischen Aufgabenstellung heraus, die Kontrolle der Programmabläufe sowie die Ergebnisbewertung bleibt (glücklicherweise) immer noch Aufgabe des Ingenieurs.

6.7 Tabellenkalkulationsprogramme und Optimierung

Kleinere Optimierungsaufgaben können zweckmäßig und effizient mit einigen handelsüblichen Tabellenkalkulationsprogrammen gelöst werden, die über ein Optimierungsmodul verfügen. Läßt sich eine Aufgabenstellung mit Optimierungsvariablen, Zielfunktion und allen Restriktionsfunktionen in ein Rechenblatt programmieren, so ist damit schon eine Voraussetzung für die Optimierung mit Tabellenkalkulationsprogrammen erfüllt. Bild 6-11 zeigt

	A	B	C	D
1		Einheit	Startwerte	Lösung
2	x_1 (Stabquerschnitt 1, 3)	mm^2	1000	548
3	x_2 (Stabquerschnitt 2)	mm^2	1000	284
4	Kraft F_{11}	kN	150	
5	Kraft F_{22}	kN	150	
6	zulässige Druckspannung $\sigma_{zul\,D}$	N/mm^2	-216	
7	zulässige Zugspannung $\sigma_{zul\,Z}$	N/mm^2	216	
8	$\sigma_{1(1)} = \sigma_{3(2)}$	N/mm^2	106	216
9	$\sigma_{2(1)} = \sigma_{2(2)}$	N/mm^2	62,1	158
10	$\sigma_{3(1)} = \sigma_{1(2)}$	N/mm^2	-43,9	-57,9
11	Restriktion g_1 (Stab 1 - Druckspannung)	-	0,509	1,25E-09
12	Restriktion g_2 (Stab 1 - Zugspannung)	-	1,491	2,0000
13	Restriktion g_3 (Stab 2 - Druckspannung)	-	0,7123	0,2679
14	Restriktion g_4 (Stab 2 - Zugspannung)	-	1,2876	1,7321
15	Restriktion g_5 (Stab 3 - Druckspannung)	-	1,2033	1,2679
16	Restriktion g_6 (Stab 3 - Zugspannung)	-	0,7966	0,7321
17	Zielfunktion z (Gewichtskraft)	N	**103,37**	**49,48**
18	Iterationsschritt		0	6

```
Zielzelle              [ D 17 ]

Nebenbedingungen       [ D 11 ]   > 0
                       [ D 12 ]   > 0
                       [ D 13 ]   > 0
                       [ D 14 ]   > 0
                       [ D 15 ]   > 0
                       [ D 16 ]   > 0

Optimierungsvariable   [ D 2 ]
                       [ D 3 ]
```

Bild 6-11: Optimierung mit Tabellenkalkulationsprogrammen (Beispiel: Stabdreischlag)

ein solches Rechenblatt mit allen nötigen Angaben des Beispiels Stabdreischlag (Die den Zahlen zugrundeliegenden Rechenformeln sind hier nicht erkennbar). Nachdem die Zellenadressen angegeben wurden, in denen Optimierungsvariablen, Zielfunktion und Restriktionen zu finden sind (Bild 6-11 unten), kann die Optimierung gestartet werden.

Der prinzipielle Vorteil der Benutzung eines Tabellenkalkulationsprogramms zur Optimierung besteht in der Einfachheit der Anwendung: kein kompliziertes Optimierungsprogrammsystem muß bedient werden. Kenntnisse über Programmiersprachen und spezielle Optimierungsverfahren sind nicht erforderlich, da die nötigen Algorithmen in dem geeigneten Tabellenkalkulationsprogramm bereits vorliegen. Jeder, der das Tabellenkalkulationsprogramm bedienen kann und in der Lage ist, das Optimierungsmodell aus einer Aufgabenstellung heraus zu formulieren und in ein Rechenblatt einzugeben, kann so kleinere Optimierungsaufgaben lösen.

Als Beispiel für ein geeignetes Tabellenkalkulationsprogramm ist Microsoft-EXCEL™ [6-6] zu nennen, dessen Optimierungsmodul den Namen *Solver* trägt. Als Optionen stehen dort u.a. zur Auswahl:

- beschränkte und unbeschränkte Optimierung
- Gleichheits- und Ungleichheitsrestriktionen, Variablenschranken
- Gradientenverfahren, Quasi-Newtonverfahren und Simplexverfahren
- diskrete Optimierung
- automatische Skalierung der Variablen
- diverse Auswertemöglichkeiten (z.B. Empfindlichkeitsbericht usw.)

Ein Test zeigte, daß die verwendeten Algorithmen robust und zuverlässig sind und ausreichend effizient arbeiten. Der Stabdreischlag wurde in 6 Iterationsschritten optimiert.

7 Optimierung
bei Anforderungen aus der Dynamik

Das folgende Kapitel widmet sich Optimierungsaufgaben, die durch Forderungen aus dem Bereich der Strukturdynamik charakterisiert sind. Das heißt, daß mindestens eine Ergebnisgröße aus einer dynamischen Analyse wie z. B. eine Schwingungsfrequenz oder Beschleunigungsantwort in die Ziel- oder Restriktionsfunktionen des Optimierungsproblems einfließt. Vom Standpunkt der mathematischen Formulierung aus betrachtet, gehören auch diese Optimierungsprobleme in die aus Kapitel 4 bekannten Problemklassen. Die in Kapitel 5 erläuterten Lösungsalgorithmen sind ohne generelle Einschränkungen anwendbar, und ihre Auswahl richtet sich wie sonst auch nach den mathematischen Eigenschaften des jeweiligen Anwendungsproblems. Soweit stellen Optimierungsprobleme mit Anforderungen aus der Dynamik nichts grundsätzlich Neues dar. Es gibt jedoch bei der Berechnung von Ziel- und Restriktionsfunktionen sowie insbesondere von deren Ableitungen spezifische Besonderheiten, die in den verschiedenen dynamischen Strukturanalysen begründet sind. Die Effizienz numerischer Optimierungsrechnungen bei dynamischen Anforderungen hängt ganz wesentlich von der Ausnutzung spezieller Rechenvorteile und geeigneter Approximationen der Gradienten ab.

Wir unterscheiden bei den dynamischen Analysen die Eigendynamik, harmonische Antwortanalyse und transiente Dynamik. Jede dieser drei Analysearten stellt eine völlig eigenständige Berechnung mit ihren speziellen Lösungsalgorithmen dar. Es handelt sich daher nicht um eine Dynamikoption sondern um deren drei, die als unabhängige Analysetypen neben der geläufigen Statik in einem Optimierungsproblem gefordert werden können. Selbstverständlich sind auch beliebige Mischungen von Analysen möglich und realistisch. Will man z. B. bei der gewichtsoptimalen Auslegung einer Struktur neben den statischen Festigkeitsanforderungen auch bestimmte Frequenzbereiche aus Resonanzgründen vermeiden, so ergibt sich ein Optimierungsproblem mit Restriktionen sowohl aus statischen Spannungsberechnungen als auch aus Fequenzbestimmungen der Eigendynamik. In den folgenden Unterkapiteln werden die Anforderungen aus den drei dynamischen Analysearten separat behandelt, um die jeweiligen speziellen Eigenschaften besser verdeutlichen zu können.

7.1 Anforderungen aus der Eigendynamik

Optimierungsaufgaben mit Anforderungen aus der Eigendynamik benötigen zur Berechnung von Ziel- oder Restriktionsfunktionen die Lösung des allgemeinen Eigenwertproblems

$$\lambda_i \, \mathbf{M} \, \phi_i = \mathbf{K} \, \phi_i \qquad (7\text{-}1)$$

der freien ungedämpften Schwingung. Lösungen von (7-1) sind die Eigenwerte λ_i und die zugehörigen Eigenvektoren ϕ_i. Da (7-1) zur eindeutigen Bestimmung der Eigenvektoren nicht ausreicht, fordert man zusätzlich die Orthonormierungsvorschrift

$$\phi_i^T \mathbf{M} \phi_j = \delta_{ij} \tag{7-2}$$

bezüglich der Massenmatrix. Die Einheitsmatrix ist auf der rechten Seite von (7-2) durch das Kronecker Symbol dargestellt. Die Eigenschaft (7-2) kann auch durch die analoge Orthonormalität bezüglich der Steifigkeitsmatrix ersetzt werden. Läßt sich zu einem Eigenwert nur ein unabhängiger Eigenvektor finden, handelt es sich um einen einfachen Eigenwert. Zu einem mehrfachen Eigenwert lassen sich hingegen mehrere linear unabhängige Eigenvektoren bestimmen. Ihre Anzahl bezeichnet man auch als die Vielfachheit des zugehörigen Eigenwertes. Der Eigenvektor zu einem einfachen Eigenwert ist durch die in (7-2) enthaltene Normierung eindeutig bestimmt. Die Eigenvektoren zu einem mehrfachen Eigenwert sind hingegen nur bis auf eine orthogonale Transformation eindeutig, worauf im Unterkapitel 7.1.2 noch näher eingegangen wird.

In der Regel wird bei einem technischen Problem nicht nach allen Eigenwerten von (7-1) sondern nur nach einer bestimmten Auswahl gefragt. So interessieren meistens die niedrigsten Werte bis zu einer maximalen Schranke, oder man sucht nach allen Eigenwerten innerhalb eines vorgegeben Bandes. Algorithmen zur Lösung derartiger Eigenwertaufgaben mit reellen symmetrischen und positiv semidefiniten Matrizen $\mathbf{M}$ und $\mathbf{K}$ gehören zu jedem Dynamikmodul eines Finite Elemente Programms. Die gebräuchlichsten Lösungsverfahren sind die Householder Methode [7-1], die Vektorraum-Iteration [7-2] und das Lanczos Verfahren [7-3]. Es soll hier nicht auf Einzelheiten dieser Verfahren eingegangen werden; der interessierte Leser wird dazu auf die angegebenen Quellen verwiesen. Zur groben Einordnung sei lediglich darauf hingewiesen, daß der Einsatz der Householder Methode im Vergleich zu den beiden anderen Verfahren nur dann effizient ist, wenn sehr viele oder nahezu alle Eigenwerte berechnet werden sollen. Die Vektorraum-Iteration berechnet die niedrigsten Eigenwerte bis zu einer vorgegebenen Schranke. Das Lanczos Verfahren ist der allgemeinste und in der Regel auch schnellste Löser.

Die Massen- und Steifigkeitsmatrix des zugrunde liegenden Finite Elemente Modells

$$\mathbf{M} = \mathbf{M(x)} \quad , \quad \mathbf{K} = \mathbf{K(x)}$$

hängen i. a. von den Optimierungsvariablen $\mathbf{x}$ ab. Mit jedem veränderten Variablenvektor $\mathbf{x}$ ändern sich folglich Koeffizienten aus Massen- oder Steifigkeitsmatrix und damit auch die Eigenwerte und Eigenvektoren. Implizit sind also auch λ_i und ϕ_i Funktionen von $\mathbf{x}$, deren Berechnung die erneute Lösung des Eigenwertproblems (7-1) erfordert.

Die meisten Optimierungsverfahren basieren auf wiederholten Gradientenberechnungen, die bei einer Problemfunktion $f(\mathbf{x}, \lambda_i, \phi_i)$ die Form

$$\frac{df}{dx_j} = \frac{\partial f}{\partial x_j} + \sum_i \frac{\partial f \cdot \partial \lambda_i}{\partial \lambda_i \cdot \partial x_j} + \sum_{k,i} \frac{\partial f \cdot \partial \phi_{ki}}{\partial \phi_{ki} \cdot \partial x_j} \tag{7-3}$$

annehmen. Dabei kann f sowohl für die Zielfunktion z als auch für eine der Restriktionsfunktionen g_n oder h_m angesehen werden. Die funktionalen Abhängigkeiten in dem Ausdruck $f(\mathbf{x}, \lambda_i, \phi_i)$ sind durch die konkrete Anwendung bestimmt. In den meisten Fällen sind die zugehörigen mathematischen Terme elementar und lassen sich in geschlossener Form nach x_j, λ_i und ϕ_{ki} partiell differenzieren. Die hauptsächliche Schwierigkeit bei der Berechnung von (7-3) liegt in den partiellen Ableitungen der Eigenwerte λ_i und Eigenvektoren ϕ_i nach den Entwurfsvariablen x_j. Die Berechnung dieser Ableitungen in analytisch geschlossener Form ist vielleicht in einigen Spezialfällen möglich, scheidet aber bei allgemeinerer Wahl der Entwurfsvariablen praktisch aus. Die Bereitstellung geeigneter Näherungsverfahren zur Berechnung der partiellen Ableitungen $\partial\lambda_i/\partial x_j$ und gegebenenfalls auch $\partial\phi_i/\partial x_j$ ist eine entscheidende Voraussetzung zur effizienten Lösung von Optimierungsproblemen mit Anforderungen aus der Eigendynamik. Die beiden folgenden Unterkapitel 7.1.1 und 7.1.2 beschäftigen sich eingehender mit der Frage numerischer Approximationen der obigen Ableitungen, was gleichbedeutend mit der sogenannten Sensitivitätsanalyse ist. Dieses Thema ist bereits in Kapitel 3.2 kurz angerissen worden, wird aber im folgenden vertieft und erweitert.

7.1.1 Sensitivität bei einfachen Eigenwerten

Wenn das Eigenwertproblems (7-1) den einfachen Eigenwert λ mit dem zugehörigen Eigenvektor ϕ besitzt, gilt:

$$(\mathbf{K} - \lambda\,\mathbf{M})\,\phi = 0 \tag{7-4}$$

Differenziert man diese Gleichung zunächst nach den Optimierungsvariablen x_i, so erhält man als Ergebnis die folgende Beziehung.

$$\left(\frac{\partial\mathbf{K}}{\partial x_i} - \lambda\frac{\partial\mathbf{M}}{\partial x_i} - \frac{\partial\lambda}{\partial x_i}\mathbf{M}\right)\phi + (\mathbf{K} - \lambda\mathbf{M})\frac{\partial\phi}{\partial x_i} = 0 \tag{7-5}$$

Multipliziert man (7-5) von links mit dem transponierten Eigenvektor, verschwindet der rechte Summand wegen (7-4) und der Symmetrie der Matrizen $\mathbf{K}$ und $\mathbf{M}$. Als Zwischenergebnis erhält man somit die Gleichung:

$$\phi^T\left(\frac{\partial\mathbf{K}}{\partial x_i} - \lambda\frac{\partial\mathbf{M}}{\partial x_i} - \frac{\partial\lambda}{\partial x_i}\mathbf{M}\right)\phi = 0$$

Berücksichtigt man ferner die aus (7-2) hervorgehende Normierung des Eigenvektors,

$$\phi^T\mathbf{M}\,\phi = 1 \tag{7-6}$$

so entsteht die schon in Kapitel 3.2 vorgestellte analytische Gleichung für den Gradienten des Eigenwertes.

$$\frac{\partial\lambda}{\partial x_i} = \phi^T\left(\frac{\partial\mathbf{K}}{\partial x_i} - \lambda\frac{\partial\mathbf{M}}{\partial x_i}\right)\phi \tag{7-7}$$

Zur Bestimmung der Ableitungen des Eigenvektors wird wieder von der Formel (7-5) ausgegangen; sie stellt ein lineares Gleichungssystem für die Ableitung des Eigenvektors nach der Variablen x_i dar. Da die Koeffizientenmatrix $(\mathbf{K}-\lambda\mathbf{M})$ den Rangabfall eins hat und damit singulär ist, läßt sich (7-5) nicht eindeutig nach $\partial\phi/\partial x_i$ auflösen. Die zugehörige Lösungsmannigfaltigkeit läßt sich als Summe einer partikulären Lösung $\mathbf{p}$ und einem beliebigen Faktor c mal einer Lösung ϕ des homogenen Systems darstellen.

$$\frac{\partial\phi}{\partial x_i} = \mathbf{p} + c\phi \tag{7-8}$$

Die homogene Lösung ist mit dem Eigenvektor ϕ bereits bekannt. Unter den vielen möglichen partikulären Lösungen reicht es, einen Vektor $\mathbf{p}$ zu bestimmen. Man kann also eine Komponente von $\mathbf{p}$ frei vorgeben, wobei die folgende Konvention immer funktioniert und in der Literatur am häufigsten verwendet wird. Wenn u_m die größte Komponente von ϕ ist, setze man $p_m = 0$ und streiche die m-te Gleichung aus dem System:

$$(\mathbf{K} - \lambda\mathbf{M})\mathbf{p} = \left(\frac{\partial\lambda}{\lambda x_i}\mathbf{M} - \frac{\partial\mathbf{K}}{\partial x_i} + \lambda\frac{\partial\mathbf{M}}{\partial x_i} \right)\phi \tag{7-9}$$

Das so reduzierte lineare Gleichungssystem ist regulär und folglich eindeutig nach den restlichen Komponenten von $\mathbf{p}$ auflösbar. Der Faktor c aus (7-8) läßt sich ermitteln, wenn man die ursprüngliche Normierungsvorschrift (7-6) differenziert

$$2\phi^{\mathbf{T}}\mathbf{M}\frac{\partial\phi}{\partial x_i} = -\phi^{T}\frac{\partial\mathbf{M}}{\partial x_i}\phi$$

und die allgemeine Lösung für die Ableitung des Eigenvektors einsetzt. Unter erneuter Ausnutzung von (7-6) entsteht daraus die Gleichung

$$c = -\phi^{T}\left(\frac{1}{2}\frac{\partial\mathbf{M}}{\partial x_i}\phi + \mathbf{M}\mathbf{p} \right) \tag{7-10}$$

zur Berechnung des gesuchten Faktors c. Damit ist die Ableitung des Eigenvektors gemäß (7-8) vollständig bestimmt.

Die Auswertung der analytischen Formeln (7-7,9,10) stößt noch auf die Schwierigkeit, daß die partiellen Ableitungen der Massen- und Steifigkeitsmatrix nach den Optimierungsvariablen nicht direkt zur Verfügung stehen. Es würde eines gewaltigen Programmier- und Datenverwaltungsaufwandes bedürfen, um diese Ableitungen in voller Allgemeinheit von einer erweiterten Finite Elemente Software bereitstellen zu lassen. Aus diesen Gründen ersetzt man sie in der Praxis durch die zugehörigen Differenzenquotienten

$$\frac{\partial\mathbf{M}}{\partial x_i} \approx \frac{\Delta\mathbf{M}}{\Delta x_i} \quad , \quad \frac{\partial\mathbf{K}}{\partial x_i} \approx \frac{\Delta\mathbf{K}}{\Delta x_i} \tag{7-11}$$

und erhält die sogenannten semianalytischen Näherungen der Gradienten des Eigenwertes und des Eigenvektors. Die Berechnung der in (7-11) getroffenen Näherung erfordert die erneute Aufstellung der Matrizen, nachdem die Optimierungsvariablen x_i der Reihe nach mit den kleinen Störungen Δx_i modifiziert worden sind. Hierzu können immer wieder die Standardroutinen der Finite Elemente Software eingesetzt werden, was den Programmieraufwand entscheidend begrenzt. Die Wahl der Größe der Störung Δx_i hat natürlich einen Einfluß auf das Ergebnis. Wählt man Δx_i zu groß, erhält man eine zu grobe Näherung der Ableitung. Bei extrem kleiner Störung werden in den zu bildenden Differenzen so viele signifikante Stellen der nur mit begrenzter Genauigkeit gespeicherten Zahlen ausgelöscht, daß am Ende nur noch der sogenannte numerische Schmutz übrigbleibt. Es gilt also, einen geeigneten Kompromiß zwischen den beiden Extremen zu wählen.

Aus rechentechnischer und numerischer Sicht haben die aus (7-7,9,10) nach dem Einsetzen von (7-11) resultierenden semianalytischen Formeln noch nicht die günstigste Form. Aus (7-7) entsteht zunächst die folgende Näherungsformel für die Ableitungen des Eigenwertes.

$$\frac{\partial \lambda}{\partial x_i} \approx \frac{1}{\Delta x_i} \phi^T (\Delta \mathbf{K} - \lambda \cdot \Delta \mathbf{M}) \phi$$

Berücksichtigt man nun die Ausgangsgleichung (7-4) des Eigenwertproblems, so verkürzt sich die rechte Seite um die Nullsummenterme und man erhält schließlich eine semianalytische Formel

$$\frac{\partial \lambda}{\partial x_i} \approx \frac{1}{\Delta x_i} \phi^T \left[\mathbf{K}(x_i + \Delta x_i) - \lambda \cdot \mathbf{M}(x_i + \Delta x_i) \right] \phi \tag{7-12}$$

in der die Berechnung von Matrizendifferenzen entfällt. In analoger Weise entsteht aus (7-9) die folgende semianalytische Beziehung

$$(\mathbf{K} - \lambda \mathbf{M})\mathbf{p} \approx \left[\frac{\partial \lambda}{\partial x_i} \mathbf{M} - \mathbf{K}(x_i + \Delta x_i) + \lambda \mathbf{M}(x_i + \Delta x_i) \right] \phi \tag{7-13}$$

zur Bestimmung eines partikulären Anteils $\mathbf{p}$ der Ableitung des Eigenvektors. Die semianalytische Entsprechung zu (7-10) lautet:

$$c \approx \frac{1}{2} \left[1 - \phi^T \mathbf{M}(x_i + \Delta x_i) \phi \right] - \phi^T \mathbf{M} \mathbf{p} \tag{7-14}$$

Dabei ist nach dem Einsetzen von (7-11) noch die Normierung (7-6) des Eigenvektors eingearbeitet. Die Gleichungen (7-12) sowie (7-8,13,14) liefern also die semianalytischen Näherungen der in der Optimierung benötigten Gradienten eines einfachen Eigenwertes bzw. des zugehörigen Eigenvektors.

7.1.2 Sensitivität bei mehrfachen Eigenwerten

Handelt es sich bei λ um einen Eigenwert der Vielfachheit $m > 1$, so erfüllen die in der Matrix Φ zusammengefaßten Spaltenvektoren die homogene Gleichung

$$(\mathbf{K} - \lambda \mathbf{M})\Phi = 0 \tag{7-15}$$

Die m Spaltenvektoren von Φ sind linear unabhängig und spannen den zu λ gehörigen Eigenraum auf. Jede beliebige Linearkombination dieser Vektoren gehört auch zum Eigenraum. Man kann folglich aus einen vollständigen Satz Φ^0 von Eigenvektoren durch Multiplikation mit einer beliebigen regulären Matrix $\mathbf{Q}$ der Größe (m,m) eine äquivalente Basis Φ des Eigenraumes erzeugen.

$$\Phi = \Phi^0 \mathbf{Q} \tag{7-16}$$

Die in (7-16) zum Ausdruck kommende Mehrdeutigkeit der Eigenvektoren ist durch die Orthonormalitätsforderung (7-2) eingeschränkt. Auf die Eigenvektormatrix Φ angewendet, ergibt sich daraus für die Matrix $\mathbf{Q}$ die Eigenschaft der Orthogonalität.

$$\Phi^T \mathbf{M} \Phi = \mathbf{Q}^T \mathbf{Q} = \mathbf{I} \tag{7-17}$$

Die m Eigenvektoren zu λ sind also nur bis auf eine orthogonale Transformation eindeutig bestimmt.

Eine grundsätzliche Schwierigkeit bei der Sensitivität mehrfacher Eigenwerte liegt in dem Umstand begründet, daß ein solcher Eigenwert nicht mehr eindeutig differenzierbar ist. Dies leuchtet ein, wenn man bedenkt, daß ein m-facher Eigenwert nach einer leichten Perturbation der Matrizen $\mathbf{K}$ oder $\mathbf{M}$ in mehrere verschiedene Eigenwerte zerfallen kann. Um sicher zu gehen, keine dieser möglichen Aufspaltungen auszuschließen, muß man die ursprüngliche Gleichung (7-15) zunächst rein formal für m potentiell verschiedene Eigenwerte schreiben.

$$\mathbf{K\Phi} = \mathbf{M\Phi\Lambda} \tag{7-18}$$

Die Diagonalmatrix Λ der Größe (m,m) beinhaltet m Eigenwerte λ_k, die im Fall des ungestörten Problems alle in dem einem m-fachen Eigenwert λ zusammenfallen.

$$\lambda_k = \lambda \;\; \text{für} \;\; k = 1,...,m \;\; \text{oder} \;\; \Lambda = \lambda\,\mathbf{I} \tag{7-19}$$

Differenziert man (7-15) nach einer Optimierungsvariablen x_i, erhält man die Gleichung

$$\left(\frac{\partial\mathbf{K}}{\partial x_i} - \lambda\frac{\partial\mathbf{M}}{\partial x_i}\right)\Phi - \mathbf{M\Phi}\frac{\partial\Lambda}{\partial x_i} + (\mathbf{K} - \lambda\mathbf{M})\frac{\partial\Phi}{\partial x_i} = 0 \tag{7-20}$$

wobei für die nicht differenzierten Eigenwerte die Identität (7-19) eingesetzt wurde. Multiplikation von links mit der transponierten Eigenvektormatrix Φ^{0T} führt zur Auslöschung des letzten der drei Summanden. Nach Umstellung der Terme und Berücksichtigung von (7-16,17) erhält man schließlich das Eigenwertproblem

$$\mathbf{DQ} = \mathbf{Q}\frac{\partial\Lambda}{\partial x_i} \tag{7-21}$$

mit der Koeffizientenmatrix

$$\mathbf{D} = \Phi^{0T}\left(\frac{\partial\mathbf{K}}{\partial x_i} - \lambda\frac{\partial\mathbf{M}}{\partial x_i}\right)\Phi^0 \tag{7-22}$$

zur Berechnung der Ableitungen des Eigenwertes und einer orthogonalen Matrix $\mathbf{Q}$. Die Spalten von $\mathbf{Q}$ sind die Eigenvektoren des Problems (7-21); und zusammen mit der Orthogonalitätsforderung (7-17) sind diese nur dann eindeutig bestimmt, wenn die zugehörigen Eigenwerte, sprich die Ableitungen des mehrfachen Eigenwertes alle verschieden sind. Dies bedeutet, daß der ursprünglich m-fache Eigenwert bei einer kleinen Störung Δx_i der Struktur in m verschiedene Eigenwerte zerfällt. Stimmen hingegen auch einige der Ableitungswerte überein, so bleiben bei der Bestimmung von $\mathbf{Q}$ Freiheiten offen, die noch geeignete Zusatzforderungen an die Eigenvektoren zulassen. Dies können z.B. Symmetrieforderungen sein.

Mehrfache Eigenwerte treten in der Praxis meistens dann auf, wenn Steifigkeits- und Trägheitseigenschaften in zwei zueinander senkrechten Richtungen identisch sind. Solche Symmetrieeigenschaften einer Struktur führen zu doppelten Eigenwerten, deren Ableitungen nach den Optimierungsvariablen x_i in zwei wichtigen Sonderfällen leicht zu berechnen sind.

Im ersten Fall beeinflußt der Parameter x_i das Strukturverhalten in beiden Richtungen gleichermaßen. Folglich gilt für die Ableitung des doppelten Eigenwertes $\lambda = \lambda_1 = \lambda_2$ die Identität

$$\frac{\partial\lambda_1}{\partial x_i} = \frac{\partial\lambda_2}{\partial x_i} \tag{7-23}$$

Berechnet man diese Ableitung aus der Formel (7-7) für einfache Eigenwerte und setzt einen der beiden orthonormierten Eigenvektoren, z. B. $\phi = \phi_1$ ein, so erhält man das gleiche eindeutige Ergebnis wie mit dem anderen Eigenvektor ϕ_2.

Im zweiten Fall beeinflußt die Optimierungsvariable x_i das Strukturverhalten nur in einer der beiden Symmetrierichtungen. Die Ableitung des doppelten Eigenwertes hat nun zwei Werte, von denen einer verschwindet, z. B.:

$$\frac{\partial \lambda_2}{\partial x_i} = 0$$

Die andere nicht triviale Ableitung läßt sich in Anlehnung zu (7-7) als Summe der Anteile beider Eigenvektoren berechnen.

$$\frac{\partial \lambda_1}{\partial x_i} = \sum_r \phi_r^T \left(\frac{\partial \mathbf{K}}{\partial x_i} - \lambda \frac{\partial \mathbf{M}}{\partial x_i} \right) \phi_r \tag{7-24}$$

Bei der Anwendung von (7-24) ist zu beachten, daß die beiden zum doppelten Eigenwert gehörigen Eigenvektoren ϕ_1, ϕ_2 orthonormiert sind. Der allgemeine Weg über die Lösung des Eigenwertproblems (7-21) wird erst dann erforderlich, wenn die Optimierungsvariable x_i das Strukturverhalten in beiden Symmetrierichtungen unterschiedlich stark beeinflußt.

7.1.3 Approximation von Eigenwertrestriktionen

In typischen Aufgabenstellungen der Strukturoptimierung wird gefordert, daß die Schwingungsfrequenzen einen Grenzwert λ_{min} nicht unterschreiten dürfen. Eine solche Forderung läßt sich als Ungleichheitsrestriktion für den Eigenwert λ ausdrücken.

$$g = \frac{\lambda}{\lambda_{min}} - 1 \geq 0 \tag{7-25}$$

Die Berechnung von (7-25) erfordert die Lösung des Eigenwertproblems (7-1) zur Bestimmung von λ. Da dies ein numerisch aufwendiger Prozeß ist, der bei jeder Auswertung von (7-25) erneut durchlaufen werden müßte, ist es wünschenswert, ihn mittels einfach zu berechnender Approximationen zumindest teilweise zu umgehen. Es bieten sich dazu die drei in Kap.5.4 beschriebenen Näherungen erster Ordnung an, die alle auf abgebrochenen Reihenentwicklungen basieren. Die Bezeichnung erster Ordnung weist darauf hin, daß die Entwicklung nur Terme umfaßt, in denen ersten Ableitungen vorkommen. Es sind dies die lineare Approximation,

$$g(\mathbf{x}) \approx g(\mathbf{x}^0) - \frac{1}{\lambda_{min}} \sum_i \frac{\partial \lambda(\mathbf{x}^0)}{\partial x_i}(x_i - x_i^0) \tag{7-26}$$

die reziproke Approximation,

$$g(\mathbf{x}) \approx g(\mathbf{x}^0) - \frac{1}{\lambda_{min}} \sum_i \frac{\partial \lambda(\mathbf{x}^0)}{\partial x_i}(x_i - x_i^0)\frac{x_i^0}{x_i} \tag{7-27}$$

und die konvexe Approximation.

$$g(\mathbf{x}) \approx g(\mathbf{x}^0) - \frac{1}{\lambda_{min}} \left(\sum_{i+} \frac{\partial \lambda(\mathbf{x}^0)}{\partial x_i}(x_i - x_i^0) + \sum_{i-} \frac{\partial \lambda(\mathbf{x}^0)}{\partial x_i}(x_i - x_i^0)\frac{x_i^0}{x_i} \right) \tag{7-28}$$

Die erste Summe von (7-28) umfaßt alle Terme, für die gilt

$$\frac{1}{x_i}\frac{\partial\lambda(\mathbf{x}^0)}{\partial x_i} \geq 0 \qquad \text{für i = i+}$$

während die zweite Summe die restlichen Indizes mit dem Attribut

$$\frac{1}{x_i}\frac{\partial\lambda(\mathbf{x}^0)}{\partial x_i} < 0 \qquad \text{für i = i-}$$

umfaßt. Die Auswahl von linearen und reziproken Approximationstermen in (7-28) verwendet immer den größeren von beiden. Dies wird deutlich, wenn man die Differenz bildet.

$$\frac{\partial\lambda_j(x_i^0)}{\partial x_i}\Delta x_i - \frac{x_i^0}{x_i}\frac{\partial\lambda_j(x_i^0)}{\partial x_i}\Delta x_i = \frac{\Delta x_i^2}{x_i}\frac{\partial x_j(x_i^0)}{\partial x_i}$$

Folglich liefert die konvexe Approximation aus (7-28) eine konservativere Abschätzung der Restriktion g als die lineare oder reziproke. Für die partiellen Ableitungen des Eigenwertes nach den Entwurfsvariablen $\partial\lambda/\partial x_i$ wird die semianalytische Näherung (7-12) aus der Sensitivitätsanalyse eingesetzt. Man benötigt also zur Erstellung der Approximation (7-26,27 oder 28) eine Lösung $\lambda(\mathbf{x}^0)$ des Eigenwertproblems (7-1), sowie die zugehörigen Sensitivitätsergebnisse.

Es läßt sich a priori nicht generell sagen, welche der obigen drei Approximationen in einem gegebenen Anwendungsbeispiel die beste ist. Erfahrungen mit zahlreichen Beispielen favorisieren jedoch die reziproke und die konvexe Approximation (7-27) bzw. (7-28).

7.2 Anforderungen aus der harmonischen Antwortanalyse

Wird eine Struktur durch äußere Kräfte in Schwingung versetzt, deren Zeitverlauf durch Linearkombinationen von Sinus- und Cosinustermen gegeben ist, so spricht man von einer harmonisch erregten Schwingung. Das System erreicht nach einer transienten Phase einen stationären eingeschwungenen Zustand. Dieser ist für lineare Systeme durch die Schwingungsdifferentialgleichung

$$\mathbf{M\ddot{u}} + \mathbf{D\dot{u}} + \mathbf{Ku} = \mathbf{r}^s\sin(\Omega t) + \mathbf{r}^c\cos(\Omega t) \qquad (7\text{-}29)$$

beschrieben. Zur Lösung ist es zweckmäßig, auf die komplexe Formulierung

$$\mathbf{M\ddot{w}} + \mathbf{D\dot{w}} + \mathbf{Kw} = \mathbf{r}\cdot e^{i\Omega t} \qquad (7\text{-}30)$$

$$\text{mit} \qquad \mathbf{u} = \text{Re}(\mathbf{w}) \qquad \text{und} \qquad \mathbf{r} = \mathbf{r}^c - i\,\mathbf{r}^s$$

überzugehen. Meistens ist man nicht nur an der Verschiebungsantwort für eine bestimmte Anregungsfrequenz Ω interessiert, sondern möchte die Antwort für ein ganzes Frequenzband wissen. Die dazu notwendigen Berechnungen werden auch mit dem Begriff Frequenzganganalyse bezeichnet.

7.2.1 Die direkte Lösungsmethode

Setzt man den stationären Ansatz für die komplexe Verschiebungsantwort

$$\mathbf{w} = \hat{\mathbf{w}} \cdot e^{i\Omega t} = (\mathbf{w}^c + i\mathbf{w}^s)e^{i\Omega t} \tag{7-31}$$

in die Bewegungsdifferentialgleichung (7-30) ein, so erhält man das lineare Gleichungssystem

$$\begin{bmatrix} \mathbf{K} - \Omega^2\mathbf{M} & -\Omega\mathbf{M} \\ \\ -\Omega\mathbf{D} & -(\mathbf{K} - \Omega^2\mathbf{M}) \end{bmatrix} \begin{bmatrix} \mathbf{w}^c \\ \\ \mathbf{w}^s \end{bmatrix} = \begin{bmatrix} \mathbf{r}^c \\ \\ -\mathbf{r}^s \end{bmatrix} \tag{7-32}$$

zur direkten Auflösung nach den Verschiebungsamplituden $\mathbf{w}^c$ und $\mathbf{w}^s$. Differenziert man (7-32) formal nach den Optimierungsvariablen x_i, so erhält man zunächst den analytischen Ausdruck

$$\begin{bmatrix} \mathbf{K} - \Omega^2\mathbf{M} & -\Omega\mathbf{D} \\ \\ -\Omega\mathbf{D} & -(\mathbf{K} - \Omega^2\mathbf{M}) \end{bmatrix} \frac{\partial}{\partial x_i} \begin{bmatrix} \mathbf{w}^c \\ \\ \mathbf{w}^s \end{bmatrix} =$$

$$\frac{\partial}{\partial x_i} \begin{bmatrix} \mathbf{r}^c \\ \\ -\mathbf{r}^s \end{bmatrix} - \frac{\partial}{\partial x_i} \begin{bmatrix} \mathbf{K} - \Omega^2\mathbf{M} & -\Omega\mathbf{D} \\ \\ -\Omega\mathbf{D} & -(\mathbf{K} - \Omega^2\mathbf{M}) \end{bmatrix} \begin{bmatrix} \mathbf{w}^c \\ \\ \mathbf{w}^s \end{bmatrix} \tag{7-33}$$

für den Gradienten der Verschiebungsamplituden. Ersetzt man schließlich die partiellen Ableitungen auf der rechten Seite von (7-33) näherungsweise durch Differenzenquotienten, ergibt sich nach einigen elementaren Umformungen die sogenannte semianalytische Formel zur numerischen Berechnung der Sensitivitäten der Verschiebungsamplituden.

$$\begin{bmatrix} \mathbf{K} - \Omega^2\mathbf{M} & -\Omega\mathbf{D} \\ \\ -\Omega\mathbf{D} & -(\mathbf{K} - \Omega^2\mathbf{M}) \end{bmatrix} \frac{\partial}{\partial x_i} \begin{bmatrix} \mathbf{w}^c \\ \\ \mathbf{w}^s \end{bmatrix} \approx$$

$$\frac{1}{\Delta x_i} \left(\begin{bmatrix} \mathbf{r}^c \\ \\ -\mathbf{r}^s \end{bmatrix}_{(x_i + \Delta x_i)} - \begin{bmatrix} \mathbf{K} - \Omega^2\mathbf{M} & -\Omega\mathbf{D} \\ \\ -\Omega\mathbf{D} & -(\mathbf{K} - \Omega^2\mathbf{M}) \end{bmatrix}_{(x_i + \Delta x_i)} \begin{bmatrix} \mathbf{w}^c \\ \\ \mathbf{w}^s \end{bmatrix} \right) \tag{7-34}$$

Es sei noch darauf hingewiesen, daß auf der rechten Seite von (7-34) keine Differenzen von Matrizen zu bilden sind, sondern nur die Größen für den perturbierten Zustand übrig bleiben. Die notwendigen Berechnungen müssen nicht über das Aufstellen der globalen Matrizen gehen, sondern können bereits auf Elementebene in einen resultierenden Vektor akkumuliert werden. Die semianalytische Sensitivitätsformel (7-34) ist vollkommen analog zur Statik, für die sie in Kapitel 3.2 vorgestellt wurde.

Da (7-32) und (7-34) für jede Anregungsfrequenz Ω erneut gelöst werden müssen, resultiert bei hinreichend dichter Frequenzenfolge ein beträchtlicher Rechenaufwand. Aus diesem Grund wird oft die sogenannte modale Lösungsmethode vorgezogen, die eine effizientere Frequenzganganalyse ermöglicht.

7.2.2 Die modale Lösungsmethode

Den Ausgangspunkt der modalen Lösungsmethode bildet der folgende Ansatz für den komplexen Verschiebungsvektor.

$$\mathbf{w}(t) = \sum_{j=1}^{m} \phi_j q_j(t) = \Phi \mathbf{q}(t) \tag{7-35}$$

Die m Spalten der Matrix Φ sind reelle Eigenvektoren ϕ_j der ungedämpften freien Schwingung aus dem Eigenwertproblem (7-1). Der Ansatz ist vollständig, wenn die Zahl m der Eigenvektoren gleich der Zahl n der Freiheitsgrade des mechanischen Modells ist. Da aber die zu den hohen Frequenzen gehörigen Eigenformen wegen der begrenzten Approximationsgüte des Finite Elemente Modells ohnehin keine physikalische Bedeutung haben, kann man in dem Ansatz (7-35) auf sie verzichten. In aller Regel wird man sich also auf die untersten Eigenformen beschränken können, wobei deren Anzahl m deutlich kleiner ist als die Zahl der Freiheitsgrade ($m \ll n$). Die Lösungsform (7-31) mit dem Ansatz (7-35) wird in die Bewegungsdifferentialgleichung (7-33) eingesetzt. Unter Berücksichtigung der Orthonormierungsforderung (7-2) und der Annahme einer diagonalisierbaren Dämpfungsmatrix mit den sogenannten modalen Dämpfungsparametern ζ_j

$$\phi_j^T \mathbf{D} \phi_k = 2\zeta_j \delta_{jk} \tag{7-36}$$

entstehen aus dem gekoppelten Differentialgleichungssystem (7-30) die folgenden m entkoppelten komplexen Differentialgleichungen.

$$\ddot{q}_j + 2\zeta_j \dot{q}_j + \lambda_j q_j = \phi_j^T \mathbf{r} \cdot e^{i\Omega t} \tag{7-37}$$

Die Lösung für die komplexen modalen Verschiebungsgrößen q_j läßt sich explizit durch die Formel

$$q_j = \frac{\phi_j^T \mathbf{r}}{\lambda_j - \Omega^2 + i2\zeta_j \Omega} e^{i\Omega t} \tag{7-38}$$

angeben. Die physikalischen Verschiebungen erhält man aus dem Realteil des komplexen Ansatzes (7-35).

$$\mathbf{w} = \sum_{j=1}^{m} \phi_j \frac{\phi_j^T \mathbf{r}}{\lambda_j - \Omega^2 + i2\zeta_j \Omega} e^{i\Omega t} = \hat{\mathbf{w}} \cdot e^{i\Omega t} \tag{7-39}$$

$$\mathbf{u} = \mathrm{Re}(\mathbf{w}) = \mathrm{Re}(\hat{\mathbf{w}})\cos(\Omega t) - \mathrm{Im}(\hat{\mathbf{w}})\sin(\Omega t)$$

Hat man die m Eigenwerte λ_i und die zugehörigen Eigenvektoren ϕ_i einmal berechnet, liegen die Verschiebungsamplituden für verschiedene Anregungsfrequenzen Ω mit (7-39) in expliziter Form vor. Der zur Auswertung von (7-39) notwendige Rechenaufwand ist vernachlässigbar gering.

In einem Optimierungsproblem ändern sich in der Regel die Matrizen $\mathbf{K}$ oder $\mathbf{M}$ des mechanischen Modells bei Änderungen der Optimierungsvariablen. Folglich sind auch die in der Formel (7-39) verwendeten Eigenwerte λ_j und Eigenvektoren ϕ_j von diesen Änderungen betroffen und müssen neu berechnet werden. Da eine Eigenwertanalyse ein numerisch aufwendiger Prozeß ist, ist es wünschenswert, ihn mittels einfach zu berechnender Approximationen zumindest teilweise zu ersetzen. Es hat sich in numerischen Tests als sinnvoll herausgestellt, die Eigenvektoren ϕ_j und die Dämpfungsparameter ζ_j während eines Approximationszyklusses nicht zu verändern und für die Eigenwerte λ_j reziproke Approximationen gemäß

$$\lambda_j(\mathbf{x}) \approx \lambda_j(\mathbf{x}^0) + \sum_i \frac{\partial \lambda_j(\mathbf{x}^0)}{\partial x_i}(x_i - x_i^0)\frac{x_i^0}{x_i} \tag{7-40}$$

einzusetzen.

7.3 Optimierung transienter dynamischer Vorgänge

Die Zielfunktion der Optimierung eines transienten dynamischen Problems weist i. a. die folgenden primären Abhängigkeiten

$$z = z(\mathbf{x},\ \mathbf{u}(t,\mathbf{x}),\ \dot{\mathbf{u}}(t,\mathbf{x}),\ \ddot{\mathbf{u}}(t,\mathbf{x})) \tag{7-41}$$

auf, wobei die zeitabhängigen Vektoren für die Verschiebungen $\mathbf{u}(t)$, Geschwindigkeiten $\dot{\mathbf{u}}(t)$ und Beschleunigungen $\ddot{\mathbf{u}}(t)$ die Lösung der allgemeinen Bewegungsdifferentialgleichung

$$\mathbf{f}(t,\ddot{\mathbf{u}},\dot{\mathbf{u}},\mathbf{u}) = \mathbf{f}^I(t,\ddot{\mathbf{u}},\dot{\mathbf{u}}) + \mathbf{f}^D(t,\dot{\mathbf{u}}) + \mathbf{f}^S(t,\mathbf{u}) - \mathbf{F}(t) = 0 \tag{7-42}$$

eines mechanischen Systems sind. Sie beschreibt das Gleichgewicht aus den Trägheitskräften $\mathbf{f}^I$, den Dämpfungskräften $\mathbf{f}^D$, den Steifigkeitskräften $\mathbf{f}^S$ und den zeitabhängigen äußeren Lasten $\mathbf{F}$. Die Restriktionsfunktionen $\mathbf{g}$ bzw. $\mathbf{h}$ können analog von den gleichen primären Größen abhängen wie die Zielfunktion in (7-41). Die Optimierungsvariablen $\mathbf{x}$ sind Parameter aus der Definition des Bewegungsfunktionals $\mathbf{f}$. Folglich hängt die Lösung von (7-42) von den Optimierungsvariablen ab. Mit den Verschiebungen, Geschwindigkeiten und Beschleunigungen sind die primären Systemunbekannten bestimmt. Ihre Kenntnis erlaubt die Berechnung weiterer interessierender Resultate wie z.B. innere Kräfte oder Spannungen in einem elastischen Körper mittels expliziter Formeln. Die mögliche Abhängigkeit der Ziel- oder Restriktionsfunktionen von derartigen sekundären Systemunbekannten läßt sich also immer auf die primären Unbekannten zurückführen. In diesem Sinne beinhaltet (7-41) die Abhängigkeit der Zielfunktion von allen möglichen Resultatsgrößen des durch (7-42) mathematisch beschriebenen dynamischen mechanischen Systems.

Die in (7-42) auftretenden funktionalen Abhängigkeiten sind i. a. nichtlinear. Es kann sich dabei z. B. um ein Finite Elemente Modell oder ein sogenanntes Mehrkörper-Modell handeln. In beiden Fällen ist die räumliche Integration bereits näherungsweise über eine Diskretisierung beziehungsweise exakt durchgeführt. Für den Sonderfall der linear-elastischen Struktur führt eine räumliche Finite Elemente Approximation auf die bekannte Matrizengleichung

$$\mathbf{M}\ddot{\mathbf{u}} + \mathbf{D}\dot{\mathbf{u}} + \mathbf{K}\mathbf{u} = \mathbf{F}$$

mit den Massen-, Dämpfungs-, und Steifigkeitsmatrizen $\mathbf{M}$, $\mathbf{D}$ und $\mathbf{K}$. Die Trägheitskräfte $\mathbf{f}^I$ bestehen hier nur aus dem beschleunigungsproportionalen Term. Das ändert sich bereits, wenn große Starrkörperdrehungen zugelassen werden, aufgrund der dann vorhandenen Scheinkräfte.

Im Unterschied zu den Finiten Elementen besteht ein klassisches Mehrkörper-Modell aus einer Anzahl starrer Körper, die durch translatorische Kräfte und Momente sowie kinematische Kopplungen (Gelenke) verknüpft sein können. Da die einzelnen starren Körper definitionsgemäß keine Deformationen erfahren und ihre Trägheitseigenschaften exakt beschreibbar sind, ist keine räumliche Diskretisierung erforderlich. Erweiterungen der Mehrkörperdynamik schließen zusätzlich auch flexible Körper mit ein. Diese werden zunächst über Finite Elemente Modellierungen beschrieben und dann als Substrukturen in das Mehrkörpersystem integriert, wobei oft eine modale Reduktion der Freiheitsgrade vorausgegangen ist.

Insgesamt umfaßt die allgemeine Beschreibung in (7-42) alle möglichen Typen von Verschiebungsfreiheitsgraden $\mathbf{u}$, wie z. B. Translationen von Knotenpunkten, Eulerwinkel, Eulerparameter, modale Amplituden. Es soll hier nicht näher auf die spezielle Form der Terme in (7-42) eingegangen werden. Die Standardliteratur für Finite Elemente wie z. B. [7-2] oder für Mehrkörperdynamik [7-4] geben detaillierte Auskunft darüber. Die folgenden prinzipiellen Herleitungen lassen sich in voller Allgemeinheit durchführen und gelten somit sowohl für die Dynamik mit Finiten Elemente als auch die Mehrkörperdynamik.

7.3.1 Numerische Zeitintegration

Das Newton Verfahren zur numerischen Lösung der allgemeinen nichtlinearen Gleichung (7-42) führt zu der iterativen Gleichung

$$\mathbf{M} \cdot \Delta \ddot{\mathbf{u}}^m + \mathbf{D} \cdot \Delta \dot{\mathbf{u}}^m + \mathbf{K} \cdot \Delta \mathbf{u}^m = -\mathbf{f}(t, \ddot{\mathbf{u}}^{m-1}, \dot{\mathbf{u}}^{m-1}, \mathbf{u}^{m-1}) \tag{7-43}$$

für die Inkremente der Beschleunigungen, Geschwindigkeiten und Verschiebungen

$$\Delta \ddot{\mathbf{u}}^m = \ddot{\mathbf{u}}^m - \ddot{\mathbf{u}}^{m-1}, \; \Delta \dot{\mathbf{u}}^m = \Delta \dot{\mathbf{u}}^m - \dot{\mathbf{u}}^{m-1}, \; \Delta \mathbf{u}^m = \mathbf{u}^m - \mathbf{u}^{m-1} \tag{7-44}$$

mit dem hochgestellten Iterationszähler m. Die Tangentenmatrizen $\mathbf{M}$, $\mathbf{D}$ und $\mathbf{K}$ ergeben sich aus den Ableitungen

$$\mathbf{M} = \frac{\partial \mathbf{f}(t, \ddot{\mathbf{u}}, \dot{\mathbf{u}}, \mathbf{u})}{\partial \ddot{\mathbf{u}}}; \; \mathbf{D} = \frac{\partial \mathbf{f}(t, \ddot{\mathbf{u}}, \dot{\mathbf{u}}, \mathbf{u})}{\partial \dot{\mathbf{u}}}; \; \mathbf{K} = \frac{\partial \mathbf{f}(t, \ddot{\mathbf{u}}, \dot{\mathbf{u}}, \mathbf{u})}{\partial \mathbf{u}} \tag{7-45}$$

und ändern ihren Wert im allgemeinen nichtlinearen Fall zu jedem Zeitpunkt. Die Iterationen in (7-43) führen also zur Lösung in einem Zeitpunkt. Weiterhin ist zu berücksichtigen, daß die Beschleunigungen, Geschwindigkeiten und Verschiebungen untereinander abhängig sind. Näherungsweise werden diese Abhängigkeiten in einer numerischen Integrationsformel ausgedrückt. Es existiert eine Vielfalt an unterschiedlichen Integrationsverfahren, auf die hier nicht weiter eingegangen werden kann. Exemplarisch werden statt dessen die Formeln

$$\dot{\mathbf{u}}_n = \frac{\gamma}{\beta \cdot \Delta t_n}(\mathbf{u}_n - \mathbf{u}_{n-1}) + \left(1 - \frac{\gamma}{\beta}\right)\dot{\mathbf{u}}_{n-1} + \left(1 - \frac{\gamma}{2\beta}\right)\Delta t_n \ddot{\mathbf{u}}_{n-1}$$

$$\tag{7-46}$$

$$\ddot{\mathbf{u}}_n = \frac{1}{\beta \cdot \Delta t_n^2}(\mathbf{u}_n - \mathbf{u}_{n-1}) - \frac{1}{\beta \cdot \Delta t_n}\dot{\mathbf{u}}_{n-1} + \left(1 - \frac{1}{2\beta}\right)\ddot{\mathbf{u}}_{n-1}$$

des Newmark-Verfahrens zur numerischen Zeitintegration verwendet. Die Größen zum diskreten Zeitpunkt t_n sind mit dem tiefgestellten Index n gekennzeichnet, und $\Delta t_n = t_n - t_{n-1}$

bezeichnet den aktuellen Zeitschritt. Es handelt sich bei (7-46) um eine Familie von Verfahren, deren einzelne Vertreter durch eine geeignete Wahl der Konstanten β und γ charakterisiert sind. Um stabiles numerisches Verhalten sicherzustellen, sind die Forderungen

$$\gamma \geq \frac{1}{2} \quad , \quad \beta \geq \frac{1}{4}\left(\gamma + \frac{1}{2}\right)^2 \tag{7-47}$$

einzuhalten. Mit der noch freien Wahl von β und γ können numerische Dämpfungseffekte erzielt werden. Der bekannteste Vertreter aus der Newmark-Familie ist die sogenannte Trapezregel, sie wird durch die Wahl $\gamma = 0.5$, $\beta = 0.25$ erzeugt und weist keine numerische Dämpfung bei unbedingter Stabilität auf.

Die Abhängigkeit der Geschwindigkeits- und Beschleunigungsinkremente von den Verschiebungsinkrementen

$$\Delta\dot{\mathbf{u}}_n^m = \frac{\gamma}{\beta \cdot \Delta t_n} \Delta\mathbf{u}_n^m$$

$$\Delta\ddot{\mathbf{u}}_n^m = \frac{1}{\beta \cdot \Delta t_n^2} \Delta\mathbf{u}_n^m \tag{7-48}$$

ergibt sich aus (7-46) wenn man berücksichtigt, daß die Größen zum Zeitpunkt t_{n-1} bezüglich der Iteration über den Index m bereits bekannte Konstanten sind. Setzt man nun die in (7-48) gefundenen Abhängigkeiten in (7-43) ein, erhält man zum Zeitpunkt t_n die iterative Gleichung

$$\tilde{\mathbf{K}}_n^{m-1}\Delta\mathbf{u}_n^m = -\mathbf{f}(t_n, \ddot{\mathbf{u}}_n^{m-1}, \dot{\mathbf{u}}_n^{m-1}, \mathbf{u}_n^{m-1}) \tag{7-49}$$

zur Berechnung der Verschiebungen. Die sogenannte effektive Steifigkeitsmatrix setzt sich wie folgt zusammen.

$$\tilde{\mathbf{K}}_n^m = \frac{1}{\beta \cdot \Delta t_n^2}\mathbf{M}_n^m + \frac{\gamma}{\beta \cdot \Delta t_n}\mathbf{D}_n^m + \mathbf{K}_n^m \tag{7-50}$$

Sind die Verschiebungen $\mathbf{u}_n$ iterativ aus (7-49) bestimmt, werden die Beschleunigungen und Geschwindigkeiten aus (7-46) berechnet und in das Funktional $\mathbf{f}$ eingesetzt, um den neuen Iterationsschritt zu starten. Auch die effektive Steifigkeitsmatrix ändert sich gemäß (7-50) von einem zum folgenden Iterationsschritt; sie wird aber aus Gründen der Effizienz meistens nicht in jedem Schritt neu berechnet.

7.3.2 Sensitivitätsanalyse

Die Gradientenberechnung als wesentlicher Teil der meisten effizienten Optimierungsalgorithmen und Strategien verlangt die Ermittlung der Ableitungen von Ziel- und Restriktionsfunktionen nach den Optimierungsvariablen. Der entsprechende analytische Ausdruck für die Zielfunktion aus (7-41) lautet:

$$\frac{\mathrm{d}z}{\mathrm{d}x_i} = \frac{\partial z}{\partial x_i} + \sum_k \frac{\partial z \cdot \partial u_k}{\partial u_k \cdot \partial x_i} + \sum_k \frac{\partial z \cdot \partial \dot{u}_k}{\partial \dot{u}_k \cdot \partial x_i} + \sum_k \frac{\partial z \cdot \partial \ddot{u}_k}{\partial \ddot{u}_k \cdot \partial x_i} \tag{7-51}$$

Die partiellen Ableitungen von z nach x_j, u_k, $\dot{u}_k$ und $\ddot{u}_k$ sind durch die Definition der Funktion z im konkreten Anwendungsfall bestimmt. Ihre Berechnung kann meistens auf geschlossene analytische Ausdrücke zurückgeführt werden. Die Aufgabe der Sensitivitätsanalyse besteht in der Ermittlung der noch fehlenden Ableitungen der primären Systemunbekannten nach den Optimierungsvariablen $\partial u_k / \partial x_i$, $\partial \dot{u}_k / \partial x_i$, $\partial \ddot{u}_k / \partial x_i$.

Dazu differenziert man zunächst die Bewegungsdifferentialgleichung (7-42) formal nach den Optimierungsvariablen. Das Ergebnis zum diskreten Zeitpunkt t_n

$$\mathbf{M}_n \frac{\partial \ddot{\mathbf{u}}_n}{\partial x_i} + \mathbf{D}_n \frac{\partial \dot{\mathbf{u}}_n}{\partial x_i} + \mathbf{K}_n \frac{\partial \ddot{\mathbf{u}}_n}{\partial x_i} = -\frac{\partial \mathbf{f}_n}{\partial x_i} \qquad (7\text{-}52)$$

ist linear in den gesuchten Ableitungen und beinhaltet die Tangentenmatrizen $\mathbf{M}_n$, $\mathbf{D}_n$ und $\mathbf{K}_n$ aus (7-45) zum Zeitpunkt t_n. Das lineare Gleichungssystem (7-52) hat noch drei mal so viele Unbekannte wie Gleichungen und ist somit für sich alleine genommen nicht eindeutig lösbar. Die zur Lösung erforderlichen Zusatzbedingungen liefern die Ableitungen der Integrationsformeln (7-46) nach den Optimierungsvariablen.

$$\frac{\partial \dot{\mathbf{u}}_n}{\partial x_i} = \frac{\gamma}{\beta \cdot \Delta t_n}\left(\frac{\partial \mathbf{u}_n}{\partial x_i} - \frac{\partial \mathbf{u}_{n-1}}{\partial x_i}\right) + \left(1 - \frac{\gamma}{\beta}\right)\frac{\partial \dot{\mathbf{u}}_{n-1}}{\partial x_i} + \left(1 - \frac{\gamma}{2\beta}\right)\Delta t_n \frac{\partial \ddot{\mathbf{u}}_{n-1}}{\partial x_i}$$

$$\frac{\partial \ddot{\mathbf{u}}_n}{\partial x_i} = \frac{1}{\beta \cdot \Delta t_n^2}\left(\frac{\partial \mathbf{u}_n}{\partial x_i} - \frac{\partial \mathbf{u}_{n-1}}{\partial x_i}\right) - \frac{1}{\beta \cdot \Delta t_n}\frac{\partial \dot{\mathbf{u}}_{n-1}}{\partial x_i} + \left(1 - \frac{1}{2\beta}\right)\frac{\partial \ddot{\mathbf{u}}_{n-1}}{\partial x_i} \qquad (7\text{-}53)$$

Die unbekannten Gradienten der Geschwindigkeiten und Beschleunigungen zum Zeitpunkt t_n sind damit in Abhängigkeit der ebenfalls unbekannten Verschiebungsgradienten zum selben Zeitpunkt und diversen bereits bekannten Gradienten zum vorhergehenden Zeitpunkt t_{n-1} ausgedrückt. Setzt man die in (7-53) gefundenen Ausdrücke in (7-52) ein, erhält man ein lineares Gleichungssystem zur Berechnung der Verschiebungsgradienten.

$$\tilde{\mathbf{K}}_n \frac{\partial \mathbf{u}_n}{\partial x_i} = -\frac{\partial \mathbf{f}_n}{\partial x_i} + \mathbf{M}_n \mathbf{a}_{n-1} + \mathbf{D}_n \mathbf{b}_{n-1} \qquad (7\text{-}54)$$

Die Koeffizientenmatrix $\tilde{\mathbf{K}}_n$ ist bereits aus (7-50) bekannt, und aus Gründen der besseren Übersicht sind alle arithmetischen Ausdrücke, in denen Gradienten vom vorhergehenden Zeitpunkt auftreten, in den beiden Vektoren

$$\mathbf{a}_{n-1} = \frac{1}{\beta \cdot \Delta t_n^2}\frac{\partial \mathbf{u}_{n-1}}{\partial x_i} + \frac{1}{\beta \cdot \Delta t_n}\frac{\partial \dot{\mathbf{u}}_{n-1}}{\partial x_i} + \left(\frac{1}{2\beta} - 1\right)\frac{\partial \ddot{\mathbf{u}}_{n-1}}{\partial x_i}$$

$$\mathbf{b}_{n-1} = \frac{\gamma}{\beta \cdot \Delta t_n}\frac{\partial \mathbf{u}_{n-1}}{\partial x_i} + \left(\frac{\gamma}{\beta} - 1\right)\frac{\partial \dot{\mathbf{u}}_{n-1}}{\partial x_i} + \left(\frac{\gamma}{2\beta} - 1\right)\Delta t_n \frac{\partial \ddot{\mathbf{u}}_{n-1}}{\partial x_i} \qquad (7\text{-}55)$$

zusammengefaßt. Unbekannt ist auf der rechten Seite von (7-54) noch die partielle Ableitung des Vektorfunktionals $\mathbf{f}$ nach den Optimierungsvariablen x_i. Ihre analytische Berechnung ist im allgemeinen sehr komplex und setzt umfangreiche zusätzliche Codierungen in den Analyseprogrammen voraus. Am ehesten ist dies bei Mehrkörperprogrammen zu realisieren, die die Bewegungsgleichungen in symbolischer Form generieren. Für die numerisch orientierten Programme, insbesondere die Finite Elemente Codes, ist die Bestimmung analytischer Ableitungen praktisch ausgeschlossen. Ähnlich wie in Kapitel 7.1.1 kann man statt dessen die benötigten Ableitungen von $\mathbf{f}$ durch Bildung von Differenzenquotienten approximieren.

$$\frac{\partial \mathbf{f}_n}{\partial x_i} \approx \frac{\Delta \mathbf{f}_n}{\Delta x_i} = \frac{\mathbf{f}(t_n, \ddot{\mathbf{u}}_n, \dot{\mathbf{u}}_n, \mathbf{u}_n, x_i + \Delta x_i) - \mathbf{f}(t_n, \ddot{\mathbf{u}}_n, \dot{\mathbf{u}}_n, \mathbf{u}_n, x_i)}{\Delta x_i}$$

Da das ungestörte Funktional $\mathbf{f}$ zu jedem Zeitpunkt t_n gemäß (7-42) verschwindet, vereinfacht sich die Berechnung des obigen Differenzenquotienten zu der folgenden Formel.

$$\frac{\partial \mathbf{f}_n}{\partial x_i} \approx \frac{\mathbf{f}(t_n, \ddot{\mathbf{u}}_n, \dot{\mathbf{u}}_n, \mathbf{u}_n, x_i + \Delta x_i)}{\Delta x_i} \tag{7-56}$$

Aus dem analytischen linearen Gleichungssystem (7-54) wird mit der numerischen Näherung (7-56) ein semianalytisches lineares Gleichungssystem zur Bestimmung der gesuchten Verschiebungsgradienten. Der zur Lösung erforderliche Rechenaufwand umfaßt neben der Berechnung der rechten Seite lediglich den Vorgang des Vorwärts- Rückwärtseinsetzens nach der Dreieckszerlegung der Koeffizientenmatrix $\tilde{\mathbf{K}}_n$. Die rechenaufwendigere Dreieckszerlegung selbst ist bereits zuvor bei der iterativen Lösung von (7-49) in dem zugehörigen Zeitintegrationsschritt ausgeführt worden. Sind die Verschiebungsgradienten ermittelt, lassen sich die ebenfalls gesuchten Geschwindigkeits- und Beschleunigungsgradienten aus den beiden expliziten Formeln (7-53) berechnen.

Um die Gleichungen (7-54,55) sukzessive für einen Zeitschritt nach dem anderen auswerten zu können, benötigt man noch Anfangswerte der Gradienten zum Zeitpunkt t_0. Für Verschiebungen und Geschwindigkeiten liegen diese mit der Definition des Anfangswertproblems vor.

$$\frac{\partial \mathbf{u}_0}{\partial x_i} = \mathbf{u}_{0,i} \ (= 0) \quad ; \quad \frac{\partial \dot{\mathbf{u}}_0}{\partial x_i} = \dot{\mathbf{u}}_{0,i} \ (= 0) \tag{7-57}$$

Sie sind nur dann ungleich Null, wenn die vorgegebenen Anfangswerte der Verschiebungen oder Geschwindigkeiten $\mathbf{u}_0$ bzw. $\dot{\mathbf{u}}_0$ von den Optimierungsvariablen abhängen. Dies ist zum Beispiel dann der Fall, wenn die Anfangswerte selbst als Optimierungsvariable fungieren. In den allermeisten Fällen hingegen verschwinden die Anfangswerte der Verschiebungs- und Geschwindigkeitsgradienten, wie in (7-57) angedeutet. Setzt man schließlich die in (7-57) festgelegten Anfangswerte in die Gleichung (7-52) ein, so erhält man ein lineares Gleichungssystem zur Bestimmung der Anfangswerte für den Beschleunigungsgradienten.

$$\mathbf{M}_0 \frac{\partial \ddot{\mathbf{u}}_0}{\partial x_i} = -\frac{\partial \mathbf{f}_0}{\partial x_i} - \mathbf{D}_0 \dot{\mathbf{u}}_{0,i} - \mathbf{K}_0 \mathbf{u}_{0,i} \tag{7-58}$$

Soll die dynamische Simulation von einem statischen Gleichgewichtszustand aus gestartet werden, sind die Anfangswerte der Geschwindigkeiten und Beschleunigungen sowie deren Gradienten definitionsgemäß gleich Null. Setzt man diese Nullwerte in (7-52) ein, bleibt das lineare Gleichungssystem

$$\mathbf{K}_0 \frac{\partial \mathbf{u}_0}{\partial x_i} = -\frac{\partial \mathbf{f}_0}{\partial x_i} \qquad \text{bei} \quad \frac{\partial \dot{\mathbf{u}}_0}{\partial x_i} = \frac{\partial \ddot{\mathbf{u}}_0}{\partial x_i} = 0 \tag{7-59}$$

zur Bestimmung der unbekannten Gradienten der statischen Verschiebungen übrig. Die in (7-58,59) benötigten Ableitungen des Funktionals $\mathbf{f}$ werden durch finite Differenzen

$$\frac{\partial \mathbf{f}_0}{\partial x_i} \approx \frac{\mathbf{f}(t_0, \ddot{\mathbf{u}}_0, \dot{\mathbf{u}}_0, \mathbf{u}_0, x_i + \Delta x_i)}{\Delta x_i} \tag{7-60}$$

entsprechend (7-56) angenähert, wenn keine analytischen Ableitungen vorliegen. Die zuletzt hergeleiteten Formeln (7-59,60) liefern für den Fall der linearen Statik das selbe Ergebnis wie die bereits in Kapitel 3.2 vorgestellte semianalytische Näherung der Verschiebungsgradienten.

7.3.3 Sensitivität der Dauer eines dynamischen Vorgangs

Die Beendigung vieler dynamischer Vorgänge ist nicht durch einen festen Zeitpunkt gegeben, sondern durch das Eintreten eines bestimmten beobachtbaren mechanischen Ereignisses definiert. Ein solches Ereignis kann z.B. das Erreichen eines bestimmten Entfaltwinkels in einem Drehgelenk oder einer vorgegebenen Geschwindigkeit an einer bestimmten Stelle eines Mechanismus sein. Mit Änderungen der Entwurfsvariablen eines mechanischen Modells werden die so definierten Endzeitpunkte i. a. auch verändert. Für Optimierungsprobleme aus der transienten Dynamik ist durchaus typisch, daß die Dauer eines Vorgangs die zu minimierende Zielfunktion ist oder in einer der Restriktionen auftritt. In solchen Fällen werden die Ableitungen dieser Zeit T von den Optimierungsvariablen x_i benötigt.

Am naheliegendsten ist gewiß, die geforderten Ableitungen durch finite Differenzenquotienten zu approximieren. Dazu muß man die Bewegungsgleichung für jeden Optimierungsparameter x_i einmal perturbieren und integrieren, um die jeweilige Veränderung ΔT der Zeitdauer ermitteln zu können. Die Zeitschrittweite der numerischen Integration ist natürlich eine unvermeidliche Toleranz bei der Bestimmung von ΔT. Dieser Weg erfordert also für eine Gradientenberechnung bei n Optimierungsvariablen n komplette Simulationen. Der damit verbundene Rechenaufwand kann so erheblich werden, daß sich diese Vorgehensweise für reale Anwendungen verbietet. Statt dessen wäre eine Sensitivitätsanalyse mit ähnlichem Rechenaufwand wie die aus 7.3.2 auch hier wünschenswert.

Nun gehört die Zeit T weder zu den primären Antwortgrößen wie Verschiebungen, Geschwindigkeiten und Beschleunigungen noch zu den üblichen sekundären Ergebnisgrößen wie Kräften und Spannungen. Die Sensitivitätsberechnung des letzten Abschnitts ist hier also nicht direkt anwendbar. Indirekt lassen sich jedoch die Ergebnisse von 7.3.2 ausnutzen, um den Gradienten der Zeitdauer T zu berechnen. Diese sei dadurch definiert, daß die Antwortgröße $r(t)$ erstmals einen bestimmten Endwert erreicht.

$$r(t) \leq r(T) = r_{End}$$

Wenn die zeitliche Ableitung der Größe r verfügbar ist, kann man den obigen Sachverhalt auch in der Integralform

$$\int_0^T \dot{r}(t)\mathrm{d}t + r(0) = r(T) = r_{End} \tag{7-61}$$

ausdrücken. Da r_{End} eine Konstante ist, verschwindet sie bei der Differentiation nach den Optimierungsvariablen x_i und man erhält den Ausdruck

$$\frac{\partial T}{\partial x_i} = \frac{-1}{\dot{r}(T)}\left(\int_0^T \frac{\partial \dot{r}}{\partial x_i}\,\mathrm{d}t + \frac{\partial r(0)}{\partial x_i}\right) \tag{7-62}$$

für den gesuchten Gradienten der Zeitdauer. Die Ableitungen nach den x_i auf der rechten Seite von (7-62) lassen sich mit Hilfe der in 7.3.2 beschriebenen Sensitivitätsanalyse bestimmen. Für die Berechnung des Integrals bietet sich eine numerische Integrationsformel an, die direkt die diskreten Werte des Integranden verwendet, welche die numerische Sensitivitätsberechnung gemäß (7-53,54) liefert. Damit ist das Problem der Berechnung der Sensitivitäten der Zeitdauer T im wesentlichen auf die Sensitivitätsanalyse einer geeigneten primären Systemantwortgröße zurückgeführt.

7.3.4 Behandlung zeitabhängiger Ungleichheitsrestriktionen

Eine Ungleichheitsrestriktion hängt bei transienten dynamischen Vorgängen i. a. von einer Systemantwortgröße ab, die selbst eine Zeitfunktion ist. Ist z. B. die absolute Beschleunigungsantwort nach oben durch einen Maximalwert beschränkt, so läßt sich dies in der Ungleichheitsrestriktion (ausnahmsweise entgegen der sonst vereinbarten Vorzeichenkonvention)

$$g = |\ddot{u}(t)| - c \leq 0 \tag{7-63}$$

ausdrücken. Die Ungleichung (7-63) ist in jedem Zeitpunkt, d. h. bei einer numerischen Lösung in jedem diskreten Zeitschritt t_n, zu erfüllen. Aus der einen Restriktion (7-63) werden damit N Stück, wenn die numerische Lösung an N Zeitpunkten berechnet wurde.

$$g_n = |\ddot{u}(t_n)| - c \leq 0 \qquad , n = 1, 2, ..., N \tag{7-64}$$

Die Zahl N ist in der Regel sehr groß, was dann zu einer entsprechend großen Zahl von Restriktionen führt. Eine Möglichkeit der Reduktion der Zahl der Restriktionen ist durch eine Auswahl von Zeitpunkten, zu denen die Systemantwort ausgewertet wird, gegeben. So erfordert z. B. das numerische Integrationsverfahren oft sehr kleine Zeitschritte, und man kann sich bei der Auswertung der Ergebnisse auf jeden zweiten oder dritten Zeitschritt beschränken. Die verbleibende Zahl an Restriktionen ist aber meistens immer noch sehr groß, und zudem wird der Grenzwert c zu den meisten Zeitpunkten deutlich unterschritten. Es wäre also sinnvoll nur solche Zeitpunkte auszuwählen, zu denen die zugehörige Restriktion einen gewissen kritischen Schwellenwert überschritten hat. Nachdem man alle Restriktionen in der Form

$$g_n = \frac{|\ddot{u}(t_n)|}{c} - 1 \leq 0 \qquad , n = 1, 2, ..., N \tag{7-65}$$

normiert hat, kann man eine Aktivierungsschranke $-1 < A < 0$ festlegen, so daß die folgende Auswahl

g_n wird berücksichtigt wenn gilt $g_n \geq A$

g_n wird nicht berücksichtigt wenn gilt $g_n < A$ \hfill (7-66)

getroffen werden kann. Ein typischer Wert für die Aktivierungsschranke ist z. B. $A = -0.5$
Es hat sich zudem bewährt, das Zeitintervall $[0,T]$ in m Teilintervalle $[T_{j-1}, T_j]$ mit

$$0 = T_0 < T_1 < ... < T_m = T$$

zu unterteilen und innerhalb jeden Teilintervalls maximal M Restriktionen zu aktivieren. Sinnvollerweise sind dies diejenigen Restriktionen mit den jeweils größten Werten. Wie in Bild 7-1 exemplarisch skizziert, werden aus den ersten Teilintervall nur zwei, aus dem zweiten keine und aus dem dritten die vier größten Restriktionen ausgewählt, wenn $M = 4$ gesetzt ist.
Die Aktivierung und Deaktivierung von Restriktionen ist innerhalb der Optimierung ein dynamischer Prozeß, der sich mit den veränderten Entwurfszuständen automatisch anpaßt.

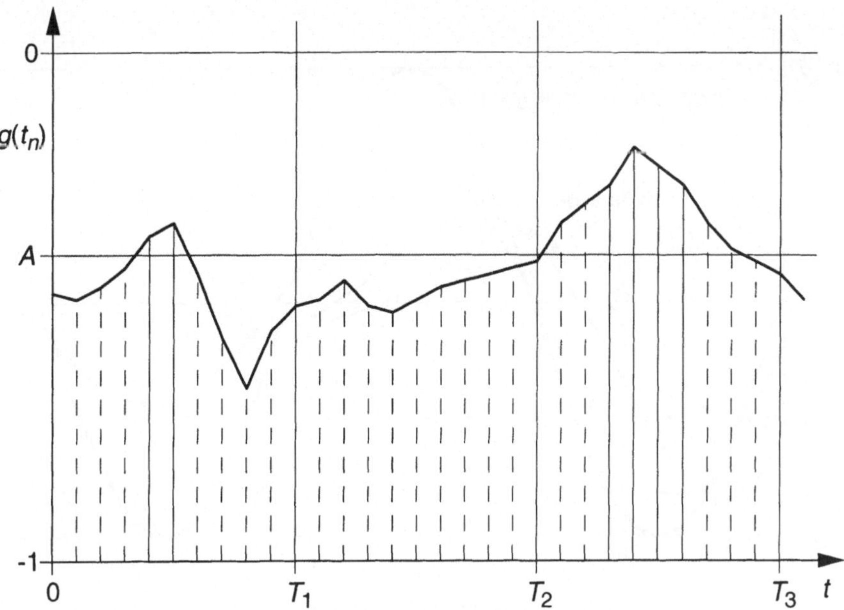

Bild 7-1: Aktivierung von Restriktionen bei 3 Teilintervallen und M = 4

7.3.5   Probleme bei der Definition zeitabhängiger Zielfunktionen

Es ist durchaus typisch für Optimierungsprobleme aus der transienten Dynamik, daß der Extremwert einer Größe im ganzen Zeitintervall minimiert oder maximiert werden soll. Mathematisch läßt sich ein solches Ziel z. B. durch eine Maximumfunktion ausdrücken:

$$\text{minimiere} \quad z = \max_{0 \le t \le T} |\ddot{u}(t)| \tag{7-67}$$

Die Funktionsauswertung von z ist noch unproblematisch, aber die Bestimmung des Gradienten bezüglich der Optimierungsvariablen

$$\frac{\partial z}{\partial x_i} = \text{sign}(\ddot{u}(t^*)) \frac{\partial \ddot{u}(t^*)}{\partial x_i} \qquad \text{mit} \quad |\ddot{u}(t^*)| = \max_{0 \le t \le T} |\ddot{u}(t)| \tag{7-68}$$

ist nicht mehr eindeutig, sobald mehrere Maximalstellen t^* im Zeitintervall $[0,T]$ auftreten. Als Beispiel ist in Bild 7-2 eine Schar von Beschleunigungskurven eines linearen gedämpften Einmassenschwingers aufgetragen. Jede Kurve gehört zu einer anderen Wahl der Steifigkeits- und Dämpfungskoeffizienten. Man sieht, daß einige der Kurven mehrere Maximalstellen aufweisen. So hat z.B. die Kurve der ungedämpften Schwingung drei gleichwertige Maxima im gegebenen Zeitintervall.

Um Eindeutigkeit sicherzustellen, bleibt nur die Begrenzung der Maximumsuche auf ein festgelegtes Teilintervall, in dem die interessierende Maximalstelle liegt. Aufgrund der laufenden Veränderungen des mechanischen Systems während einer Optimierung ist es wahrscheinlich, daß dieses Teilintervall hin und wieder angepaßt werden muß. Die gesamte Optimierung wird also in mehreren Stufen ablaufen, wobei jede Stufe durch eine angepaßte lokale Maximumfunktion als neues Ziel charakterisiert ist.

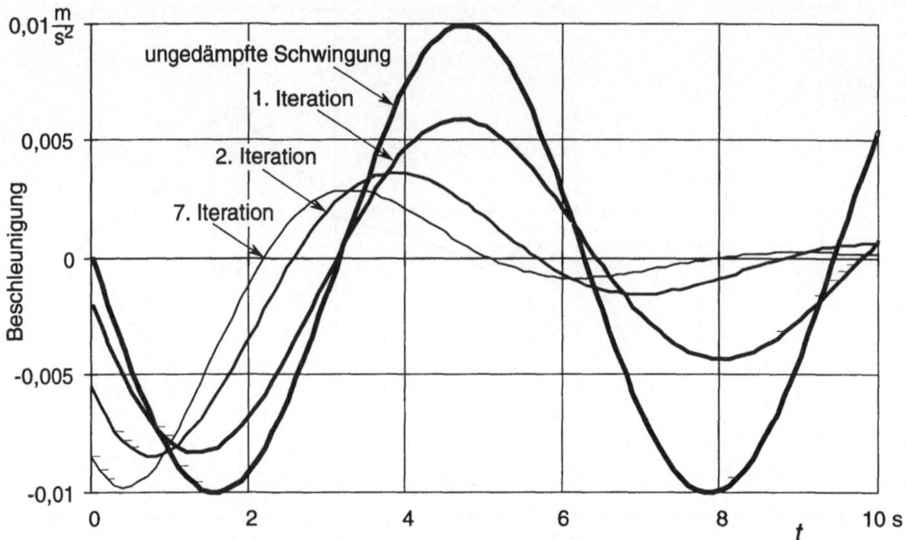

Bild 7-2: Beschleunigungs- Zeitverläufe eines Einmassenschwingers

Manchmal ist es auch sinnvoll, die Maximumfunktion durch das Integral der Quadrate zu ersetzen. Eine entsprechend definierte Zielfunktion für die Beschleunigung $\ddot{u}$ hat die folgende Form.

$$z = \int_{0}^{T} \ddot{u}(t)^2 \, \mathrm{d}t \tag{7-69}$$

Dies ist ein globales Maß für die absolute Größe der Beschleunigung analog zur Summe der Quadrate bei diskreten Werten. Die Funktion (7-69) ist immer eindeutig stetig differenzierbar und vermeidet somit die für Maximumfunktionen typische Schwierigkeit bei der Berechnung des Gradienten. Sie ist aber kein vollwertiger Ersatz der Maximumfunktion, da bei ihrer Verringerung ein lokales Maximum trotzdem wachsen kann und in einem solchen Fall das eigentliche Ziel verfehlt ist. Der oft oszillierende Verlauf der Systemantwort kann außerdem eine leicht zu übersehende Tücke der Funktion (7-69) bewirken. Es ist nämlich nicht ausgeschlossen, daß z. B. das Maximum der Beschleunigungsamplitude zwar abnimmt, aber der Wert von (7-69) dennoch wächst, weil die gleichzeitig verringerte Schwingungsfrequenz einen Zuwachs des Integralwertes gegen Ende des festen Zeitintervalls erzeugt. Ein solcher Effekt kann bei sehr kleinen Änderungen der Entwurfsparameter auftreten und damit zu einem total falschen Resultat in der Sensitivitätsanalyse führen, wenn diese aus finiten Differenzen ermittelt wird.

8 Gestaltoptimierung

In der Strukturoptimierung wird der Unterschied zwischen Dimensions- und Gestaltoptimierung gemacht. Bei der ersteren sind die Entwurfsvariablen auf solche Parameter beschränkt, welche die Steifigkeit von Strukturelementen direkt bestimmen wie z. B. Querschnittsflächen von Stäben, Plattendicken und auch Materialparameter. Im Unterschied dazu wird bei der Gestaltoptimierung die Gestalt eines Bauteils variiert. Ist diese Gestalt z. B. durch ein Finite Elemente Netz beschrieben und läßt man nur Verformungen des Netzes zu, ohne die Topologie zu verändern, spricht man auch von einer Formoptimierung. Im Unterschied dazu ist die Topologieoptimierung eben nicht an feste Elementzuordnungen eines Finite Elemente Netzes gebunden, sondern kann die Materie frei im Entwurfsraum verteilen.

Als Beispiel für eine Formoptimierung sei auf die in Bild 6-10 dargestellte Gewichtsminimierung eines Brückenträgers verwiesen. Die dort entstandenen Veränderungen der Knotenpunktslagen bei unveränderter Topologie des Stabtragwerks sind charakteristisch für die Formoptimierung. Entsprechendes läßt sich auf ein beliebiges Finite Elemente Modell übertragen.

Als Ergänzung zur Formoptimierung mit allgemeinen Ziel- und Restriktionsfunktionen wird noch auf ein spezielles Verfahren zur Spannungsminimierung eingegangen, welches auf einer Analogie zu Wachstumsvorgängen in der Natur beruht. Das abschließende Unterkapitel behandelt ein neues Verfahren der Topologieoptimierung.

8.1 Formoptimierung mit Finiten Elementen

Grundsätzlich hat man bei der Formoptimierung mit Finiten Elementen die Koordinaten der Netzknoten als Variable zu betrachten. Würde man sie unabhängig voneinander variieren lassen, hätte man ein so große Zahl an Entwurfsvariablen, daß die Konvergenz der meisten Optimierungsalgorithmen extrem schlecht wäre oder gar total versagen würde. Zudem würde die Sensitivitätsanalyse extrem aufwendig und exzessive Datenmengen erzeugen. Aber auch für das Finite Elemente Modell selbst, können durch ungünstige Netzverzerrungen so schlechte Elementgeometrien entstehen, daß die Analyseergebnisse unbrauchbar werden. Es gibt also eine Reihe zwingender Gründe, bei den Netzveränderungen gezielter vorzugehen.

8.1.1 Form-Moden zur Variation der Netzgeometrie

Die Parametrisierung der Netzgeometrie ist der Schlüssel für die allgemeine Formoptimierung mit Finiten Elementen. Da die Geometrie eines zu optimierenden Bauteils meistens durch ein CAD-Programm oder einen Finite Elemente Vorprozessor erzeugt wird, bietet es sich natürlich an, die Parametrisierung auf dieser Beschreibungsebene vorzunehmen. Zudem bieten diese Programme geometrische Grundbausteine an, die durch Abmessungen, Winkel oder Koordinaten von einigen wenigen Entwurfsknotenpunkten in ihrer Form variiert werden können.

Damit ist eine Parametrisierung der Geometrie für eine Formoptimierung gegeben, und das zugehörige Finite Elemente Netz wird von einem Netzgenerator immer wieder neu erzeugt. Ein Nachteil dieses Vorgehens kann in möglichen Unzulänglichkeiten des Netzgenerators liegen. Solche Generatoren sind zwar sehr hilfreich bei der Erstellung komplexer Finite Elemente Vernetzungen, sie arbeiten aber nicht immer so perfekt, daß die resultierenden Netze ohne Nachbesserungen des Anwenders den Anforderungen eines guten Finite Elemente Modells genügen. Dies gilt insbesondere für den dreidimensionalen Fall. Ein weiterer Nachteil besteht in der Notwendigkeit, die zugehörige meistens sehr umfangreiche Software in die Optimierungsschleifen einzubauen. Dies gilt im Besonderen für die Sensitivitätsanalyse, bei der für jede Perturbation der geometrischen Parameter ein neues Netz erzeugt werden muß. In der Praxis wird also dieser zunächst naheliegend erscheinende Weg wegen seines Aufwandes zur Implementierung der Software und der fragwürdigen Automatisierbarkeit weniger bevorzugt.

Eine einfachere Vorgehensweise besteht darin, die ursprünglichen Knotenkoordinaten p_0 des einmal erstellten Finite Elemente Netzes durch einen Satz von Verschiebungsvektoren p_i, den sogenannten Form-Moden, wie folgt zu modifizieren:

$$p = p_0 + \sum_i p_i (x_i - x_i^0) \qquad\qquad (8\text{-}1)$$

Die neuen Knotenkoordinaten p werden also aus den ursprünglichen durch Überlagern einer Linearkombination von Form-Moden ermittelt. Dabei werden die Koeffizienten in (8-1) so gewählt, daß für die Entwurfsvariablen die Anfangswerte $x_i = x_i^0$ einzusetzen sind.

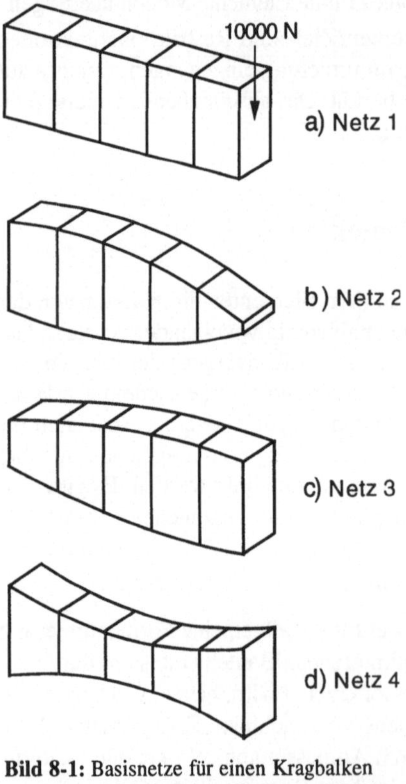

Die in dem Ansatz (8-1) benötigten Form-Moden p_i werden aus den Knotenkoordinaten mehrerer Basisnetze erzeugt. Zusätzlich zu dem zur Analyse notwendigen Finite Elemente Netz hat der Anwender eine Reihe geometrisch modifizierter Netze zu definieren. Bild 8-1 zeigt exemplarisch eine solche Reihe von vier Netzen aus Volumenelementen, um einen Kragbalken zu modellieren. Im allgemeinen und insbesondere für eine komplizierte Geometrie lassen sich diese Basisnetze mit einem beliebigen Finite Elemente Vorprozessorprogramm generieren. Das Netz 1 aus Bild 8-1 mit den Knotenpunktskoordinaten p_0 wird als Ausgangs- oder Referenznetz ausgewiesen. Die Differenzen dieser Knotenpunktskoordinaten von jenen der anderen Netze $\hat{p}_i$ ergeben mit einem geeigneten Normierungsfaktor c_i versehen die gesuchten Form-Moden.

$$p_i = c_i (\hat{p}_i - p_0) \qquad\qquad (8\text{-}2)$$

Als einschränkende Forderung müssen alle Basisnetze eine identische Topologie besitzen, weil sonst keine eindeutige Überlagerung der Knotenkoordinaten möglich ist. Die aus (8-2)

Bild 8-1: Basisnetze für einen Kragbalken zur Erzeugung möglicher Form-Moden

resultierenden Form-Moden sollten untereinander linear unabhängig sein, um eine eindeutige Parametrisierung zu garantieren. Bei der Erstellung der Basisnetze sollte ferner auf möglichst gleichmäßige Elementgrößen geachtet werden, um die Gefahr geometrischer Entartung von Elementen in der Optimierung zu verringern. Dies erfordert z. B. bei Veränderungen der Randkontur eines Modells auch gleichartige Anpassungen der inneren Knoten des Netzes. Trotz derartiger Vorkehrungen lassen sich geometrische Entartungen nicht immer ausschließen. Tritt ein solcher Fall ein, muß der Optimierungsvorgang unterbrochen werden und eine von Grund auf neue Vernetzung des Modells vorgenommen werden. Das heißt, man erstellt neue Koordinatensätze $\mathbf{p}_0$ und $\hat{\mathbf{p}}_i$, die gegenüber den alten auch eine veränderte Topologie aufweisen können. Mit den aus (8-2) resultierenden neuen Form-Moden kann dann die Optimierung als Neustart fortgesetzt werden.

Um eine geometrisch relevante Wichtung der Form-Moden zu gewährleisten, sollten sie in (8-2) so normiert werden, daß die absolut größte Komponente jedes Vektors $\mathbf{p}_i$ den Wert der mittleren Elementlänge der am zugehörigen Knoten angrenzenden Elemente annimmt. Wenn dann die Formparameter x_k z. B. innerhalb der Grenzen

$$x_i^0 - 1 \le x_i \le x_i^0 + 1 \tag{8-3}$$

variieren, entsteht eine Netzverzerrung, die maximal bis zur Größe einer relevanten Elementlänge gehen kann. Ungleichungen der Art (8-3) können auch als Bewegungsschranken für einen Entwurfszyklus angesehen werden. Am Ende eines solchen Zyklusses setzt man die aktuellen Knotenkoordinaten $\mathbf{p}$ als neuen Startentwurf $\mathbf{p}_0$ in (8-1) ein, erzeugt neue Basisnetze und die daraus gemäß (8-2) resultierenden neuen Form-Moden. Der neue Entwurfszyklus beginnt wieder mit den Anfangswerten $x_i = x_i^0$.

8.1.2 Beispiel zur Formoptimierung mit Basisnetzen

Das folgende Beispiel stammt aus der Automobilindustrie (siehe [8-1]) und beschreibt die Formoptimierung des unteren Querlenkers einer Radaufhängung. Das zugehörige Finite Elemente Netz ist in Bild 8-2a dargestellt; es besteht aus Volumenelementen und hat insgesamt 812 Knotenpunkte. Der kritisch Lastfall entspricht einer Vollbremsung und ist in Bild 8-2a durch zwei resultierende Einzelkräfte angedeutet. Die das linke Auge umgebenden Knoten sind fixiert. Ziel der Optimierung ist die Minimierung des Gewichtes unter der Restriktion, daß die maximale von Mises Spannung unterhalb eines Grenzwertes von 600 [N/mm^2] bleibt.

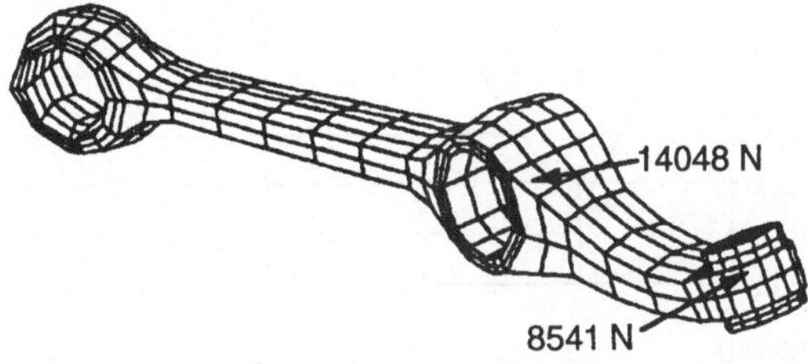

Bild 8-2a: Finite Elemente Netz des Querlenkermodells für den Startentwurf

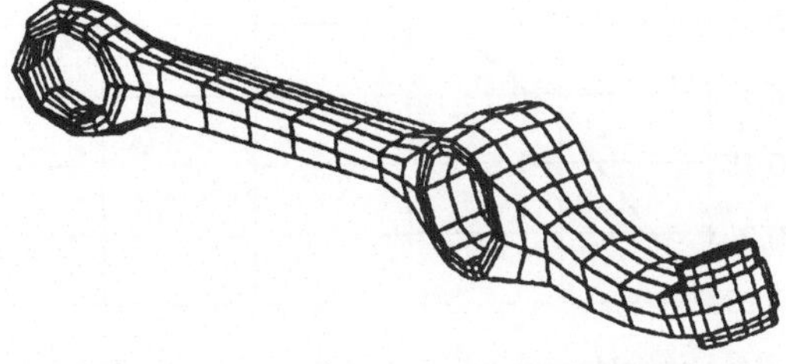

Bild 8-2b: Optimierter Entwurf des Querlenkermodells

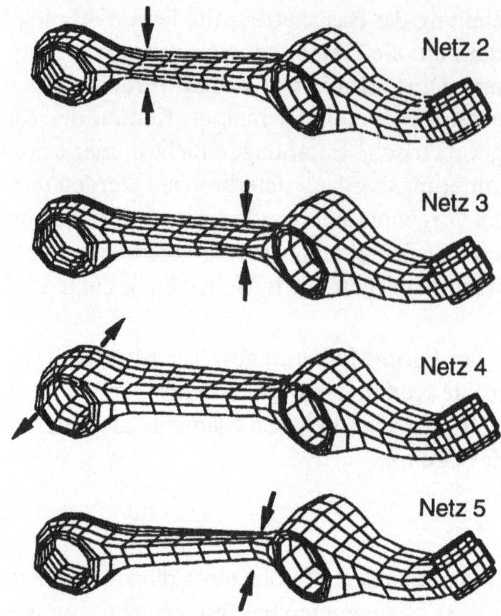

Bild 8-3: Zusätzliche Basisnetze
zur Erzeugung von Form-Moden

Die zur Variation der Form verwendeten Form-Moden $\mathbf{p}_i$ werden aus den in Bild 8-3 gezeigten vier verschiedenen Basisnetzen gemäß der Vorschrift (8-2) erzeugt. Die gezeigten Basisnetze sind geometrische Varianten des in Bild 8-2 oben dargestellten ursprünglichen Entwurfs. Die Zahl der Elemente sowie ihre Verknüpfungen untereinander bleiben dabei unverändert. Die Basisnetze aus Bild 8-3 stellen jedes für sich mögliche Entwurfsvarianten dar, die den aus Fertigung oder Platzangebot resultierenden Rahmenbedingungen genügen. Sie sind also nicht zufällig entstanden, sondern beinhalten die konstruktive Erfahrung des Ingenieurs.

Die optimierte Form des Querlenkers ist in Bild 8-2b abgebildet. Sie entspricht einer Gewichtsreduktion um ca. 2.3%, wobei zu beachten ist, daß der ursprüngliche Entwurf mit einer maximalen von Mises Spannung von 751 [N/mm^2] die geforderte Spannungsrestriktion verletzt. Bild 8-4 zeigt die Entwicklung der Zielfunktion, hier des Gewichtes, und der Restriktionsfunktion

$$g = 1 - \sigma_{max} / \sigma_{zul}$$

über den Iterationsschritten der Optimierung aufgetragen. Die Optimierung wurde nach fünf Iterationen mit einem zulässigen Entwurf abgebrochen. Es ist dies zwar noch kein Optimum im mathematischen Sinn, stellt aber eine Entwufsverbesserung dar, die im vorliegenden Beispiel den praktischen Erwartungen genügt.

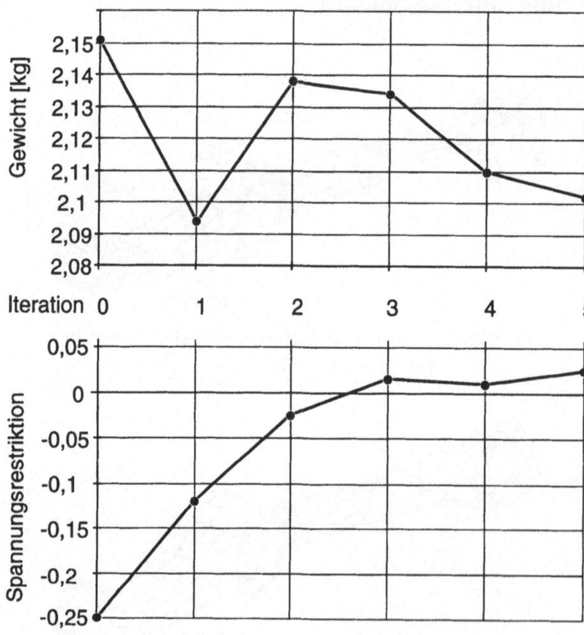

Bild 8-4: Entwicklung von Ziel- und Restriktionsfunktion

8.1.3 Form-Moden aus fiktiven Lasten

Eine weitere Methode zur Erzeugung von Form-Moden bedient sich Verschiebungsvektoren $\hat{\mathbf{u}}_i$, die das Ergebnis einer statischen Analyse mit i. a. mehreren fiktiven Lastfällen $\hat{\mathbf{F}}_i$ sind.

$$\mathbf{K}\hat{\mathbf{u}}_i = \hat{\mathbf{F}}_i \tag{8-4}$$

Die Steifigkeitsmatrix $\mathbf{K}$ ist dabei genau jene des zu optimierenden Finite Elemente Modells, während die verallgemeinerten Kraftvektoren $\hat{\mathbf{F}}_i$ mit der physikalischen Belastung des zugrunde liegenden Problems nichts zu tun haben. Sie dienen lediglich dazu, geeignete Verschiebungen zu erzeugen, die nach einer Normierung direkt als Form-Moden zur Netzoptimierung eingesetzt werden.

$$\mathbf{p}_i = c_i\hat{\mathbf{u}}_i \tag{8-5}$$

Bei der Definition der fiktiven Lasten aus (8-4) können alle Möglichkeiten der Finite Elemente Modellierung eingesetzt werden. So können neben singulären Einzelkräften auch verteilte Lasten wie z. B. eine Drucklast aufgebracht werden. Ganz wesentlich ist auch die Berücksichtigung von vorgegebenen Verschiebungen als fiktive Lastfälle. Man kann damit z. B. eine Randkontur verformen, und die statische Rechnung aus (8-4) erzeugt dann eine kontinuierliche Verschiebung der freien Knoten des Netzes, die eine gute Anpassung der inneren Knotenpositionen liefert. Fiktive Kräfte wird man eher einsetzen, wenn die optimale Kontur eines freien Randes gesucht wird, ohne daß der Benutzer eine Vorstellung von möglichen geeigneten Konturformen hat. Es können bei einer Formoptimierung gleichzeitig Form-Moden aus fiktiven Verschiebungs- wie aus Kraftlastfällen eingesetzt werden.

Der Rechenaufwand zur Lösung des linearen Gleichungssystems (8-4) fällt nicht besonders ins Gewicht, da er nur einmal vor Beginn der Optimierung anfällt, und so im Vergleich zum Analyseaufwand während der Optimierungsiterationen gering bleibt. Der Hauptvorteil dieser Methode liegt in der automatischen und homogenen Anpassung der inneren Knotenkoordinaten eines Netzes bei Variationen des Randes. Probleme können hingegen Glattheitsforderungen freier Ränder machen. Zudem sind die aus fiktiven Lasten erzeugten Verformungen des Netzes a priori nicht bekannt, und es kann ein längerer Prozeß des Probierens nötig sein, bis die geeignet erscheinenden Form-Moden gefunden sind.

Die Methode der fiktiven Lasten stellt also eine Alternative zu der in Kapitel 8.1.1 dargestellten Erzeugung von Form-Moden dar. Selbstverständlich können in einer Formoptimierung Form-Moden aus der einen wie auch der anderen Erzeugungsvariante simultan verwendet werden. Der Optimierungserfolg hängt letztlich von der Sensitivität der Optimierungsfunktionen bezüglich der verwendeten Form-Moden ab. Es ist dabei völlig unerheblich, auf welchem Weg sie erzeugt wurden.

8.1.4 Beispiel zur Formoptimierung mit fiktiven Lasten

Das zu optimierende Bauteil gehört zu einem automatischen Fahrzeuggetriebe und dient dort zur Verriegelung des Antriebsstranges in der Parkstellung. Die Geometrie und das Netz der ebenen Finite Elemente Modellierung sind in Bild 8-5 gezeigt. Die Dicke des Bauteils ist mit 10 mm konstant zu halten. Der kritische Lastfall ist durch eine Kraft von F = 1000 N gegeben, welche wie eingezeichnet an der Zahnflanke angreift. Alle Knoten entlang der kreisförmigen Wellenbohrung sind fest eingespannt. Das Modell setzt sich aus 164 Membranelementen mit Eck- und Seitenmittenknoten und ebenem Spannungszustand zusammen. Es ergeben sich

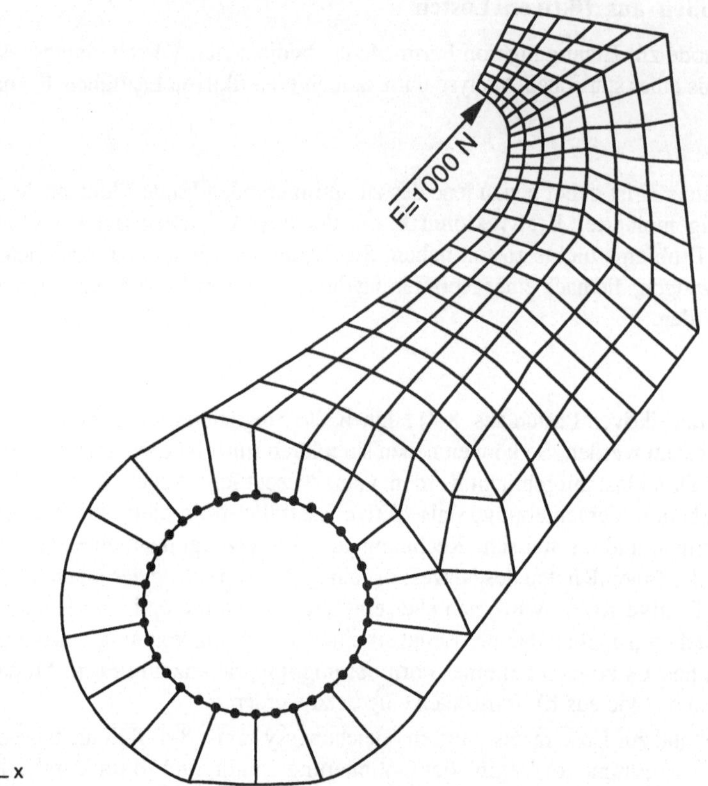

Bild 8-5: Das Ausgangsnetz mit realer Belastung

insgesamt 568 Knoten und 1064 unabhängige Freiheitsgrade. Die maximale von Mises Vergleichsspannung tritt erwartungsgemäß im Kerbgrund am Fuß der belasteten Zahnflanke auf und beträgt ca. 1440 [N/mm^2]. Die Optimierungsaufgabe lautet:

- Minimiere die maximale Vergleichsspannung durch Veränderung der Randgeometrie unter Einhaltung geometrischer Restriktionen wie in Bild 8-6 gezeigt.

Zur Erzeugung von Form-Moden werden nun gemäß dem in Kapitel 8.1.3 beschriebenen Verfahren fiktive Randbedingungen und Lasten definiert. In allen diesen fiktiven Lastfällen sind die in Bild 8-7 hervorgehobenen Knoten festgehalten. Der erste Form-Mode ist in Bild 8-8 gezeichnet; er entsteht durch vorgegebene Verschiebungen entlang der Randstücke L1 und L2. Die weiteren vier verwendeten Form-Moden entstehen durch konstante Drucklasten, die jeweils entlang eines der Randstücke L3 bis L6 aufgeprägt werden. Die resultierenden Form-Moden sind in den Bildern 8-9 bis 8-12 dargestellt. Der Grund für die Wahl von vorgegebenen fiktiven Kräften anstelle von Verschiebungen entlang der Randstücke L3 bis L6 ist die hohe Sensitivität der Randkrümmung bei kleinen Ungenauigkeiten in der Ermittlung der lokalen Randnormale. Dieses Problem hat man bei der Vorgabe von Drucklinienlasten nicht.

Die Generierung von Form-Moden bedarf der visuellen Inspektion durch den Anwender. Es ist in fast allen praktischen Anwendungen unerläßlich, die graphischen Darstellungsmöglichkeiten geeigneter Auswerteprogramme wie z. B. Finite Elemente Vor/Nach-Prozessoren zur Überprüfung und Auswahl der Form-Moden einzusetzen.

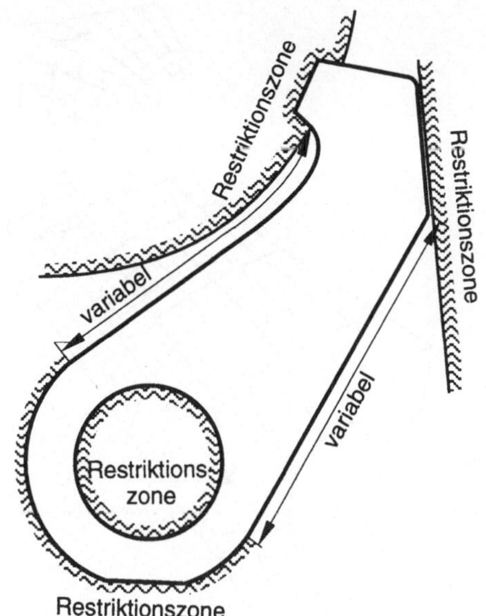

Bild 8-6: Geometrische Restriktionen für die Randkontur

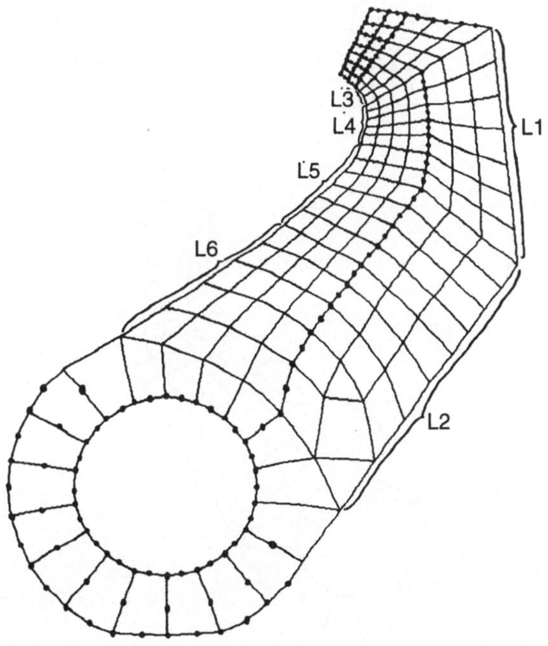

Bild 8-7: Das Ausgangsnetz mit fiktiv festgehaltenen Knoten

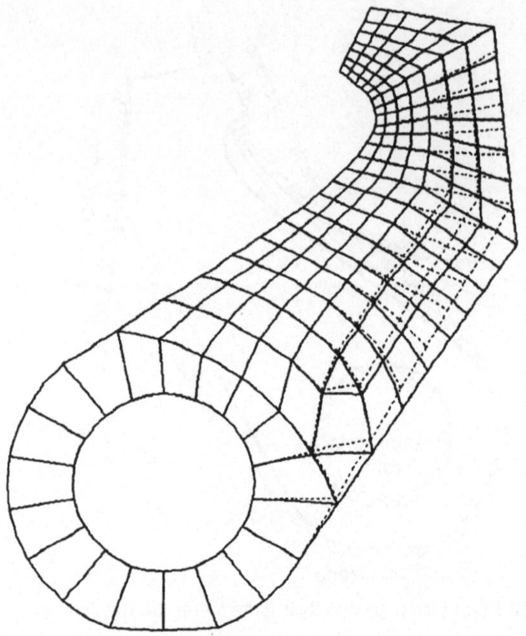

Bild 8-8: Form-Mode Nr.1 aus vorgegebenen fiktiven Randverschiebungen

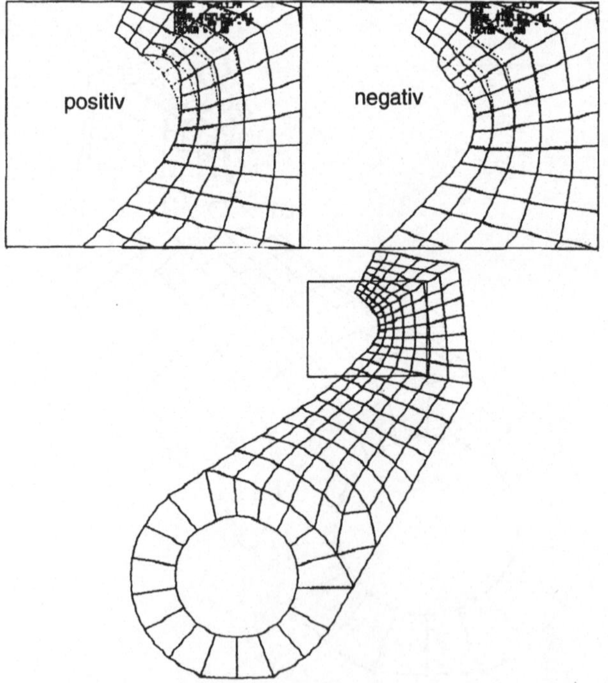

Bild 8-9: Form-Mode Nr.2 aus fiktiver Drucklast entlang Randstück L3

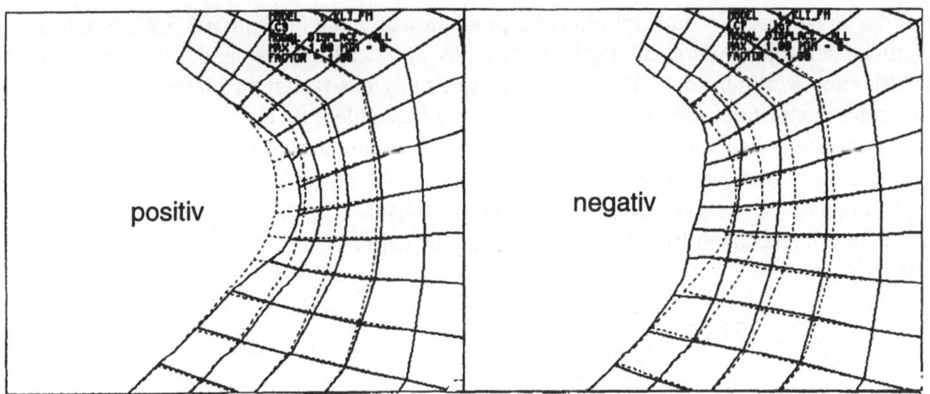

Bild 8-10: Form-Mode Nr.3 aus fiktiver Drucklast entlang Randstück L4

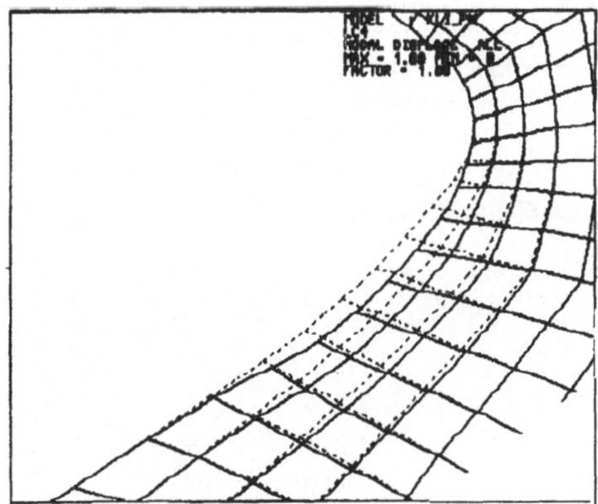

Bild 8-11: Form-Mode Nr.4 aus fiktiver Drucklast entlang Randstück L5

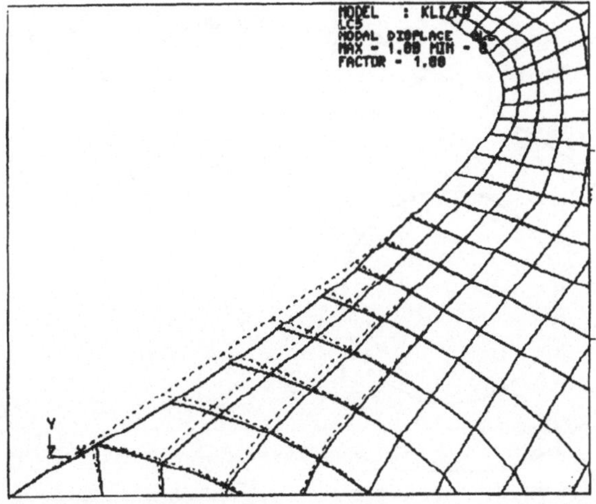

Bild 8-12: Form-Mode Nr.5 aus fiktiver Drucklast entlang Randstück L6

Auf das oben beschriebene Optimierungsproblem wurde die in Kapitel 5.3.2.2 beschriebene Methode der zulässigen Richtungen angewendet. Bei der Berechnung der Zielfunktion wird der Maximalwert der von Mises Vergleichsspannung aus fast allen Elementen genommen. Ausgenommen ist nur die direkte Umgebung der Lasteinleitung (siehe Bild 8-5), da das dort zu erwartende hohe Spannungsniveau durch Druckspannungen verursacht wird, die hier kein Versagenskriterium darstellen. Bild 8-13 zeigt die Abnahme der versagensrelevanten maximalen Vergleichsspannung im Laufe von 7 Optimierungsiterationen. Die Kontur des Bauteils hat sich dabei entsprechend Bild 8-14 vom ursprünglichen Entwurf zum optimierten Entwurf geändert.

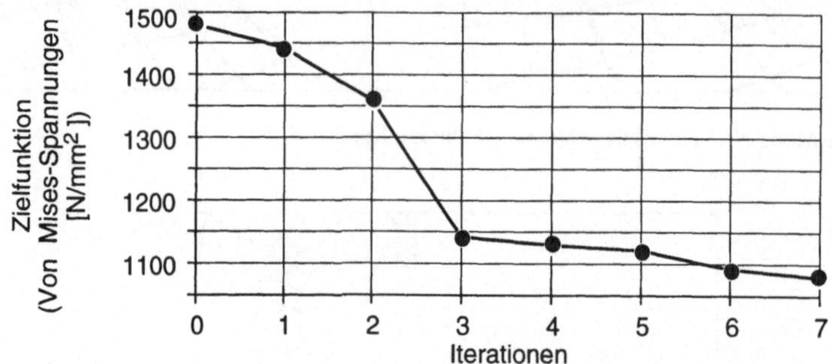

Bild 8-13: Entwicklung des Zielfunktionswertes (maximale von Mises Vergleichsspannung)

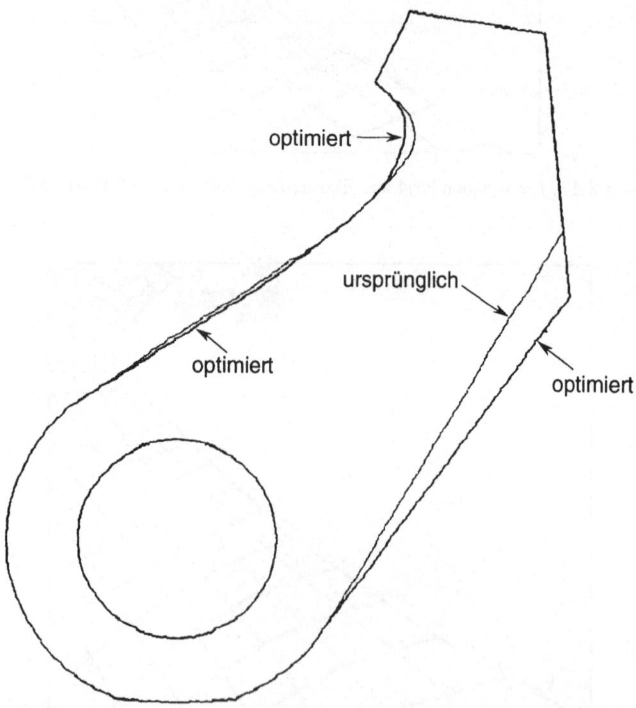

Bild 8-14: Randkontur des Sperrhebels vor und nach der Optimierung

8.1.5 Aspekte zur Sensitivitätsanalyse bei der Formoptimierung

Die benötigten Gradienten werden bei der Formoptimierung in der Regel über den semianalytischen Weg berechnet. Grundsätzlich gibt es dabei keinen Unterschied zur Dimensionsoptimierung. Es wurde allerdings häufig eine größere numerische Empfindlichkeit beobachtet. Im folgenden wird die Sensitivitätsanalyse am Beispiel der linearen Statik noch einmal kurz erklärt und einige zusätzliche Hinweise zur numerischen Auswertung gegeben. Wie bereits aus Kapitel 3.2 bekannt, ist

$$\mathbf{K}\frac{\partial \mathbf{u}}{\partial x_i} \approx \frac{\Delta \mathbf{F} - \Delta \mathbf{K}\mathbf{u}}{\Delta x_i} \tag{8-6}$$

die semianalytische Formel für den Gradienten der Verschiebungen. Der Verschiebungsvektor **u** in der rechten Seite von (8-6) ist die bereits bekannte Lösung der nicht perturbierten Kraft-Verschiebungsbeziehung.

$$\mathbf{K}\,\mathbf{u} \;=\; \mathbf{F}$$

Eine zu (8-6) äquivalente aber rechentechnisch vorteilhaftere Form ist die folgende.

$$\mathbf{K}\frac{\partial \mathbf{u}}{\partial x_i} \approx \frac{1}{\Delta x_i}\big[\mathbf{F}(x_i + \Delta x_i) - \mathbf{K}(x_i + \Delta x_i)\mathbf{u}\big] \tag{8-7}$$

In (8-7) wird gegenüber (8-6) die Differenzenbildung bei dem verallgemeinerten Kraftvektor **F** und der Steifigkeitsmatrix **K** vermieden. Auch müssen die Matrizen **K** und **F** nicht explizit zusammengebaut werden, sondern es genügt, die Beiträge von allen Element in dem resultierenden Pseudo-Lastvektor zu akkumulieren.

Die rechte Seite von (8.7) hat man für die Perturbation jeder Formvariablen x_i auszuwerten. Bei der Wahl der Anfangswerte x_i^0 sollte beachtet werden, daß die Formparameter x_i die Größenordnung von Eins nicht unterschreiten. Man kann dann die für die Sensitivitätsanalyse benötigten Perturbationen der Knotenkoordinaten nach der einfachen Vorschrift

$$\Delta \mathbf{p}_i = \mathbf{p}_i \cdot \Delta x_i = \delta \cdot \mathbf{p}_i \cdot x_i \tag{8-8}$$

berechnen, wobei δ ein fest gewählter Perturbationsfaktor ist. Ein typischer Wert ist

$$\delta = 0.001 \;,$$

der unter Berücksichtigung der in Kapitel 8.1.1 empfohlenen Normierung der Form-Moden $\mathbf{p}_i$ eine Formänderung von $(x_i/10)\%$ der relevanten Elementlänge zur Folge hat. Würde man für x_i Werte von nahezu Null zulassen, wären die aus (8-8) resultierenden Perturbationen nicht mehr groß genug und führten zu numerisch falschen Ergebnissen.

Aus (8-7) wird unter Berücksichtigung von (8-9) schließlich der Ausdruck

$$\mathbf{K}\frac{\partial \mathbf{u}}{\partial x_i} \approx \frac{1}{\delta \cdot x_i}[\mathbf{F} - \mathbf{K}\mathbf{u}]_{(\mathbf{p}_i + \delta \cdot \mathbf{p}_i \cdot x_i)} \tag{8-9}$$

für die Formoptimierung mit Form-Moden. Zur Lösung des Gleichungssystems (8-9) kann man wie immer in der semianalytischen Sensitivitätsanalyse von der bereits faktorisierten Steifigkeitsmatrix **K** Gebrauch machen, was den Rechenaufwand erheblich reduziert.

8.2 Wachstumsstrategien in der Formoptimierung

Eine spezielle Problemklasse der Formoptimierung hat die Minimierung und Homogenisierung von Spannungen an der Oberfläche von Bauteilen zum Ziel. Damit wird eine maximale Werkstoffausnutzung bei minimalem Gewicht erreicht. Dieses Postulat entspricht der Philosophie der voll beanspruchten Struktur als gewichtsoptimaler Entwurf mit zulässiger Festigkeit. Zwar gilt diese Aussage nicht im mathematisch strengen Sinne, sie wird aber neben der ingenieurmäßigen Plausibilität auch durch die Analogie zu Wachstumsstrategien in der Natur gestützt. Für die im folgenden avisierten technischen Problemstellungen wird ein linear-elastisches, homogenes und isotropes Material vorausgesetzt.

Im Unterschied zu der allgemeinen Formoptimierung, wie sie in Kapitel 8.1 beschrieben wurde, hat man hier keine freie Wahl der Ziel- und Restriktionsfunktionen, sondern ist auf das in der Wachstumsstrategie fest eingebundene Ziel beschränkt. Stimmt dieses Ziel mit dem einer gegebenen Strukturoptimierungsaufgabe überein, so ist die Anwendung einer Wachstumsstrategie aus einer Reihe von Gründen attraktiv. Erstens bedarf es keiner Parametrisierung der Geometrie, zweitens spielt die Zahl der Optimierungsvariablen keine Rolle für die Effizienz und drittens entfällt die rechenintensive Sensitivitätsanalyse.

8.2.1 Ein Wachstumsalgorithmus

Das Wachstum von Bäumen, Knochen und anderen biologischen Strukturen wird von der zugehörigen typischen Belastung gesteuert. Diese biologische Wachstumsstrategie versucht, lokale Spannungsüberhöhungen durch Formanpassung zu reduzieren. Beobachtungen von C. Mattheck haben gezeigt, daß der biologische Steuermechanismus recht gut durch ein einfaches Schwellgesetz beschrieben werden kann. Die Dehnungsrate $\dot{\varepsilon}_s$ des Schwellens ist die relative Volumenänderungsgeschwindigkeit, die in dem erwähnten einfachen Ansatz proportional zu einer lokalen Vergleichsspannung angenommen wird.

$$\dot{\varepsilon}_s = \frac{1}{V}\frac{dV}{dt} = k(\sigma_{Mises} - \sigma_{Ref}) \qquad (8\text{-}10)$$

Für einen dreiachsigen Spannungszustand mit den Hauptspannungskomponenten σ_1, σ_2, σ_3 ist

$$\sigma_{Mises} = \sqrt{\frac{1}{2}\left\{(\sigma_1 - \sigma_2)^2 + (\sigma_2 - \sigma_3)^2 + (\sigma_3 - \sigma_1)^2\right\}} \qquad (8\text{-}11)$$

die von Mises Vergleichsspannung und σ_{Ref} eine Referenzspannung, die z. B. auf den Wert eines mittleren Spannungsniveaus der Struktur gesetzt werden kann. Qualitativ besagt das Schwellgesetz (8-10), daß an Stellen mit größerer Vergleichsspannung als das Referenzniveau eine proportionale Wachstumsgeschwindigkeit vorliegt, während umgekehrt an Stellen mit kleinerer Vergleichsspannung eine proportionale Schrumpfung entsteht. Der Proportionalitätsfaktor k in (8-10) hat die Dimension [Fläche/(Kraft·Zeit)] und wird auf den Zahlenwert $k = 1$ gesetzt. Die in dem Schwellgesetz (8-10) benötigten Spannungen werden mittels einer Finite Elemente Analyse berechnet und in denjenigen Elementen ausgewertet, die an der Oberfläche des Modells liegen. Über ein fiktives Zeitinkrement Δt läßt sich dann ein inkrementeller Pseudo-Lastvektor $\Delta \mathbf{F}_s$ wie folgt bestimmen:

$$\Delta \mathbf{F}_s = \Delta t \sum_{e} \int_{V_e} \mathbf{B}^T \mathbf{E} \cdot \dot{\varepsilon}_s \, dV_e \qquad (8\text{-}12)$$

Dabei ist **B** die Dehnungs-Verschiebungsmatrix, **E** die Matrix der elastischen Eigenschaften und $\dot{\varepsilon}_s$ der Vektor der (8-10) entsprechenden isotropen Schwellrate. Integriert und summiert wird über die Volumina V_e aller Randelemente des Modells. Die durch die Schwellrate induzierten Verschiebungsinkremente $\Delta\mathbf{u}_s$ erhält man schließlich als Lösung des linearen Gleichungssystems

$$\mathbf{K}\cdot\Delta\mathbf{u}_s \;=\; \Delta\mathbf{F}_s \tag{8-13}$$

mit der bereits ermittelten und faktorisierten Steifigkeitsmatrix **K** des Finite Elemente Modells. Anschließend addiert man die Verschiebungsinkremente aus (8-13) zu den Knotenpunktskoordinaten $\mathbf{p}_{alt}$ des Netzes und definiert so das neue durch einen Wachstumsschritt modifizierte Netz mit den Knotenkoordinaten $\mathbf{p}_{neu}$.

$$\mathbf{p}_{neu} \;=\; \mathbf{p}_{alt} + \Delta\mathbf{u}_s \tag{8-14}$$

Mit diesen neuen Netzknoten kann dann eine neue Spannungsanalyse ausgeführt und über die Bestimmung von neuen Schwellraten gemäß (8-10) ein weiterer Wachstumsschritt gestartet werden.

Der oben skizzierte Wachstumsalgorithmus wurde von C. Mattheck auf eine Vielzahl von biologischen Strukturen wie z. B. Bäumen, Tierzähnen oder Krallen angewendet. Die Analogie zu den natürlichen Wachstumsvorgängen konnte dadurch eindrucksvoll bestätigt werden. Ein solches Beispiel ist die in Bild 8-15 dargestellte Formoptimierung einer symmetrischen Astgabel unter einer Biegebeanspruchung. Der Anfangsentwurf weist eine halbkreisförmige Kontur im Kerbgrund auf, was zu hohen lokalen Kerbspannungen führt. Diese Spannungsspitzen wurden im Laufe der Wachstumsoptimierung soweit reduziert, daß bei der gezeigten optimierten Kontur ein vollständig homogener Spannungszustand vorliegt. Die berechnete optimierte Kontur konnte bei realen gewachsenen Astgabeln in der Natur wiedergefunden werden, wie z. B. in Bild 8-16 gezeigt ist.

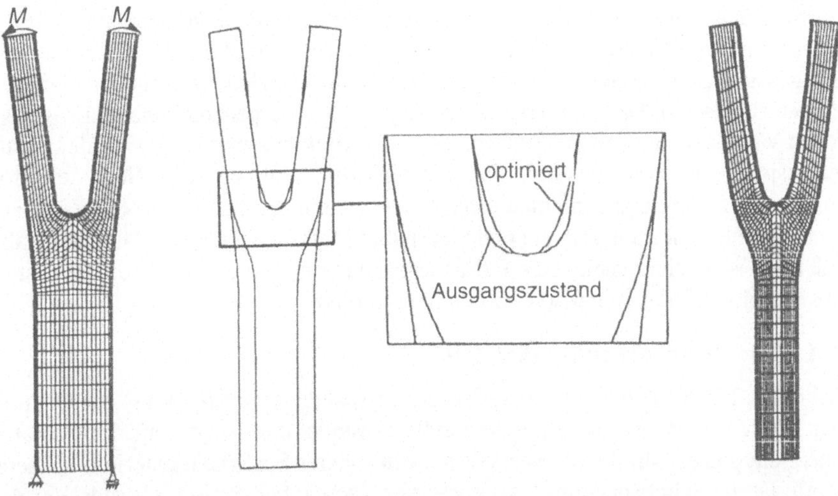

Bild 8-15: Formoptimierung einer Astgabel unter Biegelast

Bild 8-16: Natürlich gewachsene Astgabel

Der beschriebene Wachstumsprozeß ist noch durch die Wahl der Referenzspannung σ_{Ref} in (8-10) sowie des fiktiven Zeitinkrementes Δt in (8-12) beeinflußbar. Letzteres dient dazu, die Verschiebungsinkremente geeignet zu normieren. Ein relativ kleiner Wert für Δt führt zu entsprechend kleinen Wachstumsschritten und damit zu einer langsamen Konvergenz. Vergrößerungen von Δt werden also die Konvergenz beschleunigen. Wählt man hingegen ein zu großes Δt, so kann der Wachstumsprozeß divergieren, und zudem steigt auch die Tendenz zu geometrisch schlecht konditionierten Finite Elemente Netzen. Es bedarf einiger empirischer Erfahrung, den geeigneten Zeitschritt festzulegen. Eine Orientierungshilfe kann die Begrenzung der maximalen Knotenverschiebung im ersten Wachstumsschritt auf den Wert einer charakteristischen Elementlänge des Netzes sein. In den folgenden Wachstumsschritten wird dieser Wert für Δt beibehalten, was bei kleiner werdenden Schwellraten auch weiterhin moderate Modifikationen der Netzgeometrie garantiert. Da nur die Oberflächenelemente schwellen oder schrumpfen, führt dies schnell zu unerwünschten Unregelmäßigkeiten in den Elementgeometrien und folglich schlechten Spannungsresultaten. Es ist daher wichtig, in jedem Wachstumsschritt eine Netzanpassung vorzunehmen, durch welche die inneren Knotenlagen den Veränderungen am Rand angepaßt werden.

Durch die Wahl der Referenzspannung σ_{Ref} kann man den Wachstumsprozeß mehr oder weniger konservativ auslegen. So wird eine niedrige Referenzspannung tendenziell mehr Schwellen als Schrumpfen bewirken und zu einer Homogenisierung der Vergleichsspannung auf niedrigerem Niveau führen. Eine solche eher konservative Auslegung wird natürlich mehr Masse erfordern als eine weniger konservative. Umgekehrt wird ein größerer Wert für σ_{Ref} zu einer stärkeren Massenreduktion führen. Setzt man im Extremfall die Referenzspannung auf die Versagensgrenze des Materials, so wird das Schwellen gänzlich unterbunden und nur noch Schrumpfen zugelassen. Das führt aber in der Regel zu Konvergenzproblemen. Es ist also ratsamer, den Wachstumsprozeß mit einer moderateren Referenzspannung, z. B. dem mittleren Vergleichsspannungsniveau des ursprünglichen Entwurfs, zu beginnen. Nach der erfolgten Spannungshomogenisierung kann man dann versuchen, mit einer größeren Referenzspannung zu einem höheren Auslastungsniveau und niedrigerer Masse zu gelangen. Allgemein läßt sich sagen, daß die Wahl einer geeigneten Referenzspannung σ_{Ref} wie auch schon die Festlegung des fiktiven Zeitschritts Δt empirische Erfahrung erfordert.

8.2.2 Lokale Beanspruchungskriterien

In Abschnitt 8.2.1 wurde die von Mises Vergleichsspannung gemäß (8-11) zur Quantifizierung der lokalen Beanspruchung des Material verwendet und basiert auf der Gestaltänderungsenergiehypothese für duktile Werkstoffe. Ein anderes Festigkeitskriterium für derartige Werkstoffe ist die Schubspannungshypothese von Tresca, bei der die folgende Vergleichsspannung

$$\sigma_{Tresca} = \frac{1}{2}\left\{ |\sigma_1 - \sigma_2| + |\sigma_2 - \sigma_3| + |\sigma_3 - \sigma_1| \right\} \tag{8-15}$$

aus den drei Hauptspannungskomponenten σ_1, σ_2, σ_3 des allgemeinen dreiachsigen Spannungszustandes gebildet wird. Für spröde Werkstoffe ist das Kriterium der größten Normalspannung geläufig.

$$\sigma_V = \max\{\sigma_1, \sigma_2, \sigma_3\} \tag{8-16}$$

Neben den oben erwähnten meistens verwendeten Vergleichsspannungen gibt es noch weitere Definitionen, die speziellen Anforderungen an das Material und der Bauweise berücksichtigen. Ohne hierauf weiter vertiefend einzugehen sei allgemein festgehalten, daß jedes mechanisch sinnvolle lokale Belastungskriterium in einer Wachstumsstrategie zur Formoptimierung verwendet werden kann.

8.2.3 Algorithmus zur Spannungshomogenisierung

Die Basis für die im folgenden beschriebene Wachstumsstrategie ist die Hypothese von Baud [8-2], das Abklingungsgesetz von Neuber [8-3] und dessen Erweiterung von Schnack [8-4]. Die daraus resultierende zentrale Schußfolgerung besagt qualitativ, daß lokale Materialaufdickungen an Oberflächenstellen mit hoher Belastung und Verjüngungen an Stellen niedriger Belastung (siehe Prinzip der Entlastungskerbe) zu einer Spannungshomogenisierung und gleichzeitig zur Minimierung der Belastungsspitzen im Bauteil führen. Dieses Prinzip wird nun direkt in die folgenden Optimierungsstrategie umgesetzt. Nachdem die Spannungen an der Oberfläche des zu optimierenden Bauteils mittels eines Finite Elemente Modells berechnet worden sind, wird an jedem Oberflächenknoten p eine Vergleichsspannung als Maß der lokalen Belastung ermittelt.

$$\sigma_{V(p)} = f(\sigma_{1(p)}, \sigma_{2(p)}, \sigma_{3(p)}) \tag{8-17}$$

Die Funktion auf der rechten Seite von (8-17) kann z. B. eine der drei in (8-11,15,16) vorgestellten Vergleichsspannungen darstellen. Dann wird in allen Oberflächenknoten jeweils eine Verschiebung $u_{N(p)}$ in Richtung der Oberflächennormale definiert, die in folgender Weise von der Differenz der zugehörigen Vergleichsspannung und einer Referenzspannung $\sigma_{Ref(p)}$ abhängig ist.

$$u_{N(p)} = C \cdot \mathrm{sign}(\sigma_{V(p)} - \sigma_{Ref(p)}) \cdot \left|\sigma_{V(p)} - \sigma_{Ref(p)}\right|^{\kappa} \tag{8-18}$$

Die Referenzspannung kann für jeden Knoten neu festgelegt werden. Eine sinnvolle Wahl für $\sigma_{Ref(p)}$ ist die mittlere Vergleichsspannung innerhalb eines Kugelgebietes mit dem Radius $R_{(p)}$ um den jeweiligen Knoten. $R_{(p)}$ muß so groß gewählt werden, daß mindestens ein benachbarter Knoten innerhalb der Kugel liegt. Wenn die Kugel nur wenige Knoten umschließt, werden die lokal scharfen Kerben eliminiert. Vergrößerung des Kugelradius führt zu einer globaleren Spannungshomogenisierung im optimierten Modell. Wählt man den Radius so groß, daß er das gesamte Netz umfaßt, wird das hier beschriebene Verfahren dem in 8.2.1 vorgestellten Wachstumsalgorithmus sehr ähnlich.

Die Wahl des Vergrößerungsfaktors C aus (8-18) ist ähnlich zu interpretieren wie die Wahl des fiktiven Zeitschritts in 8.2.1. Der Exponent κ drückt in (8-18) die Form einer möglichen nichtlinearen Abhängigkeit der Normalverschiebung von der relativen Beanspruchungsgröße aus. Beide Konstanten sind Tuningparameter des Verfahrens, die sich nur nach empirischen Erfahrungen geeignet setzen lassen.

8.3 Topologieoptimierung

Die bisher beschriebenen Verfahren ermöglichen die Optimierung der Bauteilgestalt ausgehend von einer bereits gegebenen Form. Dabei werden die äußeren Konturen dieser Ausgangsform im Laufe des Optimierungsprozesses iterativ modifiziert. Topologische Eigenschaften der Gestalt wie z. B. Löcher und Verzweigungen lassen sich damit aber nicht erzeugen. Schwierigkeiten mit der Netzgeometrie bei sehr großen Veränderungen der Geometrie markieren ebenfalls eine Grenze der oben beschriebenen Formoptimierungen. Im diesem Kapitel wird nun eine Strategie vorgestellt, die gerade auf die Optimierung der soeben erwähnten globalen Gestalt und ihrer topologischen Eigenschaften abzielt.

Die Anwendung dieser Methoden beschränkt sich zur Zeit noch auf vorwiegend akademische Beispiele. Ein Grund dafür ist zum einen die recht junge Entwicklungsgeschichte. Zum anderen wird der Ingenieur letztlich auf Grund des eigenen Berufsethos seine Kenntnisse und Erfahrungen in den Entwurf eines Bauteils einfließen lassen. Ein solcher fachmännischer Entwurf mag im Detail noch nicht optimal sein, aber er erfüllt in der Regel bereits die globalen topologischen und geometrischen Anforderungen. In solchen Fällen läßt sich die optimale Form sinnvollerweise mit den in den vorangegangenen Kapiteln 8.1 und 8.2 dargestellten Methoden ermitteln. Die Topologieoptimierung ist so gesehen von der ingenieurmäßigen Praxis noch recht weit entfernt; sie stellt auf der anderen Seite aber ein radikales und faszinierendes Mittel zur weitgehend freien automatischen Generierung mechanischer Strukturen dar.

Im folgenden wird eine grundlegende Idee und Vorgehensweise der Topologieoptimierung vorgestellt. Zum vertieften Studium algorithmischer und numerischer Aspekte muß der interessierte Leser auf die einschlägige Originalliteratur, wie z. B. [8-5,6], verwiesen werden.

8.3.1 Verfahren variabler Materialdichte

Die Basisidee von Bendsøe [8-5] zur Topologieoptimierung mit Finiten Elementen geht von einem homogen mit Masse belegten Entwurfsvolumen aus. Die Verformung des Volumens läßt sich über eine Diskretisierung in finite Elemente für jede Art mechanischer Lasten und Randbedingungen numerisch ermitteln. Ziel des Verfahrens ist es, durch Materialkonzentrationen im Entwurfsvolumen die Verformung zu minimieren. Die insgesamt konstant gehaltene

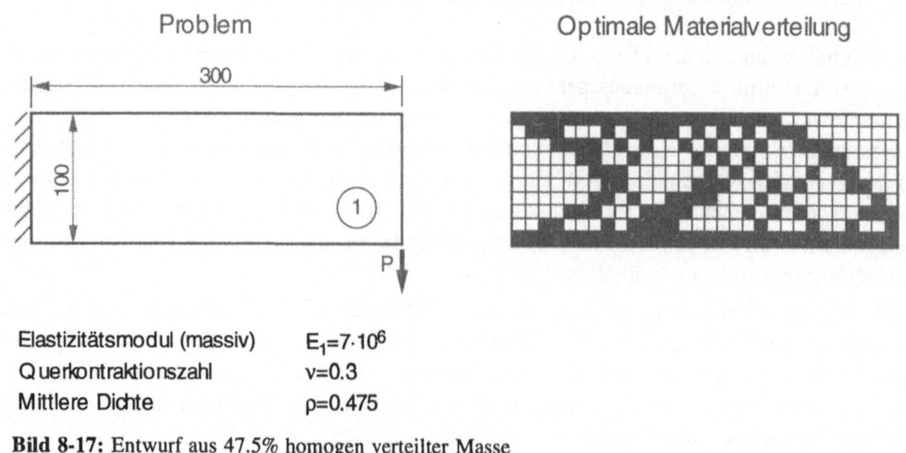

Bild 8-17: Entwurf aus 47.5% homogen verteilter Masse

Masse wird sich über eine variable Dichtefunktion in geeigneter Weise auf die finiten Elemente des Entwurfsvolumens verteilen. Dabei kann ein Element höchstens die Dichte des massiven Materials annehmen und wird im entgegengesetzten Extremfall die Dichte Null haben. Zwischen diesen beiden Extremen befinden sich Zustände mehr oder weniger ausgedünnten Materials. Diese ‚grauen' Materialdichten sind schlußendlich unerwünscht aber als temporäre Zustände in Verlaufe eines stetigen Optimierungsprozesses unvermeidlich. Im optimierten Entwurf sollte sich schließlich das ganze Material auf einen Teil der Elemente konzentriert haben, während der Rest leer ist. Die mit Masse belegten Elemente stellen dann die generierte Form des zu entwerfenden Bauteils dar. Bild 8-17 zeigt ein von Mlejnek [8-6] berechnetes Ergebnis einer solchen Optimierung für einen ebenen Kragbalken unter einer Querkraft.

Zur Realisierung der oben skizzierten Idee benötigt man eine Beschreibung der Abhängigkeit der Materialsteifigkeit von der Dichte. Verschiedene mikromechanische Modelle wurden für diesen Zweck herangezogen. So verwendeten Bendsøe und Kikuchi [8-5] ein mikromechanisches Modell mit variablem Porösitätsgrad, aus dem die makromechanischen Steifigkeitskennwerte eines homogenen Materials mit variabler Dichte abgeleitet wurden. Basierend auf einer Finite Elemente Modellierung einer mikromechanischen Materialzelle mit einem Loch variabler Größe haben Mlejnek und Schirrmacher [8-7] die Komponente des Steifigkeitstensors aus Energiekriterien identifiziert. In beiden Fällen beschreiben die resultierenden Steifigkeitstensoren für den massiven Extremalzustand ein isotropes Material, nicht aber für die porösen Zwischenzustände. Die folgende einfache Beziehung zwischen dem aktuellen Elastizitätsmodul E und jenem des massiven Materials E_0 wurde von Mlejnek [8-6] erfolgreich eingesetzt.

$$E = \rho^4\, E_0 \qquad \text{mit } 0 \le \rho \le 1 \qquad \text{und} \quad \nu = \text{konst.} \tag{8-19}$$

Der normierte Dichtefaktor ρ variiert zwischen Null und Eins; das heißt zwischen den Extremalzuständen leeren bzw. massiven Materials erhält man ein nach wie vor isotropes Material mit reduzierter Steifigkeit. Die gewählte Proportionalität des Elastizitätsmoduls zur vierten Potenz des Dichtefaktors sorgt dafür, daß die Steifigkeit mit verringerter Dichte sehr schnell abnimmt und somit Zwischenzustände ‚grauer' Materialdichte schnell zu den angestrebten Extremalzuständen entweder leeren oder massiven Materials konvergieren. Analog zu (8-19) läßt sich auch jeder anisotrope Steifigkeitstensor mittels eines Dichtefaktors variieren ohne daß seine sonstigen materialtypischen Eigenschaften verändert werden.

Als Startwert setzt man den Dichtefaktor für jedes Element auf einen Wert zwischen Null und Eins. Der Wert $\rho = 0.5$ bedeutet z. B., daß das Entwurfsvolumen homogen mit 50% der maximal möglichen Masse belegt ist. Eine größere Gesamtmasse wird einen konservativeren Entwurf ergeben als eine kleinere Masse.

Abschließend sei daran erinnert, daß das oben beschriebene Verfahren natürlich nur für eine beschränkte Klasse von Optimierungsaufgaben geeignet ist. Zunächst ist die Methode nur für Steifigkeitsoptimierungen formuliert. Auch ist die Berücksichtigung allgemeiner Restriktionen wie z. B. maximale Spannungen oder Schwingungsfrequenzen in der vorliegenden Formulierung nicht vorgesehen.

8.3.2 Mathematische Formulierung

Für einen statischen Lastfall mit dem zugehörigen Finite Elemente Lastvektor $\mathbf{F}_l$ ergibt das Skalarprodukt mit dem resultierenden Verschiebungsvektor $\mathbf{u}_l$ die Verformungsarbeit W_l.

$$W_l = \mathbf{F}_l^T \cdot \mathbf{u}_l \tag{8-20}$$

Ziel der Optimierung ist die Minimierung der maximalen Verformungsarbeit aller Lastfälle bezogen auf eine Referenzenergie W_0.

$$z = \max_l \left(\frac{W_l}{W_0} \right) \tag{8-21}$$

Um die generelle Differenzierbarkeit der Zielfunktion sicherzustellen, kann man (8-21) durch die Approximation nach Kreiselmeier und Steinhauser [8-8] ersetzen.

$$\tilde{z} = \frac{1}{w} \ln \left(\sum_l \exp\left(w \frac{W_l}{W_0} \right) \right) \tag{8-22}$$

Der Wichtungsfaktor w bestimmt die Qualität der Approximation der Maximumfunktion und sollte so groß wie numerisch möglich gewählt werden.

Das Optimierungsproblem hat nur die eine Gleichheitsrestriktion

$$h_1 = \frac{1}{m_{ges}} \sum_e \rho_e m_e - \rho = 0 \tag{8-23}$$

welche besagt, daß die Summe aller Elementmassen gleich einer konstanten Gesamtmasse ist. Dabei bezeichnen m_e die massiven Elementmassen und m_{ges} die Masse des massiv ausgefüllten Entwurfsvolumens mit dem konstanten Dichtefaktor $\rho \leq 1$.

Die Dichtefaktoren ρ_e sind die Entwurfsvariablen des Problems mit den folgenden Unter- und Oberschranken.

$$\varepsilon \leq \rho_e \leq 1 \tag{8-24}$$

Aus numerischen Gründen begrenzt man den Dichtefaktor nach unten durch eine relativ kleine Zahl ε. Man läßt also eine kleine Reststeifigkeit übrig, um Singularitäten in der Steifigkeitsmatrix eines Finite Elemente Modells zu vermeiden, wenn Bereiche des Entwurfsvolumens quasi leer geworden sind.

Das so formulierte Optimierungsproblem wird in der Regel eine große Zahl von Optimierungsvariablen aufweisen, nämlich einen Dichtefaktor für jedes finite Element. Es hat aber andererseits nur die eine lineare Restriktion (8-23). Zur Lösung eines derartigen Optimierungsproblems ist das in Kapitel 5.4.4 beschriebene duale Verfahren prädestiniert, vorausgesetzt die Zielfunktion ist separabel und konvex. Letzteres erfüllt die Funktion aus (8-22) i.a. aber nicht. Aus diesem Grund muß man auf die bereits approximierte Zielfunktion (8-22) eine weitere geeignete Approximation ansetzen, um die duale Lösungsmethode anwenden zu können. Eine solche Möglichkeit stellt z. B. die bereits auf Eigenwertrestriktionen angesetzte konvexe Approximation von (7-28) dar. Bewährt hat sich insbesondere die Method of Moving Asymptotes von Svanberg [5-23], die in Kapitel 5.4.3 beschrieben ist. Sie ist eine Erweiterung der einfachen konvexen Approximation mit der zusätzlichen Option, die Asymptoten der approximierenden Funktion im Laufe des Optimierungsprozesses sukzessive anzupassen.

8.3.3 Sensitivitätsanalyse mit Finiten Elementen

Zur Berechnung der oben erwähnten Approximation benötigt man neben dem aktuellen Wert der zu approximierenden Zielfunktion noch den Gradienten an dieser Stelle. Aus (8-22) ergibt sich letzterer zu folgendem analytischen Ausdruck.

$$\frac{\partial \tilde{z}}{\partial \rho_e} = \frac{\sum\limits_l \frac{\partial W_l}{\partial \rho_e} \exp\left(w\frac{W_l}{W_0}\right)}{W_0 \sum\limits_l \exp\left(w\frac{W_l}{W_0}\right)} \tag{8-25}$$

Es verbleibt noch die Ableitung der Verformungsarbeit W_l des Lastfalls l nach den Dichtefaktoren ρ_e der Elemente zu berechnen. Formal erhält man zunächst aus (8-20)

$$\frac{\partial W}{\partial \rho_e} = \frac{\partial \mathbf{F}^T}{\partial \rho_e}\mathbf{u} + \mathbf{F}^T \frac{\partial \mathbf{u}}{\partial \rho_e} \tag{8-26}$$

wobei der Index l für den jeweiligen Lastfall der besseren Übersicht halber weggelassen wurde. Weiterhin ergibt sich die Ableitung des statischen Verschiebungsvektors $\mathbf{u}$ aus der bekannten Sensitivitätsformel.

$$\frac{\partial \mathbf{u}}{\partial \rho_e} = \mathbf{K}^{-1}\left(\frac{\partial \mathbf{F}^T}{\partial \rho_e} - \frac{\partial \mathbf{K}}{\partial \rho_e}\mathbf{u}\right) \tag{8-27}$$

Durch Einsetzen von (8-27) in (8-26) erhält man schließlich die folgende Formel für den gesuchten Gradienten

$$\frac{\partial W}{\partial \rho_e} = 2\frac{\partial \mathbf{F}^T}{\partial \rho_e}\mathbf{u} - \mathbf{u}^T \frac{\partial \mathbf{K}}{\partial \rho_e}\mathbf{u} \tag{8-28}$$

Der zweite Summand setzt sich aus den Elementbeiträgen zusammen und da nur die Elementsteifigkeitsmatrix $\mathbf{K}_e$ von von dem zugehörigen Dichtefaktor ρ_e. abhängt, reduziert sich das Vektor-Matrix-Vektor Produkt auf die Ebene der Elementmatrizen.

$$\frac{\partial W}{\partial \rho_e} = 2\frac{\partial \mathbf{F}^T}{\partial \rho_e}\mathbf{u} - \mathbf{u}_e^T \frac{\partial \mathbf{K}_e}{\partial \rho_e}\mathbf{u}_e \tag{8-29}$$

Die Ableitung der Elementsteifigkeitsmatizen kann über Differenzenquotienten angenähert werden, wenn eine analytische Berechnung nicht zugänglich ist. Im Fall der Steifigkeitsformulierung (8-19) liegt eine analytische Auswertung auf der Hand; es gilt dann nämlich die folgende einfache Beziehung.

$$\frac{\partial \mathbf{K}_e}{\partial \rho_e} = 4\rho_e^3 \cdot \mathbf{K}_e^0 \tag{8-30}$$

Dabei ist $\mathbf{K}_e^0$ die Elementsteifigkeitsmatrix für massives Material. Hat man auch noch konstante Lasten, hängt also $\mathbf{F}$ nicht von ρ_e ab, so entfällt der erste Summand in (8-29) und mit (8-30) kommt man so zu der sehr einfachen Formel

$$\frac{\partial W}{\partial \rho_e} = -4\rho_e^3 \cdot \mathbf{u}_e^T \mathbf{K}_e^0 \mathbf{u}_e \tag{8-31}$$

für den gesuchten Gradienten der Verformungsarbeit. Um den aus dem Eigengewicht resultierenden Lastfall zu berücksichtigen, muß (8-31) allerdings noch um den ersten Summanden aus (8-29) erweitert werden.

Die Algorithmen zur Auswertung der Formeln (8-31) bzw. (8-29) erfordern keine großen Änderungen an bestehenden Finite Elemente Programmen, und der benötigte Rechenaufwand ist gering.

9 Andere spezielle Aufgaben und Vorgehensweisen

In diesem Kapitel 9 werden Aufgaben und Vorgehensweisen vertieft, die bisher nur kurz angesprochen wurden. Sie repräsentieren nicht unbedingt die häufiger vorkommenden Aufgaben der Optimierung, können aber in bestimmten Zusammenhängen wichtig werden.

9.1 Optimierungsaufgaben mit mehreren Zielen

9.1.1 Aufgabenstellung und Lösungsdefinition

Eine Optimierungsaufgabe mit mehreren Zielen oder auch Vektoroptimierungsaufgabe ist

$$\text{minimiere} \quad \left\{ \mathbf{z}(\mathbf{x}) \,\middle|\, \mathbf{x} \in R_z^n \right\} \tag{9-1}$$

d.h. es sind jetzt mehrere Zielfunktionen im Zielfunktionsvektor $\mathbf{z}$ aufgelistet. Die Anführungsstriche in (9-1) besagen, daß jetzt die Lösungsdefinition nicht mehr so offensichtlich ist wie bei den skalaren Aufgaben. Denn es wird im allgemeinen kein Variablenvektor $\mathbf{x}'$ existieren, für den alle Zielfunktionen gleichzeitig ihr individuelles Minimum annehmen; dies wäre eine ‚perfekte Lösung'. Vielmehr werden die Zielfunktionswerte für bestimmte Bereiche der Optimierungsvariablen sogar gegenläufig sein und so zu einem Konflikt führen. Eine Verkleinerung einer Zielfunktion kann dann nur durch die Zunahme mindestens einer anderen erkauft werden. Diese *Pareto-Optimalität* (A. Pareto war ein französischer Ingenieur und Sozialwissenschaftler) muß aber gerade eine wesentliche Eigenschaft einer Lösung von (9-1) sein, da ja sonst eine Zielfunktion weiter verkleinert werden könnte, ohne daß andere zunähmen. Dies wird aus dem in Bild 9-1 dargestellten hypothetischen Beispiel zweier konvexer Zielfunktionen der Variablen x deutlich: nur auf der stark ausgezogenen Strecke liegen Pareto-optimale Werte. Rechts davon nehmen z_1 und z_2 gleichzeitig ab. Dieser Bereich kann also im noch genauer zu definierenden Sinne nicht optimal sein. Werden alle zulässigen Optimierungsvariablen in die Zielfunktionen eingesetzt, so entsteht geometrisch betrachtet eine Abbildung des zulässigen Variablenbereiches R_z^n bei m Zielfunktionen in den zulässigen Zielfunktionsraum A^m. Ein solcher liegt in Bild 9-2 für ein hypothetisches Beispiel mit zwei Zielen im Inneren und auf der gezeichneten Kurve. Pareto-optimale Lösungen befinden sich auf dem stark ausgezogenen *effizienten Rand*. Denn die Punkt 1 und 2 besitzen in ihrer Nachbarschaft weitere Punkte mit mindestens einem kleineren Zielfunktionswert, ohne daß die anderen zunähmen. Hingegen ist für beliebige Punkte des effizienten Randes wie für den Punkt 3 die Verkleinerung eines Zielfunktionswertes nur durch Vergrößerung der anderen zu erreichen.

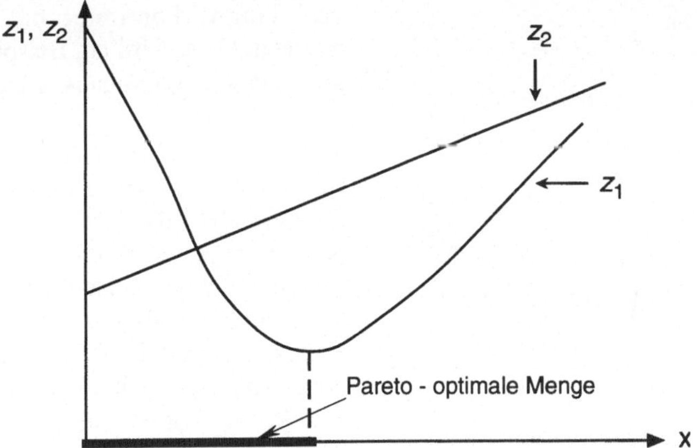

Bild 9-1: Die Menge der Pareto-Optima bei zwei konvexen Zielfunktionen

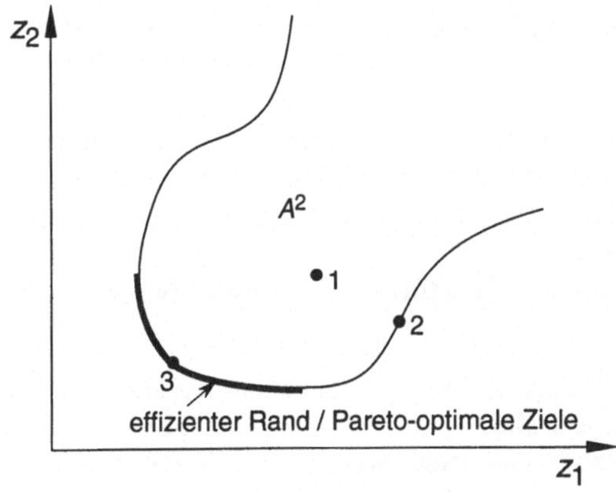

Bild 9-2: Effizienter Rand oder Pareto-Optima im Zielfunktionsraum

Bei nichtkonvexen Zielfunktionen wie in Bild 9-3 können mehrere Pareto-optimale Bereiche oder effiziente Ränder auftreten. Insgesamt wird klar, daß Pareto-Optimalität i. a. für beliebig viele Vektoren **x** gilt. Die Menge L aller (lokal) Pareto-optimalen Vektoren ist somit definiert mit

$$L = \left\{ \mathbf{x}^* \in R_z^n \mid \mathbf{z}(\mathbf{x}) \leq \mathbf{z}(\mathbf{x}^*) \Rightarrow \mathbf{z}(\mathbf{x}) = \mathbf{z}(\mathbf{x}^*), \ \forall \mathbf{x} \in R_z^n \ U(\mathbf{x}^*) \right\} \tag{9-2}$$

d. h. ein beliebiger Variablenvektor **x** aus der zulässigen Umgebung um ein $\mathbf{x}^*$ kann die ‚≤'-Beziehung in (9-2) bestenfalls nur mit dem ‚='-Zeichen erfüllen. Ist die Umgebung U beliebig groß, so enthält L die Menge aller globalen Pareto-Optima. Für Probleme mit streng konvexen Zielfunktionen und konvexem R_z^n gilt:

- es existiert (höchstens) nur ein effizienter Rand von A^m
- zu jedem Zielfunktionsvektor auf dem effizienten Rand gibt es genau einen Variablenvektor **x**.

Die Umkehrung der letzten Aussage ist interessant, da ja dann bei nichtkonvexen Aufgaben zu einem effizienten Zielfunktionsvektor mehrere Variablenvektoren gehören können. Daß dies in

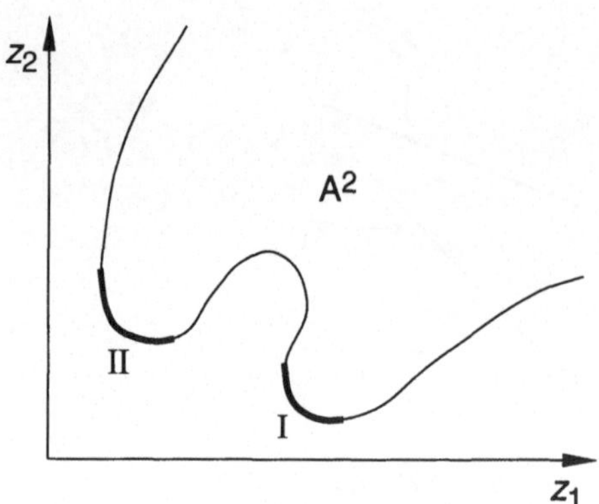

Bild 9-3: Zwei effiziente Ränder
bei nichtkonvexen Zielen

der Tragwerkoptimierung tatsächlich auftreten kann, wird am Beispiel des Stabdreischlags im nächsten Abschnitt deutlich.

Um aus der im allgemeinen unendlich großen Menge L nun den Lösungsvektor herauszusuchen, wird zusätzlich ein Präferenzverhalten, also letztlich eine Entscheidung, benötigt. Es ist dabei zu entscheiden, welcher Pareto-optimale Zielfunktionsvektor allen anderen Pareto-optimalen Zielen vorgezogen wird. Letztlich ist die Lösungsermittlung die Kombination der Erzeugung von Pareto-Optima mit einem Entscheidungs- und Auswahlvorgang, der sich nach der Relevanz und Wichtigkeit der verschiedenen Ziele richtet. Bei einer Minimierung von Gewicht und Gestehungskosten darf also erstens die eine Funktion nur noch durch Zunahme der anderen verkleinerbar sein, und zweitens ist dann im Falle des Vorzugs geringen Gewichts dann ein Entwurf mit eher niedrigerem Gewicht bei etwas höheren Gestehungskosten auszuwählen. Dieser Vorgang wird im folgenden im Zusammenhang mit der Abbildung der Vektoroptimierungsaufgabe auf skalare (Ersatz-) Optimierungsaufgaben besprochen. Eine Reihe weiterer Grundalgen, Algorithmen und Anwendungen findet sich in [9-1, 9-2].

9.1.2 Transformation der Vektoroptimierungsaufgabe auf eine skalare Aufgabe

Mit den im folgenden besprochenen Möglichkeiten der Transformation eines Vektoroptimierungsaufgabe auf eine skalare werden die Verfahren zur Lösung skalarer Aufgaben auch für die vektoriellen nutzbar. Die beiden wesentlichen Forderungen an eine solche Transformation sind:

- die Lösung der skalaren Aufgabe ist im Sinne der vektoriellen Aufgabe Pareto-optimal
- das Präferenzverhalten zur Auswahl der konkreten Lösung aus dem Satz der Pareto-optimalen läßt sich bei dieser Transformation berücksichtigen. Der ausgewählte Pareto-optimale Entwurf entspricht den Zielpräferenzen.

Es existieren verschiedene Möglichkeiten für solche Transformationen mit unterschiedlichen Vor- und Nachteilen. Bei nichtkonvexen Aufgaben kann nicht bei allen Transformationen garantiert werden, daß eine Lösung des skalaren (Ersatz-) Problems auch wirklich Pareto-optimal bezüglich des Ausgangsproblems ist. Auch kann bei Nichtkonvexität nicht garantiert werden, daß alle lokalen Bereiche von Pareto-Optima wie die in Bild 9-3 erreicht werden. Solche möglichen Ausnahmen wollen wir bei den jeweilige Transformationsverfahren verdeutlichen. Die hier etwas näher betrachteten sind:

- die Formulierung über eine Kostenfunktion, bei der die verschiedenen Ziele über Wichtungsfaktoren zu einer gemeinsamen Zielfunktion zusammengefaßt werden.
- die Restriktionsformulierung, bei der eines der Ziele als (einzige skalare) Zielfunktion benutzt wird und alle anderen als Restriktionsfunktionen beschränkt werden.
- die Formulierung über Abstandsfunktionen, bei denen der Abstand zwischen möglichst zu erreichenden und den tatsächlichen Zielfunktionswerten minimiert wird.

Zusätzlich sind auch Mischformen möglich und z. T. auch sinnvoll, so z. B. kann die Verknüpfung der Ziele über eine Kostenfunktion kombiniert werden mit der Vorgabe oberer Schranken für die Ziele in einer Restriktionsformulierung.

Die Transformation auf eine Kostenfunktion

Bei der Formulierung über eine Kostenfunktion werden die Zielfunktionen z_i über Wichtungsfaktoren zu einer gemeinsamen Kostenfunktion $u(x)$ additiv zusammengefaßt und dann das skalare Problem

$$\text{minimiere} \quad \left\{ u(\mathbf{x}) = \sum_i t_i z_i(\mathbf{x}) \ \middle| \ \mathbf{x} \in R_z^n; i = 1,..m \right\} \tag{9-3}$$

gelöst. Die Lösung von (9-3) liefert einen Punkt des effizienten Randes des Zielfunktionsraumes A^m. Durch Variation der Wichtungsfaktoren kann der gesamte effiziente Rand überstrichen werden. Bei nichtkonvexen Vektoroptimierungsaufgaben kann es allerdings effiziente Ränder geben, die nicht mit (9-3) erreicht werden können.

Die Einfachheit der Formulierung (9-3) darf allerdings nicht darüber hinweg täuschen wie schwierig in der Praxis vorab die Angabe vernünftiger, d.h. dem Präferenzverhalten entsprechenden Wichtungsfaktoren, sein kann. Dies trifft insbesondere zu bei physikalisch und in ihrer Größenordnung gänzlich unterschiedlicher Zielfunktionen. Denn in (9-3) werden sicherlich die zahlenmäßig großen Komponenten $t_i.z_i$ bei der Minimierung besonders berücksichtigt, was ja nicht unbedingt dem Präferenzverhalten entsprechen wird. Damit muß neben dem Präferenzverhalten auch die Größenordnung der z_i bei der Wahl der t_i berücksichtigt werden. Über entsprechende Skalierung sollten also alle Ziele zunächst in etwa gleiche Größenordnung gebracht werden. Danach muß das jeweilige Präferenzverhalten ausgedrückt werden: die besonders zu berücksichtigenden (möglichst klein zu machenden) Ziele erhalten dann entsprechend höherer Wichtungsfaktoren. Erfahrungsgemäß gelingt eine geeignete Wahl der t_i vorab selten. Vielmehr wird man mehrere Aufgaben mit unterschiedlichen Wichtungen lösen, um Einsicht in die Konsequenzen aus den sich dann ergebenden Pareto-optimalen Zielfunktionswerten zu gewinnen. Daraus lassen sich dann geeignete Wichtungen gewinnen. Eine naheliegende Alternative ist deshalb das weiter unten beschriebene interaktive Vorgehen.

Restriktionsformulierung

Bei der Restriktionsformulierung werden alle bis auf die j-te Zielfunktion nach oben beschränkt mit $z_i(\mathbf{x}) \leq z_i^*$ $\forall i$, $i \neq j$ und das skalare Problem

$$\text{minimiere} \quad \left\{ z_j(\mathbf{x}) \ \middle| \ z_i^* - z_i(\mathbf{x}) \geq 0, \ \mathbf{x} \in R_z^n, \ i = 1,..m, \ i \neq j \right\} \tag{9-4}$$

gelöst. Die Wahl der Schranken z_i^* wird durch das Präferenzverhalten bestimmt, allerdings dürfen zu strengen Forderungen an die z_i^* bzw. zu niedrig gewählte Schranken nicht zu einem leeren Raum von (9-4) führen. Bild 9-4 stellt den zulässigen Zielfunktionsraum A^2 für ein hypothetisches Beispiel dar. Dort ist z. B. $z_1^*{}_{(3)}$ zu niedrig angesetzt. Es existiert hierfür keine Lösung über die Restriktionsformulierung, da dann kein zulässiger Variablenvektor mit $z_1 \leq z_1^*{}_{(3)}$ gefunden werden kann. Hingegen liefert eine Forderung $z_1 \leq z_1^*{}_{(1)}$ oder auch $z_1 \leq z_1^*{}_{(2)}$ immer den Lösungspunkt am rechten effizienten Rand. Vernünftige Schranken liegen eigentlich nur auf der stärker ausgezogenen Strecke von z_1, so z. B. $z_1^*{}_{(4)}$. Die Auswahl

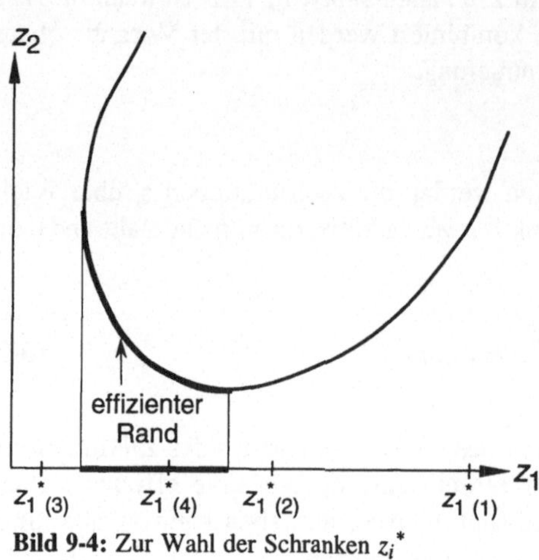

Bild 9-4: Zur Wahl der Schranken z_i^*

des Index j der zu minimierenden Funktion $z_j(\mathbf{x})$ ist zunächst willkürlich, es bietet sich aber hierzu die besonders wichtige Zielfunktion an oder diejenige, bei der eine Vorgabe oberer Schranken z_i^* a priori schwierig ist.

Abstandsfunktionsformulierung

Bei der Formulierung über ein Abstandsfunktionsproblem wird ein Vektor $\tilde{\mathbf{z}}$ von anzustrebenden Zielfunktionswerten vorgegeben und im Zielfunktionsraum A^m der Abstand der tatsächlichen vom erstrebenswerten Zielfunktionsvektor minimiert. Dies führt auf die Optimierungsaufgabe

$$\text{minimiere } \left\{ d(\mathbf{z}(\mathbf{x})) \;\middle|\; \mathbf{x} \in R_z^n \right\} \qquad (9\text{-}5)$$

mit der Abstandsfunktion

$$d = \left(\sum t_i \left| \tilde{z}_i - z_i(\mathbf{x}) \right|^q \right)^{1/q} \quad ; \quad i=1,..m \qquad (9\text{-}6)$$

Das Präferenzverhalten kann also neben der Vorgabe von $\tilde{\mathbf{z}}$ auch durch die Wichtungsfaktoren t_i und dem Exponenten q ausgedrückt werden. Bei $t_i=1$ ist für $q=2$ die Beziehung (9-6) die Euklidische Norm bzw. die Länge des Abstandsvektors. Sie geht für $q \rightarrow \infty$ in die Tschebyscheffnorm über, bei der dann die größte Komponente des Abstandsvektors minimiert wird, also die Aufgabe gelöst wird:

$$\text{minimiere } \left\{ \max_i \; (t_i \cdot |\tilde{z}_i - z_i(\mathbf{x})|) \;,\; \mathbf{x} \in R_z^n \right\} \qquad (9\text{-}7)$$

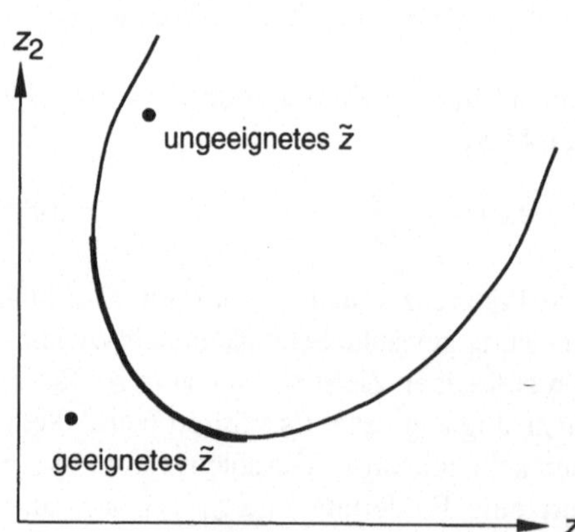

Bild 9-5:   Zur Wahl der $\tilde{z}$ in der Abstandsfunktionsformulierung

Zur Vermeidung nicht gewollter Bevorzugungen der zahlenmäßig großen Funktionswerte empfiehlt sich wie bei den anderen Transformationsmethoden auch, hier eine Normierung oder Skalierung der Ziele z. B. der Form

$$d = \left(\sum t_i \left| \frac{\tilde{z}_i - z_i(\mathbf{x})}{z_{i0}} \right|^q \right)^{1/q} \qquad (9\text{-}8)$$

Die Werte der z_{i0} liegen etwa in der erwarteten Größenordnung der z_i.

Aus Bild 9-5 wird deutlich, daß zur Erreichung von Pareto-Optimalität die $\tilde{z}_i$ nicht beliebig gewählt werden können. Sie müssen außerhalb von R_z^n oder doch zumindest auf dem effizienten Rand liegen.

Bei konvexen Problemen ist hinreichend für Pareto-Optimalität der Lösung von (9-5), daß $\tilde{\mathbf{z}}$ aus den individuellen Minima der Einzelziele gebildet wird. Aber diese sind ja meistens nicht bekannt, wenn auch deren Ermittlung zu wertvoller Einsicht in die gesamte Aufgabe führen kann. Bei den allgemeineren nichtkonvexen Aufgaben muß infolge der lokalen individuellen Minima der so gebildete minimale Abstand nicht unbedingt zu Punkten auf effizienten Rändern führen. Man wird also $\tilde{\mathbf{z}}$ mehr nach der Anschauung und Problemeinsicht vorgeben.

Es sei darauf hingewiesen, daß sich über die Lagrange-Funktion ein Zusammenhang zwischen der Kosten- und Restriktionsformulierung herstellen läßt [9-1].

Ein Beispiel: Gewichtsminimierung und Steifigkeitsmaximierung des Stabdreischlags

Ein Beispiel für eine Vektoroptimierungsaufgabe aus der Strukturmechanik mit den verschiedenen Transformationsmöglichkeiten auf eine skalare Aufgabe ist der Stabdreischlag aus Abschnitt 2.1. Neben dem Gewicht z_1 werden jetzt als weitere Zielfunktionen die Arbeit der äußeren Kräfte als Maß für die Nachgiebigkeit (bzw. inverses Maß für die Steifigkeit) betrachtet :

$$z_2 = \frac{1}{2}\mathbf{F}_{(1)}^T\mathbf{u}_{(1)}$$

$$z_3 = \frac{1}{2}\mathbf{F}_{(2)}^T\mathbf{u}_{(2)} \tag{9-9}$$

Die ‚Minimierung' dieser Funktionen ist eine Steifigkeitsmaximierung. Restriktionen sind die in Abschnitt 2.1 beschriebenen Spannungsrestriktionen.

Ist bei dem symmetrischen Tragwerk und der symmetrischen Belastung auch gleiche Präferenz für z_2 und z_3 vorhanden, so ist die zweidimensionale Darstellung der Ziele in Bild 9.6 möglich. Der schraffierte Bereich ist die Abbildung des zulässigen Raumes in die Zielfunktionsebene, also A^m. Der stark ausgezogene untere Rand ist der effiziente Rand und enthält alle Pareto-optimalen Lösungen. Nur im oberen Teil des effizienten Randes spielen die Span-

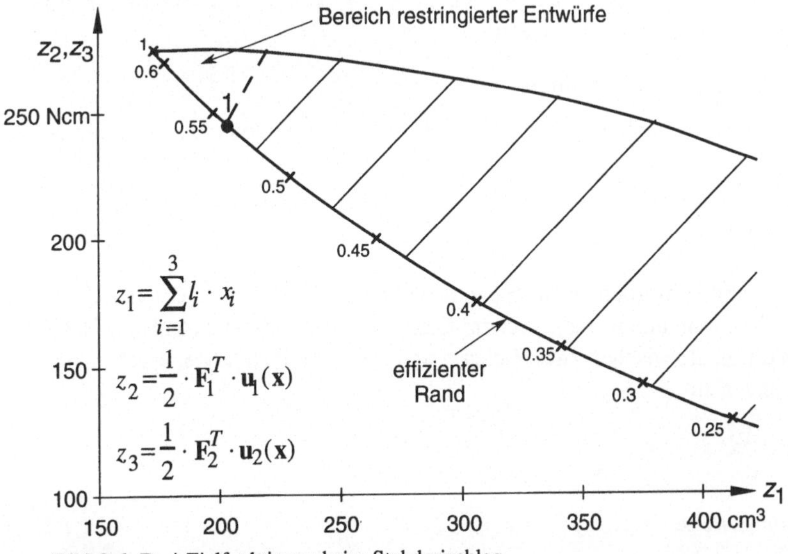

Bild 9-6: Drei Zielfunktionen beim Stabdreischlag

nungsrestriktionen eine Rolle, d. h. dort sind sie in den Pareto-optimalen Lösungen bindend. Nimmt man beispielsweise den durch Punkt 1 charakterisierten Pareto-optimalen Vektor $\mathbf{z}=\{250, 205, 205\}$, so gibt es hierzu mindestens zwei Entwürfe mit $\mathbf{x}=\{0.69, 0.57, 0.69\}$ und $\mathbf{x}=\{0.77, 0.34, 0.77\}$. Denn bei einem nichtkonvexen Vektoroptimierungsproblem können ja für einen Pareto-optimalen Zielfunktionsvektor mehrere Entwurfsvariablenvektoren existieren.

Die am effizienten Rand des Bildes 9-6 angegebenen Zahlen sind die Wichtungsfaktoren für z_1 in der Transformation über die Kostenfunktion. Infolge symmetrischen Präferenzverhaltens und der Normierung der Wichtungsfaktoren auf 1 ergeben sich die anderen zu $t_2=t_3=0.5(1-t_1)$. Erst ab $t_1<0.6$ unterscheiden sich die Lösungen deutlicher, für $t_1<0.3$ führen schon geringfügige Änderungen zu spürbar anderen Pareto-optimalen Zielfunktionsvektoren. Selbst bei diesem noch recht überschaubaren Beispiel ist also eine a-priori-Angabe der Wichtungen schwierig. Bei hoher Präferenz für Steifigkeiten (also kleinen Nachgiebigkeiten) wird eher ein Entwurf im rechten unteren Teil des effizienten Randes in Frage kommen, bei hoher Bedeutung des Gewichts/Volumens eher im linken oberen Teil.

9.1.3 Interaktive Lösungsverfahren für Vektoroptimierungsaufgaben

Meist können die Parameter des Transformationsprozesses auf ein skalares Problem wie Wichtungsfaktoren der Kostenfunktion, Restriktionsniveaus für restringierte Zielfunktionen usw. erst dann vernünftig angeben, wenn er das Systemverhalten und die Auswirkungen auf die Zielfunktionswerte durch erste Analyse- und Optimierungschritte kennt. Denn dabei werden ja erst die Konsequenzen der Parameterauswahl deutlich. Somit liegt interaktives Vorgehen nahe, bei dem die Ausbildung einer Präferenz und z.B. die daraus resultierende Wahl von Wichtungsfaktoren sich während des Rechenvorganges ausbildet und auch geändert werden kann. Allerdings ist zu beachten, daß bei hohem Rechenaufwand zur Funktionsauswertung dies dann auch schrittweise quasi-interaktiv geschehen kann. Alternativ bietet sich ein auf Geoffrion [9-3] zurückgehender Vorschlag an, bei dem vom Rechner nur die Komponenten des Zielfunktionsvektors geändert und über Antworten zu ‚Was wäre wenn'-Fragen des Präferenzverhalten und die Wichtungsfaktoren der Kostenfunktion ermittelt werden. Dies ist im folgenden beschrieben.

Interaktive Bildung einer Nutzenfunktion

Für die Optimierungsrechnung interessiert besonders der Gradientenvektor der Nutzenfunktion, d. h.

$$\frac{\partial u}{\partial x_j} = \sum_i t_i \frac{\partial z_i}{\partial x_j} \qquad i = 1,...,m,\ j = 1,...,n \tag{9-10}$$

(9-10) kann gebildet werden, wenn neben den Gradienten der Zielfunktionen die Wichtungen t_i bekannt sind. Von einem Indifferenzniveau u=const für (9-3) ausgehend, das eine Ebene gleicher Wertigkeit zwischen zwei Zielen z_i und z_l beschreiben möge, ergeben sich die (lokalen) Wichtungen zu

$$\frac{t_i}{t_l} = -\frac{\mathrm{d}z_l}{\mathrm{d}z_i} \tag{9-11a}$$

oder näherungsweise

$$\frac{t_i}{t_l} \approx -\frac{\Delta z_l}{\Delta z_i} \tag{9-11b}$$

Dividiert man (9-10) durch t_l (was wegen $t_l > 0$ zulässig ist und die Länge des Gradientenvektors nicht interessiert), so wird

$$\frac{\partial u}{\partial x_j} \sim \sum_i t_i \frac{\partial z_i}{\partial x_j} \qquad i = 1,...,m, \ j = 1,...,n \tag{9-12}$$

Durch Vorgabe eines Δz_l kann man dann bei Beibehaltung des Gesamtnutzens die zugehörigen Δf_i bestimmen, so daß bis auf $t_l \equiv 1$ die Wichtungen aus (9-11) angegeben werden können. Aus dem folgenden Algorithmus, der in Bild 9-7 zusammengestellt ist, wird die Vorgehensweise deutlich („C' für Computer, „ET' für Entscheidungsträger).

Als Referenzzielfunktion mit dem Index l sollte diejenige genutzt werden, deren Zielfunktion als besonders wichtig betrachtet wird und gut gegen die anderen abwägbar ist. Die $\Delta z_i, \Delta z_l$ sollten so gewählt werden, daß einerseits in (9-13) signifikante Änderungen auftreten, andererseits die Näherung in (9-11b) noch gilt. Die Änderungen der Zielfunktionen

ET: ①   Wähle den Index l der Referenzzielfunktion

ET: ②   Gib Δz_l und Anfangsabschätzungen für Δz_i, $i=1,...m, i \neq l$
          Es muß gelten $\mathrm{sign}(z_l) = -\mathrm{sign}(\Delta z_i)$

C: ③   Von $i \geq 1, i \neq l$ beginnend, stelle die beiden Vorschläge gegenüber:

Vorschlag 1	Vorschlag 2
z_1	z_1
.	.
.	.
.	.
z_l	$z_l + \Delta z_l$
.	.
.	.
z_i	$z_i := z_i + \Delta z_i$
.	.
.	.
z_k	z_k

(9-13)

ET: ④   Wähle den besseren der beiden Vorschläge
          Vorschlag 1 besser als Vorschlag 2: C: gehe zu ⑥
          Vorschlag 2 besser als Vorschlag 1:
          C: gehe zu ⑦
          Indifferenz: C: gehe zu ⑤

C: ⑤ $t_i = -\Delta z_l / \Delta z_i$; sind alle i abgearbeitet?
          ja: STOP; nein: $i := i+1$, gehe zu ③

C: ⑥   falls $\mathrm{sign}(\Delta z_l) > 0$: gehe zu ③
          falls $\mathrm{sign}(\Delta z_l) < 0$: $z_i := z_i - \Delta z_i$
          $\Delta z_i := \Delta z_i / 2$, gehe zu ③

C: ⑦   falls $\mathrm{sign}(\Delta z_l) < 0$: gehe zu ③
          falls $\mathrm{sign}(\Delta z_l) > 0$: $z_i := z_i - \Delta z_i$ $\Delta z_i := \Delta z_i / 2$, gehe zu ③

Bild 9-7: Ein interaktiver Prozeß zur Ermittlung von Wichtungsfaktoren

sollten also bei einigen wenigen Prozent liegen. Es ist zu beachten, daß der Rechner den Entscheidungsträger für einen Index i erst aus dem Frage-Antwort-Spiel entläßt, wenn eine Indifferenz erreicht wird; es liegt ein Spiel Entscheidungsträger gegen Rechner vor. Der Entscheidungsträger hat die Tendenz, für ein Δz_l möglichst viel in den anderen Zielen herauszuholen, der Rechner steuert dann jeweils in die Gegenrichtung. Ein solcher Prozeß ist für die obige Vektoroptimierungsaufgabe des Stabdreischlags in Bild 9-8 gezeigt.

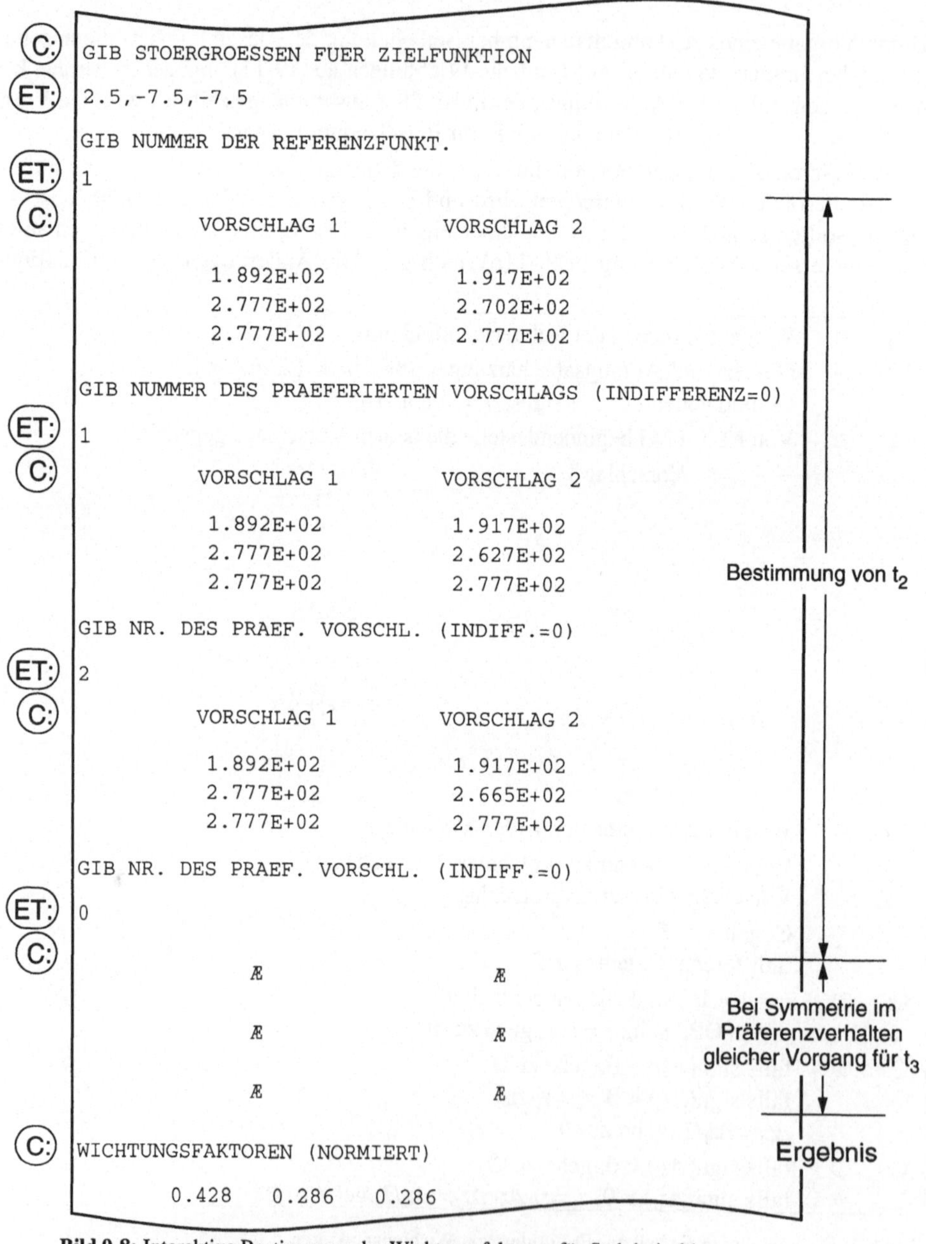

Bild 9-8: Interaktive Bestimmung der Wichtungsfaktoren für Stabdreischlag

Die Konsistenz im Entscheidungsverhalten kann dann überprüft werden durch

$$\frac{t_i}{t_l} \approx \frac{t_i}{t_j} \cdot \frac{t_j}{t_l} \qquad i,j = 1,\ldots,m; \ i,j \neq l, \ i \neq j \tag{9-14}$$

Wichtig ist, daß die Vorschläge in (9-13) unmittelbar genannt werden und nicht etwa aufwendige Analysen dahinter stehen. Es wird dabei auch zunächst offengelassen, ob die ermittelten Wichtungsfaktoren infolge der noch nicht berücksichtigten Restriktionen im folgenden Entwurfsvariablenänderungsschritt tatsächlich zu den erwünschten Zielfunktionsänderungen führen.

Werden während der Rechnung die Abweichungen in den t_i immer geringer und stabilisieren sie sich auf bestimmte Werte, so kann (9-12) als Gradient der Linearkombination der Ziele durch die Kostenfunktion (9-3) aufgefaßt werden. Die Lösung ist dann Pareto-optimal.

Bestimmung von Suchrichtungen

Bei der Wahl der Methode zur Bestimmung der Suchrichtung **s** ist zu beachten, daß hier nur der Gradient von $u(z(\mathbf{x}))$ aus (9-12) sowie Restriktionswerte und -gradienten zur Verfügung stehen. Deshalb eignet sich hier besonders die Methode der produktiv-zulässigen Richtungen (Abschnitt 5.3), die ja auch nur die Ableitungen der Ziel- und Restriktionsfunktionen benötigt.

Zusammenfassung der Vorgehensweise

Das Gesamtkonzept ist in Bild 9-9 zusammengefaßt. Nach einer Vorbereitungsphase, einer ersten Tragwerksberechnung und Kennenlernen des Verhaltens erfolgt eine erste Auswahl des Lösungskonzeptes, der Lösungsstrategie, Suchrichtungserzeuger und der Methode der eindimensionalen Optimierung. Der Fall des interaktiven Vorgehens ist dabei in Bild 9-9 weiter ausgeführt. Falls obere Schranken für Zielfunktionen angegeben werden können, die nicht überschritten werden sollen, können diese mit in die Restriktionen analog (9-4) aufgenommen werden. Wird dann während des Optimierungsprozesses die entsprechende Restriktion kritisch, so bestimmt diese das weitere Verhalten für die entsprechende Zielfunktion, wenn nicht gerade die Wichtungsfaktoren so gewählt werden, daß die Zielfunktion wieder abnimmt. Nach der Durchführung des Frage-Antwort-Spiels zur Bestimmung der Wichtungsfaktoren wird eine Suchrichtung ermittelt und die eindimensionale Optimierung durchgeführt. Zielfunktionen, Variable und Systemantworten interessant erscheinender Zwischenergebnisse können abgespeichert und später gegebenenfalls ausgedruckt werden. Bei Stabilisierung der Werte für die Wichtungen ist der Entwurf Pareto-optimal und die Präferenz eingehalten. Es ist klar, daß infolge der vielen Steuerungs- und Verzweigungsmöglichkeiten das Rechenprogramm stark modular aufgebaut werden muß. Wichtig für eine erfolgreiche praktische Anwendung ist, daß der Lösungsvorgang gestoppt werden kann und die relevante Information für einen Restart abgespeichert wird. Dadurch ist der Benutzer in der Lage, ohne den am Rechnerterminal entstehenden Aktionsdruck sich Information für die weiteren Entscheidungen zu beschaffen.

Eine weitere interaktive Möglichkeit bei Benutzung von Abstandsfunktionen

Ein der Abstandsfunktion nahes interaktives Vorgehen ist die Lösung der Aufgabe:

$$\text{minimiere} \left\{ \max_j \frac{z_j(x)}{\tilde{z}_j} \ \middle| \ x \in \mathbf{R}_z^n \right\} \tag{9-15}$$

Dabei sind die $\tilde{z}_j$ (möglichst niedrig) zu wählende Zielvorstellungen für die Zielfunktionen. Während des Lösungsprozesses sind diese solange immer weiter zu reduzieren, bis keine Verbesserung im Sinne der Pareto-Optimalität mehr möglich ist und der Entscheidungsträger zufrieden ist.

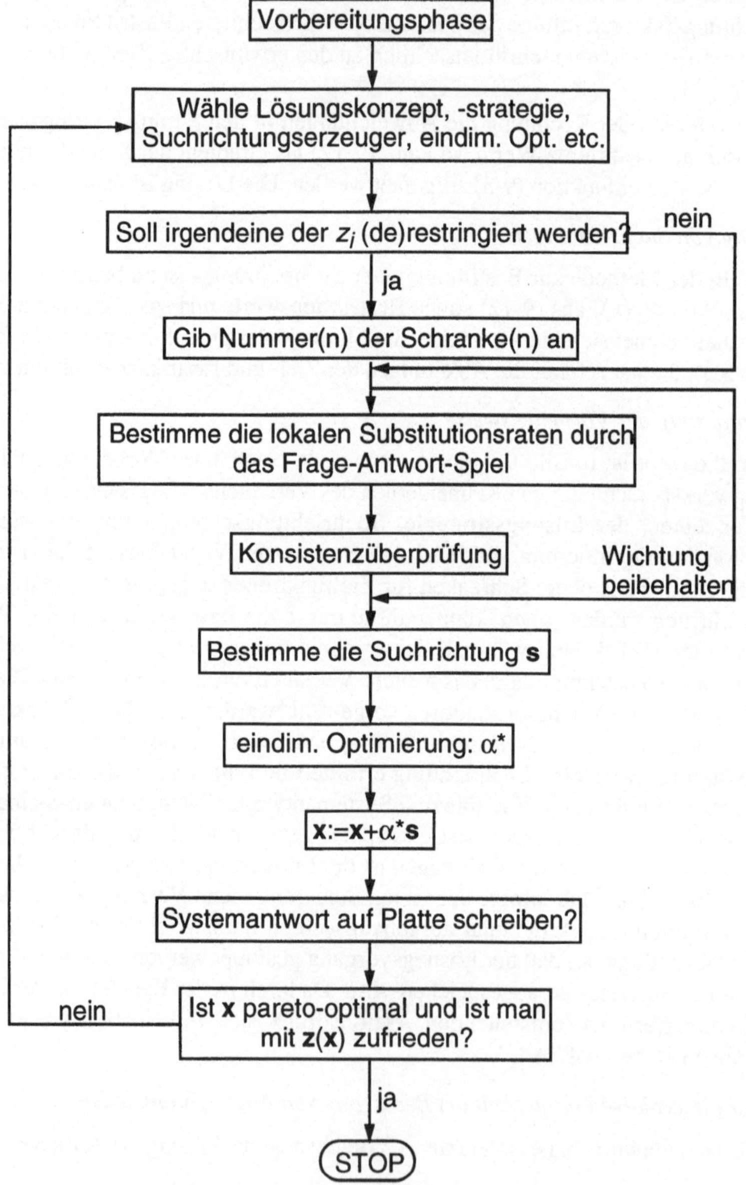

Bild 9-9: Übersicht über einen Lösungsprozeß bei Vektoroptimierungsaufgaben

9.2 Behandlung diskreter Optimierungsaufgaben

Manche Optimierungsaufgaben lassen für den Lösungsvektor nicht den gesamten reellen zulässigen Bereich R_z^n zu, sondern nur eine Anzahl diskreter Punkte aus diesem Bereich. Für die diskreten Variablen reduziert sich R_z^n auf eine abzählbare und meist endliche Menge vorgegebener und die übrigen Restriktionen erfüllender Werte. Solche Aufgaben ergeben sich beispielsweise bei der Benutzung von Normprofilen für Bauteile.

Aber auch die Diskretisierung des mathematisch-mechanischen Modells durch die FEM ist eine diskrete Optimierung, wenn beispielsweise Lagerabstände oder die Position von Rippen optimiert werden sollen. Will man nicht die Lage des zugehörigen FE-Knotens variieren, so können nur diskrete Schritte zu Nachbarknoten durchgeführt werden.

Zunächst erscheint der Aufbau eines Lösungsalgorithmus für solche diskrete Optimierungsaufgabe einfacher, da ja bei endlich vielen zulässigen diskreten Werten auch nur endlich viele zulässige Optimierungsvariable bestehen. Allerdings wächst deren Anzahl sehr rasch mit der Anzahl der diskreten Variablen und deren möglicher diskreter Werte. Eine reine Enumeration scheidet also außer in Fällen sehr weniger diskreter Möglichkeiten aus. Eine zweite sehr naheliegende Lösungsmöglichkeit ist, die diskrete Variablen zunächst einmal als kontinuierliche aufzufassen und nach der Ermittlung der kontinuierlichen Lösung auf die (beste) benachbarte diskrete auf- oder abzurunden. Die ist in vielen Fällen sicherlich empfehlenswert, setzt allerdings voraus daß die diskreten Variablen in das Optimierungsmodell (zunächst) auch als kontinuierliche eingehen können. Auch kann bei vielen diskreten Variablen wiederum die Enumeration der diskreten Nachbarpunkte der kontinuierlichen Lösung durchaus aufwendig werden. Weiterhin muß bei entarteten Zielfunktionen mit langgestreckten und stark gekrümmten Isolinien die diskrete Lösung nicht in unmittelbarer Nachbarschaft der kontinuierlichen liegen.

Eine allgemeine und praktisch ohne viel Einschränkungen brauchbare und effiziente Vorgehensweise zur Lösung solcher Aufgaben existiert zur Zeit nicht. Man wird sich hierzu vielmehr mit Empirie und Pragmatismus weiterhelfen. Dies ist z. B. möglich durch den Einbau diskreter Schrittweiten in ansonsten kontinuierliche Lösungsalgorithmen, also z.B. die Benutzung diskreter linearer Optimierungsalgorithmen bei der sequentiellen Linearisierung. Eine Diskretisierung des Verfahrens von Hooke und Jeeves – das dann mit Straffunktionsmethoden benutzt würde – wird im folgenden kurz vorgestellt. Die i-te Variable x_i wird um die diskreten Schrittweiten Δx_{ij} geändert, die sich aus den Intervallen zwischen den diskreten Werten ergeben.

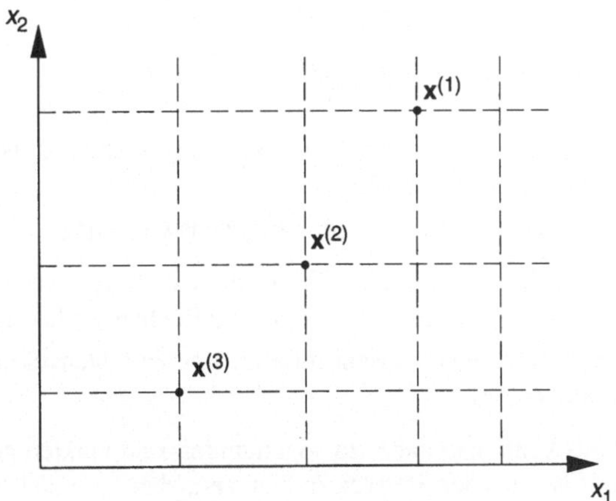

Bild 9-10: Diskrete Schritte im Verfahren von Hooke und Jeeves

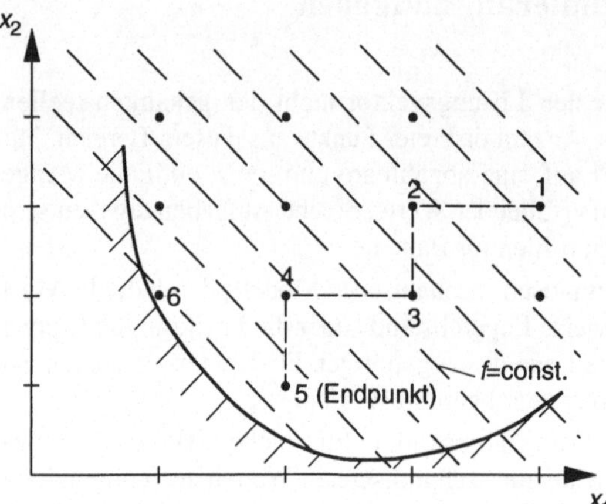

Bild 9-11: Endpunkt 5 und optimaler Punkt 6

Die auszuführenden Schritte sind:

1. Diskrete Änderungen der Variablen x_i parallel zu den Achsen des Variablenraumes

   a) Vergrößerung von x_i

   $$j_i := j_i + 1$$
   $$x_i := x_i + \Delta x_{ij_i}$$

   b) Verkleinerung von x_i

   $$x_i := x_i - \Delta x_{ij_i}$$
   $$j_i := j_i - 1$$

2. Numerischer Gradientenschritt (Bild 9-10)

   Vorgegeben sind:

$$x_i^{(1)}, j_{i1}; x_i^{(2)}, j_{i2}$$

wobei

$$z(\mathbf{x}^{(2)}) < z(\mathbf{x}^{(1)})$$

Bilde $\Delta j_i = j_{i1} - j_{i2}$

für $\Delta j_i > 0$: $j_{i2} := j_{i2} + 1$

$$x_i^{(3)} = x_i^{(2)} + \Delta x_{ij_{i2}}$$

für $\Delta j_i < 0$: $x_i^{(3)} = x_i^{(2)} + \Delta x_{ij_{i2}}$

$$j_{i2} := j_{i2} - 1$$

für $\Delta j_i = 0$: $x_i^{(3)} = x_i^{(2)}$

Führt einer dieser Schritte in das unzulässige Gebiet, so ist dieser rückgängig zu machen und die nächste Variable zu ändern.

Die wesentlichen Vorteile dieser Vorgehensweise sind:

1. Da dem Optimierungsalgorithmus nur eine begrenzte Anzahl von Punkten für eine Untersuchung angeboten wird, ist die Rechenzeit häufig recht niedrig.

2. In jedem Optimierungsschritt besitzt der Variablenvektor vorgegebene diskrete Komponenten.

Allerdings kann man dabei zu sogenannten Endpunkten gelangen, die zwar niedrigeren Zielfunktionswert als der Startvektor besitzen, aber kein diskretes lokales Minimum sind. In Bild 9-11 sind für einen hypothetischen Fall Änderungsschritte zu den Variablenachsen dargestellt. Man gelangt dabei zum Endpunkt 5 anstatt zum besten diskreten Wert 6.

9.3 Dekompositionen

Dekomposition ist die Zerlegung einer umfangreichen Aufgabe in mehrerer einfacher zu lösende Teilaufgaben. Sie wird durchgeführt, um das Problem ggf. überhaupt ‚vernünftig‘ lösbar zu machen bzw. um die Aufwandsumme zur Lösung der Teilprobleme kleiner zu halten als diejenige zur Lösung des Gesamtproblems. Neben diesem zu erwartenden Vorteil im Aufwand kommt insbesondere bei interdisziplinären Aufgaben hinzu, daß die jeweiligen Fachprobleme von den jeweiligen Spezialisten kompetent formuliert, gelöst und interpretiert werden können. Allerdings setzt dies eine Zerlegbarkeit in entsprechende Teile voraus, ohne daß dadurch die Gesamtlösung besonders beeinflußt wird. Die Dekomposition läuft auch dem Trend zur Betrachtung (und damit auch Optimierung) gekoppelter Aufgaben wie z. B. Strömungs-Tragwerksinteraktion oder Regelungs- und Bauteilinteraktion entgegen. Dies wird im zunehmenden Maße durch relativ preiswerte Supercomputer-Kapazität möglich, wobei hier allerdings auch die Methoden- und Softwareentwicklung mithalten muß.

Grundsätzlich läßt sich unterscheiden zwischen:

- systemorientierter Dekomposition, bei dem das zu optimierende System in kleinere Subsysteme zerlegt wird die (zunächst) unabhängig voneinander optimiert werden. Ein Beispiel hierfür ist die in Abschnitt 10.1 besprochene Aufgabe der Brückenoptimierung. Sie wird nach einer globalen Gesamtstatik in die Komponenten Gurte und Schubwände usw. zerlegt und diese dann getrennt betrachtet.

  Voraussetzung für systemorientierte Dekomposition ist eine höchstens schwache Kopplung zwischen den einzelnen Komponenten. Beispielsweise ändern sich durch Steifigkeitsvariation in einer Komponente die Schnittkräfte für andere Komponenten nur wenig.

- prozeßorientierter Dekomposition, bei der der Entwicklungs- und Optimierungsprozeß selbst in verschiedene Teilprozesse zerlegt wird. So wird zu Beginn einer Entwicklung mit relativ wenigen globalen Optimierungsvariablen gearbeitet, um dann mit zunehmender Detaillierung in den Modellen mit mehr Variablen auch detailliertere Optimierungsrechnungen durchzuführen. Hierzu zählt auch die Zerlegung einer Entwicklungsaufgabe in die verschiedenen Teildisziplinen. Auch hier gilt, daß diese Teildisziplinen sich höchstens schwach bis mäßig beeinflussen dürfen. Bei Optimierungsaufgaben einer Disziplin können bzw. sollen Forderungen anderer durch entsprechende Restriktionen und Variablenschranken teilweise berücksichtigt werden. Beispielsweise können bei einer Plattenoptimierung deren Dickenvariation beschränkt werden, um z.B. vorgegebene Temperaturgradienten (halbwegs) gültig zu halten und erst nach Abschluß der Optimierungsrechnung erneute Temperaturgradienten zu bestimmen. Eventuell muß dann ein weiterer Optimierungsloop angeschlossen werden.

Der Dekompositionsprozeß selbst und das Zusammenfügen zu einer optimalen Gesamtlösung läßt sich nur schwer rein formal wie in [9-4] behandeln. Meist ist die Einsicht in das Gesamtproblem gefordert. Zwar kann die Sensitivitätsmatrix der Restriktionen oder Strukturantworten bezüglich der Entwurfsvariablen Hinweise über mögliche schwache Kopplungen geben, doch ändert sich diese Matrix infolge der Nichtlinearität mit sich ändernden Variablen. Die Schlußfolgerungen und Vereinfachungen daraus müssen also sehr sorgfältig getroffen werden. Wird beispielsweise für den Stabdreischlag aus Abschnitt 2.1 der zur vollen Beanspruchung führende Entwurfsvariablenvektor als Startvektor benutzt, so ergibt sich für diesen z. B. $\partial\sigma_1/\partial a_2 = 10^{-4}$, die Querschnittsfläche des mittleren Stabes beeinflußt die Span-

nung im linken also nur schwach. Eine daraus zunächst zu rechtfertigende Entkopplung der
Spannungen in Stab 1 (und 3) von der Querschnittsfläche 2 hieße, die vollbeanspruchte
Struktur bliebe dann fälschlicherweise die optimale Lösung. In diesem Fall kommt es also auf
diese schwache Kopplung zwischen den Spannungen in den Stäben 1 und 3 und der
Querschnittsfläche 2 an, um vom vollbeanspruchten Tragwerk weg zu iterieren.

9.4 Multidisziplinäre Optimierungsaufgaben

In den meisten praktischen Entwicklungs- und Entwurfsaufgaben sind mehrere Disziplinen
vertreten, deren Zusammenspiel letztlich die Qualität des Gesamtentwurfs bestimmt. Beispiele
für solche multidisziplinäre Aufgaben mit starker Verknüpfung mit der Strukturmechanik sind
Thermal-Struktur-Aufgaben für temperaturempfindliche Strukturen, oder Strömungs-Struktur-
Kopplungen (z. B. Aeroelastik) oder Akustik-Struktur-Kopplungen bei der Lärm-
bekämpfung. Dabei werden diese Disziplinen nicht immer gleichzeitig in einem umfassenden
System von Systemgleichungen behandelt, sondern die einzelnen Disziplinen betrachten
wegen der fachlichen Verantwortung, technischen und rechnerischen Spezialisierung oder
auch nur aus organisatorischen Gründen ihre Teilaufgaben größtenteils selbständig. Diese
Zerlegung oder Dekomposition in Teilaufgaben erfolgt entweder hierarchisch (sequentiell),
oder nichthierarchisch (parallel). Im ersten Fall beeinflussen Optimierungsvariable und
Systemantworten einer Disziplin nicht oder nur im vernachlässigbaren Umfang diese einer hö-
herstehenden Disziplin. Bei den nichthierarchischen Anordnung bestehen wichtige Kopplungen zwischen den beteiligten Disziplinen A und B (z. B. Thermodynamik und
Strukturmechanik) über die Entwurfsvariablen oder gar auch über die Systemantworten. Mit
den Systemgleichungen

$$s_{Ai}(\mathbf{x}_A, \mathbf{x}_B, \mathbf{y}_A, \mathbf{y}_B) = 0 \quad ; \quad i=1,.\ n_A \tag{9-16a}$$

$$s_{Bi}(\mathbf{x}_A, \mathbf{x}_B, \mathbf{y}_A, \mathbf{y}_B) = 0 \quad ; \quad i=1,.\ n_B \tag{9-16b}$$

seien die beiden Disziplinen A und B beschrieben. Dabei sind die $\mathbf{x}_A$ und $\mathbf{x}_B$ die Entwurfsvariablen der jeweiligen Disziplinen, die meist auch in den Systemgleichungen der jeweils anderen Disziplin auftreten und somit auch deren Systemantwort beeinflussen. Diesen häufigen
Fall nennen wir die Entwurfskopplung. Treten zusätzlich auch die Systemantworten $\mathbf{y}_A$, $\mathbf{y}_B$
der jeweils anderen Disziplin in den Systemgleichungen auf, so liegt physikalische Kopplung
vor. Sie erfordert dann i. a. eine gekoppelte Betrachtung der Systemgleichungen, wie z. B. in
der Aeroelastik oder den Struktur-Akustik-Kopplungen. Häufig ist die physikalische Kopplung allerdings gering und wird hierarchisch behandelt, d. h. die Antworten von A werden
dann in die Systemgleichungen von B eingesetzt. Auf physikalische Kopplungen wird deshalb
nicht weiter eingegangen, vielmehr werden jetzt die Entwurfskopplungen etwas genauer
betrachtet.

Ein typisches Beispiel für Entwurfskopplung ist eine thermisch belastete Platte oder Schale,
wie sie bei thermisch hochbelasteten Bauteilen oder auch bei der Betrachtung von
Thermalverformungen hochgenauer (optischer) Reflektoren vorkommt. Die Plattendicke beeinflußt sowohl die Steifigkeit als auch die Temperaturverteilung: je höher die Plattendicke,
desto höher die Biegesteifigkeit, aber auch um so höher der Temperaturgradient über die
Plattendicke bei gegebenem Wärmefluß in die Platte. Eine solche Aufgabe der Entwurfskopplung läßt sich über verschiedene Möglichkeiten behandeln, z.B.:

- Konstanthalten der Temperaturgradienten während der Auslegung und Optimierung in der Disziplin Strukturmechanik, und danach eventuell erneute Bestimmung des Temperaturgradienten in der Disziplin Temperaturfeldbestimmung für eine eventuell erneute Optimierung in der Strukturmechanik (i.w. also hierarchisch)

- Variation (mechanischer) Entwurfsvariable (also der Plattendicke) in der Temperaturfeldanalyse so, daß eine (explizite) Approximationsfunktion für den Zusammenhang der Systemantworten (Temperaturverteilung) und den Entwurfsvariablen aufgestellt werden kann. Diese Approximation wird dann in der Optimierung zur Abschätzung neuer Temperaturen benutzt. In den Systemgleichungen des Optimierungs-modells werden also beide Disziplinen eigentlich gleichzeitig betrachtet, wenn auch für die Temperaturen nur näherungsweise.

- Bestimmung der vollständigen Ableitung des Verschiebungsfeldes $\mathbf{u}$ nach den Entwurfsvariablen, also der Änderung des Verschiebungsfeldes sowohl infolge Steifigkeits- als auch Temperaturfeldänderung bei Änderung der Entwurfsvariablen x_i

$$\frac{d}{dx_i}\mathbf{u} = \frac{\partial}{\partial x_i}\mathbf{u} + \mathbf{B}_{uT}\frac{\partial}{\partial x_i}\mathbf{T} \qquad (9\text{-}17a)$$

wobei $\mathbf{T}$ das Temperaturfeld bedeutet und

$$\mathbf{B}_{uT} = \frac{\partial}{\partial T_j}\mathbf{u} \quad ; \; j=1,\dots \qquad (9\text{-}17b)$$

Die Matrix $\mathbf{B}_{uT}$ läßt sich meist einfach bestimmen aus

$$\mathbf{K}\frac{\partial}{\partial T_j}\mathbf{u} = \frac{\partial}{\partial T_j}\mathbf{F}_T \qquad (9\text{-}17c)$$

wobei $\mathbf{F}_T$ der Thermallastvektors ist. Hingegen ist $\partial \mathbf{T}/\partial x_i$ meist aufwendiger zu bestimmen, und Aufgabe der Disziplin A (Temperaturfeldbestimmung).

Welche dieser Möglichkeiten die geeignetste ist hängt von der konkreten Aufgabe ab. Während die erste natürlich die einfachste ist, kann dies doch zu Konvergenzschwierigkeiten führen, wenn die Systemantwort der einen Disziplin A (Temperaturfeldverteilung) sich bei Änderung der Entwurfsvariablen der Disziplin B (Plattendicke) zu stark ändert. Die zweite Möglichkeit ist brauchbar bei wenigen Entwurfsvariablen, die die Disziplin A beeinflussen, und wenn die vorab durchgeführte Parametervariation in einem auch später repräsentativen Bereich vorgenommen wird. Die letztgenannte der obigen Möglichkeiten eignet sich besonders zur Berücksichtigung von Entwurfskopplungen bei Optimierungsaufgaben, da ja mit der vollständigen Ableitung dann im Optimierungsprozeß (z. B. sequentielle Linearisierung) die Wirkung der Disziplin A (Änderung des Temperaturfeldes) linearisiert berücksichtigt wird.

Natürlich bleibt grundsätzlich die Möglichkeit, in jedem Iterationsschritt die Antworten beider Disziplinen aus den jeweiligen Systemgleichungen exakt zu bestimmen. Dies wird zukünftig sicher noch mehr an Bedeutung gewinnen, wenn entsprechende multidisziplinäre Analysewerkzeuge zur Verfügung stehen und mit der Optimierung verknüpft werden. Dann entfallen die oben diskutierten Sonderwege.

Ein Anwendungsbeispiel für die Entwurfskopplung zeigt die mit einem Wärmestrom beaufschlagte Platte in Bild 9-12, bei der sandwichartig zwischen oberer und unterer Deckplatte Versteifungsrippen integriert sind. Werden nun die Wandstärken dieser Verrippung geändert, ergeben sich je nach obiger Vorgehensweise die Ergebnisse aus Bild 9-13. Bei wie üblich zunächst konstant gehaltenem Temperaturgradienten über die Plattenhöhe ändert sich bei Dickenvariation der Steifen die Biegesteifigkeit und damit die Verformung nur wenig. Wird hingegen der Temperaturgradient infolge der sich ändernden Wärmeleitung bei Variation der Steifendicken jeweils neu bestimmt, so ergeben sich deutlich andere Verformungswerte. Die Berücksichtigung gerade der Entwurfskopplung ist also hier durchaus sinnvoll.

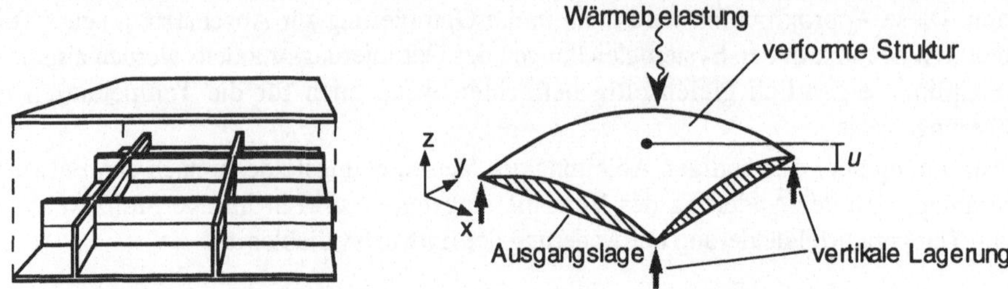

Bild 9-12: Thermo-mechanische Optimierungsaufgabe bei einer Sandwichplatte

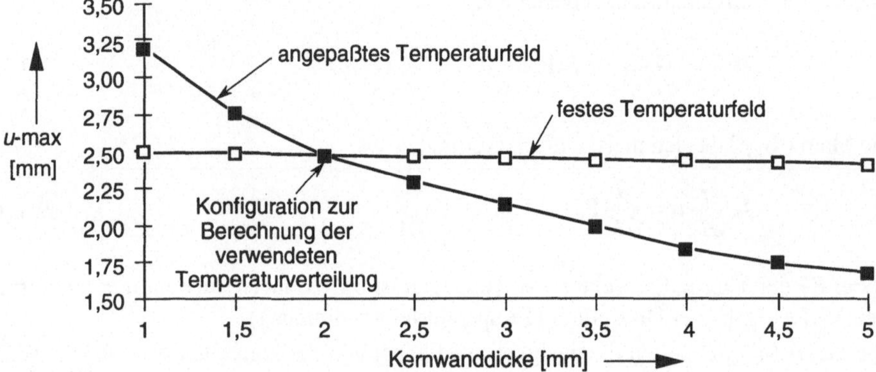

Bild 9-13: Verformungen in Plattenmitte mit festem bzw. jeweils angepaßtem Temperaturfeld

9.5 Ansätze zur Ermittlung globaler Optima

Bei nichtkonvexen Problemen können lokale Optima auftreten. Die Optimierungsverfahren liefern eine lokale Lösung, die die globale sein kann, was aber i. a. nicht mit Bestimmtheit verifizierbar ist. Deshalb begnügt man sich meist mit mindestens lokalen Lösungen, die ja eine Verbesserung gegenüber dem Startvektor bedeuten. Wird bei Wahl verschiedener Startvektoren immer wieder die gleiche Lösung ermittelt, so kann diese als die mit hoher Wahrscheinlichkeit einzige und damit globale Lösung aufgefaßt werden. Bei mehreren ermittelten Lösungen wird die daraus beste ausgewählt. Wird diese Startvektorwahl von einem ‚educated guess‘ mit der Einsicht des Ingenieurs bestimmt, ist dies von der Rechenzeiteffizienz her den automatischen Verfahren zur Ermittlung globaler Optima doch meistens überlegen. Allerdings ist zu prüfen, ob ein vom Algorithmus ermittelter Punkt $\mathbf{x}^*$ tatsächlich eine (lokale) Lösung $\mathbf{x}^{opt}$ ist, oder ob durch ungeschicktes Vorgehen der Algorithmus zu früh abgebrochen hat.

Eine zunächst naheliegende und scheinbar attraktive Möglichkeit für diese ist, nach Ermittlung eines (lokalen) Minimums eine Zusatzrestriktion so zu formulieren, daß die zunächst vorhandene Lösung aus dem zulässigen Bereich ausscheidet, wie dies in Bild 9-14 skizziert ist.

Praktisch ist dies aber kaum durchführbar, da ja der Verlauf der bindenden Restriktion(en) nicht explizit bekannt ist und wie in Bild

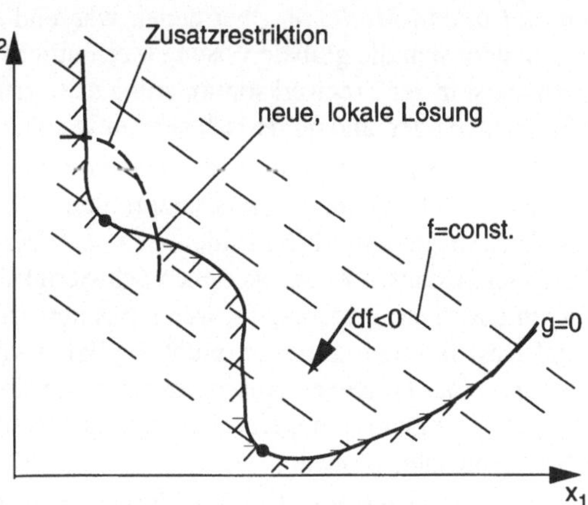

Bild 9-14: Einführung einer Zusatzrestriktion

9-14 zusätzlich lokale Minima erzeugt werden können, die nicht Lösung des Ausgangsproblems sind. Benutzt man z. B. als neue, algorithmisch motivierte Restriktion $z(\mathbf{x}^{opt})\text{-}\varepsilon\text{-}z(\mathbf{x})\geq 0$, wobei $z(\mathbf{x}^{opt})$ der Zielfunktionswert der ermittelten lokalen Lösung ist, so sind $\mathbf{x}^{opt}$ und alle vorherigen Iterationspunkte unzulässig. Es müßte also dann ein Lösungsverfahren benutzt werden, das auch im unzulässigen Bereich arbeitet.

Die speziell für die Ermittlung mehrerer und möglichst die globale Lösung mit einschließende Lösungen konstruierte Algorithmen lassen sich unterteilen in

1. Netz- oder Enumerationsmethoden
2. Branch-and-bound-Methoden
3. Hüllebenenmethoden
4. Zufallsmethoden

Zusätzlich ließen sich noch Vorgehensweisen zur Ermittlung möglichst vieler Lösungen nichtlinearer Gleichungssysteme übertragen. Beispielsweise ließe sich ja für die Straffunktion φ die Forderung $\nabla\varphi = 0$ für möglichst viele Lösungen (ev. lokale Minima einschließlich dem globalen) lösen. Aber dies ist i.d.R. viel zu aufwendig. All diesen Methoden gemeinsam ist, daß sie heuristische Elemente besitzen und die tatsächliche Ermittlung der globalen Lösung nicht garantiert werden kann.

Bei den *Netzmethoden* werden den Variablen x_i obere und untere Schranken x_i^o, x_i^u zugeordnet, von denen man annimmt, daß $x_i^u \leq x_i^{opt} \leq x_i^o$, wobei x_i^{opt} die i-te Komponente der globalen Lösung sei. Durch Unterteilung dieses Hyperkubus in ein (un)regelmäßiges Netz wird der zulässige Knotenpunkt mit kleinster Zielfunktion ausgewählt, von dem man dann annimmt, daß er als Startvektor zur Ermittlung der globalen Lösung am geeignetsten ist. Werden die n Variablenbereiche in jeweils $k_j, j = 1,...,n$ Intervalle eingeteilt, so sind

$$p = \prod_{j=1}^{n} k_j$$

Knotenpunkte auf Zulässigkeit und Zielfunktion zu überprüfen! Wegen der meist aufwendigen Analysen innerhalb der Optimierungsschleifen ist dies vom Aufwand her also weniger interessant.

Branch-and-bound-Methoden, bei denen während der Iteration Bereiche des zulässigen Raumes, in dem sich die globale Lösung (vermutlich) nicht befindet, ausgeschieden werden, benötigen meist in der Tragwerksoptimierung nicht erfüllbare theoretische und algorithmische Voraussetzungen oder sind numerisch sehr aufwendig.

Bei den *Hüllkurvenverfahren* werden nichtkonvexe Funktionen durch konvexe Enveloppen so angenähert, daß ein konvexes Ersatzproblem entsteht, dessen Lösung mit der globalen Lösung des Ausgangsproblems identisch ist. Der praktischen Verwirklichung dieses theoretisch interessanten Konzepts stehen Schwierigkeiten in der Konstruktion entsprechender Hüllkurven entgegen, inbesondere, wenn dies numerisch durchgeführt werden muß und die Ziel- und Restriktionsfunktionen nicht explizit formuliert sind. Denn auch bei den Lösungsverfahren der konvexen Approximation, wie sie in Abschnitt 5.4 beschrieben sind, erfolgt diese Approximation immer lokal und führt letztlich auch nur zu lokalen Lösungen, die die globale beinhalten können.

Bei den *nichtdeterministischen Verfahren* werden Startpunkte und/oder Suchrichtungen $\mathbf{s}$ über einen Zufallsprozeß erzeugt. Im folgenden wird eine Mischform aus deterministischer und nichtdeterministischer Vorgehensweise diskutiert, bei der mit deterministischen Verfahren ein (lokales) Minimum bestimmt wird, ein Zufallsverfahren dann einen zulässigen Punkt mit niedrigerer Zielfunktion sucht und dieser dann als Startpunkt für ein wiederum nachfolgendes deterministisches Verfahren benutzt wird. Notwendiges, aber schwerlich verifizierbares Kriterium dafür, daß von einem Punkt $\mathbf{x}'$ aus (z. B. $\mathbf{x}'=\mathbf{x}^{opt}$)das Zufallsverfahren mit einer Wahrscheinlichkeit $w \geq \delta$ weiter konvergiert ist, daß sich um $\mathbf{x}'$ eine Umgebung U_ρ konstruieren läßt, die ein Erfolgsgebiet E_ρ beinhaltet, in dem $z(\mathbf{x}) < z(\mathbf{x}')$:

$$\frac{E_\rho}{U_\rho} > \delta \qquad 0 < \delta < 1 \tag{9-18}$$

$$\text{mit} \qquad U_\rho = (\mathbf{x} - \mathbf{x}')^2 > \rho^2, \; E_\rho \colon (\mathbf{x} - \mathbf{x}')^2 > \rho^2, \; \rho > 0.$$

Wird von einer Lösung gestartet, muß also U_ρ vergleichsweise groß gewählt werden, siehe Bild 9-15. Solche Sprünge aus $\mathbf{x}^{opt}$ heraus werden mit den Zufallsverfahren erzeugt. Dabei wird durch heuristische Subalgorithmen das Verhalten des Zufallsverfahrens dem gegebenen Problem angepaßt, um die bei diesen Verfahren hohe Zahl an Versuchsschritten möglichst niedrig zu halten.

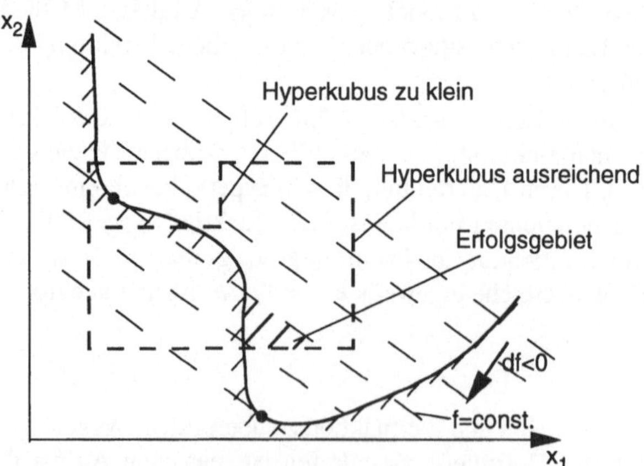

Bild 9-15: Hyperkubus für Zufallsstartvektoren

Die wesentlichen Elemente des Verfahrens sind:

1. Einschachtelung des Suchraumes.
2. Erzeugung von nicht notwendigerweise zulässigen Versuchspunkten mit niedrigerer Zielfunktion als $z(\mathbf{x}^{opt})$.

Bei linearer Zielfunktion können mit dem Zufallsverfahren die Versuchspunkte von vornherein so erzeugt werden, daß die Zielfunktion niedriger als z^{opt} des ermittelten lokalen Minimums ist. Es muß dann ‚nur' noch die Zulässigkeit überprüft werden. Ist $\mathbf{x}^{opt}$ globales Minimum, so existiert ein solcher zulässiger Punkt nicht. Ist die Zielfunktion

$$z = c_0 + \sum_{i=1}^{n} c_i x_i$$

und will man Versuchspunkte in dem in Bild 9-16 dargestellten Korridor mit dem Abstand Δz der Zielfunktionsebenen erzeugen, so ergibt sich als Vorschrift

$$x_{io}^{(k)} = \left(z^{opt} - c_0 - \frac{\sum_{j=1}^{i-1} c_j x_j}{c_i} \right) \tag{9-19a}$$

$$x_{iu}^{(k)} = \left(z^{opt} - \Delta z - c_0 - \frac{\sum_{j=1}^{i-1} c_j x_j}{c_i} \right) \tag{9-19b}$$

$$x_{iu}^{(k+1)} = (x_{io}^{(k)} - x_{iu}^{(k)}) \cdot \chi + x_{iu}^{(k)} \qquad i = 1,...,n \tag{9-19c}$$

wobei x_{iu} die Komponenten des zufallserzeugten Punktes und χ ein (gleichverteilter) Zufallsgenerator $0 \leq \chi \leq 1$ sind. Numerische Experimente mit künstlichen Testproblemen und praktischen Anwendungen bei Kurbelgetriebeauslegungen zeigen, daß durch diese beiden Maßnahmen der numerische Aufwand drastisch sinkt und die Wahrscheinlichkeit des Ermittelns besserer zulässiger Punkte bei vorgegebenem n_v stark erhöht wird.

Bei einem nachfolgenden deterministischen Verfahren ist zu beachten, daß dessen Startvektor meist in Nähe einer kritischen Restriktionsfläche liegt.

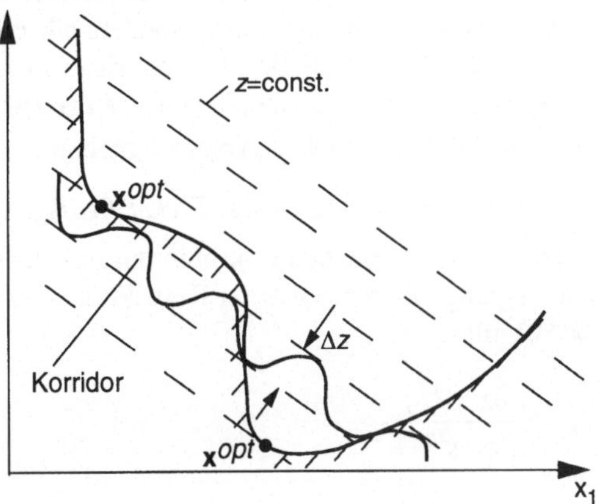

Bild 9-16: Konstruktion eines ‚Korridors'

9.6 Sensitivität des Optimums gegen Restriktionskonstante

9.6.1 Überblick

In einer Optimierungsrechnung wird stets aus der großen Zahl aller die Struktur bestimmenden Parameter eine beschränkte Menge Variabler ausgewählt, die optimal eingestellt werden sollen. Alle anderen Größen bleiben zunächst unverändert, schon um einen zu großen Rechenaufwand zu vermeiden. Nach Abschluß der Optimierungsrechnung ist manchmal die Frage von Interesse, wie sich der optimale Zielfunktionswert weiter verbessern läßt, wenn andere – bisher konstant gehaltene – Parameter, die die Restriktionen beeinflussen, verändert werden. Die Sensitivitäten von Zielfunktion und Optimierungsvariablen einer optimierten Struktur gegen eine Änderung beliebiger Restriktionskonstanten bestimmen zu können, ist deshalb in einigen Fällen nützlich:

- wenn sich nach Abschluß der Optimierungsrechnung Restriktionskonstanten ändern.
- wenn die Lasten des Tragwerks nachträglich größer oder kleiner werden.
- wenn der optimierte Entwurf als noch nicht gut genug bewertet wird und durch Veränderung einzelner Entwurfsparameter eine weitere Verbesserung ermöglicht werden soll.

Praktisch lautet die Fragestellung: Wie stark läßt sich ein vorliegender Entwurf verbessern,

- wenn ein höherfester Werkstoff zur Anwendung kommt ?
- wenn eine höhere Verformung der Struktur zugelassen wird ?
- wenn niedrigere Eigenfrequenzen zugelassen werden ? usw.

Es ist also nach der Abhängigkeit des Optimums ($z^{opt}, \mathbf{x}^{opt}$) gegen beliebige Restriktionskonstante r (zulässige Werte) gefragt:

$$\frac{\partial z^{opt}}{\partial r} = ? \; ; \qquad \frac{\partial x_i^{opt}}{\partial r} = ? \qquad i = 1,n \tag{9-20}$$

Zu beachten ist der Unterschied zwischen der Sensitivität des optimalen Zielfunktionswerts $\partial z^{opt}/\partial r$ und der Ableitung der Zielfunktion $\partial z/\partial r$! Die Kenntnis des Sensitivitätswerts erlaubt die Beurteilung, ob eine Veränderung der Restriktionskonstante r lohnend ist. Als Restriktionskonstante werden dabei nicht nur Restriktionsniveaus (z.B. zulässige Spannungen bei Spannungsrestriktionen) bezeichnet, sondern alle einen Entwurf bestimmenden Parameter, die in irgend einer Weise in die Berechnung der Restriktionen oder der Zielfunktion einfließen (z.B. ein veränderter Elastizitätsmodul eines neu gewählten Werkstoffs).

Zur Bestimmung der Sensitivitäten kommen mehrere Verfahren grundsätzlich in Frage:

a) *Verfahren auf der Basis der Kuhn-Tucker Bedingungen*

Soll ein Restriktionsniveau eines optimierten Entwurfs variiert werden, ermöglicht der Vergleich der Lagrange-Parameter λ_j der Restriktionen g_j ; $j=1,m$ eine erste Beurteilung, da (nur für $\mathbf{x} = \mathbf{x}^{opt}$!) gilt:

$$\lambda_j = \frac{\partial z(\mathbf{x}^{opt})}{\partial g_j(\mathbf{x}^{opt})} \tag{9-21}$$

Für die Restriktion mit dem größten Lagrange-Parameter führt deshalb die Anhebung des Restriktionsniveaus zu der größten Verbesserung der Zielfunktion.

Die Ableitung der Kuhn-Tucker Bedingung (Gl.4-21a, Kapitel 4.7) nach der Restriktionskonstante r liefert einen Satz Gleichungen, aus dem sich grundsätzlich die Sensitivitäten $\partial x_i/\partial r$ und $\partial \lambda_j/\partial r$ berechnen lassen. Diese klassische Vorgehensweise liefert jedoch in vielen Fällen unzuverlässige oder numerisch unstabile Lösungen, weshalb sie – trotz ihrer theoretischen Eleganz – für einen Einsatz in der Praxis kaum geeignet erscheint [9-5]. Solche Fälle sind z.B.:

- Lineare Abhängigkeit von Restriktionsgradienten
- Der errechnete Vektor $\mathbf{x}^*$ und das exakte Optimum $\mathbf{x}^{opt}$ stimmen nicht gut genug überein

b) *Brute Force Methode*

Eine weitere naheliegende Möglichkeit besteht darin, mit Hilfe einer vollständig neuen Optimierungsrechnung mit der um Δr veränderten Restriktionskonstanten $(r+\Delta r)$ den Zielfunktionswert $z^{opt}(r+\Delta r)$ zu bestimmen. Die gesuchte Sensitivität ergibt sich näherungsweise aus dem Differenzenquotienten:

$$\frac{\partial z^{opt}}{\partial r} \approx \frac{z^{opt}(r+\Delta r) - z^{opt}(r)}{\Delta r} \quad ; \quad \text{z.B.:} \quad \Delta r = \frac{r}{100} \tag{9-22}$$

Entsprechend Gleichung 9-22 werden auch die Sensitivitäten der Optimierungsvariablen $\partial x_i^{opt}/\partial r$ bestimmt. Dieses Verfahren liefert zwar recht genaue und zuverlässige Ergebnisse, der Rechenaufwand ist jedoch beträchtlich (eine komplette Optimierungsrechnung), was zu dem Namen *Brute Force Methode* führte.

9.6.2 Methode des erweiterten Entwurfsvariablenraums

Die Nachteile der beiden o.g. Methoden vermeidet die auf Vanderplaats [9-6] zurückgehende Methode des erweiterten Entwurfsvariablenraums, mit der die Veränderung des Optimums bei Variation einer Restriktionskonstanten r mit geringem Rechenaufwand näherungsweise ermittelt werden kann. Dabei wird auf die schon von der Methode der zulässigen Richtungen (Kap.5.3.2.3) her bekannte Vorgehensweise zurückgegriffen.

Die Restriktionskonstante r und ein Hilfsparameter β werden zunächst als zusätzliche Optimierungsvariable x_{n+1} und x_{n+2} eingeführt :

$$\mathbf{x}^T = \left\{ x_1, x_2, ..., x_n, x_{n+1} = r, x_{n+2} = \beta \right\} \tag{9-23}$$

Für die so erweiterte Optimierungsaufgabe wird nun – ausgehend von $\mathbf{x}^{opt}$ der ursprünglichen Optimierungsrechnung – die $(n+2)$-dimensionale Suchrichtung $\mathbf{s}$ ermittelt, in der die Optima bei einer Veränderung von r zu finden sind :

$$\min_{\mathbf{s},\beta} \{ \nabla z(\mathbf{x}^{opt})^T \cdot \mathbf{s} - c \cdot \beta$$

$$\text{so daß} \quad \nabla g_j(\mathbf{x}^{opt})^T \cdot \mathbf{s} \le 0 \,; \quad j = 1, m_a \quad ; \tag{9-24a-d}$$

$$-\text{sign}(\delta r) \cdot s_{n+1} + \beta \le 0 \quad ;$$

$$\mathbf{s}^T \cdot \mathbf{s} \le 1 \, \}$$

Die bereits von der ursprünglichen Optimierungsrechnung her bekannten Gradienten ∇z, ∇g_j sind zur Lösung von (9-24) nur um die Ableitungen der Optimierungsfunktionen z und g_j

nach den beiden neuen Optimierungsvariablen r und β zu erweitern, deren Berechnung weiter unten behandelt wird. Eine vollständige neue Gradientenermittlung ist also nicht notwendig. Wie bei der Methode der zulässigen Richtungen stellt der Minimierungsteil von (9-24) die Brauchbarkeit (maximale Verbesserung bzw. minimale Verschlechterung der Zielfunktion) der gefundenen Suchrichtung $\mathbf{s}$ sicher, während die erste Nebenbedingung 9-24b die Zulässigkeit der Lösung gewährleistet. Mit der Nebenbedingung 9-24d wird der Suchrichtungsvektor auf die Länge 1 normiert. Die Konstante c in der Zielfunktion 9-24a ist eine positive Konstante (z.B. $c = 3 \cdot z^{opt}$); ihre Aufgabe ist es, die zusätzliche Optimierungsvariable β im Minimierungsteil 9-24a in den positiven Wertebereich zu zwingen. Bedingt durch die Restriktion 9-24c erhält für positive β die zu r gehörige Suchrichtungskomponente s_{n+1} stets das gleiche Vorzeichen wie die gewünschte Änderung δr. Das Ergebnis $\mathbf{s}^{opt}$ stellt diejenige Suchrichtung dar, in der die größte Verbesserung (bzw. die geringste mögliche Verschlechterung) der Zielfunktion bei einer Änderung der Restriktionskonstante r erwartet wird. Die aktiven Restriktionen werden dabei nicht verletzt (Bild 9-17).

Um das neue Optimum abzuschätzen, muß nun für die gewünschte Änderung der Restriktionskonstante δr der entsprechende Schrittweitenfaktor α ermittelt werden. Die Änderung δr korrespondiert wegen $r = x_{n+1}$ mit der $(n+1)$-Komponente des noch normierten Suchrichtungsvektors s_{n+1}^{opt}. Die Schrittweite α ergibt sich daraus zu

$$\alpha = \frac{\delta r}{s_{n+1}^{opt}} \qquad (9\text{-}25)$$

Damit läßt sich das Optimum $\tilde{\mathbf{x}}^{opt}$ für den veränderten Parameter $r+\delta r$ abschätzen (die Tilde kennzeichnet die Abschätzung):

$$\tilde{\mathbf{x}}^{opt}(r+\delta r) = \mathbf{x}^{opt} + \alpha \cdot \mathbf{s}^{opt}$$
$$\tilde{z}^{opt}(r+\delta r) = z(r) + \nabla z^T(r) \cdot (\alpha \cdot \mathbf{s}^{opt}) \qquad (9\text{-}26)$$
$$\tilde{g}_j^{opt}(r+\delta r) = g_j(r) + \nabla g^T(r) \cdot (\alpha \cdot \mathbf{s}^{opt})$$

Die gesuchte Sensitivität ist:

$$\frac{\partial z^{opt}}{\partial r} = \frac{\nabla z^{opt\,T} \cdot \mathbf{s}^{opt}}{s_{n+1}^{opt}} \qquad (9\text{-}27)$$

Im Beispiel Bild 9-17 entspricht die (nicht eingezeichnete) Suchrichtung $\mathbf{s}^{opt}$ bei einer Vergrößerung der Restriktionskonstanten r der mit (-1) multiplizierten Suchrichtung bei einer Verkleinerung von r.

Bild 9-18 zeigt dagegen einen Fall, in dem die Suchrichtungsvektoren $\mathbf{s}^{opt}$ für Veränderungen der Restriktionskonstante in Richtung sich verbessernder $(r^{(0)} \rightarrow r^{(1)};\ \mathbf{s}^{(1)})$

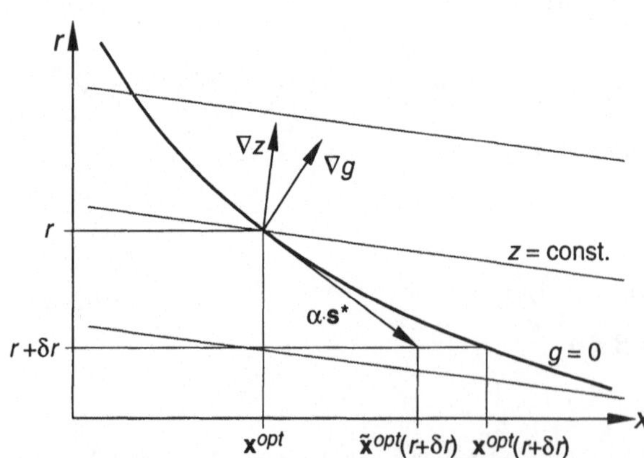

Bild 9-17: Variation einer Restriktionskonstante r

und verschlechternder Zielfunktionswerte ($r^{(0)} \rightarrow r^{(2)}$; $s^{(2)}$) unterschiedlich sind, weil jeweils andere Restriktionen aktiv sind.

Berechnung der Ableitungen der Optimierungsfunktionen nach der Restriktionskonstanten

Die Ableitungen der Optimierungsfunktionen nach der untersuchten Restriktionskonstanten $\partial g_j/\partial r$ $j=1,m$ und $\partial z/\partial r$ werden zur Lösung von Aufgabe 9-24 benötigt. Sie lassen sich auf die üblichen Arten (Kapitel 3.3) berechnen. In speziellen Fällen ist es möglich, die gesuchten Ableitungen sehr einfach analytisch anzugeben. Dies ist unter anderem dann der Fall, wenn die Restriktionskonstante weder die Steifigkeitsmatrix der Struktur noch den Lastvektor beeinflußt. Beispiel: Für das Bauteil k wird bei gleichbleibendem Elastizitätsmodul – ein höherfester Werkstoff mit einer um den Faktor r erhöhten zulässigen Spannung verwendet.

Die Ableitungen der Zielfunktion (Gewicht der Struktur), der Verformungsrestriktionen, Frequenzrestriktionen und der aktiven Variablenschranken sind null, da eine zulässige Spannung keinen Einfluß auf solche Restriktionen hat. Für die aktive Spannungsrestriktion g_k des Bauteils k

$$g_k(\mathbf{x}) = 1 - \frac{\sigma_k}{r\,\sigma_{zul,k}} \geq 0 \tag{9-28}$$

ergibt sich dann wegen $\sigma_k(\mathbf{x}^*) = \sigma_{zul,k}(\mathbf{x}^*)$ die Ableitung an der untersuchten Stelle $r=1$ zu

$$\frac{\partial g_k}{\partial r} = \frac{\partial g_k}{\partial x_{n+1}} = \frac{1}{r^2}\frac{\sigma_k}{\sigma_{zul,k}} = \frac{1}{r^2} = 1 \tag{9-29}$$

Für die Ableitungen der Spannungsrestriktionen aller anderen Bauteile $j \neq k$ gilt trivialerweise $\partial g_j / \partial r = 0$.

Auch für einige andere (aber nicht alle) Restriktionskonstante lassen sich die Ableitungen mit ähnlich einfachen Überlegungen gewinnen.

Welche Restriktionen sind aktiv?

In der Sensitivitätsberechnung 9-24 werden nur aktive Restriktionen berücksichtigt. Damit das Ergebnis der Abschätzung nicht unbrauchbar wird, weil in $\mathbf{x}^{opt}(r)$ gerade noch nicht aktive Restriktionen für $\mathbf{x}(r+\partial r\,)$ verletzt sind, sollte die Grenze, ab der Restriktionen als aktiv betrachtet werden, ein Stück weit in den zulässigen Raum hinein verschoben werden. Ein Anhalt ist, Restriktionen dann als aktiv zu betrachten, wenn mehr als 95% des Restriktionsniveaus ausgeschöpft sind.

Die Vorteile der Methode des erweiterten Entwurfsvariablenraums sind zusammengefaßt :

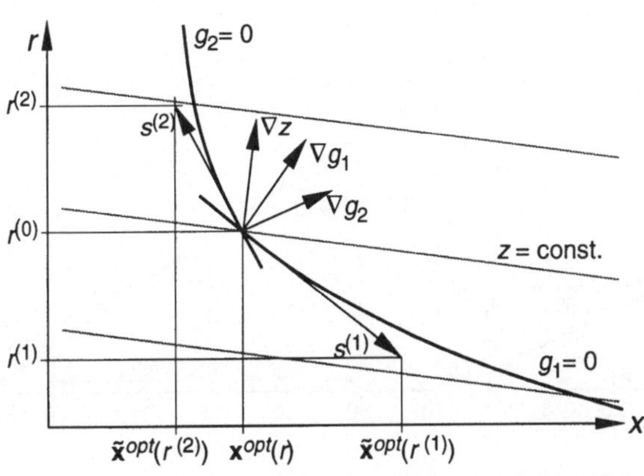

Bild 9- 18: Variation einer Restriktionskonstanten r

- Lagrange-Parameter müssen nicht bestimmt werden wie beim Kuhn-Tucker Verfahren.

- Es ist keine vollständige neue Optimierungsrechnung notwendig wie bei der Brute-Force Methode.

- Da die Gradienten ∇z und ∇g_j von der vorhergehenden Optimierungsrechnung übernommen werden können, müssen nur die Ableitungen der Optimierungsfunktionen nach der Restriktionskonstanten neu bestimmt werden, was in einigen Fällen analytisch einfach möglich ist.

- Lineare Abhängigkeiten von Restriktionsgradienten beeinflussen die Ergebnisqualität nicht.

- Die Methode des erweiterten Entwurfsvariablenraums ist auch dann uneingeschränkt funktionsfähig, wenn die vorliegende Lösung der ursprünglichen Optimierungsrechnung x^* noch deutlich von der tatsächlichen Optimallösung x^{opt} entfernt ist.

Wegen der linearisierten Betrachtungsweise ist es allerdings notwendig, die Veränderung der Restriktionskonstanten r zu begrenzen (z.B. $\delta r < 20\ \%$). Bei größeren Veränderungen besteht die Gefahr, daß die Verhältnisse durch das linearisierte Modell 9-24 nicht mehr genügend genau wiedergegeben werden und so die Abschätzungen unbrauchbar werden.

Mit dem folgenden Beispiel wird die Anwendung des Verfahrens demonstriert: Die Stabquerschnitte des dargestellten 10-Stab Fachwerks wurden zunächst so eingestellt, daß das

Spannungsrestriktion		Gewichtsersparnis bei 10% erhöhtem σ_{zul} des Stabes i
Stab i	λ_i	
8	−1231	−2,01
4	−1150	−2,03
2	−963	−1,74
3	−783	−1,34
1	−737	−1,21
6	−616	−1,02
5	−17	−0,02
7	−0,2	−0,42

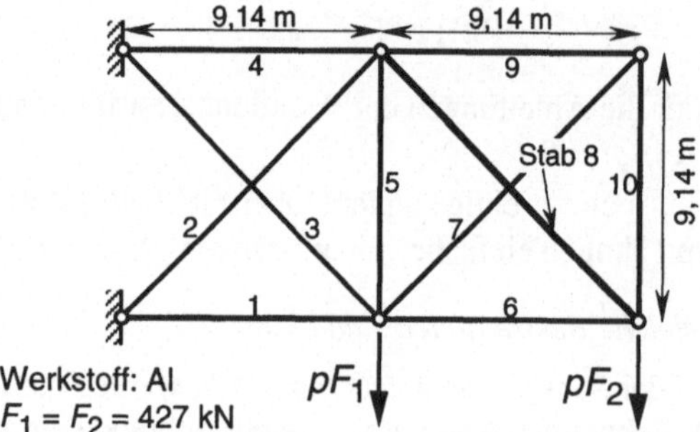

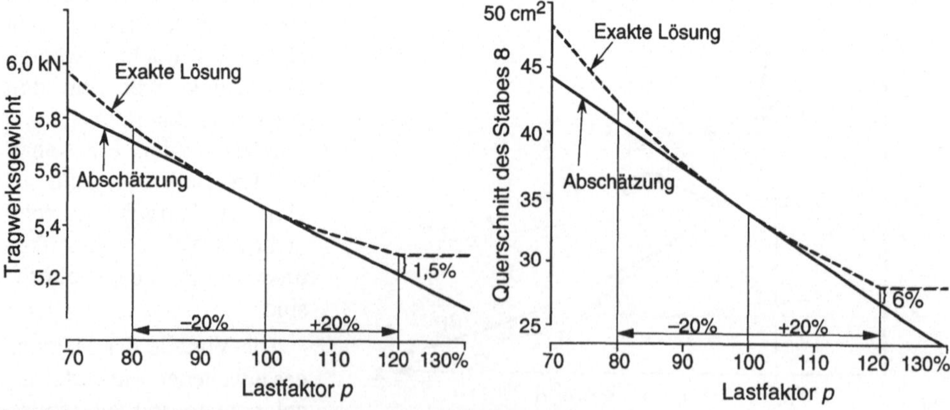

Bild 9-19 : 10-Stab Fachwerk: Variation des Stabquerschnitts 8

Tragwerksgewicht unter der in Bild 9-19 gezeigten Belastung minimal wurde. Für einzelne Bauteile soll nun eine höherfeste Aluminium-Legierung verwendet werden, um eine weitere Gewichtsreduzierung zu ermöglichen.

Zunächst wird die Frage beantwortet, für welche Bauteile sich die Verwendung eines höherfesten Werkstoffes besonders lohnt. Ein Blick auf die Lagrange-Parameter λ_i der Stabspannungsrestriktionen zeigt, daß dies besonders für die Stäbe 4 und 8 der Fall ist (Bild 9-19).

Nun soll abgeschätzt werden, wie groß die erreichbaren Verbesserungen sind, wenn der Stab 8 aus einem höherfesten Material gefertigt wird. Bild 9-19 zeigt sowohl die mit Gl.9-24 ermittelte Abschätzung als auch die durch wiederholte Optimierungsrechnung aufwendig ermittelte exakte Lösung (Zielfunktion z^{opt} und Querschnitt des Stabes 8 x_8^{opt}). Die die Abschätzung darstellende Gerade bildet dabei eine Tangente an die Kurve der exakten Werte. Für Änderungen in der Größenordnung bis zu 20% sind die Abschätzungen dabei brauchbar.

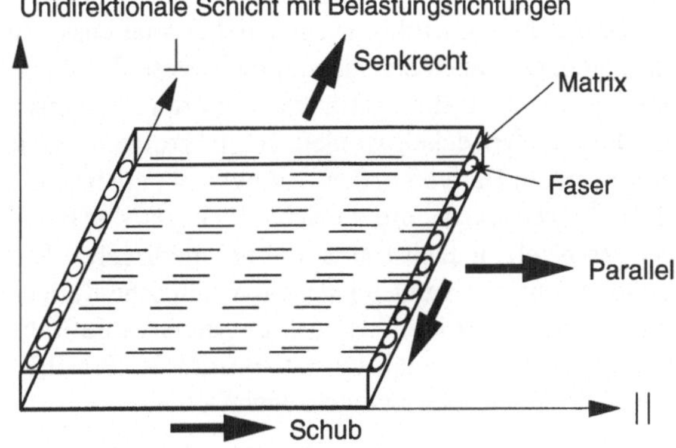

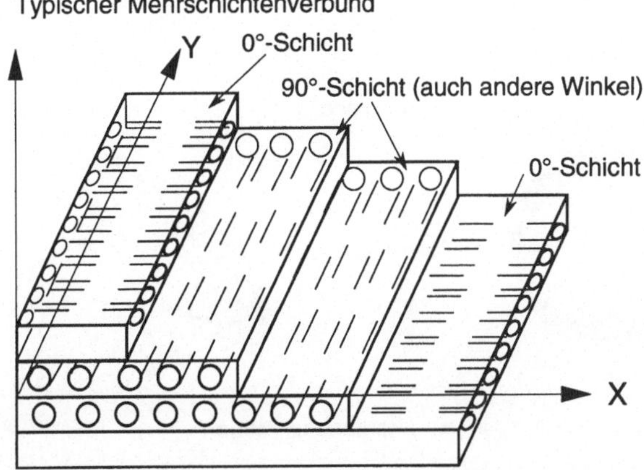

Bild 9 -20: Einzelschicht (UD-Schicht) und Mehrschichtenverbund

9.7   Optimierung von Faserverbundwerkstoffen und -strukturen

9.7.1 Allgemeines zu faserverstärkten Kunststoffen

Faserverstärkte Kunststoffe werden dann vorteilhaft eingesetzt, wenn hohe Tragfähigkeit und/oder hohe Steifigkeit bei möglichst geringem Strukturgewicht erforderlich sind. Dies gilt insbesondere für Anwendungen in der Luft- und Raumfahrt, aber zunehmend auch für den Fahrzeugbau, spezielle Bereiche des Ingenieurbaus und des Maschinenbaus oder auch für Sportgeräte. Dabei werden in Harz (Matrix) getränkte Glas- (GFK), Kohlenstoff- (CFK) oder Aramidfasern in Schichten unterschiedlicher Faserrichtungen zu einem Laminat aufgebaut, wie dies in Bild 9-20 skizziert ist. Der Schichtaufbau, d. h. die Schichtdicken und Faserrichtung in den jeweiligen Schichten, richtet sich nach den Anforderungen. Der größere Teile der Fasern liegt meist in den Richtungen der höchsten Belastungen oder der höchsten Steifigkeitsforderungen. Es entsteht ein Werkstoff bzw. Bauteil mit i. a. richtungsabhängigen (anisotropen) Eigenschaften. Diese Eigenschaften des Laminats werden außer durch diejenigen des Harzes und insbesondere der Fasern durch die Dicke und Faserlagen der einzelnen Schichten bestimmt. Der Anteil der Fasern beträgt typischerweise 50-60 Volumenprozent.

Für die Fertigung werden bei flächigen Strukturen wie Platten und Schalen meist mit Harz vorimprägnierte Fasermatten (prepregs) benutzt und in unterschiedlichen Schichtwinkeln übereinandergelegt. Alternativ hierzu wird insbesondere bei rotationssymmetrischen Körpern (Zylinder- und Kegelschalen, aber auch bei anderen meist geschlossenen Querschnitten) die Wickeltechnik benutzt, bei der die in Harz getränkten Fasern mit unterschiedlichen Winkeln auf einen metallischen Kern aufgewickelt werden. Nach erfolgtem Schichtaufbau wird das laminierte Bauteil dann in einem Härteofen, dem Autoklaven, unter Druck (10—20 bar) und Wärme (ca. 160°—200°C) ‚gebacken‘, die zunächst viskose Matrix härtet dabei aus. Bei geringeren Anforderungen genügen auch Harze, die bei niedrigeren Temperaturen und bei Umgebungsdruck aushärten. Durch Abkühlen kann ein metallische Kern bei Wikkelstrukturen anschließend herausgezogen werden, da dieser meist deutlich höhere Wärmedehnungskoeffizienten als das Faserbauteil besitzt. Bestimmte Profilformen können unter Einschränkungen für die Faserlagen auch stranggezogen werden.

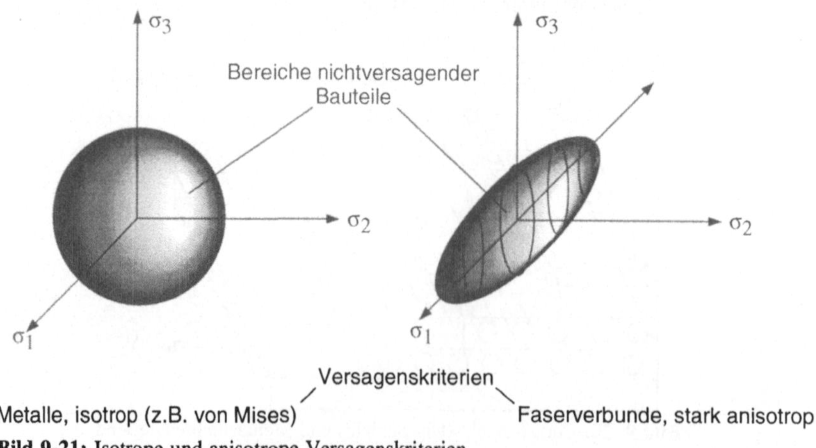

Bild 9-21: Isotrope und anisotrope Versagenskriterien

Das entstandene Laminat oder auch Bauteil ist im allgemeinen sowohl bezüglich seines Elastizitätsgesetzes als auch seiner Versagenskriterien nicht isotrop und liefert gerade bei erwünschten Anisotropen (Richtungsabhängigkeiten von Eigenschaften) seine größten Vorteile. Die Anisotropie z. B. des Versagens wird in Bild 9-21 ersichtlich: es können hohe Spannungen in Faserlängsrichtung, aber nur niedrige Quer- und Schubspannungen aufgenommen werden. Deshalb werden selbst bei eindeutigen Belastungsrichtungen aus Sicherheitsgründen doch einige Faserlagen in anderen Richtungen gewählt. Aus Bild 9-22 werden die typischen Eigenschaften auch im Vergleich zu anderen Werkstoffen deutlich. Für CFK z. B. wird nahezu der E-Modul von Stahl erreicht und dessen Festigkeit meist überschritten bei weniger als einem Viertel des spezifischen Gewichtes. Hinzu kommen günstiges Ermüdungsverhalten und insbesondere für CFK bei entsprechendem Lagenaufbau um Null streuende Wärmedehnungskoeffizienten. Dies ist z. B. für hochgenaue Teleskope und andere extrem verformungsempfindliche Geräte wesentlich. Im Vergleich zu (üblichen) Metallen sind die Eigenschaften in einem breiten Bereich variabel und über die Faser- und Matrixauswahl sowie den Schichtaufbau (Faserwinkel, Schichtdicken) steuerbar, d. h. die Werkstoffeigenschaften gehen im viel stärkeren Maße als bei Metallen als zusätzliche Entwurfsvariable in die Auslegung ein. Der Werkstoff kann also noch konstruktiv gestaltet und den jeweiligen Anforderungen angepaßt werden. Hierzu liefert die Optimierung eine wichtige Unterstützung.

Grenzen dieser Werkstoffe liegen in den beachtlichen Material- und Verarbeitungskosten oder auch bei Anwendungen in höheren (> 120°C bis ca. 300°C) und hohen Temperaturbereichen (> 500°C). Im ersten Fall kommen dann noch spezielle Harze und danach metallische Matrizen in Betracht. Für Temperaturen oberhalb ca. 800 °C können keramische Matrizen eingesetzt werden, die Temperaturen bis zu ca. 1600 °C ohne Festigkeits- und Steifigkeitsverlust ertragen können. Diese faserverstärkten Keramiken besitzen ähnliche spezifische Gewichte wie faserverstärkte Kunststoffe. Allerdings befinden sich solche Werkstoffe noch im Stadium der Entwicklung und werden bisher nur in speziellen Fällen industriell eingesetzt. Auch sind bei den faserverstärkten Kunststoffen weitere Umwelteinflüsse wie hohe Feuchtigkeit, chemische Substanzen oder auch Strahlung, insbesondere bei der Harzauswahl, zu berücksichtigen. Gegebenenfalls sind dann auch Oberflächenbeschichtungen notwendig.

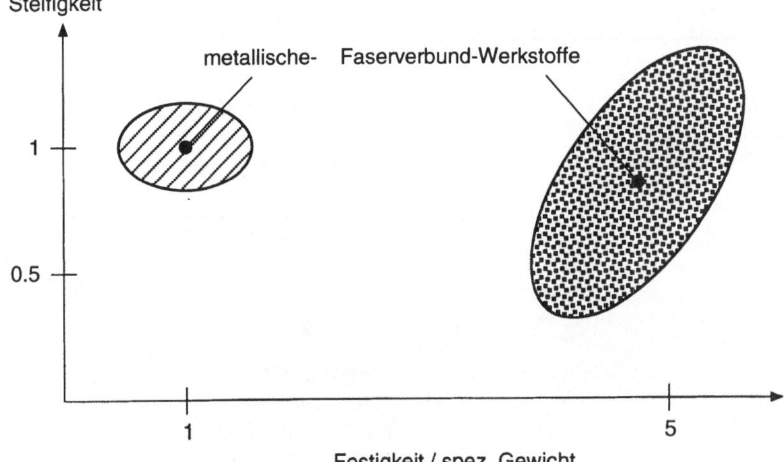

Bild 9-22: Typische Steifigkeiten und gewichtsspezifische Festigkeiten von Faserverbundwerkstoffen

Bevor auf die Optimierung der Faserverbunde eingegangen wird, soll zunächst als eine wesentliche Basis für die Systemgleichungen und das Optimierungsmodell die Mechanik der Faserverbunde besprochen werden. Mehr Details findet man beispielsweise in [9-7, 9-8].

9.7.2   Mechanik der Einzelschicht und des Verbundes

Die mathematisch-mechanische Beschreibung des Faserverbundaufbaus bzw. Laminats beginnt mit der Einzelschicht (unidirektionale Schicht der auch UD-Schicht), aus der die Steifigkeiten und Belastungs-Dehnungs-Beziehungen des Laminats über die Laminattheorie (eine Kirchhoffsche Schichtplatten-Theorie) gewonnen werden. Von den Dehnungen im Laminat wird dann wieder auf die Spannungen in den einzelnen Schichten geschlossen, die auch in die für jede Schicht zu überprüfenden Versagenskriterien eingehen.

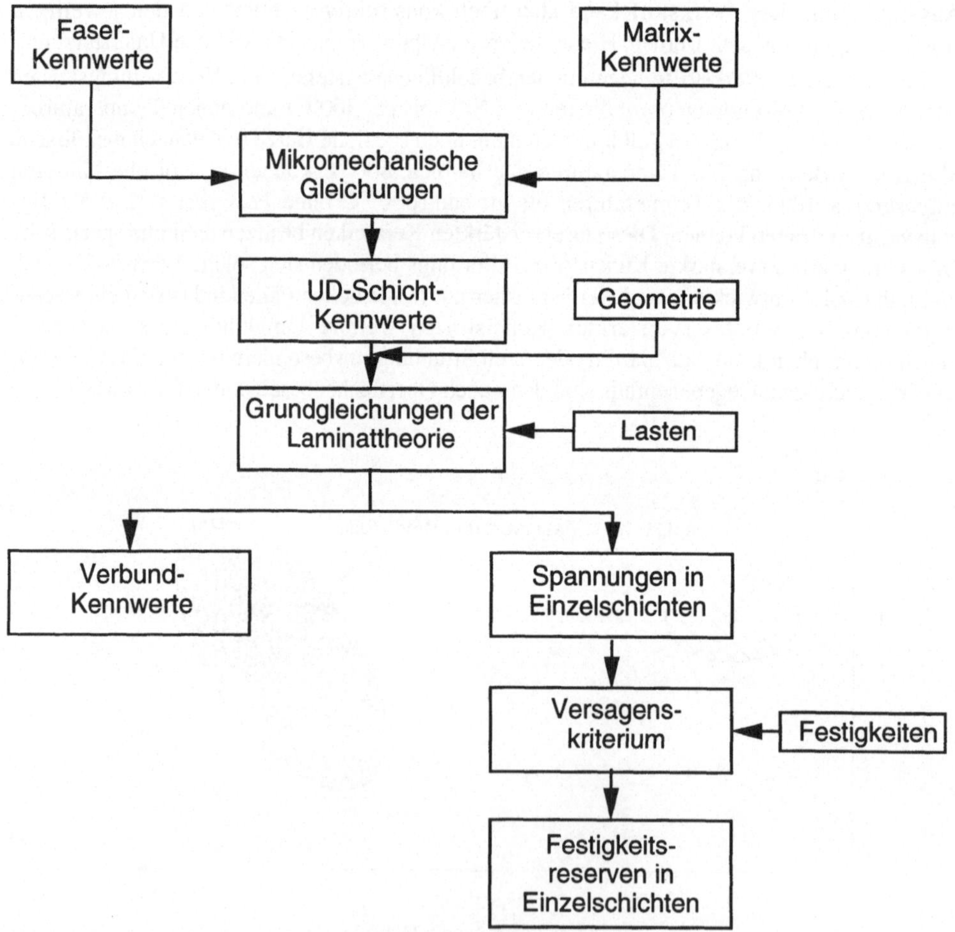

Bild 9-23: Schichtweise Spannungsanalyse für Mehrschicht-Faserverbunde

Dieser Zusammenhang ist in Bild 9-23 zusammengestellt mit den Hauptelementen

* Verhalten der UD-Schicht
* Laminatverhalten, Laminattheorie
* Versagenskriterien

Diese werden im folgenden beschrieben.

Werkstoffgesetz der UD-Schicht

Bei der Betrachtung dieser Werkstoffe wird in der Literatur eine verkürzte Indizierung der Elemente von Dehnungs-, Spannungs- und insbesondere Steifigkeitstensoren benutzt, siehe Tab.9-1. Diese und andere spezifischen Bezeichnungen sollen auch hier beibehalten werden.

Die Dehnungs-Spannungs-Beziehungen sind im allgemeinen dreidimensionalen anisotropen Fall durch 21 unabhängige Größen beschrieben. Für ein orthotropes Material wie die UD-Schicht bleiben 9 unabhängige Werkstoffkonstanten:

$$\begin{Bmatrix} \varepsilon_1 \\ \varepsilon_2 \\ \varepsilon_3 \\ \gamma_{23} \\ \gamma_{31} \\ \gamma_{12} \end{Bmatrix} = \begin{bmatrix} S_{11} & S_{12} & S_{13} & 0 & 0 & 0 \\ S_{12} & S_{22} & S_{23} & 0 & 0 & 0 \\ S_{13} & S_{23} & S_{33} & 0 & 0 & 0 \\ 0 & 0 & 0 & S_{44} & 0 & 0 \\ 0 & 0 & 0 & 0 & S_{55} & 0 \\ 0 & 0 & 0 & 0 & 0 & S_{66} \end{bmatrix} \begin{Bmatrix} \sigma_1 \\ \sigma_2 \\ \sigma_3 \\ \tau_{23} \\ \tau_{31} \\ \tau_{12} \end{Bmatrix} \qquad (9\text{-}30)$$

Die E-Moduln orthotroper Werkstoffe lassen sich in entkoppelten Zug- bzw. reinen Scherversuchen messen. Die Elemente der Nachgiebigkeitsmatrix **S** sind dann durch

$$\mathbf{S} = \begin{bmatrix} \dfrac{1}{E_1} & -\dfrac{v_{21}}{E_2} & -\dfrac{v_{31}}{E_3} & 0 & 0 & 0 \\ -\dfrac{v_{12}}{E_1} & \dfrac{1}{E_2} & -\dfrac{v_{32}}{E_3} & 0 & 0 & 0 \\ -\dfrac{v_{13}}{E_1} & -\dfrac{v_{23}}{E_2} & \dfrac{1}{E_3} & 0 & 0 & 0 \\ 0 & 0 & 0 & \dfrac{1}{G_{23}} & 0 & 0 \\ 0 & 0 & 0 & 0 & \dfrac{1}{G_{31}} & 0 \\ 0 & 0 & 0 & 0 & 0 & \dfrac{1}{G_{12}} \end{bmatrix} \qquad (9\text{-}31)$$

Wegen der Symmetrie von **S** gilt

$$\frac{v_{ij}}{E_i} = \frac{v_{ji}}{E_j} \qquad i,j = 1,2,3 \qquad (9\text{-}32)$$

so daß nur drei der insgesamt sechs Querdehnzahlen von vornherein bekannt sein müssen.

Das orthotrope Material wird also mit den folgenden Konstanten beschrieben:

Spannungen		Dehnungen	
Tensor	verkürzt	Tensor	verkürzt
σ_{11}	σ_1	ε_{11}	ε_1
σ_{22}	σ_2	ε_{22}	ε_2
σ_{33}	σ_3	ε_{23}	ε_3
$\tau_{23}=\sigma_{23}$	σ_4	$\gamma_{23}=2\cdot\varepsilon_{23}$	ε_4
$\tau_{31}=\sigma_{31}$	σ_5	$\gamma_{31}=2\cdot\varepsilon_{31}$	ε_5
$\tau_{12}=\sigma_{12}$	σ_6	$\gamma_{12}=2\cdot\varepsilon_{12}$	ε_6

Tabelle 9-1: Tensorindizierung und verkürzte Indizierunggegeben.

- *Elastische Konstanten*

  E-Moduln   : E_1, E_2, E_3
  G-Moduln   : G_{23}, G_{13}, G_{12}
  Querdehnzahlen   : v_{23}, v_{13}, v_{12}

- *Temperaturausdehnungskoeffizienten*

  $\alpha_1, \alpha_2, \alpha_3$

- *Quellkoeffizienten* (Feuchteänderungen im Werkstoff induzieren Dehnungen)

  $\beta_1, \beta_2, \beta_3$

- *Festigkeiten*

  X_t, X_c, Y_t, Y_c, S *usw.*

  wobei X die Festigkeiten in Faserrichtung, Y diejenigen quer zur Faserrichtung und S die Schubfestigkeit bezeichnet. Der Index t bezeichnet die Zugfestigkeit (tensile) und c die Druckfestigkeit (compressive).

Laminattheorie

In der Laminat- oder Mehrschichtentheorie gilt für die Plattengleichungen die Kirchhoff-Hypothese vom Ebenbleiben der Querschnitte unter Belastung. Legt man die x-y-Ebene der Bezugskoordinaten in die Laminatmitte, läßt sich der Dehnungszustand $\{\varepsilon\}$ eines Punktes mit der Koordinate z immer als Funktion der Dehnung $\{\varepsilon^0\}$ der Mittelebene, der Krümmung $\{\kappa\}$ und der z-Koordinate ausdrücken:

$$\begin{Bmatrix} \varepsilon_x \\ \varepsilon_y \\ \gamma_{xy} \end{Bmatrix} = \begin{Bmatrix} \varepsilon_x^0 \\ \varepsilon_y^0 \\ \gamma_{xy}^0 \end{Bmatrix} + z \begin{Bmatrix} \kappa_x \\ \kappa_y \\ \kappa_{xy} \end{Bmatrix} \tag{9-33}$$

In der Plattentheorie arbeitet man mit den Spannungsresultierenden, oder, was dasselbe ist, mit den verteilten Membrankräften **N** und den verteilten Momenten **M**. Der Zusammenhang mit den Dehnungen der Mittelebene ε^0 und den Krümmungen κ ist durch die **A**-, **B**- und **D**-Matrizen gegeben:

$$\begin{Bmatrix} N_x \\ N_y \\ N_{xy} \end{Bmatrix} = \begin{bmatrix} A_{11} & A_{12} & A_{16} \\ A_{12} & A_{22} & A_{26} \\ A_{16} & A_{26} & A_{66} \end{bmatrix} \begin{Bmatrix} \varepsilon_x^0 \\ \varepsilon_y^0 \\ \gamma_{xy}^0 \end{Bmatrix} + \begin{bmatrix} B_{11} & B_{12} & B_{16} \\ B_{12} & B_{22} & B_{26} \\ B_{16} & B_{26} & B_{66} \end{bmatrix} \begin{Bmatrix} \kappa_x \\ \kappa_y \\ \kappa_{xy} \end{Bmatrix}$$

$$\begin{Bmatrix} M_x \\ M_y \\ M_{xy} \end{Bmatrix} = \begin{bmatrix} B_{11} & B_{12} & B_{16} \\ B_{12} & B_{22} & B_{26} \\ B_{16} & B_{26} & B_{66} \end{bmatrix} \begin{Bmatrix} \varepsilon_x^0 \\ \varepsilon_y^0 \\ \varepsilon_{xy}^0 \end{Bmatrix} + \begin{bmatrix} D_{11} & D_{12} & D_{16} \\ D_{12} & D_{22} & D_{26} \\ D_{16} & D_{26} & D_{66} \end{bmatrix} \begin{Bmatrix} \kappa_x \\ \kappa_y \\ \kappa_{xy} \end{Bmatrix}$$

$$(9\text{-}34)$$

Benutzt man die in Bild 9-24 dargestellte Indizierung der Schichtkoordinaten und Lagennumerierung, so ist die Berechnungsvorschrift für die Elemente der **A**-, **B**- und **D**-Matrizen:

$$A_{ij} = \sum_{k=1}^{N} (\overline{Q}_{ij})_k (z_k - z_{k-1})$$

$$B_{ij} = \frac{1}{2} \sum_{k=1}^{N} (\overline{Q}_{ij})_k (z_k^2 - z_{k-1}^2)$$

$$D_{ij} = \frac{1}{3} \sum_{k=1}^{N} (\overline{Q}_{ij})_k (z_k^3 - z_{k-1}^3)$$

$$(9\text{-}35)$$

Dabei sind die $\overline{Q}_{ij}$ die Steifigkeiten der k-ten UD-Schicht.

Die Elemente der **A**-Matrix werden Dehnsteifigkeiten genannt, die der **B**-Matrix Kopplungssteifigkeiten und die der **D**-Matrix Biegesteifigkeiten.

Die Kopplungssteifigkeiten in der **B**-Matrix beschreiben die Eigenschaft mancher Laminattypen, daß eine reine Membranbelastung eine Krümmung oder ein Moment hervorruft oder daß umgekehrt eine Momentenbelastung zu einer Dehnung der Mittelebene oder zu einer Membranlast führt. Dies gilt z.B. für zu ihrer Mittelebene unsymmetrische Laminate. In den

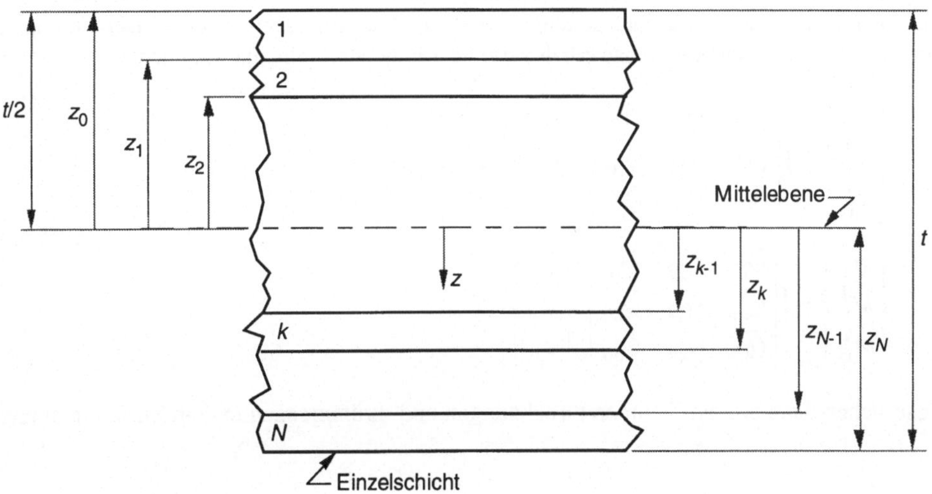

Bild 9-24: Geometrie eines Laminates mit N Lagen

meisten Fällen sind solche Kopplungen unerwünscht. Man wird daher meist ein zur Mittelebene symmetrisches Laminat aufbauen.

Einen wichtigen Sonderfall nehmen die quasiisotropen Laminate ein. Sie haben in allen Richtungen in der Laminatebene die gleiche Dehnsteifigkeit. Das einfachste Beispiel ist das $[\pm 60, 0]_s$-Laminat (s: Faserwinkel in einer Symmetriehälfte), ein weiteres Beispiel ist $[\pm 45, 0, 90]_s$. Die Reihenfolge der Orientierungen innerhalb der symmetrischen Hälften spielt keine Rolle. Wichtig ist, daß die Biegesteifigkeiten [D] keineswegs richtungsunabhängig sind. Auch gibt es die Biegungs-Drillungs-Kopplung, d. h. D_{16} und D_{26} sind dabei ungleich Null. Quasiisotrope Laminate dürfen deshalb nur dort unbesorgt wie ein isotropes Material behandelt werden, wo die Biegung eine untergeordnete Rolle spielt wie etwa bei dünnen, räumlich gekrümmten Schalen oder bei der Verwendung als Deckschichten in Sandwichstrukturen.

Temperaturausdehnungs- und Quellkoeffizienten von Laminaten

Betrachtet man den ebenen Spannungszustand einer orthotropen Lage im ebenen Spannungszustand, so sind die thermoelastischen Spannungs-Dehnungsbeziehungen:

$$\begin{Bmatrix} \sigma_1 \\ \sigma_2 \\ \sigma_3 \end{Bmatrix} = \begin{bmatrix} Q_{11} & Q_{12} & 0 \\ Q_{12} & Q_{22} & 0 \\ 0 & 0 & Q_{66} \end{bmatrix} \begin{Bmatrix} \varepsilon_1 - \alpha_1 \Delta T \\ \varepsilon_2 - \alpha_2 \Delta T \\ \gamma_{12} \end{Bmatrix} \tag{9-36}$$

Die α_i sind die Wärmeausdehnungskoeffizienten der Einzellage, ΔT ist die Differenz zu einer Bezugstemperatur und das Produkt aus beiden ist die Wärmedehnung. Die Elemente ε_1, ε_2 und γ_{12} sind die totalen Dehnungen wie sie sich aus den Verschiebungen bestimmen. Die Summe aus Wärmedehnungen und totalen Dehnungen sind die mechanischen Dehnungen. Diese sind es, die mit den Spannungen über die reduzierten Steifigkeiten direkt verknüpft sind.

Unterdrückt man die totalen Dehnungen (das Laminat ist fest eingespannt), gleichen die mechanischen Dehnungen den Wärmedehnungen und es werden Wärmespannungen aufgebaut. Betrachtet man ein Laminat, so kann man diese Wärmespannungen der einzelnen Lagen über die Dicke integrieren und man erhält verteilte Temperaturkräfte und -momente.

$$\begin{Bmatrix} N_x^T \\ N_y^T \\ N_{xy}^T \end{Bmatrix} = \int \begin{bmatrix} \overline{Q}_{11} & \overline{Q}_{12} & \overline{Q}_{16} \\ \overline{Q}_{12} & \overline{Q}_{22} & \overline{Q}_{26} \\ \overline{Q}_{16} & \overline{Q}_{26} & \overline{Q}_{66} \end{bmatrix}_k \begin{Bmatrix} \alpha_x \\ \alpha_y \\ \alpha_{xy} \end{Bmatrix}_k \Delta T \, dz$$

$$\begin{Bmatrix} M_x^T \\ M_y^T \\ M_{xy}^T \end{Bmatrix} = \int \begin{bmatrix} \overline{Q}_{11} & \overline{Q}_{12} & \overline{Q}_{16} \\ \overline{Q}_{12} & \overline{Q}_{22} & \overline{Q}_{26} \\ \overline{Q}_{16} & \overline{Q}_{26} & \overline{Q}_{66} \end{bmatrix}_k \begin{Bmatrix} \alpha_x \\ \alpha_y \\ \alpha_{xy} \end{Bmatrix}_k \Delta T z \, dz \tag{9-37}$$

Diese stehen dann mit den Temperaturdehnungen und -krümmungen in dem Zusammenhang (9-34).

9.7.3 Versagensmechanismen und Versagenskriterien

Mehr noch als bei konventionellen metallischen Werkstoffen ist bei Faserverbundwerkstoffen die genaue Betrachtung des Materialversagens wichtig. Durch die mehr oder weniger ausgeprägte Duktilität bei Metallen ist es je nach Anwendungsfall möglich, auch (lokale) plastische Verformungen zuzulassen bzw. zu tolerieren. Dies ist bei Faserverbunden so nicht möglich, da plastische Verformung hier in den meisten Fällen unweigerlich Bruch und damit Versagen bedeutet. Faserverbunde weisen weiterhin eine Besonderheit beim Materialversagen auf. Die Verbindung der einzelnen Faserlagen durch die sogenannte Matrix kann unter Belastung aufbrechen (Mikrobrüche). Diese Brüche können die Abheben einzelner Lagen des Verbundes voneinander initiieren. Diesen Effekt bezeichnet man als Delamination. Eine Delamination ist besonders tückisch, da sie im allgemeinen mit dem bloßen Auge selten erkannt werden kann und somit einen einwandfreien Zustand es Bauteils vortäuscht. Bei einer Druckbelastung kann dann der delaminierte Teil ausbeulen und es damit zu einem Bauteilversagen kommen.

Kann man bei den Metallen mit der Angabe der Streckgrenze im allgemeinen eine zufriedenstellende Aussage über den Versagenszeitpunkt machen, so müssen bei den Faserverbundwerkstoffen die unterschiedliche Erscheinungsform des Versagens berücksichtigt werden.

In den meisten Fällen übersteigt die Faserfestigkeit um ein vielfaches die Festigkeit der Matrix. Demnach tritt bei einem Versagen sehr viel häufiger der Bruch der Matrix als der Bruch der Fasern auf. Neben dem offensichtlichen Matrixbruch ist die Delamination bzw. lokale Trennung einzelner Schichten, die durch innere Matrixbrüche bzw. durch Mikrorisse in der Matrix eingeleitet werden kann, besonders kritisch. Oftmals treten äußerlich keine sichtbaren Schäden bei einer Delamination auf, wenngleich der delaminierte Faserverbund in seinem Festigkeitsverhalten sehr stark geschwächt sein kann. Man unterscheidet die Versagensformen daher in

1) Faserbruch
2) Loslösen der Faser von der Matrix
3) Matrixbruch
4) Delamination

Aufgrund der optischen Beurteilung von Beschädigungen an Faserverbundbauteilen lassen sich die Schäden noch unterteilen in

- sichtbare Beschädigung (visible damage)
- nicht sichtbare Schäden (non-visible damage)

Zu den sichtbaren Schäden gehört zum einen der Bruch der Matrix, zum anderen der Bruch der Fasern. Bei den nicht sichtbaren Schäden sind neben den bei der Fertigung auftretenden Schäden z. B. durch Lunkerbildung (Lufteinschlüsse) für das Versagen vor allem die Matrixbrüche und Delaminationen signifikant.

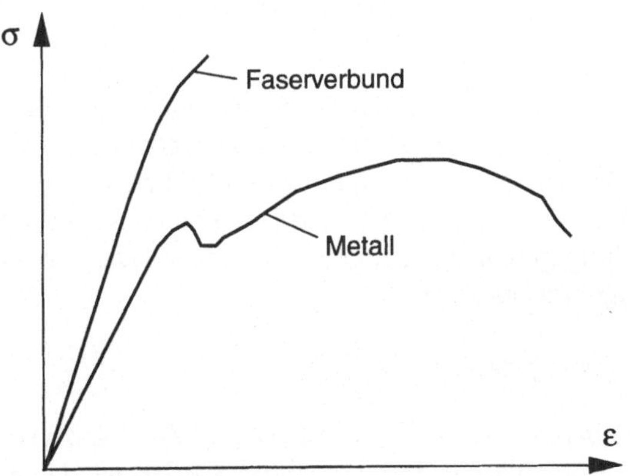

Bild 9-25: Typische Spannungs-Dehnungskurven

Die auslösenden Mechanismen der sichtbaren wie nicht sichtbaren Schäden sollen mit den Versagenskriterien vorhersagbar werden.

Versagenskriterien

Für die Vorhersage von Materialversagen schon in der Auslegungs- und Optimierungsphase einer Faserverbundstruktur, ist die Wahl des richtigen Versagenskriteriums entscheidend. Die Entwicklung hierzu ist noch nicht abgeschlossen, insbesondere was komplexere Versagensmechanismen wie Delaminationen und Folgeschädigungen betrifft. Im folgenden sind die gebräuchlichsten Versagenskriterien für ebene Versagensmechanismen (in der UD-Schicht) wie z.B. Faser- oder Matrixbruch oder Loslösen der Faser zusammengestellt.

Sie sind von Ausnahmen abgesehen von der quadratischen Form

$$\sum b_{ijkl} \cdot \sigma_{ij} \cdot \sigma_{kl} \leq 1 \qquad i,j,k,l=1,2 \tag{9-38}$$

wobei die σ_{ij}, σ_{kl} die Spannungen im Schichtkoordinatensystem (eine Achse in, andere Achse senkrecht zur jeweiligen Faserrichtung) und die b_{ijkl} Werkstoffkennwerte (Festigkeiten) bedeuten. Es ist also wichtig, daß diese Versagenskriterien für jede Schicht des Laminats zu überprüfen sind. Dies bedeutet auch, daß die im Laminatkoordinatensystem ermittelten Spannungen in jedem Analyse- bzw. Optimierungsschritt in das Schichtkoordinatensystem transformiert werden müssen. Dies beinhaltet trigonometrische Funktionen des Schichtwinkels, so daß hierdurch starke Nichtlinearitäten und Nichtkonvexitäten in die Optimierungsaufgabe eingeführt werden.

Die Theorie der maximalen Spannungen bzw. Verzerrungen stellt das einfachste Versagenskriterium dar. Hierbei müssen die Spannungen bzw. Verzerrungen in den Faserrichtungen unterhalb einem bestimmten Grenzwert, der für jede Richtung verschieden sein kann, liegen. Für den Zugbereich und den Druckbereich können unterschiedliche Grenzwerte angenommen werden. Bei dieser Theorie sind die einzelnen Grenzwerte voneinander entkoppelt, das heißt ein räumlicher Spannungs-/Verzerrungszustand beeinflußt die Versagensgrenzen nicht. Meist wird für den Grenzwert der Spannung die in einem einachsigen Zugversuch ermittelte Bruchspannung eingesetzt. Bei Überschreitung dieses Grenzwerts nimmt man Versagen an, unterhalb des Grenzwerts wird ein Bauteil als völlig intakt bewertet. Der Schubspannungsgrenzwert ist im Zug- und Druckbereich gleich und damit vom Vorzeichen unabhängig. Die charakteristische Beziehung der Theorie der maximalen Spannungen lautet:

$$|\sigma|_i \leq |\sigma|_{ib} \qquad \left|\tau_{ij}\right| \leq \left|\tau\right|_{ijb} \tag{9-39a}$$

Hierbei ist σ_{ib} der Grenzwert der Spannung σ_i in der Richtung i. Analog ist τ_{ijb} Grenzwert von τij. Die Theorie der maximalen Verzerrungen geht von denselben Überlegungen aus wie die der maximalen Spannungen. Wie bei den Spannungen können die Grenzwerte der Normaldehnungen in Zug- und Druckrichtung unterschiedlich sein. Für die Schubverzerrungen hingegen ist wie bei den Schubspannungen das Vorzeichen gleichgültig. Für die Versagensgrenze kann hier

$$\left|\varepsilon_i\right| \leq \left|\varepsilon_{ib}\right| \quad , \qquad \left|\gamma_{ij}\right| < \gamma_{ijb} \tag{9-39b}$$

geschrieben werden, wobei ε_{ib} und γ_{ijb} die Grenzwerte darstellen. Solche eher konservative Werte für zulässige Dehnungen bei CFK liegen bei etwa 0.5 %, während Bruchdehnungen durchaus bei deutlich mehr als 1% liegen.

Das *Versagenskriterium von Tsai und Hill* für anisotrope Materialien geht von einer Belastungsgrenze aus, die in der Form

$$(G+H)\sigma_1^2 + (F+13H)\sigma_2^2 + (F+G)\sigma_3^2 - 2H\sigma_1\sigma_2 - 2G\sigma_1\sigma_3 - 2F\sigma_2\sigma_3$$
$$+ 2L\tau_{23}^2 + 2M\tau_{13}^2 + 2N\tau_{12}^2 \leq 1 \tag{9-40}$$

geschrieben werden kann. Hierbei sind *F, G, H, L, M, N* zu bestimmende Koeffizienten, die von Tsai auf die geläufigen Spannungsgrößen σ_{ib}, τ_{ijb} reduziert werden. Die Tsai-Hill Theorie ist eine Spannungs-Festigkeits-Hypothese, die die Grenzen des linear elastischen Verhaltens bestimmt. Hills Gleichung kann dabei als Erweiterung des isotropen von-Mises-Kriteriums gesehen werden. Die Darstellung der Versagensgrenze im Spannungsraum bildet ein Rotationsellipsoid, das in der Richtung der Fasern (höhere Steifigkeit) ausgerichtet ist. Die Konstanten werden von Tsai folgendermaßen auf die Festigkeitsgrenzen zurückgeführt.

$$2F = \frac{1}{\sigma_{2b}^2} + \frac{1}{\sigma_{3b}^2} - \frac{1}{\sigma_{1b}^2} \qquad 2G = \frac{1}{\sigma_{1b}^2} + \frac{1}{\sigma_{3b}^2} - \frac{1}{\sigma_{2b}^2} \qquad 2H = \frac{1}{\sigma_{1b}^2} + \frac{1}{\sigma_{2b}^2} - \frac{1}{\sigma_{3b}^2}$$

und

$$2L = \frac{1}{\tau_{23b}^2} \qquad 2M = \frac{1}{\tau_{31b}^2} \qquad 2N = \frac{1}{\tau_{12b}^2} \tag{9-41}$$

Für den Spezialfall des ebenen Spannungszustands vereinfachen sich die Beziehungen mit $\sigma_3 = \tau_{13} = \tau_{23} = 0$. Wie bei der Theorie der maximalen Spannungen werden auch hier die Spannungsgrenzwerte in den Hauptorientierungsrichtungen eingesetzt. Die Spannungen müssen deshalb in dieses System transformiert werden. Dann kann man folgende vereinfachte Beziehung für die Versagensgrenze des ebenen Spannungszustands angeben:

$$\frac{\sigma_1^2}{\sigma_{1b}^2} - \frac{\sigma_1\sigma_2}{\sigma_{1b}^2} + \frac{\sigma_2^2}{\sigma_{2b}^2} + \frac{\tau_{12}^2}{\tau_{12b}^2} \leq 1 \tag{9-42}$$

Da die Tsai-Hill Theorie wie die der maximalen Verzerrungen richtungsabhängig ist, reduziert sie sich für den Spezialfall des isotropen Werkstoffs nicht korrekt, daß heißt die Richtungsabhängigkeit bleibt erhalten. Erwähnenswert bleibt, daß das Tsai-Hill Kriterium nicht zwischen Faser- und Matrixversagen unterscheiden kann, sowie Delaminationen nicht berücksichtigt werden. Die Theorie geht weiterhin davon aus, daß keine unterschiedlichen Festigkeiten für den Zug- und Druckbereich vorliegen.

Neben diesen Kriterien existieren selbst für die Mechanismen des UD-Schichtversagens noch eine Reihe weitere, doch stellt das von Tsai und Hill ein typisches und gebräuchliches dar. Für komplexere Versagensmechanismen wie Delaminationen, Schadensfortschritte usw. werden dreidimensionale Spannungszustände betrachtet. Zugehörige Kriterien sind immer noch Gegenstand der Forschung und Entwicklung, und ihre Diskussion würde hier zu weit führen.

9.7.4 Aufgaben der Laminatoptimierung

Eine Standardaufgabe der Laminatoptimierung ist: Bestimme die Dicken und Faserwinkel der UD-Schichten eines Laminats so, daß eine Zielfunktion (Laminatgewicht) minimal wird und Restriktionen bezüglich Festigkeit, Steifigkeit und obere und untere Variablenschranken eingehalten werden.

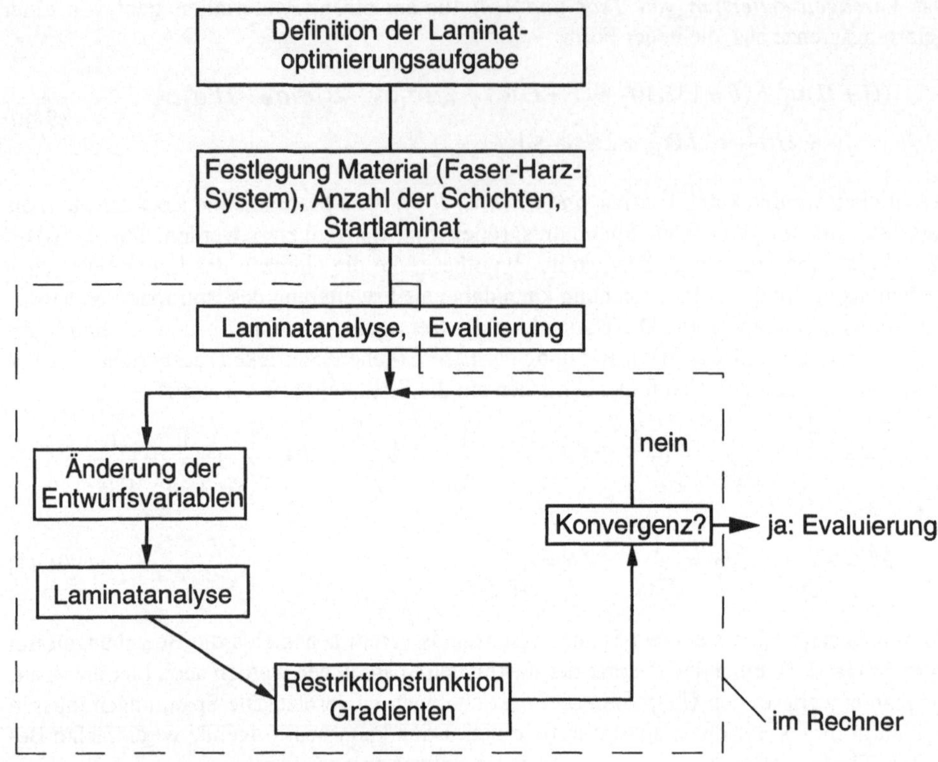

Bild 9-26: Grundkonzept der Laminatoptimierung

Diese Standardaufgabe setzt also eine Vorgabe des Faser-Harz-Systems sowie der Anzahl der Lagen voraus, und sie bedeutet letztlich eine vergleichsweise einfache Verknüpfung eines Rechenprogramms zur Laminatanalyse (Steifigkeiten, Dehnungen, Schichtspannungen, Versagenskriterien) mit einem Optimierungsprogramm, wie in Bild 9-26. Da für jeweils vorgegebene Entwurfsvariable die Laminatanalyse schon auf leistungsfähigen PCs mit akzeptabler Rechengeschwindigkeit abläuft, besteht nicht in gleichem Maße wie bei der

Aufgabe: Optimierung eines Rohres, so daß ...

    • das Gewicht minimal wird

    • der E-Modul E_x = 100000 N/mm^2 ist

    • der Wärmeausdehnungskoeffizient α_x 0,5·10^{-6}/1°C wird

Aufgebrachte Last N_x = 300 N/mm

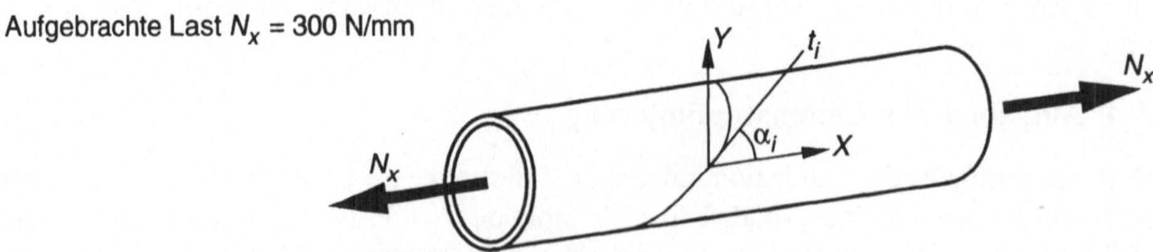

Bild 9-27: Eine Laminatoptimierungsaufgabe

Strukturoptimierung mit FE-Modellen der Zwang zu besonderen Maßnahmen zur Steigerung der Recheneffizienz z. B. mit Approximationsmethoden. Vielmehr kann sogar mit Differenzenquotienten zur Berechnung von Ableitungen nach den Entwurfsvariablen gearbeitet werden. Dies spart natürlich Programmierungs- und Wartungsaufwand für die Software, und reduziert deren Komplexität. Unangenehm können sich die trigonometrischen Funktionen zur Transformation von Spannungen und Dehnungen von Laminat- auf Einzelschichtebene auswirken; in diesen Funktionen stecken ja die Entwurfsvariable Faserwinkel. Dadurch wird die Aufgabe hochgradig nichtlinear und insbesondere stark nichtkonvex. Deshalb ist bei Optimierungsalgorithmen, die mit größeren (sequentiellen) Linearisierungsbereichen arbeiten, Vorsicht angebracht. Auch sind häufiger als bei den üblichen Optimierungsaufgaben der Statik hierbei lokale Lösungen zu erwarten.

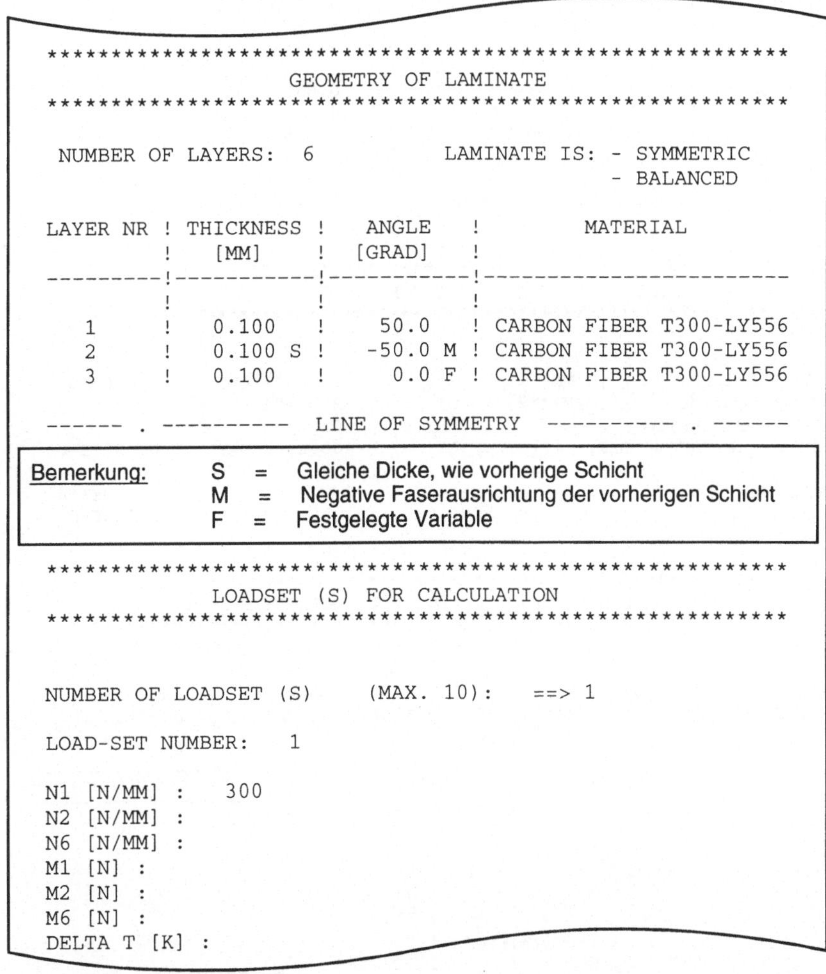

Bild 9-28: Eingabe für die Laminatoptimierungsaufgabe im Rechenprogramm LAMOPT

```
**********************************************************
            OPTIMIZED GEOMETRY OF THE LAMINATE
**********************************************************


OBJECT FUNCTION:     ==>   MINIMUM WEIGTH
CONSTRAINTS:         ==>   STRENGTH  TSAI-HILL
                     ==>   COEFF. OF THERMAL EXP.
                     ALPHA X   ==>   0.5000E-06
                     ==>   STIFFNESS
                     EX        ==>   0.1000E+06


THICKNESS OF LAMINATE  [MM]              0.51
WEIGTH  [KG/M**2]                        0.40058


    PLY    !    PLY-ANGLE      !    PLY-THICKNESS
           !     [GRAD]        !        [MM]
    -------!------------------ !-------------------------
           !                   !
     1     !      69.93        !        0.0392
     2     !     -69.93        !        0.0392
     3     !       0.00        !        0.1751


    ----------------- LINE OF SYMMETRY -------------------



    ************************************************************
            L A M I N A T E   P R O P E R T I E S
    ************************************************************


YOUNG"S MODULI     [N/MM**2] :  EX  =  0.9650E+05  EY  =  0.4003E+05
SHEAR MODULUS      [N/MM**2] :  GXY =  0.8868E+04
POISSONS"S RATIO            :  NXY =  0.1626E+00
COEFF. OF THERM. EXP.  [1/K] :  AX  =  0.4806E-06  AY  =  0.5311E-05

AVERAGE DENSITY:          [KG/M**3]       [G/CM**3]       [N*S**2/MM**4]
                          0.1580E+04      0.1580E+01        0.1580E-08


    ************************************************************
        STRAINS AND MARGINS OF SAFETY FOR   LOADSET NR:  1
    ************************************************************


EPSX=   0.6131E-02    EPSY=  -0.9971E-03    GAMXY=   0.0000E+00
KAPX=   0.0000E+00    KAPY=   0.0000E+00    KAPXY=   0.0000E+00


            LAYER    !    RESERVE FACTOR     [ < 1 entspricht Versagen ]
            ---------!-------------------
                     !
              1      !      1.007
              2      !      1.007
              3      !      1.717
              4      !      1.717
              5      !      1.007
              6      !      1.007
```

Bild 9-29: Ergebnis (Ausgabefile) des Optimierungslaufs

Für die effiziente Anwendung wichtig ist auch eine Benutzerschale, die den Aufbau des Optimierungsmodells unterstützt, also die beschreibenden Daten des (Start-)Laminats, der Belastungen sowie zu Ziel- und Restriktionsfunktionen. In Bild 9-27 ist eine Gewichtsminimierungsaufgabe unter Restriktionen bezüglich Festigkeit, Steifigkeit und Wärmedehnung gezeigt, mit den Eingabewerten für das Laminatoptimierungsprogramm LAMOPT in Bild 9-28. Für das symmetrische sechs-schichtige Laminat sollen Schicht 1 und 2 (und damit auch 5 und 6) gleiche Dicke besitzen, und sich die Winkel durch ihr Vorzeichen unterscheiden. Die Faserwinkel der Mittellagen sind festgehalten. Das Ergebnis in Bild 9-29 zeigt hierfür den optimalen Lagenaufbau, wobei in den beiden äußeren Schichten die Festigkeit dimensionierend ist, wohingegen die mittlere Schichten die Steifigkeit und Wärmedehnung in x-Richtung bestimmen. Die Restriktionsanforderungen zu sind bis auf wenige Prozent Abweichung (Konvergenzverhalten des Lösungsalgorithmus) erfüllt, was ja praktisch vollkommen ausreicht.

Laminatoptimierung einschließlich Materialauswahl

Die oben diskutierte Laminatoptimierung bezieht sich auf eine vorausgewählte und damit gegebene Materialkombination (Faser-Harz-System). Diese Materialauswahl richtet sich neben den mechanischen Anforderungen insbesondere auch nach Fertigungseigenschaften, Kosten usw. Lassen sich alle Anforderungen formelmäßig erfassen, so liegt es nahe, das Materialsystem ebenfalls mit in den Optimierungsprozeß zu integrieren [9-9]. Dies führt formal dann auf eine diskrete Optimierungsaufgabe. Das Problem wenig geeigneter Lösungsalgorithmen hierfür läßt sich umgehen, indem die doch recht dichtliegenden Materialdaten durch kontinuierliche Funktionen interpoliert werden und damit eine kontinuierliche Optimierungsaufgabe erhalten wird. Dies geschieht durch Verwendung einer ‚Zeigervariablen‘ als zusätzliche neben den anderen Optimierungsvariablen. Diese Zeigervariable wird vom Optimierungsalgorithmus durch die kontinuierliche Materialdatenbank gesteuert wird. Nach Erhalt der kontinuierlichen Lösung wird dann dasjenige tatsächliche Materialsystem ausgewählt, das dem in kontinuierlichen Lösung ermittelten am nächsten kommt.

Zur Verdeutlichung zeigt Tabelle 9-2 einen Ausschnitt aus der (zunächst diskreten) Materialdatenbank (‚1‘= Zug, ‚2‘= Druck). Die Materialdichte ρ wird dann als Zeiger- oder Führungsvariable benutzt und alle anderen Eigenschaften als Funktion dieser Variablen ausgedrückt. So zeigt Bild 9-30 den Zusammenhang zwischen Festigkeit und Dichte, wobei zwischen den Stützwerten linear interpoliert wurde. Strenggenommen entsteht dadurch eine nicht differenzierbare Aufgabe, doch soll dies nicht weiter stören, da (gedanklich) um die Unstetigkeitsstellen der Ableitung interpoliert werden kann, siehe Kapitel 4. Somit wird diese Laminatoptimierungsaufgabe

$$\text{minimiere } \left\{ z(t_i,\alpha_i,\rho_i) \;\middle|\; g_j(t_i,\alpha_i,\rho_i) \geq 0; i = 1,..n,\, j = 1,...,p \right\} \tag{9-43}$$

Der gesamte Prozeß ist in Bild 9-31 zusammengefaßt. Nach ‚Runden‘ der Materialdaten auf die diskrete Nachbarschaft der kontinuierlichen Lösung – also der Festlegung des tatsächlich verfügbaren Materialsystems – empfiehlt es sich natürlich, mit diesem nochmals eine klassische Laminatoptimierung durchzuführen oder zumindest das Erfülltsein aller Anforderungen/Restriktionen zu überprüfen.

		Aramid		CFK		GFK	
		Kevlar 49	T300	M-40	GY-70	E-Glas	S-Glas
ρ	[g/cm^3]	1.38	1.58	1.61	1.74	1.99	2.04
σ_{1Z}	[N/mm^2]	1380	1450	1100	750	1200	1780
σ_{1D}	[N/mm^2]	275	1400	1100	700	700	700
σ_{2Z}	[N/mm^2]	27	55	50	40	65	65
σ_{2D}	[N/mm^2]	138	170	150	130	150	192
τ_{12}	[N/mm^2]	44	90	75	70	62	62
E_1	[kN/mm^2]	75.8	135	220	290	83	53.8
E_2	[kN/mm^2]	5.5	10	7	5	46	13.4
G_{12}	[kN/mm^2]	2.0	5	5	5	13	4.46
ν	[-]	0.34	0.27	0.35	0.41	4.36	0.29
α_1	[1.E-6/K]	-4	-0.6	-0.8	-1	6	6
α_2	[1.E-6/K]	50	30	30	30	26	26

Tabelle 9-2: Einzelschicht-Daten 6 verschiedener Faserverbundwerkstoffe

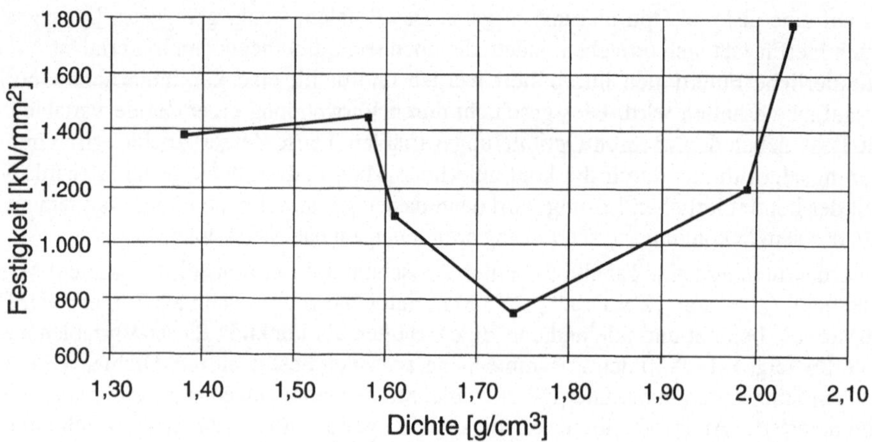

Bild 9-30: Laminatfestigkeit als Funktion der Zeigervariable ‚Dichte'

Als Beispiel zeigt Bild 9-32 einen durch zwei Lastfälle belasteten zweischichtigen Verbund. Schichtdicke, Faserwinkel und Werkstoff jeder Schicht sind so zu wählen, daß das Gewicht minimal ist, die Steifigkeit in beiden Richtungen x und y mindestens 400 kN/mm beträgt und die Festigkeitsforderungen erfüllt sind. Die kontinuierliche Lösung liefert in der ersten Schicht einen Faserwinkel nahe Null und in der zweiten nahe neunzig Grad. Die Dichte als Zeigervariable in Schicht 1 und ρ = 1,73 legt nach Tabelle 9-2 den Werkstoff GY70, in der zweiten Schicht M40 nahe. Beides sind recht steife CFK-Werkstoffe, wobei infolge der höheren Last in y-Richtung sinnvollerweise die höherfesten M40-Fasern ermittelt wurden.

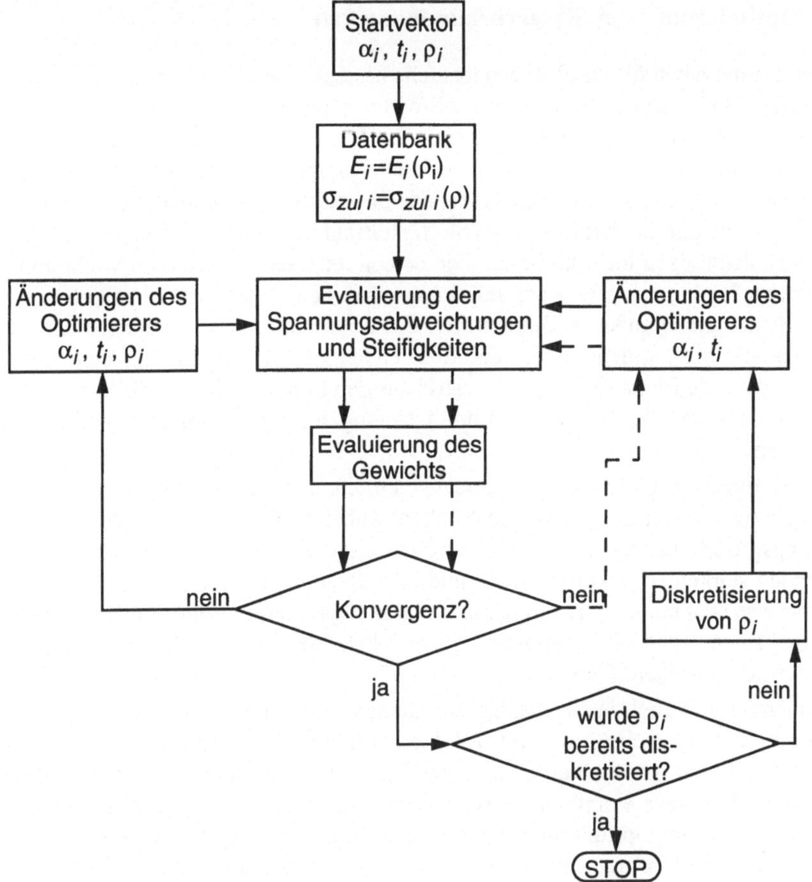

Bild 9-31: Flußdiagramm der Optimierung mit Materialauswahl

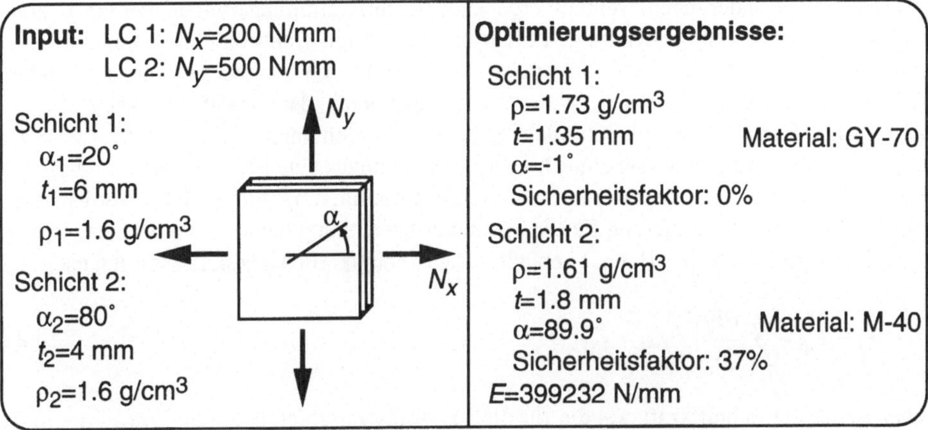

Bild 9-32: Beispiel automatischer Materialauswahl für einen Zweischicht-Verbund

9.7.5 Optimierung von Faserverbundbauteilen

Optimierungsaufgaben für Faserverbundbauteile bestehen zum einen aus den üblichen und aus anderen Kapiteln bekannten Elementen der Strukturoptimierung, zum anderen aber müssen die speziellen Eigenschaften des Werkstoffs und das Verhalten dieser i. a. anisotropen Bauteile entsprechend berücksichtigt werden. Das bedeutet, daß die den Laminataufbau beschreibenden Entwurfsvariablen (Dicke und Faserwinkel der Einzelschichten) sowie die relevanten Versagenskriterien und ggf. noch (anisotrope) Steifigkeitsanforderungen und solche zu thermischen und Feuchtedehnungen hinzukommen. Die beiden letzteren spielen eine wichtige Rolle bei hochgenauen Strukturen, z. B. Radioteleskopen, wie sie in Abschnitt 10 besprochen werden. Was die Systemgleichungen z. B. über die FEM anbelangt, müssen natürlich entsprechende finite Elemente wie Laminatplatten- und Schalenelemente zur Verfügung stehen. Bei diesen Elementen wird die Elementsteifigkeitsmatrix aus den Eigenschaften der Einzelschichten aufgebaut und Schnittkräfte, Spannungen und Dehnungen aus mechanischen und hygrothermischen Lasten berechnet.

Unter Berücksichtigung dieser Ergänzungen bleibt also die bekannte formale Strukturierung der Bauteil-Optimierungsaufgabe erhalten, wobei wie bei der Laminatoptimierung auch im Lösungsprozeß die infolge der Richtungstransformationen z. B. der Schichtspannungen auftretenden starken Nichtkonvexitäten und Nichttheoritäten berücksichtigt werden sollten. Beispielsweise sind bei Linearisierungsschritten im Optimierungsalgorithmus kleinere Move-Limits zu wählen. Auch sind häufiger mögliche lokale Lösungen durch mehrere unterschiedliche Startvektoren zu identifizieren.

Unabhängig und auch in Ergänzung zur Bauteil-Optimierung empfiehlt sich vorab eine Laminatoptimierung nach Abschnitt 9.7.4 durchzuführen. Dies kann dann auch für die laminatbezogenen Entwurfsvariablen einen guten Startvektor für eine Optimierung auf Bauteilebene liefern. Für diese Voraboptimierung werden die Bauteilanforderungen sinngemäß auf solche für die Laminatoptimierung umgesetzt, z. B. durch entsprechende Restriktionen zur Laminatsteifigkeit, Wärmedehnung usw. Die in Versagenskriterien bzw. Festigkeitsrestriktionen eingehenden Spannungen werden über aus einer Finite-Element-Analyse des Bauteiles entnommene Schnittkräfte und Laminatspannungstheorie (Abschnitt 9.7.2) bestimmt. Während der Laminatoptimierung werden die Schnittkräfte konstant gehalten, d. h. die sich durch Steifigkeitsänderungen eventuell ergebende Schnittkraftumlagerungen werden während der Laminat-Optimierungsrechnungen nicht berücksichtigt. Dadurch erspart man sich FE-Analysen während der Laminatoptimierung. Damit ergibt sich ohne viel Rechenaufwand ein guter wenn nicht gar optimaler Laminataufbau für das Bauteil, der auch als Startvektor für eine nachfolgende Optimierung auf Bauteilebene benutzt werden kann. Gegebenenfalls kann mit dem optimierten Laminataufbau zunächst aber erst nochmals eine FE-Analyse zur Ermittlung neuer Schnittkräften und einer wiederholten Laminatoptimierung durchgeführt werden. Auch kann bei der Laminatoptimierung für die Spannungsberechnung nicht mit konstanten, sondern über FE-Sensitivitätsanalyse (linear) veränderlichen Schnittkräften gearbeitet werden nach

$$F_j = F_{j0} + \sum \frac{\partial F_j}{\partial x_i}\bigg|_{\mathbf{x}_0}(x_i - x_{i0}) \tag{9-44}$$

wobei F_j die j-te Schnittkraft, x_{i0} die für die FE-Analyse Schichtdaten und die x_i die in der Laminatoptimierung veränderlichen Schichtdaten bedeuten. Beispielsrechnungen haben gezeigt, daß dadurch der über die Laminatoptimierung ermittelte Laminataufbau zuweilen etwas schneller als bei festgehaltenen Schnittkräften gegen den am Bauteil konvergiert, insbesondere wenn der Laminataufbau hauptsächlich durch Festigkeitsrestriktionen bestimmt ist. Allerdings sind die Unterschiede gegenüber fest vorgegebenen Schnittkräften im Ergebnis meist gering.

9.8   Optimierung unter Beachtung statistischer Zuverlässigkeitsanforderungen

Die Zuverlässigkeit eines Tragwerkes wird üblicherweise durch Verwendung ausreichend konservativer Annahmen z. B. für die Lasten, Werkstoffeigenschaften etc. sowie durch Einführung von Sicherheitsfaktoren (z. B. als Multiplikator 1.5 für die Lasten oder als Divisor für Werkstoffestigkeiten) in der Bemessung berücksichtigt. Zuweilen wird argumentiert, eine unter diesen Vorgaben mathematisch optimierte Struktur sei unzuverlässiger als eine Bemessung ‚per Hand'. Dies mag in Einzelfällen zutreffen, ist aber als grundsätzliches Argument sicherlich nicht brauchbar, da sich ja Zuverlässigkeit nicht nach schwer kontrollierbarer konservativer Bemessung sondern nach klaren Vorgaben zu Lasten, Werkstoffdaten und Sicherheitsfaktoren zu richten hat. Und mit diesen Vorgaben arbeitet dann wie in der Handbemessung auch eine Optimierungsrechnung.

Grundsätzlich interessanter ist, die Zuverlässigkeit als statistische Aussage zu verstehen, denn Lasten, Werkstoffdaten und Geometrien sind genau genommen streuende (statistische) Größen. Damit kann prinzipiell nicht mehr von einem (total) sicheren Tragwerk gesprochen werden, sondern es wird dann eine Wahrscheinlichkeit dafür angegeben, daß das Tragwerk die Lasten ohne Schäden erträgt. Dies führt dann auf die statistische Zuverlässigkeit, die wie weiter unten kurz beschrieben über Wahrscheinlichkeitsrechnung gewonnen wird.

Es liegt dann auch nahe, in der Optimierung die üblichen Festigkeitsrestriktionen, die ja den konventionellen Zuverlässigkeitsbegriff berücksichtigen, durch die statistische Zuverlässigkeit zu ersetzen. Dies soll weiter unten genauer besprochen werden. Zunächst wird jedoch die statistische Zuverlässigkeit genauer definiert und deren (näherungsweise) Ermittlung prinzipiell vorgestellt. Details und Herleitungen hierzu finden sich beispielsweise in [9-10, 9-11].

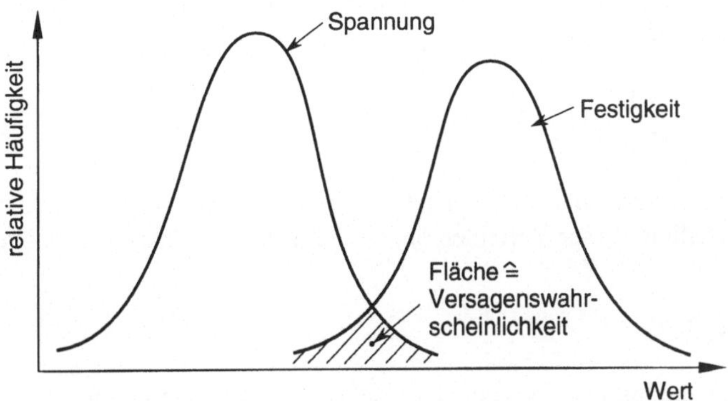

Bild 9-33: Grafische Darstellung der Versagenswahrscheinlichkeit

Die statistische Tragwerkszuverlässigkeit

Die statistische Zuverlässigkeit oder besser noch die Versagenswahrscheinlichkeit p_f als deren statistisches Gegenereignis ist definiert als

$$p_f = \lim_{N \to \infty} \frac{N_f}{N}$$

$$(9\text{-}45)$$

Sie ist das Verhältnis der Anzahl versagender Tragwerke N_f zur Gesamtzahl der realisierten Tragwerke N, wobei N sehr groß (im Grenzfall unendlich) ist. Da natürlich für eine gegebenes Tragwerk in der Regel nur wenige realisiert werden (z.B. nur eine Brücke, nur eine Satellitenstruktur, allerdings meist sehr viele Fahrzeugtragwerke) ist diese Definition zunächst nur gedanklich zu verstehen. Durch einen Griff in den ,Korb' der streuenden Daten (nämlich den sog. Häufigkeitsverteilungen) der Belastungen, Werkstoffeigenschaften usw. wird das jeweilige Tragwerk gedanklich-rechnerisch entsprechend häufig realisiert und jeweils seine Festigkeit überprüft. Überschreitet die Spannung die Bruchspannung, dann gehört diese Realisierung zur Menge der versagten Tragwerke. Sind auf diese Art z. B.. 1 Million Realisierungen vorgenommen worden mit 5 Versagensfällen, so ist die Versagenswahrscheinlichkeit $5 \cdot 10^{-6}$, bzw. die Zuverlässigkeit $p_f = 1 - 5 \cdot 10^{-6}$. Der Prozeß ist in Bild 9-33 nochmals aus der Sicht der statistischen Häufigkeitsverteilung für Beanspruchung und Festigkeit dargestellt. Daraus wird deutlich, daß sich p_f auch als Fläche der sich überschneidenden Wahrscheinlichkeitskurven (Häufigkeitsverteilungen) für Spannungen und Werkstoffestigkeiten ergibt.

Die obige Definition (9-45) könnte auch grundsätzlich direkt zur Berechnung von p_f herangezogen werden, indem die Realisierungen in Computermodellen vorgenommen werden. Allerdings wäre dies wegen der notwendigen großen Anzahl durchzuführender Analysen zu aufwendig, so daß ein im folgendes besprochenes Näherungsverfahren sinnvoller ist.

Ein Näherungsverfahren zur Zuverlässigkeitsberechnung

Ausgangsbasis ist das Versagenskriterium

$$v = \sigma(\text{Lasten, Geometrie, ...}) - \sigma_B$$

$$(9\text{-}46)$$

für das die Wahrscheinlichkeit zu ermitteln ist, daß die Spannungen σ die Bruchspannungen überschreiten, also Versagen eintritt. In den streuenden Spannungen stecken verschiedene streuende statistische Größen, insbesondere die Lasten, Abmessungen etc., und die Bruchfestigkeit σ_B ist ebenfalls eine statistische Größe. Es liegt nahe, (9-46) in den statistischen Variablen zu linearisieren, also

$$(9\text{-}47)$$

$$v_L = \sigma_0 + \sum \frac{\partial \sigma}{\partial x_i}\bigg|_{x_0} (x_i - x_{i0}) - \sigma_B$$

wobei die x_i die statistischen Variablen sind. Nimmt man weiter vereinfachend eine Gaußsche statistische Verteilung dieser Variablen an, so läßt sich die Wahrscheinlichkeit für $v_L \geq 0$ direkt angeben mit

$$p_f = \phi(v_L)$$

$$(9\text{-}48)$$

Dabei bedeutet ϕ die Summenfunktion der Gaußschen Normalverteilung. Für (9-48) ist auch erforderlich, daß die statistischen Variablen normiert werden nach

$$x_i := \frac{x_i - \bar{x}_i}{s_i} \tag{9-49}$$

wobei $\bar{x}_i$ und s_i deren Mittelwert bzw. Standardabweichung bedeuten.

Bei mehreren Versagenskriterien v_i, was ja in der Regel der Fall ist, gilt ebenfalls näherungsweise

$$p_f \approx \sum_i p_{fi} \tag{9-50}$$

Offen ist noch, an welchem Entwicklungspunkt in (9-46) linearisiert wird. Hierzu bieten sich mehrere Möglichkeiten an, so z.B.

- um die jeweiligen Mittelwerte der Variablen
- um jeweilige Werte für die eine Versagen wahrscheinlicher ist, also z.B. bei den Lasten $\bar{x}_i + 2s_i$, und bei Werkstoffdaten $\bar{x}_i - 2s_i$.

Für letzteres lassen sich noch nach anderen Prinzipien erzeugte Entwicklungspunkte angeben, was genauer in [9-11] beschrieben ist. Dort wie auch in [9-10] findet man die wesentlichen Zusammenhänge der Statistik und Zuverlässigkeit beschrieben.

Optimierung unter Beachtung statistischer Zuverlässigkeit

Die Grundformulierung der Tragwerksoptimierung unter Beachtung statistischer Zuverlässigkeit bzw. Versagenswahrscheinlichkeit ist

$$\text{minimiere } \left\{ z(\mathbf{x}) \mid p_f^* - p_f(\mathbf{x}) \geq 0 \right\} \tag{9-51}$$

d. h. die Versagenswahrscheinlichkeit p_f wird mit p_f^* nach oben beschränkt. Mit dieser Restriktion werden die üblichen Festigkeitsrestriktionen ersetzt. In der formalen Strukturierung wird dadurch die Optimierungsaufgabe einfacher, doch ist der Lösungsprozeß insgesamt recht aufwendig. Denn bei der notwendigen Auswertung der Restriktionsfunktion sind wie in der konventionellen Formulierung auch alle relevanten Spannungen zu bestimmen, und zusätzlich noch die Versagenswahrscheinlichkeit mit den in (9-47) notwendigen Gradientenbildungen. Auch stellt sich die Frage, was sinnvollerweise als Optimierungsvariable benutzt wird, wenn die Entwurfsvariablen gleichzeitig statistische Variable sind wie z.B. bei Geometrien. Ein Möglichkeit hierfür ist Benutzung der Mittelwerte als Optimierungsvariable unter Beibehaltung des Variationskoeffizienten $\gamma_i = s_i / \bar{x}_i$, der die Streuung mit den Mittelwerten verknüpft. Damit ist über $s_i = \gamma_i \cdot \bar{x}_i$ auch die Streuung abhängige Variable.

Für die Restriktionen in den obigen Formulierungen gilt wie in anderen Fällen auch, daß eine Skalierung bzw. Normierung auf eine Größenordnung von z.B. etwa 1 äußerst sinnvoll ist.

Eine Alternativformulierung zu (9-51) ist

$$\text{minimiere } \left\{ p_f(\mathbf{x}) \mid z^* - z(\mathbf{x}) \geq 0 \right\} \tag{9-52}$$

wobei bei vorgegebener oberer Schranke z^* für die ursprüngliche Zielfunktion z (z. B. Gewicht) die Versagenswahrscheinlichkeit minimiert wird. Bei linearem z ist (9-52) eine nichtlineare Aufgabe mit linearen Restriktionen. Sie läßt sich einfacher als eine Aufgabe mit nichtlinearen Restriktionen lösen.

Auch läßt sich die Aufgabe als Vektoroptimierungsproblem formulieren, d. h.

$$\text{minimiere} \quad z(\mathbf{x}) = z_1(\mathbf{x}) + c_f\, p_f(\mathbf{x}) \tag{9-53}$$

wobei der Wichtungsfaktor c_f eine Art Kosten im Versagensfall darstellt und z_1 die ursprüngliche Zielfunktion ist.

Da bei der Formulierung (9-51) ja letztlich nur eine Restriktion vorliegt, ist die zugehörige Kuhn-Tucker-Bedingung

$$\frac{\partial z}{\partial x_i} = -\frac{\partial p_f}{\partial x_i}\lambda \; ; \quad i=1,...n \tag{9-54}$$

Dies bedeutet, daß bei einem zuverlässigkeitsoptimalen Entwurf das Verhältnis der (differentiellen) Änderungen der Zielfunktion zu der der Versagenswahrscheinlichkeit für alle Optimierungsvariable gleich sein muß. Damit $\lambda > 0$, müssen sich die Vorzeichen von $\partial f/\partial x_i$ und $\partial p_f/\partial x_i$ unterscheiden, was beim Gewicht als Zielfunktion unmittelbar einsichtig ist (Gewichtszunahme erfordert Abnahme der Versagenswahrscheinlichkeit p_f). Zu großer Komponente im Gradienten der Zielfunktion gehört im Optimum also auch eine große Sensitivität in der Versagenswahrscheinlichkeit.

Ein Anwendungsbeispiel für eine solche Aufgabe ist die Optimierung des Brückenobergurtes aus Kapitel 10.1, jetzt unter Beachtung der statistischen Versagenswahrscheinlichkeit. Lasten, Werkstoffdaten und Geometrien sind statistische Variable, die Mittelwerte der Dickenabmessungen des Hohlplattenprofils sind die Optimierungsvariable. Die Festigkeits- und Stabilitätsrestriktionen, wie sie in Kapitel 10.1beschrieben sind, sind jetzt durch die Versagenswahrscheinlichkeit ersetzt, sei es als Restriktion oder als weitere Zielfunktion in einer Vektoroptimierungsaufgabe.

Das Ergebnis einer Optimierungsrechnung ist für die beiden Ziele Gewicht und Versagenswahrscheinlichkeit in Bild 9-34 dargestellt. Der schraffierte Bereich stellt alle erreichbaren Entwürfe dar, der stark ausgezogene Rand beschreibt die Menge aller Pareto-optimalen Entwürfe. Bei diesen kann ein Zielfunktionswert nur noch auf Kosten des anderen

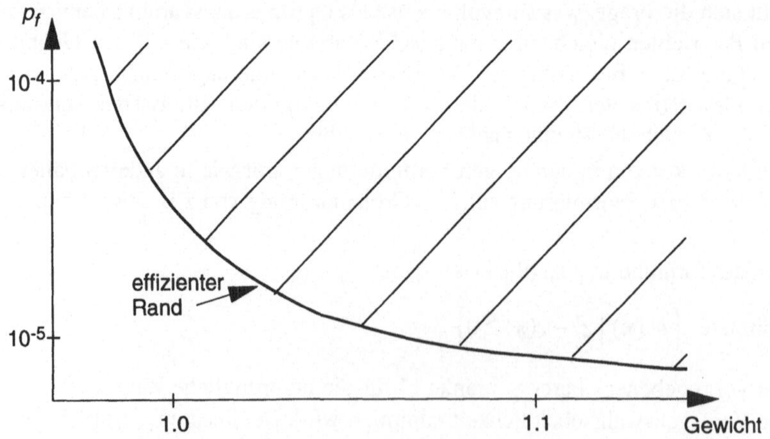

Bild 9-34: Versagenswahrscheinlichkeit und Gewicht als Zielfunktionen

verbessert werden. Welcher Pareto-optimale Entwurf verwirklicht wird, hängt dann von der Wichtigkeit der Ziele ab. Spielt das Gewicht eine größere Rolle, wird ein Entwurf eher aus dem oberen Bereich des effizienten Randes ausgewählt. Nicht ganz untypisch ist auch, daß mit gut 10% Gewichtszunahme zwei Größenordnungen in Reduktion der Versagenswahrscheinlichkeit erreicht werden können.

Sicherlich bietet eine Formulierung über Versagenswahrscheinlichkeiten einen interessanten konzeptionellen Ansatz. Doch hat sich dies bisher in der Praxis kaum durchgesetzt. Dies liegt nicht nur am beachtlichen rechnerischen Aufwand, sondern insbesondere auch an dem zur Ermittlung brauchbarer und jeweils repräsentativer statistischer Daten. Hinzu kommt noch, daß vergleichsweise wenig Erfahrung mit der Qualität und Quantität der statistischen Zuverlässigkeit vorliegt. So ist dann z.B. in (9-51) auch eine zutreffende zulässige Versagenswahrscheinlichkeit p_f^* vorab nur schwer angebbar. Sie hängt sicherlich auch stark von den Konsequenzen eines möglichen Versagens ab.

10 Anwendung der Optimierungsrechnung bei praktischen Beispielen

10.1 Mobile Leichtbaubrücken

Mobile Leichtbaubrücken wie solche in Bild 10-1 dienen zur Überwindung von Hindernislängen von typischerweise ca. 50 ÷ 70 m bei Traglasten bis zu etwa 100 to. Da solche Brücken transportiert und jeweils an den Überbrückungsstellen auf- und abgebaut werden, sollen sie aus Gründen schneller und einfacher Verlegbarkeit möglichst leicht sein.

Neben der Synthese neuerer Konstruktionsprinzipien mit Optimierungsmethoden werden die Masseneinsparungen auch durch den kombinierten Einsatz sowohl bewährter als auch neuer Werkstoffe erreicht. Als Grundmaterial wird eine neu entwickelte, schweißbare AlZnMg-Legierung mit einer Bruchfestigkeit von 410 N/mm^2 eingesetzt. Zur Festigkeits- und insbesondere Steifigkeitserhöhung des Gesamttragwerkes werden Brückenobergurt und Untergurt mit Kohlefaserprofilen (CFK) versteift, die bei einer Dichte von $\rho = 1{,}8$ kg/dm^3, einem E-Modul von E = 12·10^4 N/mm^2, eine Zugfestigkeit $\sigma = 1000$ N/mm^2 und gutes Zeitfestigkeitsverhalten aufweisen. Die verwendeten stranggezogenen CFK-Profile besitzen gegenüber den üblichen CFK-Werkstoffen einen relativ günstigen Preis.

Die wesentlichsten Bauelemente der Brückenmittelteile sind der Obergurt, die Seitenwände und der Untergurt, siehe Bild 10-2. Das Gewicht des CFK-versteiften Obergurtes und der Seitenwand werden unter Beachtung festigkeits- und steifigkeitsbezogener, konstruktiver und fertigungstechnischer Restriktionen mit Hilfe mathematischer Optimierungsprogramme minimiert. Dazu wird eine prozeß- und systemorientierte Dekomposition vorgenommen, d. h. für das System werden zunächst die auf die oben genannten Komponenten wirkenden Schnittkräfte bestimmt und diese Komponenten dann unter der Annahme der Konstanz dieser Kräfte jeweils für sich betrachtet und optimiert. Anschließend erfolgt als Überprüfung noch einmal eine Gesamtanalyse.

Bild 10-1: Schnell verlegbare Leichtbau-Brücke

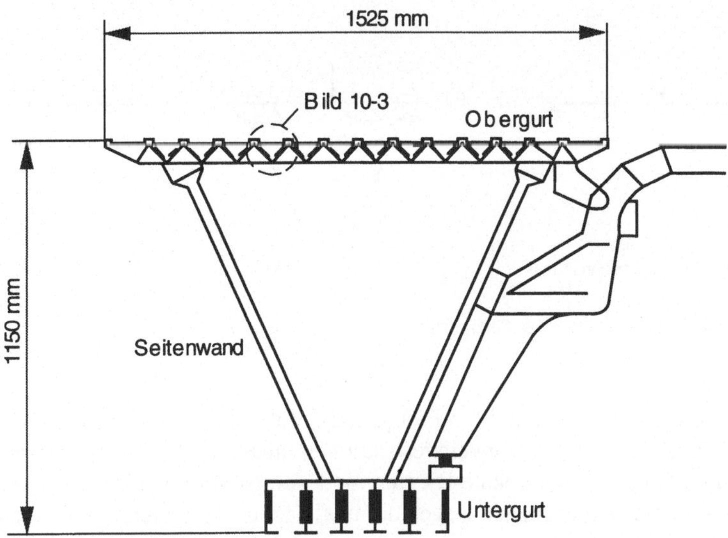

Bild 10-2: Querschnitt der Brückenmittelteile, linke Symmetriehälfte

Bei mehr als etwa knapp 10%iger Änderungs der Schnittkräfte wird eine erneute Komponentenoptmierung vorgenommen. Die Optimierung des Obergurts wird im folgenden genauer besprochen.

Optimierungsmodell des Obergurtes

Der Obergurt ist als Hohlplattenprofil aus einem Al-Grundmaterial aufgebaut. Zur Festigkeits- und Steifigkeitserhöhung sind in die Kammern CFK-Längsleisten eingeklebt, siehe Bild 10-3.

Als Optimierungsziel wird das Gesamtgewicht, also der Aluminum- und CFK-Anteil, benutzt.

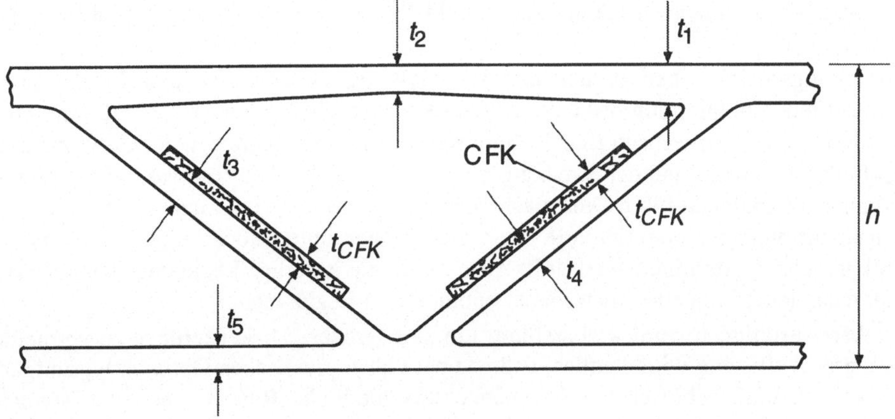

Bild 10-3: Eine Kammer des Obergurtes mit Entwurfsvariablen

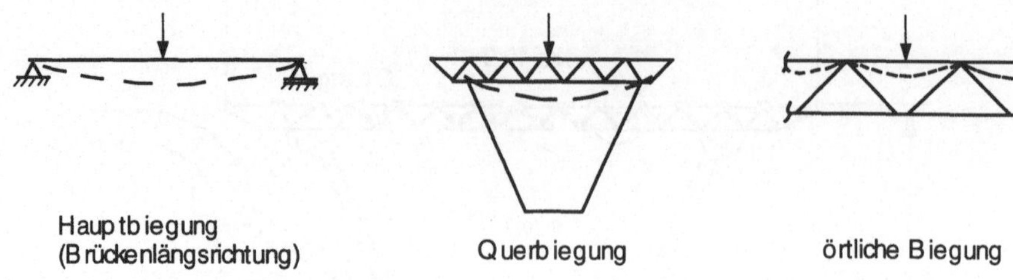

Bild 10-4: Belastungsarten des Obergurtes

Die Restriktionen werden unterteilt in Festigkeits-, Stabilitäts-, Steifigkeits-, Fertigungs- und Nebenrestriktionen. Für die Festigkeitsrestriktionen müssen die Belastungsarten (Bild 10-4) Hauptbiegung, Querbiegung, lokale Biegung und Temperaturlast überlagert werden. Temperaturbeanspruchungen entstehen wegen der ungleichen Wärmedehnungskoeffizienten von Aluminium und CFK.

Die Normalspannungen infolge Hauptbiegung im Al-Grundmaterial ergeben sich aus einem einfachen Modell unter der Annahme, daß nur die Gurte die Haupt-Biegemomente aufnehmen. Zur Behandlung der Querbiegung werden die Plattenbiegemomente für verschiedene Lastpositionen bestimmt und die maximalen dann als Last für die Komponentenoptimierung benutzt. Die örtlichen Biegespannungen in der oberen Platte -der Fahrbahnplatte- werden für die jeweiligen Radpositionen berechnet.

Die Wärmespannungen ergeben sich ebenfalls aus einem hybriden Stabmodell. (Der Schwerpunkt der CFK-Profile im Ober- und Untergurt befindet sich in der neutralen Faser des Gesamtquerschnitts, so daß globale Wärmebiegung vermieden wird.) Stabilitätsrestriktionen für den Obergurt verhindern ein Beulen der Stege.

Die Systemgleichungen und damit auch die Optimierungsaufgabe sind explizit. Denn neben der Hauptbiegung über ein Balkenmodell lassen sich auch Quer- und lokale Biegung explizit mit der Theorie (unendlich) langer, an den Rändern gelenkig gelagerter Platten darstellen. Aus Steifigkeitsgründen soll die mit den jeweiligen Elastizitätsmodulen gewichtete Gesamtfläche aus Aluminium- und CFK-Anteil einen vorgegebenen Wert nicht unterschreiten.

Fertigungsrestriktionen berücksichtigen, daß die Dicken des über Strangpressen hergestellten Hohlplattenprofils bestimmte Werte nicht unterschreiten dürfen. Diese Grenzwerte sind entsprechend Bild 10-5 im wesentlichen abhängig von der Gurthöhe h, der Anzahl der Kammern und der Streckgrenze $\sigma_{0.2}$ des Al-Werkstoffes, was auf nichtlineare Fertigungsrestriktionen führt. Dies macht auch die Mitnahme von h und insbesondere $\sigma_{0.2}$ als Entwurfsvariable erst sinnvoll , wie sich weiter unten noch zeigen wird. Da die Streckgrenze des Aluminiumwerkstoffs gleichzeitig die jeweilige Legierung charakterisiert, erhält man gleichzeitig eine Auswahl der optimalen Al-Legierung.

Nebenrestriktionen wurden eingeführt, um z. B. größere Dickensprünge zu vermeiden. Aus dieser Auflistung wird deutlich, daß wie bei vielen praktischen Optimierungsaufgaben physikalisch und technisch vollkommen unterschiedliche Restriktionstypen behandelt werden.

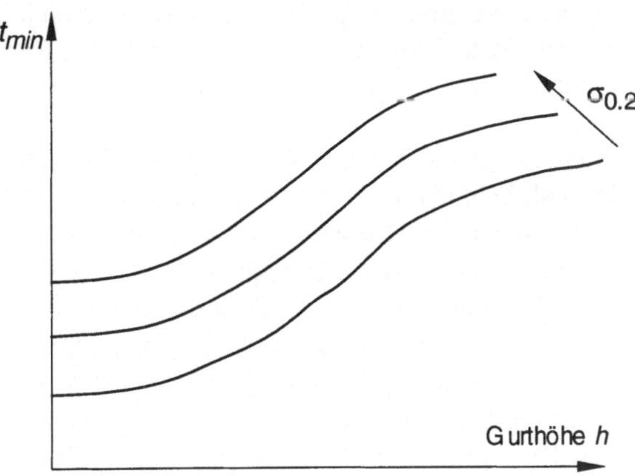

Bild 10-5: Fertigungsrestriktionen für minimale Dicken t_{min}

Die Entwurfsvariablen sind:

- Dicken $t_1...t_5$ je Kammer (d. h. es werden unterschiedliche Abmessungen in den Kammern zugelassen, was ja auch durch die Strangpreßfertigung keine Probleme darstellt), weiterhin:

- Dicke t_{CFK} der Kohlefaserversteifung (CFK); Gurthöhe h; Anzahl der Kammern n_K; Streckgrenze $\sigma_{0.2}$ der Al-Legierung.

Je nach Betrachtungsfall besitzt das Optimierungsproblem etwa 25 Entwurfsvariable und 200 Restriktionen. Mit n_K und $\sigma_{0.2}$ treten Variable auf, die eigentlich nur diskrete Werte annehmen können. Die vollautomatische Behandlung diskreter Variabler wie n_K oder $\sigma_{0.2}$ in Optimierungsalgorithmen ist noch recht problematisch, insbesondere wenn viele diskrete Variable mit jeweils großem potentiellen Wertebereich auftreten. Beim Brückenobergurt kann man sich einfach helfen: infolge des relativ kleinen sinnvollen Wertebereiches für die Kammerzahl $n_K = (8,10,12)$ werden für diese Werte jeweils getrennte Optimierungsrechnungen durchgeführt, die Streckgrenze $\sigma_{0.2}$ wird zunächst als kontinuierliche Variable betrachtet, der in der Optimallösung auftretende $\sigma_{0.2}$-Wert wird auf die tatsächlich zur Verfügung stehenden Werte der Al-Legierungen auf- und abgerundet und diese Fälle bei festgehaltenem $\sigma_{0.2}$ jeweils getrennt betrachtet. Bis auf entartete und mehr hypothetische Beispiele liefert dieses vereinfachte Vorgehen des Optimum für diskrete Variable.

Es sei besonders darauf hingewiesen, daß mit der Benutzung von $\sigma_{0.2}$ als Optimierungsvariable praktisch eine Auswahl der Al-Legierungen und mit der zusätzlichen Benutzung der CFK-Dicke t_{CFK} die Wahl optimaler Verhältnisse zwischen beiden Werkstoffen erfolgt. Die Berücksichtigung von $\sigma_{0.2}$ als Optimierungsvariable ist hier gegenüber üblichen Optimierungsaufgaben, bei denen diese Variable ja unbeschränkt wachsen würde, sinnvoll. Denn die Fertigungsrestriktionen sind eine Funktion von $\sigma_{0.2}$. Mit wachsendem $\sigma_{0.2}$ steigen auch die minimal preßbaren Dicken (von daher Gewichtszunahme), andererseits steigt aber auch die Festigkeit (von daher Gewichtsabnahme). Somit wird hier insgesamt ein endlicher und sinnvoller Wert für $\sigma_{0.2}$ ermittelt.

Wesentliche Ergebnisse

Die wichtigsten Ergebnisse von Optimierungsrechnungen sind die optimalen Entwurfsvariablen, der Zielfunktionswert (d. h. Gewicht) und Art der kritischen Restriktionen. Auf der Basis umfangreicher Optimierungsrechnungen können jedoch auch weitergehende Schlüsse gezogen werden:

1. In der Optimallösung bindende Restriktionen sind das Erreichen der zulässigen Spannungen in der Fahrbahnplatte in der Mitte des Obergurts, die Fertigungsrestriktionen für Stege und untere Platte sowie die Steifigkeitsanforderungen.

2. Infolge des Zusammenwirkens zwischen Fertigungs- und Festigkeitsrestriktionen sind optimale Gurthöhen niedriger als aus einer elementaren Betrachtung der Mechanik zu erwarten wäre. Denn größere Gurthöhen erfordern größere minimale Preßdicken für die Steg- und Plattendicken, was sich insgesamt auf die Gewichtsbilanz negativ auswirkt.

3. Die Kohlefaserversteifung bringt für den nominellen Auslegungsfall eine Gewichtseinsparung von etwa 10 % gegenüber der unversteiften Ausführung. Der Prozentsatz steigt weiter überproportional bei zunehmenden Lasten und Steifigkeitsanforderungen.

4. Es treten flache Minima auf, bei denen deutlich unterschiedliche Entwurfsvariable zu praktisch gleichem Zielfunktionswert führen. Dies wird z. B. durch Zunahme der Gurthöhe (in gewissen Bereichen) und Abnahme derjenigen Dicken, die sich nicht an unteren Schranken befinden, möglich. Der gegenläufige Einfluß gleicht sich im Festigkeits- und Gewichtsverhalten in etwa aus.

5. Es wurden keine lokalen Optima entdeckt.

Baureihenentwicklung

Das hier vorgestellte Optimierungsmodell wurde auch für Baureihenuntersuchungen benutzt, bei denen Gewicht und Entwurfsvariable (Werkstoff, Geometrie) unter einem breiten Spektrum an Forderungen zu ermitteln sind.

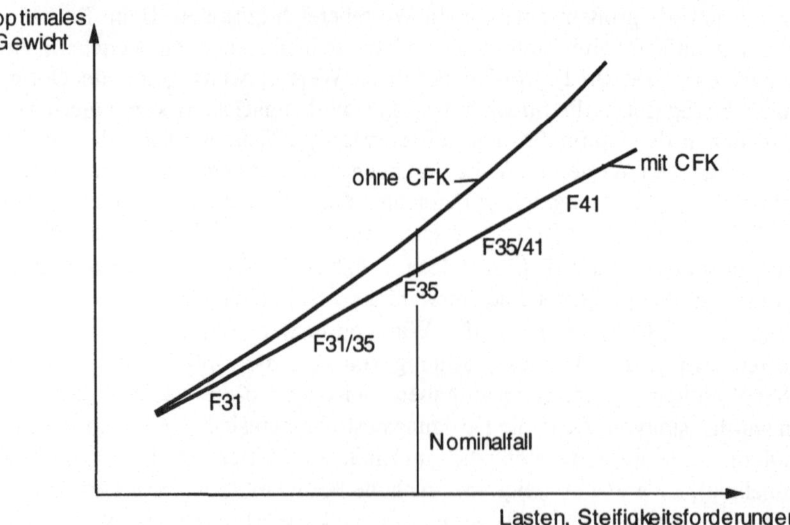

Bild 10-6: Obergurt-Baureihe: optimales Gewicht bei zunehmenden Forderungen im Vergleich mit/ohne CFK

Der Aufwand hierfür war relativ gering, da dieses Forderungsspektrum sich lediglich in zu ändernden Eingabedaten z.B. für die Obergurtlasten oder Steifigkeitsforderungen in den Restriktionsfunktionen auswirkte. Ein wesentliches Ergebnis der Baureihen-Studie für Obergurte ist in Bild 10-6 dargestellt. Dabei bezeichnet ‚Fxx' die Festigkeit (in kp/mm^2) der jeweiligen besten Al-Legierung. Mit zunehmenden Forderungen an Lasten und Steifigkeiten werden (selbstverständlich) die Forderungen an mechanische Eigenschaften der Al-Legierung immer größer, der Gewichtsunterschied zwischen Entwürfen mit und ohne CFK-Versteifung wird immer signifikanter. In bestimmten Anforderungsbereichen führen unterschiedlich feste Al-Legierungen zu praktisch gleichen Ergebnissen bezüglich optimalen Gewichts (flache Optima), da sich dort höhere Festigkeit einerseits und höhere untere Fertigungsschranken andererseits im optimalen Gewicht etwa aufheben.

Für bestimmte Spezifikationsbereiche besteht also kaum ein Gewichtsunterschied bei Verwendung verschiedener Al-Legierungen, was durch das Zusammenspiel der Festigkeits- und Fertigungsrestriktionen bedingt ist. Bei niederen Anforderungen genügen für den Grundwerkstoff Aluminium die Festigkeitsklassen F35 oder gar F31, der höherfeste Werkstoff F41 kann wegen der für ihn strengeren Fertigungsrestriktionen für niedere Anforderungen sogar zu höherem Gewicht führen.

10.2 Querlenker einer Radaufhängung

Die Gewichtsminimierung von Komponenten einer Radaufhängung, die zu den ungefederten Massen beitragen, ist in zweifacher Weise lohnend. Erstens reduziert man natürlich das Gesamtgewicht des Fahrzeugs und damit den Energieverbrauch bei Beschleunigungsvorgängen. Zweitens ist eine Verringerung der ungefederten Massen ein entscheidender Beitrag zur Verbesserung der Straßenlage. Im folgenden Beispiel handelt es sich um einen Querlenker einer Fahrzeugvorderachse, dessen Umrisse in Bild 10-7 skizziert sind.

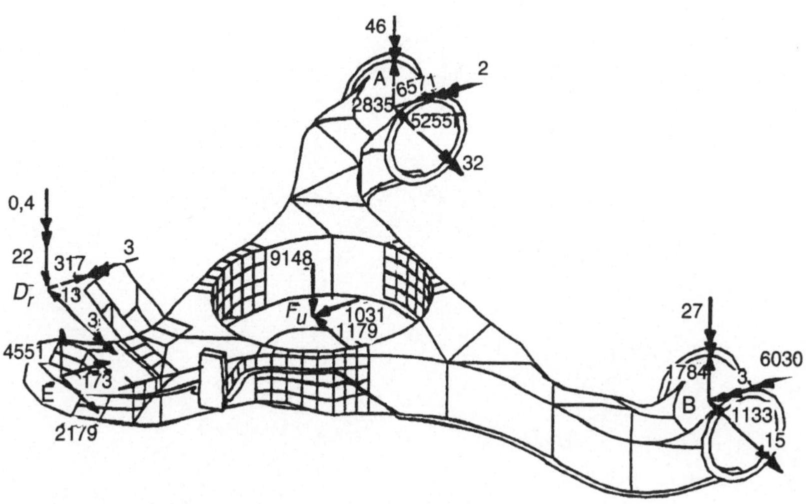

Bild 10-7: Statische Belastung des Querlenkers bei Geradeausfahrt mit Bremsen

Der Entwurf sieht für die tragenden Arme ein nach unten offenes mit Rippen versteiftes U-Profil vor. Zwei Arme führen von den Lagerbuchsen für die Anlenkung an das Chassis zu dem zylindrischen Federtopf. Der dritte Arm verbindet diesen mit der Buchse zur Aufnahme des Radträgers. Die einfachen Pfeile und Doppelpfeile in Bild 10-7 bedeuten Kräfte bzw. Momente, die an vier diskreten Punkten auf das Bauteil einwirken. Es sind dies kritische statische Lasten, die während zweier Fahrmanöver auftreten können. Der ersten Lastfall resultiert aus einem Bremsvorgang bei Geradeausfahrt (siehe Bild 10-7) und der zweite aus einer Kurvenfahrt. Der vorliegende Entwurf stammt von der Mercedes Benz AG; er liefert eine maximale Vergleichsspannung von 238 [N/mm^2] für die zwei betrachteten Lastfälle. Dieser Wert liegt hinreichend weit unter der Materialstreckgrenze von 280 [N/mm^2], so daß es sich um einen zulässigen Entwurf handelt, der aber noch nicht gewichtsoptimal ist.

Bild 10-8 zeigt das Finite Elemente Modell des Querlenkers von der Unterseite gesehen. Man erkennt die U-Profile mit den Versteifungsrippen. Das Modell besteht hauptsächlich aus Schalenelementen und hat insgesamt ca. 12000 Freiheitsgrade. Die Dickenparameter der Schalenelemente sind die Entwurfsvariablen für die Optimierung. In Bild 10-8 sind jene Elementgruppen mit Nummern gekennzeichnet, deren Dicken als Variable vorgesehen sind. Innerhalb einer solchen Elementgruppe ist die Dicke einheitlich. Bei der Auswahl ist bereits berücksichtigt, welche Dickenvariationen mit dem vorgesehenen Fertigungsverfahren des Sphärogusses realisierbar sind.

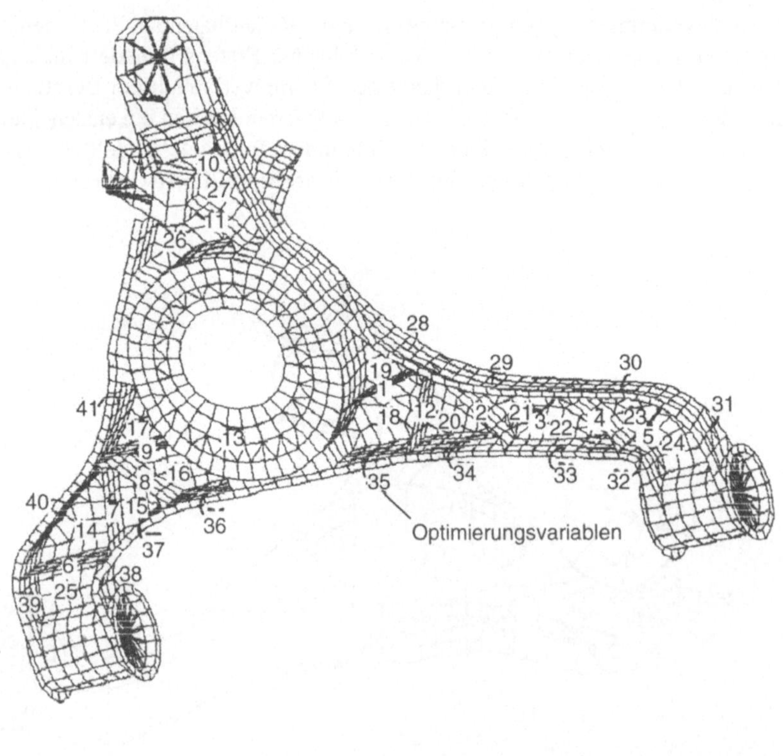

Bild 10-8: Finite Elemente Netz mit Nummern der Entwurfsvariablen (Plattendicken von Elementgruppen)

Das Optimierungsproblem lautet zusammengefaßt:

Minimiere das Gewicht unter Einhaltung zulässiger Spannungen aus zwei statischen Lastfällen. Als zulässige von Mises Vergleichsspannung ist

$$\sigma_{zul} = 238 \ [\text{N/mm}^2]$$

angenommen; dies entspricht 85% der Streckgrenze (280 [N/mm^2]) des Materials.

Zusätzlich sind noch zwei globale Steifigkeitsrestriktionen für beide Lastfälle gefordert. Zum einen darf die Längsverschiebung im Punkt E (siehe Bild 10-7) nicht größer als 1 [mm] betragen, und zum anderen ist die Durchbiegung am Punkt FU auf maximal 1.5 [mm] begrenzt.

Die 41 Plattendicken y_j dürfen dabei in den folgenden Schranken variieren.

$$1 \ [\text{mm}] \ \leq \ y_j \ \leq \ 9 \ [\text{mm}] \quad \text{für } j = 1,2, \dots ,41 \tag{10-1}$$

Die untere Schranke ist dadurch begründet, daß mit dem Fertigungsverfahren keine kleinere Wandstärke herstellbar ist. Auf der anderen Seite lassen Dickenwerte über 9 [mm] die Anwendung der Plattentheorie zur Modellierung der Wandungen und Rippen des Bauteils nicht mehr sinnvoll erscheinen.

10.2.1 Optimierungsstrategie

Zur Lösung der oben gestellten Optimierungsaufgabe wird hier die in Kapitel 5.3.2.3 beschriebene Methode der zulässigen Richtungen angewendet. Die in Bild 10-8 getroffene Auswahl an variablen Plattendicken hat die recht große Zahl von 41 unabhängigen Optimierungsvariablen zur Folge. Erfahrungen mit aufwendigen Strukturoptimierungen zeigen immer wieder, daß es sehr ratsam ist, die Zahl der Entwurfsvariablen wenn irgend möglich zu reduzieren. Man kommt dann sicherer und schneller zu verbesserten Lösungen selbst wenn das Optimum noch nicht erreicht ist. Aus diesem Grund wird auch im vorliegenden Beispiel die Zahl der unabhängigen Optimierungsvariablen auf ungefähr 10 reduziert. Dies geschieht durch ein sogenanntes Variable Linking, was bedeutet, daß die ursprünglichen Entwurfsvariablen **y** als Funktion einer kleineren Parametermenge **x** ausgedrückt werden.

$$\mathbf{y} = \mathbf{f}(\mathbf{x}) \tag{10-2}$$

Der funktionale Zusammenhang in (10-2) ist beliebig; meistens handelt es sich aber um lineare Abhängigkeiten.

$$y_j = \sum_j c_{ji} \, x_i \quad (j = 1,\dots,\hat{n}; \ i = 1,\dots,n < \hat{n}) \tag{10-3}$$

Es gibt oft mehrere Möglichkeiten, ein technisch sinnvolles Variable Linking zu definieren. Im vorliegenden Beispiel könnte man die zu variierenden Gruppen von Plattenelementen in übergeordnete Baugruppen zusammenfassen. So bietet sich an, alle Elemente des U-Profils eines Arms als eine Baugruppe aufzufassen; eine weitere könnten die Versteifungsrippen im jeweiligen Arm bilden, usw. Die Wandstärke innerhalb einer solchen Baugruppe wird dann einheitlich variiert und stellt eine Optimierungsvariable dar.

Hier wird ein anderes weil vielversprechenderes Variable Linking eingesetzt. Der gesamte Spannungsbereich von Null bis zur kritischen Vergleichsspannung σ_{zul} wird in 9 Intervalle unterteilt. Alle Plattenelemente, deren Spannungen aus der Startanalyse in eine solche Spannungsklasse hineinfallen, werden zu einer Gruppe mit gleicher Wandstärke zusammengefaßt. Die somit resultierenden 9 variablen Wandstärken sind die Optimierungsvariablen x des reduzierten Problems; die Zuordnung der 41 Elementgruppen ist Tab. 10-1 zu entnehmen.

Im Laufe des Optimierungsprozesses verändert sich die Spannungsverteilung natürlich laufend, und nach der Lösung des reduzierten Problems mit den 9 Variablen wird basierend auf der entstandenen neuen Spannungsverteilung ein neues Variable Linking definiert. Die nun in einer Gruppe zusammengefaßten Plattenelemente werden in der Regel unterschiedliche Dicken entsprechend dem Resultat des ersten Optimierungslaufes aufweisen. Diese Dicken werden mit einem Faktor multipliziert, der damit die Rolle einer Optimierungsvariablen erhält. Mit dem so definierten Variable Linking wird eine erneute Optimierungsrechnung ausgehend vom Ergebnis des ersten Laufes gestartet. Man kann diesen Vorgang beliebig oft fortsetzen. Nach einigen Zyklen wird sich aber in der Regel zeigen, daß nur noch geringe Verbesserungen des Entwurfes resultieren und eine weitere Fortsetzung technisch uninteressant ist.

Die oben skizzierte Optimierungsstrategie zielt auf eine Spannungshomogenisierung und gleichzeitig auf eine möglichst hohe Materialauslastung nahe des kritischen Spannungsniveaus ab. Diese Philosophie ist bereits aus dem in Kapitel 5.5.1 beschriebenen Prinzip vom voll beanspruchten Tragwerk (FSD) bekannt. Letzteres ist in seiner reinen Form nur auf Gewichtsminimierung unter Spannungsrestriktionen anwendbar; beim vorliegenden Fall sind aber zusätzlich noch Steifigkeitsrestriktionen zu erfüllen.

Da die Spannungsrestriktionen in der vorliegenden Aufgabe vermutlich dominieren werden, erscheint die gewählte Optimierungsstrategie des adaptiven Variable Linkings nach der Spannungskritikalität erfolgversprechend. Sie könnte zudem jederzeit zugunsten einer anderer Linking-Kriterien aufgegeben werden, falls die erzielten Verbesserungen des Entwurf zu sehr hinter den Erwartungen zurückblieben.

10.2.2 Optimierungsergebnisse

Eine statische Berechnung für den ursprünglichen Entwurf liefert die von Mises Vergleichsspannung aller Elemente des Querlenkermodells. Davon ausgehend werden die bezüglich der Plattendicke zu variierenden Elementgruppen Nr. 1 bis 41 gemäß Tab. 10-1 in 9 Spannungsklassen zusammengefaßt. Die Spannungsklasse Nr. 1 ist demnach die mit dem niedrigsten Spannungsniveau, und mit steigender Klassennummer steigen die zugehörigen Spannungsbereiche. Die Spannungsklasse Nr. 9 umfaßt die beiden Elementgruppen 35 und 36, in denen die Spannungen nahe der maximal zulässigen Vergleichsspannung von 238 [N/mm^2] liegen. Jeder Spannungsklasse ist nun eine Plattendicke x_j (j=1,...,9) und damit eine unabhängige Optimierungsvariable zugeordnet. Die Startwerte sind die Wandstärken des ursprünglichen Entwurfs, die den einheitlichen Wert von 5 [mm] haben.

Das so reduzierte Optimierungsproblem wird nun mit der Methode der zulässigen Richtungen gelöst. Nach drei Iterationen hat das Gewicht des Querlenkers wie in Bild 10-9 gezeigt um 5.8% abgenommen, wobei in der dritten Iteration keine signifikante Verbesserung mehr erzielt wurde. Aus diesem Grund wurde die Optimierung mit dem ersten Variable Linking nach diesen drei Iterationen abgebrochen. In den Spalten 2 und 3 von

Tab.10-5 sind die Wandstärken aller variablen Elementgruppen für den Startentwurfs bzw. den ersten optimierten Entwurf aufgelistet.

Basierend auf den Spannungsergebnissen der ersten Optimierung wird nun ein neues Variable Linking definiert. Die Elementgruppen werden dieses Mal in 8 Spannungsklassen eingeteilt, wobei nur die zu einem Arm des Querlenkers gehörigen Elemente variiert werden sollen. Tab.10-2 kann man die Einteilung der Elementgruppen in Spannungsklassen und die Zuordnung der jetzt 8 unabhängigen Optimierungsvariablen entnehmen. Die Dicken aller Elemente in einer Spannungsklasse werden mit einem Faktor multipliziert, der nun die Rolle der zugehörigen Optimierungsvariable x_j bekommt. Die nicht aufgeführten Elementgruppen behalten unverändert die Dicken, die sie nach der ersten Optimierung angenommen haben. Mit diesem modifizierten Variable Linking ergab die Optimierung nach 5 Iterationen eine weitere Gewichtsabnahme von 3.8% (siehe Bild 10-9).

Die Optimierung wird mit einem dritten Variable Linking fortgesetzt. Wieder werden 8 unabhängige Optimierungsvariablen x_j gemäß den Zuordnungen aus Tab.10-3 definiert. Die Elementgruppen der ersten 7 Spannungsklassen gehören alle zum zweiten Arm des Querlenkers. Ihre Dicken werden in diesem Optimierungszyklus variiert, während jene des ersten Arms dies Mal auf den im vorhergehenden Zyklus erreichten Werten konstant gehalten werden. Die achte Optimierungsvariable ist die Plattendicke der Elementgruppe 13; die zugehörigen Elemente bilden den zylindrischen Federtopf. Aus Bild 10-9 ist ersichtlich, daß die Gewichtsabnahme mit ca. 1% nur noch gering ausfällt. Die gesamte Optimierung wurde deshalb nach diesem dritten Lauf beendet.

Insgesamt hat die Optimierung eine Gewichtsreduktion von ca. 10% erbracht. Die abschließende Spannungsverteilung unter den optimierten Elementgruppen kann Tab.10-4 entnommen werden. Im Vergleich zum Anfangsentwurf (siehe Tab.10-1) zeigt sich, daß die Optimierung zu einer Häufung der Spannungen in der Nähe der zulässigen Spannungsgrenze geführt hat. Die optimierten Plattendicken sind in Tab.10-5 neben den Zwischenergebnissen der einzelnen Zyklen aufgelistet.

Nr. der Optimierungsvariable x_j	Nummern der zugeordneten Elementgruppen	Zugehöriger Spannungsbereich [N/mm^2]
1	1, 9, 30, 31	39 - 68
2	5, 10, 37, 39	68 - 79
3	3, 4, 12, 23, 24	79 - 96
4	11, 13, 22, 25, 32	96 - 113
5	8, 18, 20, 28, 33, 34, 38, 40	113 - 126
6	2, 6, 15, 16	126 - 149
7	14, 19, 27, 29, 41	149 - 183
8	7, 17, 21, 26	183 - 217
9	35, 36	>217

Tabelle 10-1: Zuordnung der Elementgruppen im 1. Variable Linking

Nr. der Optimierungsvariable x_i	Nummern der zugeordneten Elementgruppen	Zugehöriger Spannungsbereich [N/mm^2]
1	1	39 - 68
2	30, 31	68 - 85
3	3, 5, 12, 23, 24	85 - 113
4	4, 32	113 - 126
5	22, 28	126 - 148
6	2, 18, 20, 33, 34	148 - 183
7	19, 21, 29	183 - 217
8	35	>217

Tabelle 10-2: Zuordnung der Elementgruppen im 2. Variable Linking

Nr. der Optimierungsvariable x_i	Nummern der zugeordneten Elementgruppen	Zugehöriger Spannungsbereich [N/mm^2]
1	9	39 - 68
2	37	68 - 88
3	39	85 - 108
4	8, 25	108 - 149
5	16, 40, 41	148 - 170
6	6, 14, 15, 17, 38	170 - 216
7	7, 36	>217
8	13	170 - 216

Tabelle 10-3: Zuordnung der Elementgruppen im 3. Variable Linking

Nummern der Elementgruppen	Spannungsbereich [N/mm^2]
9	39 - 68
10	68 - 79
1, 11, 39	79 - 96
	96 - 113
8, 12, 31, 37	113 - 126
30, 25	126 - 149
27, 36, 40	149 - 183
3, 5, 14, 15, 16, 18, 20, 21, 22, 23, 28, 29, 32, 33, 41	183 - 217
2, 4, 6, 7, 13, 17, 19, 24, 26, 34, 35, 38	>217

Tabelle 10-4: Spannungsniveaus der Elementgruppen im optimierten Bauteil

Elementgruppe	Anfangswerte	Werte [mm] nach 1. Zyklus	Werte [mm] nach 2. Zyklus	Werte [mm] nach 3. Zyklus
1	5.0	4.20	3.51	3.51
2	5.0	4.31	2.86	2.86
3	5.0	4.15	1.61	1.61
4	5.0	4.15	3.20	3.20
5	5.0	4.44	1.72	1.72
6	5.0	4.31	4.31	3.53
7	5.0	4.29	4.29	6.25
8	5.0	3.29	3.29	3.56
9	5.0	4.20	4.20	3.13
10	5.0	4.44	4.44	4.44
11	5.0	4.15	4.15	4.15
12	5.0	4.15	1.61	1.61
13	5.0	3.28	3.28	3.12
14	5.0	5.23	5.23	4.28
15	5.0	4.31	4.31	3.53
16	5.0	4.31	4.31	3.35
17	5.0	4.29	4.29	3.51
18	5.0	3.29	2.18	2.18
19	5.0	5.23	4.25	4.25
20	5.0	3.29	2.18	2.18
21	5.0	4.29	3.48	3.48
22	5.0	3.28	2.60	2.60
23	5.0	4.15	1.61	1.61
24	5.0	4.15	1.61	1.61
25	5.0	3.28	3.28	3.56
26	5.0	4.29	4.29	4.29
27	5.0	5.23	5.23	5.23
28	5.0	3.29	2.60	2.60
29	5.0	5.23	5.23	5.23
30	5.0	4.20	2.44	2.44
31	5.0	4.20	2.44	2.44
32	5.0	3.28	2.53	2.53
33	5.0	3.29	2.18	2.18
34	5.0	3.29	2.18	2.18
35	5.0	5.31	5.58	5.58
36	5.0	5.31	5.31	7.73
37	5.0	4.44	4.44	2.45
38	5.0	3.29	3.29	2.69
39	5.0	4.44	4.44	3.47
40	5.0	3.29	3.29	2.55
41	5.0	5.23	5.23	4.06

Tabelle 10-5: Optimierte Plattendicken aus 3 Zyklen mit adaptiertem Variable Linking

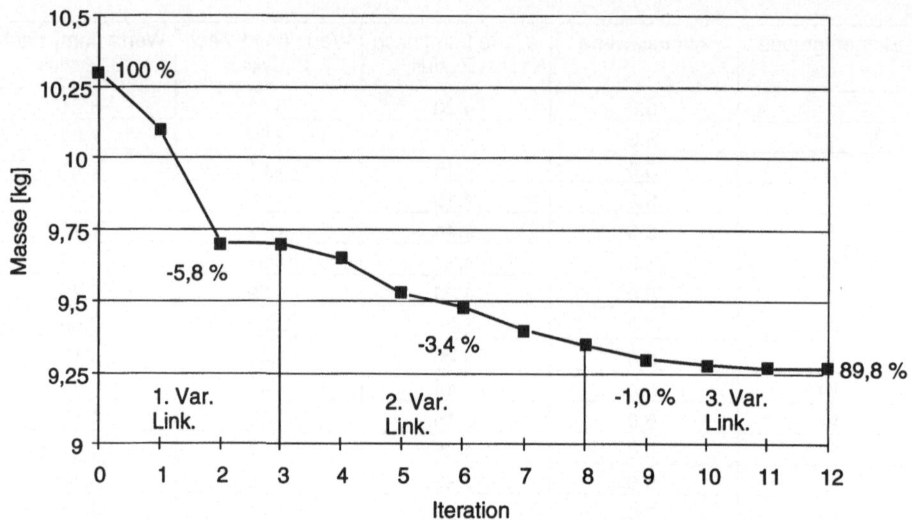

Bild 10-9: Zielfunktion (Gewicht) aus 3 Optimierungszyklen mit adaptiertem Variable Linking

10.3 Optimierungsaufgaben bei Leichtbaustrukturen der Raumfahrt

In diesem Abschnitt werden verschiedene Optimierungsaufgaben bei Leichtbaustrukturen insbesondere der Raumfahrt besprochen, nämlich

- die Entwicklung und Optimierung von Strukturen für Trägerraketen mit Forderungen bezüglich Steifigkeit, Stabilität und Festigkeit, verdeutlicht am Beispiel der Nutzlasttragstruktur der europäischen Trägerrakete Ariane 5,
- der Hauptstruktur des geplanten europäischen Wissenschaftssatelliten XMM, die hauptsächlich durch Anforderungen bezüglich ihrer Eigenfrequenzen bestimmt ist,
- der Reflektor des Weltraumteleskops FIRST, der hohe Steifigkeit und möglichst geringe Verformungen unter verschiedenen Umgebungseinflüssen, insbesondere Temperaturänderungen, aufweisen muß.

Solche Strukturen zeichnen sich durch extremem Faserverbund-Leichtbau und insbesondere den Anforderungen nach hoher statischer und dynamischer Steifigkeit aus. Bei der folgenden Diskussion dieser Anwendungsbeispiele wird auch deutlich, daß bei einer gegebenen Entwicklungsaufgabe jeweils verschiedene Optimierungsaufgaben auftreten, deren jeweilige Lösung zur Produktverbesserung beiträgt.

Optimierung der Schalenstruktur SPELTRA der Ariane 5

Bei Trägerraketen spielen Schalenstrukturen unterschiedlichster Bauweise eine große Rolle, siehe Bild 10-10. Die z. T. kryogenen und häufig gleichzeitig als Tragstruktur wirkenden Treibstofftanks der unteren Stufen sind geschweißte Aluminium- und andere Metallkonstruktionen. Bei den oberen Stufen insbesondere in der Umgebung der Satelliten in der Raketenspitze wird extremerer Leichtbau betrieben, da sich hier die Massenersparnis mehr oder weniger direkt in Nutzlastgewinn umsetzt. So besteht der obere Teil der Ariane 5 aus CFK-Sandwichschalen mit einer Deckschichtdicke von ca. 0.8 mm und einer Sandwichhöhe von etwa 20 mm bei einem typischen Durchmesser von ca. 5.5 m. Die Höhe der Nutzlasttragstruktur SPELTRA beträgt je Missionskonfiguration ca. 8 m, die der Fairing ca. 12-16 m. Bei möglichst geringem Gewicht müssen Festigkeits-, Steifigkeits- und Stabilitätsforderungen sowie Fertigungsrestriktionen erfüllt werden. Infolgedessen ist die äußerlich rotationssymmetrische Struktur doch recht inhomogen aufgebaut: in Lasteinleitungsbereichen und in der Umgebung von Ausschnitten sind lokale Verstärkungen der Deckschicht angebracht, und es werden in verschiedenen Bereichen Kohlefasern unterschiedlicher Steifigkeit und Festigkeit eingesetzt. Bild 10-11 zeigt die zylindrische und konische Schalenstruktur der Nutzlasttragstruktur SPELTRA, innerhalb der bzw. auf der sich die beiden Satelliten befinden. Deren Massen zusammen mit den statischen und dynamischen Beschleunigungen während des Fluges führen im unteren Bereich der SPELTRA zu vertikalen und lateralen Kräften von ca 900 kN bzw. 270 kN und einem Biegemoment am Fußpunkt von 4000 kNm. Die gewichtsoptimierte Masse der SPELTRA selbst beträgt einschließlich der metallischen Anschlußringe knapp 900 kg.

Die Nutzung der Strukturoptimierung bei dieser Entwicklungsaufgabe bezieht sich zum einen auf die Gesamtstruktur mit ihrem Finite-Element-Modell, zum anderen aber auch auf Laminat- und Sandwichoptimierung für bestimmte lokale Bereiche. Im Finite-Element-Modell des Bildes 10-12 werden die Schichtdicken und -winkel der Deckschichtlaminate als Entwurfsvariable benutzt, wobei natürlich aus Gründen des Fertigungsaufwandes globale Bereiche gleicher Entwurfsvariable festgelegt werden.

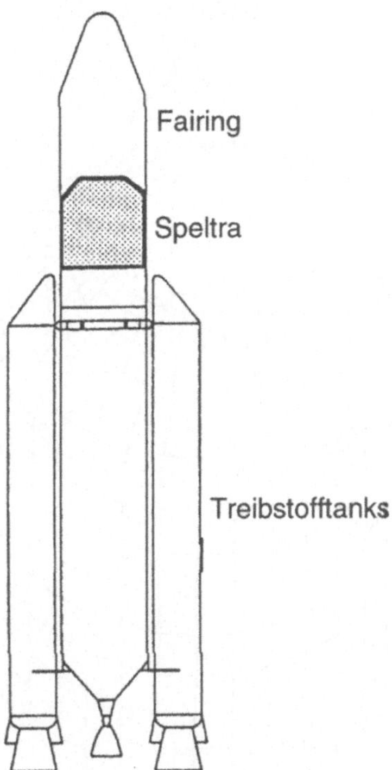

Bild 10-10: Die Trägerrakete ARIANE 5 mit ihrer Nutzlasttragstruktur SPELTRA

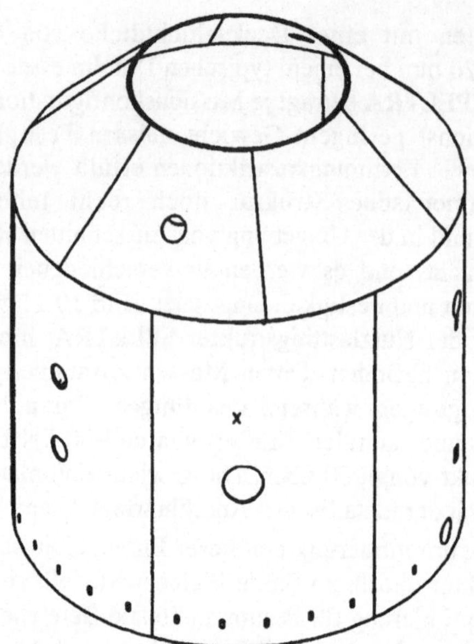

Bild 10-11: Konfiguration der SPELTRA als Zylinder- und Kegelschalen -Sandwichstruktur

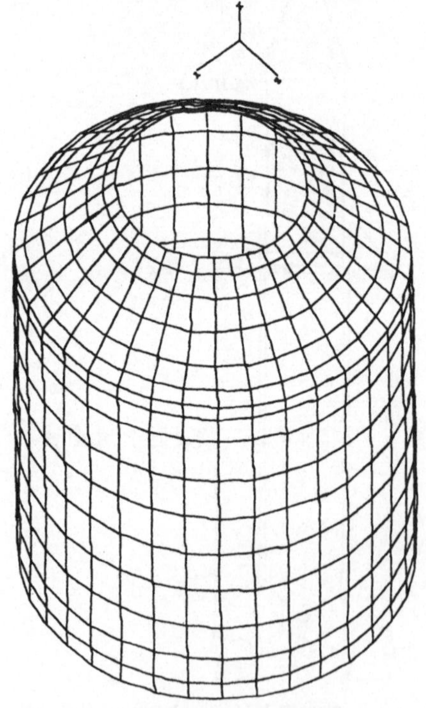

Bild 10-12: Das Finite-Element-Modell der SPELTRA

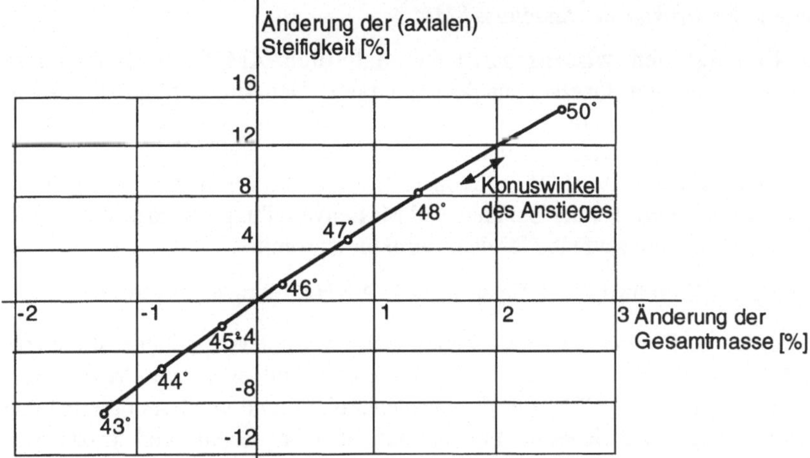

Bild 10-13: Die Ziele axiale Steifigkeit und Masse

Dies führt bei der Gewichtsminimierung unter Spannungs- und Steifigkeitsrestriktionen auf etwa 20 Variable. Die Aufgabe wurde über ca. 8 Schritte der sequentiellen quadratischen Programmierung gelöst. Neben dieser geometrischen Optimierungsaufgabe interessiert aber auch eine der Formoptimierung, bei der der Neigungswinkel der oberen Konusschale als Entwurfsvariable auftritt und mit zu minimierender Masse zu maximierender axialer Steifigkeit zwei Ziele gleichzeitig betrachtet werden. Bei festgehaltenen geometrischen Entwurfsvariablen ist das Ergebnis dieser Vektoroptimierungsaufgabe in Bild 10-13 dargestellt.

Für eine Vorabbestimmung eines guten Laminataufbaus als Startvektor der oben aufgeführten Optimierung der Gesamtstruktur oder zum Zweck der Auslegung lokaler Verstärkungen z. B. um Ausschnitte wurden wie in Abscnitt 9.7 beschrieben verschiedene Laminat-Optimierungsaufgaben mit Gewichtsminimierung unter Festigkeits- und Steifigkeitsrestriktionen betrachtet, mit den Schichtdicken und -winkeln als Entwurfsvariable. Die in die Berechnung der Spannungen in den Laminatschichten eingehenden Schnittkräfte werden aus einem Finite-Element-Modell gewonnen und während der i. w. auf der klassischen Laminattheorie beruhenden Spannungsberechnung in der Laminatoptimierung konstant gehalten. Mit dem so ermittelten Laminataufbau wird dann eine erneute Schnittkraftberechnung und Optimierungsiteration vorgenommen. Es zeigt sich wie bei vielen anderen Aufgaben dieser Art, daß sich die Schnittkräfte kaum ändern und sich damit eine schnelle Konvergenz ergibt. In einer verfeinerten Vorgehensweise kann mit Gradienten der Schnittkräfte F_0 nach den Entwurfsvariablen während der Laminatoptimimierung auch eine Beschränkung des Variablenraums vorgenommen werden der Form

$$-0.1 \cdot F_0 \le \sum \frac{\partial F}{\partial x_i}(x_i - x_{i0}) \le 0.1 \cdot F_0 \tag{10-4}$$

Damit wird in der Lamiatoptmierung eine Änderung der Entwurfsvariablen auf eine (über die Linearisierung geschätzte) Änderung der Schnittkräfte z. B. von max 10% beschränkt. Ein (linearisierter) Update der Schnittkräfte als äußere Lasten in der Laminatoptmierung hat sich nur selten gegenüber festgehaltenen Schnittkräften als vorteilhaft erwiesen.

Optimierung der Struktur des Satelliten XMM

Bild 10-14 zeigt den wissenschaftlichen Satelliten XMM zur Beobachtung von Röntgenstrahlungen und -Quellen aus dem Weltraum. Der Satellit trägt bei einer Bauhöhe von ca. 8 m an seiner Spitze die Empfangsoptik und Spiegelsysteme mit einer Masse von ca. 1 to. Da sowohl für das Strukturverhalten als auch für die Flugregelung während des Starts mit der Trägerrakete die laterale Eigenfrequenz (i. w. die Biegegrundfrequenz) eine wichtige Rolle spielt, ist diese infolge der Bauhöhe und Massenverteilung eine kritische Anforderung. Die globale Optimierungsaufgabe für diese Struktur ist somit

$$\text{minimiere } \{\text{Strukturmasse} \mid \text{Eigenfrequenz} \geq 8 \text{ Hz, Festigkeitsrestriktionen}\} \qquad (10\text{-}5)$$

Hierfür wurden zu Beginn der Entwicklung auch zwei unterschiedliche Strukturkonzepte parallel betrachtet, nämlich eine Fachwerkstruktur und eine zylindrische Sandwich-schalenstruktur, beide aus CFK. Für die Schalenstruktur sind wiederum die Parameter des Laminataufbaus des Sandwiches die Entwurfsvariablen, bei der Stabwerkstruktur sind es die Querschnittsflächen der Stäbe. Die jeweiligen Lösungen der Optimierungsaufgabe für die beiden Konzepte wurden miteinander verglichen. Dabei zeigt sich für die Sandwich-Schalenstruktur ein deutlich niedriges Strukturgewicht als für die Fachwerkstruktur bei jeweils gleicher Biege-Eigenfrequenz von 8 Hz. Über die Strukturoptimierung kann also eine rationale Konzeptauswahl auf der Basis des jeweiligen Gewichtsoptimums vorgenommen werden.

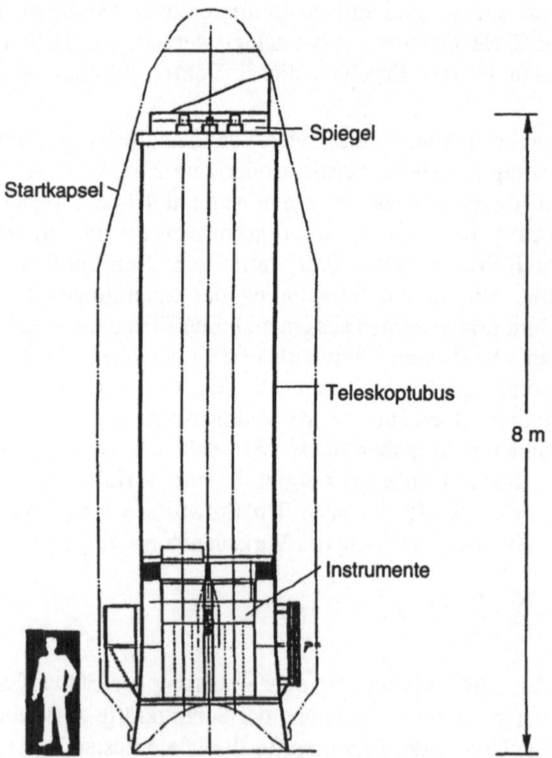

Bild 10-14:   Die Konfiguration des zukünftigen europäischen Satelliten XMM

Optimierung des Reflektors des Teleskops FIRST

Für Reflektoren (hochgenauer) weltraumgestützter oder erdgebundener Teleskope ist zur Erzielung guter Meß- bzw. Bildqualität in den relevanten Wellenlängen hohe Konturgenauigkeit bei unterschiedlichen Belastungen (insbesondere Temperaturgradienten, auf der Erde auch Eigengewicht und Wind) erforderlich. Dabei ist Konturgenauigkeit z.B. definiert als die integrale quadratische Abweichung der verformten Konturoberfläche des Reflektors von der mathematisch idealen, meist einem Paraboloid. Die typische Optimierungsaufgabe hierfür ist also

minimiere: Konturabweichungen unter den versch. Lasten

Restriktionen: Masse, Eigenfrequenzen, Festigkeit, Variablenschranken etc.

Entwurfsvariable: Geometrien, Laminataufbau bei CFK-Werkstoffen.

Systemgleichungen: Verformungen unter Last in Abhängigkeit der Entwurfsvariablen.

Für Reflektoren hoher Konturgenauigkeit wird faserverstärkter Kunststoff (CFK) sehr häufig eingesetzt, da nicht nur hohe Steifigkeit bei geringem Gewicht sondern insbesondere auch sehr niedrige Wärmedehnungskoeffizienten erreicht werden müssen (für CFK bei angepaßtem Lagenaufbau um Null streuend, praktisch typischerweise $\pm\,0.2\ 10^{-6}/C$).

Ein typisches Beispiel eines weltraumgestützten Teleskops ist das sich in der Entwicklung befindliche Far Infrared and Submilimeter Teleskop FIRST in Bild 10-15, das nach der Jahrtausendwende seine Mission aufnehmen soll. Dessen Reflektor hat einen Durchmesser von mehreren Metern (wahrscheinlich ca. 5 m), und die gesamten Konturfehler dürfen ca. 10 µm nicht überschreiten.

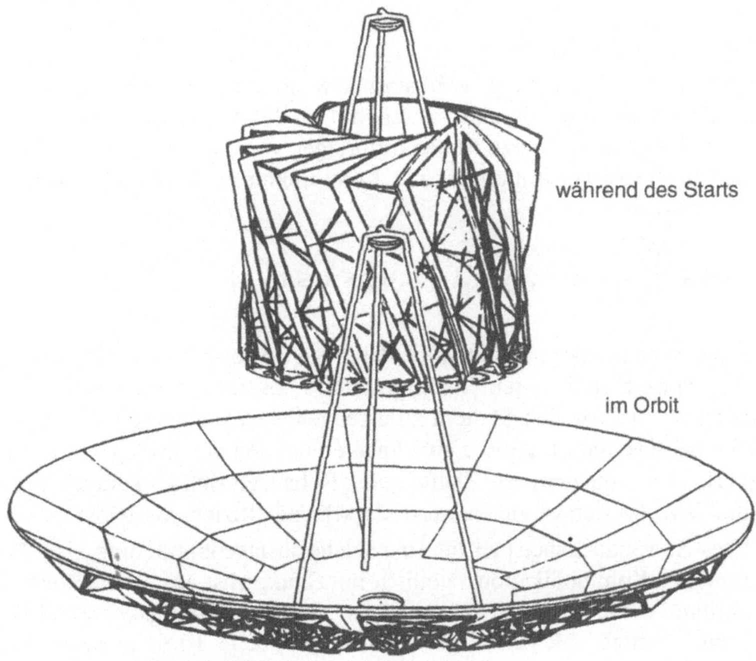

Bild 10-15: Der hochgenaue Reflektor des Satelliten FIRST

Bei der Entwicklung solcher Teleskopstrukturen sind eine Reihe von Disziplinen involviert, so neben der Strukturmechanik insbesondere spezielle Fertigungstechniken, die Optomechanik, und Regelungstechnik mit Steller- und Sensortechnologie für die Nachführung von Komponenten und evtl. aktive Konturjustage.

Die Iterationsfolge für die Optimierung der Konturgenauigkeit bei Benutzung der sequentiellen Linearisierung als Lösungsverfahren zeigt je nach schärfe der Abbruchschranken ca 6-8 Schritte bis zur Konvergenz. Der dabei benutzte Startvektor mit einem Konturfehler von ca. 17 µm entstand schon aus ersten Bemessungsüberlegungen. Trotzdem wird dieser Wert über die Optimierungsrechnung in der Lösung beachtlicherweise noch auf weniger als die Hälfte dieses Startwertes reduziert. Solche Anwendungen, bei denen auch auf vergleichsweise geringere Intuition im Vergleich zu standardmäßigen Gewichtsoptimierungsaufgaben unter ‚lediglich' Spannungrestriktionen zurückgegriffen werden kann, sind also für eine Optimierung meist besonders attraktiv.

Um für die Strukturoptimierung über das zugehörige Finite-Element-Modell schon mit einem besonders geeigneten Laminataufbau zu beginnen, wurde vorab wieder eine Laminatoptimierung beruhend auf der klassischen Laminattheorie durchgeführ. Zu minimierende Zielfunktion ist jetzt nicht das Gewicht, sondern eine Kombination relevanter Wärmedehnungskoeffizienten α_{ti} , also z.B.

$$\text{minimiere } \left\{ \ z=\sum w_i \alpha_{ti}^2 \ \mid \ \text{Restriktionen: Masse, Steifigkeit, etc.} \ \right\} \tag{10-6}$$

Die Quadrierung der Wärmedehnungskoeffizienten in (10-6) ist notwendig, da diese bei CFK-Laminaten auch negativ werden können, aber natürlich betragsmäßig kleine Werte gesucht sind.

Optmimale Justage bei Reflektoren

Es mag trotz optimaler Bemessung, Werkstoffauswahl und präziser Fertigung notwendig werden, die Konturgenauigkeit aktiv - d.h mit Stellern während des Betriebes- zu verbessern. Eine Möglichkeit hierzu ist das Aufbringen von Zwangsverschiebungen so, daß damit erzeugte Reflektorverformungen und Konturfehler sich möglichst kompensieren. Dieser Aspekt führt auf

$$\text{minimiere } \left\{ \ \sum_{i=1}^{m} (e_i - u_i(x_1,x_2,...,x_n))^2 \ ; \ x_{ju} \leq x_j \leq x_{jo} \ \right\} \tag{10-7}$$

wobei die e_i die Konturfehler und die u_i die durch die Zwangsverschiebungen x_j erzeugten Reflektorverformungen an der i-ten von insgesamt m Positionen bedeuten. Die x_{ju} und x_{jo} sind Schranken für die von den Stellern zu erzeugenden Zwangsverschiebungen. Da die Verformungen bei linearen Strukturen eine lineare Funktion der Zwangsverschiebungen x_j sind, besitzt (10-7) eine quadratische Zielfunktion. Es handelt sich also um ein quadratisches Ausgleichsproblem, das sich vergleichsweise einfach und effizient lösen läßt

Als weiteres Anwendungsbeispiel für eine solche Justageoptimierung zeigt Bild 10-16 den Reflektor eines Kommunikationssatelliten mit Stützgerüst auf seiner Rückseite. Über längenverstellbare Stäbe dieses Sützgerüstes werden Zwangsverschiebungen der Reflektorkontur erzeugt, mit den Ergebnissen der Tabelle 10-6: je mehr Zwangsverschiebungen (Stellgrößen) benutzt werden, um so besser läßt sich erwartungsgemäß der Konturfehler minimieren.

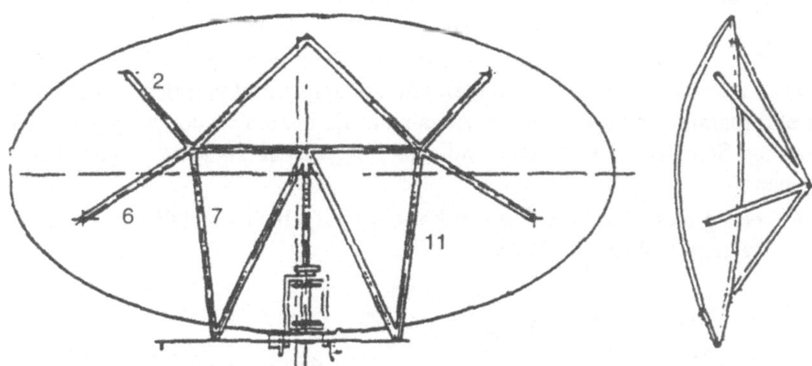

Bild 10-16: Reflektorschale mit in Stützgerüst integrierten Linearstellern

Kontrolle in Stab Nr.	RMS$_{alt}$	RMS$_{neu}$	Bemerkung
2, 6	0.80 mm	0.60 mm	1. Fehlerfeld
2, 6, 7, 11	0.80 mm	0.17 mm	1. Fehlerfeld
2, 6, 7, 11	0.10 mm	0.07 mm	2. Fehlerfeld

Tabelle 10-6: Best-fit Abweichung der Reflektorkontur ohne und mit Gestaltkontrolle

Allerdings ist der Effekt nicht bei allen Konturfehlerarten gleich: im ersten Fall gelingt mit 4 Stellern eine deutliche Reduktion des Fehlers, im zweiten Fall mit einem anderen Ausgangsfehler aber gleicher Stellerposition wie vorher nur eine um ca. 30%. Die Stellerposition ist also auch ein wichtiger Parameter und damit auch interessante Optimierungsvariable. Dies soll aber hier nicht weiter vertieft werden.

10.4   Korrektur mathematischer Modelle auf der Basis von Testergebnissen

Mathematische Modelle von (technischen) Sytemen dienen zur Bestimmung ihres Verhaltens, der Beantwortung von ‚was wäre wenn'-Fragen, sowie der Auslegung und Optimierung dieser Systeme. Natürlich ist all dies besonders interessant, bevor das System realisiert wird. Allerdings muß man sich dann voll auf die Qualität des mathematischen Modells verlassen. Ist das betrachtete System optimiert und realisiert, so können in dessen mathematische Modelle ermittelte Versuchsergebnisse zur Verbesserung der Genauigkeit der Modellvorhersagen eingearbeitet werden. Dies geschieht dadurch, daß durch Anpassung von Modellparametern (den Optimierungsvariablen) die Abweichungen zwischen Versuchsergebnissen und rechnerischen Ergebnissen minimiert werden. Dies ist natürlich dann besonders sinnvoll, wenn wie für komplexe Systeme üblich die mathematischen Modelle zu weiteren Simulationen zum Zweck der Systemverifikationen in anderen als nur den Testbedingungen herangezogen werden. Der Prozeß solcher Modellkorrekturen durch Parameteranpassung läßt sich über die mathematische Optimierung weitgehend formalisieren und verbessern, und zwar hauptsächlich durch die beiden Schritte:

1. Festlegung der zu korrigierenden Modellparameter wie Querschnittsflächen, Trägheitsmomente, Werkstoffdaten, also den Optimierungsvariablen. Eine mögliche Vorgehensweise hierfür ist, von einem zunächst umfangreichen Satz möglicher Korrekturparameter diejenigen auszuwählen, die bezüglich der relevanten Antworten besondere Sensitivität aufweisen und erfahrungsgemäß zunächst ungenau in Modelle eingehen.

2. Formulierung und Lösung der Modellkorrekturaufgabe als nichtlineares Optimierungs- oder Ausgleichsproblem der Form

$$\min\Big\{ z = \sum_{j=1}^{m}(r_{jT} - r_{jA}(\mathbf{x}))^2 + w\sum_{i=1}^{m}(x_i - x_{i0})^2$$

(10-8)

so daß weitere fallabhängige Restriktionen erfüllt sind $\Big\}$

Es werden also die Abweichungen zwischen den aus dem zu korrigierenden Modell berechneten Größen r_{jA} (A für Analyse) und denen aus der Messung r_{jT} (T für Test) minimiert. Meist geschieht dies wie in (10-8) über eine quadratischen Fehlerminimierung. Natürlich muß das Rechenmodell im Prinzip vernünftig und gültig sein. Um deshalb Ergebnisse für korrigierte Modellparameter zu vermeiden die weit von den ursprünglichen Modellparametern des Ausgangsmodells liegen, werden wie oben auch die Abweichungen der korrigierten von den ursprünglichen Parametern in der kombinierten Zielfunktion berücksichtigt. Damit liegt prinzipiell eine Vektoroptimierungsaufgabe vor, wobei während der Lösung von (10-8) Erfahrung über vernünftige Wahl der Wichtungsfaktoren gewonnen wird. Bei den Restriktionen werden z. B. Variablenschranken zur Vermeidung physikalisch sinnloser Werte mitgeführt. Andere scheinbar selbstverändliche Restriktionstypen sind beispielsweise die Bedingung der Erhaltung der (gemessenen) Gesamtmasse (eine Gleichheitsrestriktion), wenn mehrere die Masse beeinflussende Parameter korrigiert werden.

Natürlich ist wesentlich, daß die Testdaten brauchbar sind: Meßfehler sind möglichst klein; es liegen möglichst viele Meßdaten (Verformungen, Frequenzen, Eigenformen, ...) vor; die Meßdaten wurden an geeigneten und aussagekräftigen Stellen gewonnen, die auch vom mathematischen Modell erfaßt werden usw.

Bei der Lösung dieser Aufgabe werden wie auch in der ‚normalen‘ Strukturoptimierung die Ableitungen der gerechneten Antwortgrößen nach den Korrektur- oder Optimierungsvariablen benötigt.

Ein häufiger und praktisch wichtiger Anwendungsfall ist die Anpassung strukturdynamischer Modelle. Hierfür lautet der erste Term der kombinierten Zielfunktion (10-8) zur Minimierung der Abweichungen bei Frequenzen ω_j und der Eigenformen φ_{jk}:

$$z_1 = \sum(\omega_{jT} - \omega_{jA}(\mathbf{x}))^2 + w_1\sum(\varphi_{jkT} - \varphi_{jkA}(\mathbf{x}))^2$$

(10-9)

Bild 10-17 zeigt ein Beispiel für eine Balkenstruktur mit den Ergebnissen für die Eigenfrequenzabweichungen zu Meßergebnissen vor und nach der Modellkorrektur: nach Durchführung der Korrektur mit Balkenquerschnittsflächen und -Trägheitsmomenten als

Optmierungsvariable sind die Fehler sehr klein geworden. In vielen Fällen stellt man fest, daß dann auch nicht nur die gemessenen, sondern auch die anderen Anwortgrößen durch das korrigierte Modell besser erfaßt werden. Im Beispiel dieses Rahmenfachwerkes wie auch in vielen anderen Fällen stimmen auch die höheren und nicht in (10-9) eingehende Eigenfrequenzen besser als vorher mit den wirklichen überein. Durch den Abgleich der Eigenformen wird auch deren Aussagekraft und Übereinstimmung mit Versuchsergebnissen verbessert. Dies ist bei all den Aufgaben wesentlich, bei denen dynamische Antworten, in die ja neben den Eigenfrequenzen auch die Eigenformen eingehen, eine Rolle spielen.

Deren rechnerisch-experimentelle Übereinstimmung wird in der Strukturdynamik ausgedrückt durch den Kennwert MAC. Für MAC=0 sind die gerechneten und gemessenen Eigenformen orthogonal (also vollständig nicht übereinstimmend), für MAC=1 parallel (also vollständig übereinstimmend). Aus der Ergebnistabelle 10-7 wird die drastische Verbesserung der Übereinstimmung Analyse-Test nach der Parameteranpassung deutlich [10-2,10-3]. Dies gilt auch für höhere (ab der achten) Eigenfrequenzen und -formen, die in der Parameteranpassung (10-9) nicht unmittelbar berücksichtigt wurden.

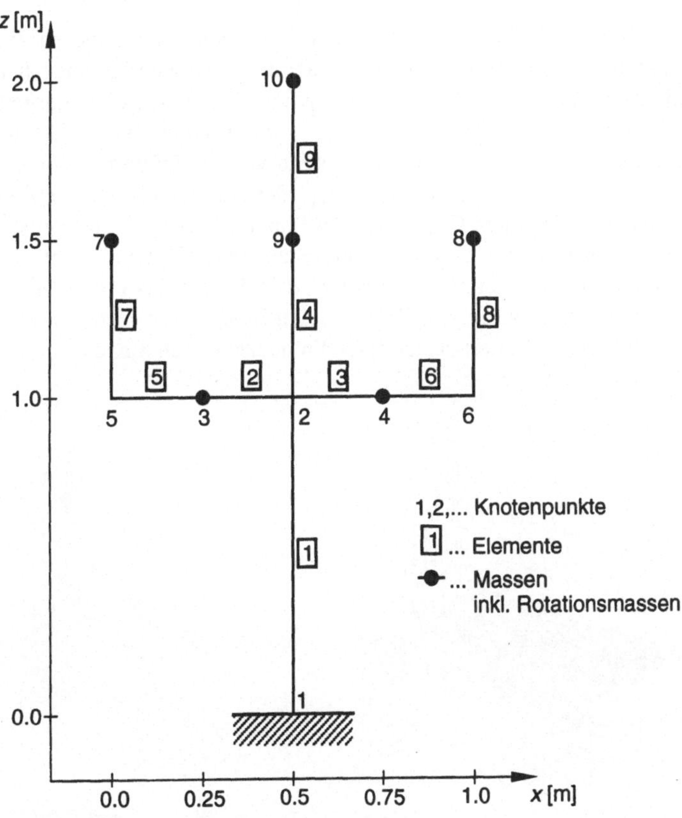

Bild 10-17: Ein Testbeispiel für Parameteranpassung in der Strukturdynamik

Eigenform Nr.	Ausgangsmodell		korrigiertes Modell	
	$\Delta f^i/f_K{}^m$ [%]	MAC -	$\Delta f^u/f_K{}^m$ [%]	MAC -
1	-1.29	0.834	-0.299	1.000
2	-0.14	0.803	-0.240	1.000
3	-9.34	0.963	-0.047	1.000
4	-11.37	0.638	-0.340	1.000
5	-4.04	0.605	-0.248	1.000
6	8.59	0.546	-0.186	1.000
7	-9.49	0.442	-0.147	1.000
8	7.85	0.919	-0.216	1.000
9	-11.70	0.577	-0.157	0.999
10	14.84	0.911	-0.304	1.000
11	-8.642	0.647	-0.168	0.999
12	1.731	0.722	-0.158	0.999

Tabelle 10-7: Abweichungen in Frequenzen f und Eigenformen (MAC) vor und nach der Parameteranpassung

Die Anwendung dieses Modellkorrekturprozesses in einem ganz anderen Zusammenhang zeigt Bild 10-18: in bestimmten Anwendungsfällen ist es notwendig, ausgehend von einem genaueren und umfangreicheren FE-Modell mit einem gröberen weiterzuarbeiten, ohne daß in relevanten Bereichen dessen Leistungsfähigkeit des gröberen wesentlich hinter dem des feineren zurückliegt. Dies gilt z. B. für den Einbau von Modellen für Komponenten in ein umfangreicheres Gesamtmodell eines Systems, oder für regelungstechnische Simulation usw. Dann werden die relevanten Ergebnisse des feinen Modells als ´Meßergebnisse´ aufgefaßt und Parameter des gröberen Modells an diese angepaßt. Ergebnisse hierzu zeigt für das Beispiel aus Bild 10-18 der Iterationsverlauf in Bild 10-19: das grobe Modell zeigt nach Modellkorrektur wesentlich geringere Fehler in den Eigenfrequenzen, wiederum auch über den in der Zielfunktion (10-9) berücksichtigten Frequenzbereich hinaus.

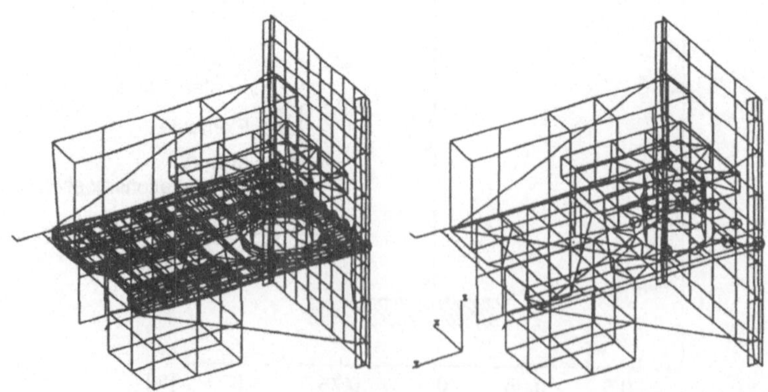

Bild 10-18: Ursprüngliches feines und parameterangepaßtes gröberes Finite-Element-Modell eines Gerätes

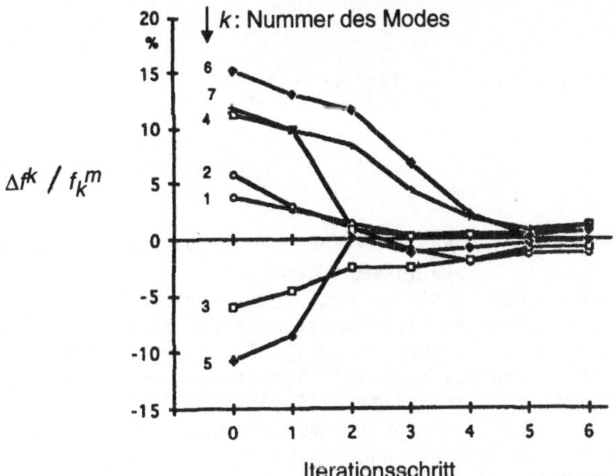

Bild 10-19: Der Iterationsverlauf für die Differenzen der Eigenfrequenzen des feinen und angepaßten Modells

Ein weiteres Anwendungsgebiet eröffnet sich für eine Qualitätskontrolle bzw. für die Identifikation von Fertigungfehlern. Für eine Platte aus Faserverbundlaminaten sei in einer Laminatschicht infolge eines Fertigungsfehlers eine sich in Meßdaten auswirkende Abweichung gegenüber korrekter Faserwinkel vorhanden. Meßergebnisse von Thermalverformungen an dieser Platte zeigen so starke Abweichungen vom Rechenmodell, daß sich (unter Annahme eines sorgfältig erstellten Modells) ein solcher Fertigungsfehler vermuten läßt. Werden dann für eine Aufgabe (10-8) als Antwortgrößen die Verformungen und als Korrekturparameter Winkel und Dicken der Laminatschichten benutzt, so wird nach einigen Iterationen der Fertigungsfehler vom Algorithmus identifiziert. Alle Parameter nehmen - bei Beachtung hier nicht weiter ausgeführter Regeln z.B. zur Ermittlung der Meßdaten - ihre nominellen Werte an außer in der oder den Schichten mit falscher Winkellage der Fasern.

Anhang : Programm PENOPT

```
c**********************************************************************
c                         Programm PENOPT
c Programm zur Lösung einer nichtlinearen, beschraenkten
c Optimierungsaufgabe mit einem Straffunktionsverfahren (Kap.5.2.1) und
c dem Hooke-Jeeves Algorithmus (Kap.5.2.3.1) als Lösungserzeuger
c Integriertes Beispiel (kursiv gesetzt): Stabdreischlag (siehe Kap.6.2)
c**********************************************************************
c                    Beschreibung der Variablen
c      i     Laufvariable Optimierungsvariablen
c      iver  Parameter zur Verfahrensauswahl :
c            0 : Einmalige Berechnung von z und g ohne Optimierung
c            1 : Verfahren der inneren Straffunktion
c            2 : Verfahren der aeußeren Straffunktion
c            3 : Loesung einer unbeschraenkten Aufgabe mit Hooke-Jeeves
c      j,l   frei benutzte Indizes
c      ko    Iterationsindex Optimierer
c      ks    Iterationsindex Strategie
c      m     Anzahl Restriktionen
c      n     Anzahl Optimierungsvariablen
c      ng    Felddimensionierung Restriktionen, aktuell : ng=20
c      nx    Felddimensionierung Optimierungsvariable, aktuell: nx=10
c
c      c     Hilfsparameter zur Bestimmung der Schranke eps3
c      eps1  Abbruchgrenze Strategie (absolutes Optimierungsvariablenkrit.)
c      eps2  Abbruchgrenze Optimierer (absolutes Optimierungsvariablenkrit.)
c      eps3  Ab g<eps3 wird g als aktiv betrachtet
c      g     Restriktionen 1,2,...,m
c      p     Penalty Funktion
c      pa    Aeußere Straffunktion
c      pin   Innere Straffunktion
c      r     Penalty-Konstante
c      s     Schrittweite fuer Hooke-Jeeves Algorithmus
c      x     Optimierungsvariablen 1,2,...,n
c      xa    Ergebnis Tastschritt A
c      xb    Ergebnis Extrapolation und Tastschritt B
c      xl    Optimierungsvariablen - untere Schranke
c      xu    Optimierungsvariablen - obere Schranke
c      x0    Optimierungsvariablen - Startwerte
c      xs,gj Hilfsparameter
c      z     Zielfunktion original
c      ze    Ersatzzielfunktion
c      titel 30-Zeichen String Ueberschrift Output-File
c
c Im UP Ziel sind den Variablennamen ein a (real) oder ein k (integer)
c vorangestellt, um Ueberschneidungen zu vermeiden.
c--------------------------------------------------------------------------
c      Vorgehensweise bei einer neuen Optimierungsaufgabe
c 1.n>nx oder m>ng ? wenn ja, nur im HP Felddimensionierung aendern
c    und die Parameter ng und nx korrigieren. Felddim. in den Up's
c    erfolgt automatisch.
```

```
c  2.Im UP "Ziel" Formeln fuer Zielfunktion und die einzelnen
c    Restriktionen ergaenzen, Typdeklaration nicht vergessen.
c      + Skalierung der Optimierungsvariablen so, daß 1 < x < 10000
c      + Skalierung der Zielfunktion so, daß 1 < z < 10000
c      + Normierung der Restriktionen auf g =1-v/vzul -->gmax=1
c        (v = restringierte Groesse, z.B. Spannung)
c    Die Variablennamen duerfen nicht mit a oder k beginnen (siehe oben),
c    sonst sind alle Namen erlaubt ; x,z und g sind bereits vergeben.
c    Als Sprungadresse sind alle Zahlen ausser 10 nutzbar
c  3.Verfahrensauswahl vornehmen, siehe unten
c  4.Inputdatei erstellen; siehe Beispiel unten
c  5.Mit iver=0 Rechenlauf ausfuehren und pruefen, ob Zielfunktion und
c    Restriktionen richtig berechnet werden.
c  6.Optimierungslauf durchführen
c-------------------------------------------------------------------
c                     Verfahrensauswahl
c
c  1.Mit iver=0 koennen fuer den aktuellen Variablenvektor x
c    Zielfunktion z und Restriktionen g einmal berechnet werden.
c  2.Bei m = 0 : iver = 3 setzen, Optimierung mit Hooke-Jeeves ;
c    Variablenschranken sind möglich
c  3.Bei unzulaessigem Startvektor
c    Zunächst aeußere Straffunktion (iver=2) anwenden
c  4.Bei zulaessigem Startvektor
c    Innere Straffunktion (iver=1) anwenden.
c-------------------------------------------------------------------
c       Beschreibung der formatfreien Input-Datei opt.inp
c       Titelzeile           I Beliebiger Text mit bis zu 30 Zeichen
c       n                    I Anzahl der Optimierungsvariablen
c       m                    I Anzahl der Restriktionen
c       x(1),xl(1),xu(1)     I Startwert x(1), untere Schranke, obere Schranke
c       x(2),xl(2),xu(2)     I
c       ....                 I fuer i = 1, n
c       iver                 I Verfahrensauswahl ; Erlaeuterung siehe oben
c       ksmax                I Max. Anzahl Strategieschritte
c       komax                I Max. Anzahl Optimierer-Iterationsschritte
c       eps1                 I Abbruchschranke Strategie (abs. Variablenkrit.)
c       eps2                 I Abbruchschranke Optimierer (abs. Variablenkrit.)
c-------------------------------------------------------------------
c             Beschreibung des Optimierungsbeispiels
c       Stabdreischlag siehe Kapitel 6.2
c       Optimierungsvariable:     x1 : Stabquerschnitt Stab 1 und 3 [mm**2]
c                                 x2 : Stabquerschnitt Stab 2   [mm**2]
c       Zielfunktion : Gewichtskraft [N]
c       Restriktionen : Die max. Spannungen in den 3 Staeben in beiden
c       Lastfaellen bleiben unter den Grenzwerten Zugspannung (sigzulz) und
c       Druckspannung (sigzuld)
c
c Zugehoerige Input-Datei :
c       Aufgabe_Stabdreischlag
c       2                    n
c       6                    m
c       1000. 1. 10000.      x1,xl1,xu1
c       1000. 1. 10000.      x2,xl2,xu2
c       1                    iver
c       15                   ksmax
c       100                  komax
c       0.3                  eps1
c       0.3                  eps2
c
```

```fortran
      subroutine ziel(kiver,kn,kng,knx,km,aeps3,ap,ar,aze,z,g,x)
c**************************************************************************
c     Unterprogramm zur Berechnung der transformierten Zielfunktion
c
c Allen Variablennamen (ausser x,g und z wurde ein a (real-Var.)
c oder ein k (integer Var.) vorangesetzt. Die vom Benutzer zu aendernden
c Programmteile (kursiv gedruckt) sollten daher nicht mit diesen
c Buchstaben beginnen.Die anderen Buchstaben koennen frei verwendet werden.
c
c**************************************************************************
c                  Beschreibung des Optimierungsbeispiels
c----------------------- Vereinbarungsteil -------------------------
      dimension x(knx),g(kng)
      real z,aze,apin,apa,agj,ap,aeps3,ar
      integer kiver,kn,kng,knx,km
c----Zusaetzliche Aufgabenspezifische Typdeklarationen, ggf aendern
      real a1,a2,a3,p1,p2,sigzulz,sigzuld,sigma11,sigma21,sigma31
c----------------------- Initialisierung ---------------------------
      apin=0.
      apa=0.
c--------------- Aufgabenspezifische Parameter ---------------------
c--- Hier koennen Parameter berechnet werden, die zur Bestimmung von g
c--- und ziel benoetigt werden; Achtung : Variablennamen duerfen nicht
c--- mit a oder k beginnen, um Ueberschneidungen zu vermeiden.
      p1=150000.
      p2=150000.
      sigzulz=216000000.
      sigzuld=-216000000.
      a1=x(1)/1.E+6
      a2=x(2)/1.E+6
      a3=x(1)/1.E+6
      s2=sqrt(2.)
      sigma11=p1*(1/a1-a2*a3/(a1*(a1*a2+a2*a3+s2*a1*a3)))
      sigma21=p1*(s2*a3/(a1*a2+a2*a3+s2*a1*a3))
      sigma31=p1*(-a2/(a1*a2+a2*a3+s2*a1*a3))
c-----------Aufgabenspezifische Berechnung der Restriktionen ----------
c Bei neuer Aufgabe Zeilen bis zur naechsten Kommentarzeile aendern
      g(1)=-(sigma11-sigzulz)/sigzulz
      g(2)=-(sigzuld-sigma11)/(-sigzuld)
      g(3)=-(sigma21-sigzulz)/sigzulz
      g(4)=-(sigzuld-sigma21)/(-sigzuld)
      g(5)=-(sigma31-sigzulz)/sigzulz
      g(6)=-(sigzuld-sigma31)/(-sigzuld)
c-------------------------- Berechnung Straffunktion ----------------
      do 10 j=1,km
           agj=g(j)
           if (agj.le.0) then
                agj=aeps3/((g(j)/aeps3)**2-3*g(j)/aeps3+3)
           end if
           apin=apin+1/agj
           apa=apa+(min(0.,g(j)))**2
10    continue
c--------Aufgabenspezifische  Berechnung der Zielfunktion z ------------
c--- Hier Zielfunktion eingeben; Beginn : z = ....
c
      z=27000.*(a2+2.*a1*s2)
c
c---------------- Berechnung der Ersatzzielfunktion ze ---------------
      if(kiver.eq.1) aze=z+ar*apin
```

```fortran
      if(kiver.eq.2) aze=z+apa/ar
      if(kiver.eq.1) ap=apin
      if(kiver.eq.2) ap=apa
      if(kiver.eq.3) ap=0.
      if(kiver.eq.3) aze=z
      return
      end
c
c*************************************************************************
      program penopt
c*************************************************************************
c------------------------ Vereinbarungsteil ------------------------
c--- Die uebernaechste Zeile nur aendern,  wenn n>nx oder m>ng
c Dimensionierung x(nx),g(ng),x0(nx),xu(nx),xl(nx),xa(nx),xb(nx),s(nx)
      dimension x(10),g(20),x0(10),xu(10),xl(10),xa(10),xb(10),s(10)
      real z,ze,p,r,c
      integer ks,n,m,ko,iver,ksmax,komax,ng,nx
      character titel*30
c---------------------- Inititalisierung ----------------------
      open (unit=4,file="opt.inp",status="old")
c--- Die folgenden beiden Zeilen nur aendern, wenn n > ng oder m > nx
      ng=20
      nx=10
      read (4,*) titel
      write (6,500) titel
      read (4,*) n
      write (6,*) 'Anzahl der Optimierungsvariablen          n=',n
      read (4,*) m
      if (n.gt.nx.or.m.gt.ng) then
            write (6,*) 'Fehler: Felddimensionierung ueberpruefen!'
            stop
      end if
      write (6,*) 'Anzahl der Restriktionen              m=',m
      write (6,*) ' '
      do 10 i=1,n
            read (4,*) x(i), xl(i),xu(i)
            if (x(i).lt.xl(i)) xl(i)=x(i)
            if (x(i).gt.xu(i)) xu(i)=x(i)
            write (6,510) i,x(i),i,xl(i),i,xu(i)
10    continue
      write (6,*) ' '
      read (4,*) iver
      if(iver.eq.0) write (6,*) 'Einmalige Berechnung von z und g'
      if(iver.eq.1) write (6,*) 'Verfahren : innere Straffunktion'
      if(iver.eq.2) write (6,*) 'Verfahren : aeußere Straffunktion'
      if(iver.eq.3) write (6,*) 'Loesung der unbeschraenkten Aufgabe'
      read (4,*) ksmax
      if(iver.ne.3) write (6,*) 'Max. Strategieschritte  ksmax=',ksmax
      read (4,*) komax
      if(iver.ne.0) write (6,*) 'Max. Optimiererschritte komax=',komax
      ks=1
      read (4,*) eps1
      if(iver.eq.1.or.iver.eq.2) write(6,*) 'eps-Strategie =',eps1
      read (4,*) eps2
      if(iver.ne.0) write (6,*) 'eps-Optimierer =',eps2
      eps3=.2
      call ziel(iver,n,ng,nx,m,eps3,p,r,ze,z,g,x)
      write (6,520) z
      do 20 i=1,m,5
            j=i+4
```

```fortran
              if (j.gt.m) j=m
              write (6,530) i,(g(l),l=i,j)
20      continue
        if (iver.lt.1.or.iver.gt.3) goto 100
        if (iver.eq.1) r=z/p
        if (iver.eq.2) r=10.
        c=0.2/(r**(0.4))
        close (4)
c--------- Beginn der Hauptschleife  ---------------------------------
c
30      do 40 i=1,n
            x0(i)=x(i)
40      continue
        eps3=c*(r**(0.4))
        call hook(iver,ko,komax,n,ng,nx,m,eps2,eps3,p,r,z,ze,g,x,xl,xu,
     1  xa,xb,s)
        if(iver.eq.3) write (6,535)  ko,z
        if(ks.ge.ksmax) write (6,540)  ks,ko,z,ze,p,r
        if(ks.lt.ksmax.and.iver.ne.3) write (6,550)  ks,ko,z,ze,p,r
        do 50 i=1,n,5
            j=i+4
            if (j.gt.n) j=n
            write (6,560) i,(x(l),l=i,j)
50      continue
        do 60 i=1,m,5
            j=i+4
            if (j.gt.m) j=m
            write (6,530) i,(g(l),l=i,j)
60      continue
        if(ks.ge.ksmax.or.iver.eq.3) goto 100
c-------Überprüfung Abbruchkriterium
        do 70 i=1,n
            if((abs(x(i)-x0(i))).gt.eps1) goto 80
70      continue
        write (6,*) 'Programmende, Iterationsziel erreicht'
        goto 100
c-------Verkleinerung Penalty-Konstante fuer Schritt ks+1
80      r=0.15*r
        ks=ks+1
        goto 30
c-------------------- Abschluss  -----------------------------
100     i=0
        do 110 j=1,m
            if (g(j).le.(min(-.01,-eps3))) then
                write (6,570) j
                i=1
            end if
110     continue
        if (i.eq.1.and.iver.ne.0) write (6,580)
        write (6,*)
        write (6,*) 'RETURN beendet das Programm'
        pause
c       read (5,*) abc
        stop
c--------------------- Formate -----------------------------
500     format ('************************ Programm PENOPT **********',
     1  '*****************'
     1  //,'  Optmierung mit Straffunktionsverfahren und Hooke-Jeeves'
     1  ,' Algorithmus',//,'**********************************',
     1          '*****************************',//,a30,/)
```

```fortran
510    format ('X(',i2,')=',e12.5,' xl(',i2,')=',e12.5,' xu(',
      1        i2,')= ',e12.5)
520    format (/,'Startwert : z = ',e12.5)
530    format('G',I2,') ',e12.5,'  ',e12.5,'  ',e12.5,'  ',
      1 e12.5,'  ',e12.5)
535    format (/,'Endergebnis :',
      1 /,'Opt.-Iterationsschritte  ko=',i3,/,'z=',e12.5)
540    format (/,'Abbruch, da max. Iterationszahl erreicht.',/,
      1 'Iteration ks=',i3,/,'Opt.-Iterationsschritte  ko=',i3,/,
      1 'z=',e12.5,' ze=',e12.5,' p=',e12.5,' r=',e12.5)
550    format (/,'Iteration ks=',i3,/,'Opt.-Iterationsschritte ko=',i3,
      1 /,' z=',e12.5,' ze=',e12.5,' p=',e12.5,' r=',e12.5)
560    format('X',I2,') ',e12.5,'  ',e12.5,'  ',e12.5,'  ',
      1 e12.5,'  ',e12.5)
570    format (/,'Restriktion ',i3,' verletzt')
580    format ('Folgende Massnahmen koennten das Ergebnis verbessern :',/,
      1       '  - Falls iver=1 : Neuberechnung mit iver=2',/,
      1       '  - Neuberechnung mit verbessertem Startvektor')
       end
c
c*****************************************************************************
       subroutine hook (iver,ko,komax,n,ng,nx,m,eps2,eps3,p,r,z,ze,g,
      1 x,xl,xu,xa,xb,s)
c*****************************************************************************
c   Unterprogramm zur Lösung der unbeschraenkten Optimierungsaufgabe
c               nach dem Algorithmus von Hooke - Jeeves
c*****************************************************************************
       dimension x(nx),xa(nx),xb(nx),s(nx),xl(nx),xu(nx),g(ng)
       integer ko,i,j,l,komax,iver
       real p,r,z,ze,xs
c----------------- Initialisierungsteil ----------------------------------
c
       do 1 j=1,n
            s(j)=1.
1      continue
       ko=0
c--------------- Tastschritt A -------------------------------------------
10     call ziel(iver,n,ng,nx,m,eps3,p,r,ze0,z,g,x)
       do 12 j=1,n
            xa(j)=x(j)
12     continue
       do 14 i=1,n
            xs=xa(i)
c--------------Veraenderung xa(i)+s(i)
            xa(i)=xs+s(i)
            if (xa(i).gt.xu(i)) xa(i)=xu(i)
            if (xa(i).lt.xl(i)) xa(i)=xl(i)
            call ziel(iver,n,ng,nx,m,eps3,p,r,ze,z,g,xa)
c--------------ist ze(xa) besser als ze(x)? Wenn nein, probiere xa1-si
            if(ze.lt.ze0) goto 14
            xa(i)=xs-s(i)
            if (xa(i).gt.xu(i)) xa(i)=xu(i)
            if (xa(i).lt.xl(i)) xa(i)=xl(i)
            call ziel(iver,n,ng,nx,m,eps3,p,r,ze,z,g,xa)
c--------------ist ze(xa) besser als ze(x) ? Wenn nein, belasse xa
            if(ze.lt.ze0) goto 14
            xa(i)=xs
14     continue
30     call ziel(iver,n,ng,nx,m,eps3,p,r,ze1,z,g,xa)
       if (ze1.ge.ze0) then
```

```
              goto 90
        end if
c------------------------- Extrapolation -----------------------------
40      call ziel(iver,n,ng,nx,m,eps3,p,r,ze1,z,g,xa)
        do 42 j=1,n
              xb(j)=2*xa(j)-x(j)
              if (xb(j).gt.xu(j)) xb(j)=xu(j)
              if (xb(j).lt.xl(j)) xb(j)=xl(j)
              s(j)=sign(s(j),(xa(j)-x(j)))
42      continue
        ko=ko+1
        if (ko.ge.komax) goto 110
c------------------------- Tastschritt B -----------------------------
50      do 52 i=1,n
              xs=xb(i)
              xb(i)=xs+s(i)
              if (xb(i).gt.xu(i)) xb(i)=xu(i)
              if (xb(i).lt.xl(i)) xb(i)=xl(i)
              call ziel(iver,n,ng,nx,m,eps3,p,r,ze,z,g,xb)
              if(ze.lt.ze1) goto 52
              xb(i)=xs-s(i)
              if (xb(i).gt.xu(i)) xb(i)=xu(i)
              if (xb(i).lt.xl(i)) xb(i)=xl(i)
              call ziel(iver,n,ng,nx,m,eps3,p,r,ze,z,g,xb)
              if(ze.lt.ze1) goto 52
              xb(i)=xs
52      continue
c------------------------- Steuerung --------------------------------
        call ziel(iver,n,ng,nx,m,eps3,p,r,ze2,z,g,xb)
70      if(ze2.lt.ze1) then
              goto 80
        else
              do 72 j=1,n
                  x(j)=xa(j)
72            continue
              goto 100
        end if
80      do 82 j=1,n
              if ((abs(xb(j)-xa(j))).gt.(0.5*abs(s(j)))) then
                  do 84 l=1,n
                      x(l)=xa(l)
                      xa(l)=xb(l)
84                continue
                  goto 40
              end if
82      continue
        do 86 j=1,n
              x(j)=xa(j)
86      continue
90      if (abs(s(1)).lt.eps2) goto 110
        do 92 j=1,n
              s(j)=s(j)/2.
92      continue
100     ko=ko+1
        if (ko.lt.komax) goto 10
c-------------------- Abschluss -------------------------------------
110     call ziel(iver,n,ng,nx,m,eps3,p,r,ze,z,g,x)
        return
        end
```

Literaturverzeichnis

2-1   Schmit,L.A.; Structural design by systematic synthesis; Procedures 2nd Conference on Electronic Computation, ASCE; 1960

2-2   Fox,R.L.; Optimization Method for Engineering Design; Addison Wesley, Reading,Mass.; 1973

2-3   Haug,E.J., Arora,J.S.; Applied Optimal Design; John Wiley, New York; 1979

2-4   Lawo,E.; Optimierung im Konstruktiven Ingenieurbau, Vieweg Verlag, Wiesbaden; 1990

3-1   Bathe,K.J.; Finite Element Methoden, (übersetzt von K.J. Zimmermann); Springer Verlag,Berlin; 1986

3-2   Link,M.; Finite Elemente in Statik und Dynamik; Teubner Verlag, Stuttgart; 1989

3-3   Knothe,K., Wessels,H.; Finite Elemente; Springer Verlag, Berlin; 1992

3-4   Haftka,R.T., Barthelemy,B.; On the accuracy of shape sensitivity derivatives; in H. Eschenauer, G.Thierauf (eds.), Discretisation Methods and Structural Optimization, Lecture Notes in Engineering, Vol. 42, Springer Verlag, Berlin; 1989

4-1   Krabs,W.; Einführung in die lineare und nichtlineare Optimierung für Ingenieure, Teubner Verlag, Stuttgart, 1983

4-2   Collatz,L., Wetterling,W.; Optimierungsaufgaben, Springer Verlag, 1966

4-3   Avriel,M.; Nonlinear Optimization, Addison Wesley, Reading,Mass.; 1983

5-1   Vanderplaats, G.N. ; Numeriacl optimization techniques for engineering design ; New York 1984

5-2   Dantzig,G.B.; Linear programming and extensions; Princeton,N.J., USA; 1963

5-3   Bronstein, I.; Semendjajew,K.; Taschenbuch der Mathematik; Thun, Frankfurt a.Main; 24. Auflage 1989

5-4   Hestenes, M.R.; Multiplier and gradient method; Journal of Optimization Theory and Application , Vol. 4(5), S. 303-320, 1969

5-5   Imai,K.; Configuration optimization of trusses by the multiplier method; Los Angeles USA, 1978

5-6   Schwefel,H.-P.; Numerische Optimierung von Computer-Modellen mittels der Evolutionsstrategie; Basel und Stuttgart 1977

5-7   Hooke,R. , Jeeves,T.A.; Direct search solution of numerical and statistical problems; Journal of the Association for Computing Machinery; S. 212-229,Vol.8 ,1961

5-8   Rechenberg, I. ; Evolutionsstrategie : Optimierung technischer Systeme nach Prinzipien der biologischen Evolution ; Stuttgart 1973

5-9   Fletcher,R. , Reeves,C.M. ; Function minimization by conjugate gradients ; Computer Journal, Band 7, Nr.2, S.149-154, 1964

5-10   Broydon, C.G. ; The convergence of a class of double rank minimization algorithms ; Journal of the Institute of Mathematics and its Applications ; Band 6 ; S.76-90 und 222-231; 1970

5-11   Fletcher, R. ; A new approach to variable metric algorithms ; Computer Journal Band 13, S.317-322 ; 1970

5-12   Shanno, D.F. ; Conditioning of quasi Newton methods for function minimization ; Math.Comp. Band 24, S.647-656 ; 1970

5-13   Goldfarb, D. ; A family of variable metric methods derived by variational means ; Math. Comp. Band 24, S.23-36; 1970

5-14   Zoutendijk, G. ; Method of feasible directions ; Amsterdam 1960

5-15   Wolfe, P. ; Methods of nonlinear programming ; in : Recent Advances in Mathematical Programming, Graves,R.L. und Wolfe,P. (Hrsg.), S. 76-87 ; New York 1963

5-16   Abadie,J. , Carpentier,J. ; Generalization of the Wolfe reduced gradient method to the case of nonlinear constraints ; in : Optimization , Fletcher,R. (Hrsg) , S.37-47 ; New York 1969

5-17   Vanderplaats, G.N. ; A efficient feasible directions algorithm for design synthesis ; in: AIAA-Journal, Band 22, Nr.11, 1984

5-18   Powell, M.J.D. ; Algorithms for nonlinear constraints that use lagrangian functions ; Mathematical Programming; Band 14 , S. 224-248 ; 1978

5-19   Murray, W. ; Methods for constrained optimization ; in : Optimization in Action ; Dixon,L.C.W. (Hrsg.) ; New York 1976

5-20   Bartholomew,P., Biggs, M.C. ; An improved implementation of the recursive quadratic programming method for constrained minimization ; Technical Report Nr. 105 Numeriacl Optimization Centre , The Hatfield Polytechnic, Hatfield UK , 1979

5-21   Schittkowsky, K. ; Nonlinear programming codes , Lecture notes in electronics and mathematical systems ; Berlin, Heidelberg,New York 1980

5-22   Fleury,C. , Braibant,V. ; Structural Optimization - a new dual method using mixed variables; in:International Journal for Numerical Methods in Engineering, Band 23, S . 409-428, 1986

5-23   Svanberg,K.; The method of moving asymptotes - a new method for structural optimization ; in: International Journal for numerical Methods in Engineering, Band 24, S.359-373, 1987

5-24   Woo, Tze Hsin ; Space frame optimization to frequency constraints ; in : AIAA - 27th Structures, Structural dynamic and Materials Conference 1986, S. 103-112

5-25   Vanderplaats, G. , Salajegheh,E. ; A new approximation method for stress constraints in structural synthesis ; AIAA - 28th structures, structural dynamics and materials conference 1987

5-26   Berke, L. , Khot,N.S. ; Use of optimality criteria methods for large scale systems, in : AGARD LS-70, S. 1-1 bis 1-29 ; Ohio USA 1974

5-27   Baier,H.; Characteristics of optimality criteria methods in design of elastic structures; in: ZAMM 58, T96-T98, 1978

5-28 Schittkowski,K.; Numerical comparison of nonlinear programming algorithms for structural optimization; in : Structural Optimization; Heft 7, S. 1-19, 1994

5-29 The Numerical Algorithms Group Limited; NAG Library; Oxford UK; 1988

6-1 Eschenauer, H.; Rechnerische und experimentelle Untersuchungen zur Strukturoptimierung von Bauweisen. DFG-Forschungsbericht; Univers.-GH Siegen 1985

6-2 PDA Engineering - PATRAN Division; P3/Structural Optimization; Version 1.1B, Costa Mesa USA; 1993

6-3 Mac Neal Schwendler Corporation; NASTRAN Version 67; Los Angeles USA; 1992

6-4 Baier,H; Specht,B; OPOS Version ;

6-5 Schittkowski;K.; ,EMP - An expert system for mathematical programming; Version 4.12; September 1991

6-6 Microsoft Corporation ; EXCEL Version 4 ; 1992

7-1 Wilkinson, J.H. ; The algebraic eigenvalue problem;Clarendon Press, Oxford, 1965

7-2 Bathe, K.J. ; Finite - Element - Methoden; Springer Verlag Berlin, Heidelberg, NewYork, Tokyo, 1986

7-3 Chang, S.-C. ; Lanczos algorithm with selective reorthogonalization for eigenvalue extraction in structural dynamic and stability analysis, Computers & Structures, Vol.23, 1986, S.121-128

7-4 Schielen, W.O. ; Multibody systems handbook, Springer Verlag, Berlin, Heidelberg, 1990

8-1 Yang, R.J. , Lee, A. , McGeen, D.T. ; Application of basis function concept to practical shape optimization problems, Structural Optimization, Vol. 5, S.55-63, 1992

8-2 Baud, R.V. ; Fillet profiles for constant stress, Product Engineering 5, Nr.4, 1934, S. 133 - 134

8-3 Neuber, H. ; Kerbspannungslehre, Grundlagen für genaue Festigkeitsberechnungen, Springer Verlag 3. Aufl. 1985

8-4 Schnack, E.; Ein Iterationsverfahren zur Optimierung von Spannungskonzentrationen, VDI-Forsch. Heft Nr.589, 1978

8-5 Bendsoe, M.P. , Kikuchi, N. ; Generating optimal topologies in structural design using a homogenization method, Computer Methods in Applied Mechanics and Engineering, Vol.71, S. 197-224, 1988

8-6 Mlejnek, H.P. ; Some aspects of the genesis of structures, Structural Optimization, Vol. 5, S.64-69, 1992

8-7 Mlejnek, H.P. , Schirrmacher, R. ; An engineers approach to optimal material distribution and shape finding, Computer Methods in Applied Mechanics and Engineering, Vol.106, S. 1-26, 1993

8-8 Kreisselmeier, G. , Steinhauser, R. ; Systematic control design by optimizing a vector performance index, IFAC Symposium: Computer Aided Design of Control Systems, Zürich, August 1979

9-1 Baier,H.; Mathematische Programmierung von Tragwerken insbesondere bei mehreren Zielen; Dissertation D17, TH Darmstadt; 1978

9-2 Eschenauer,H., et. al. (Ed.); Multiciteria Design; Springer Verlag, Berlin; 1992

9-3   Geoffrion,A., Dyer,J.; An interactive approach for multicriteria optmization, Management Science, Vol. 19, No 4, 1972

9-4   Sobieski,J.; Multidisciplinary optmization for enigineering systems; in H. Bergmann (ed.),Optmization: Methods and Applications, Lecture Notes in Engineering, Vol. 47, Springer Verlag, Berlin; 1989

9-5   Seeßelberg, C. ; Neue Elemente der Tragwerksoptimierung für frühe Entwurfsphasen am Beispiel von Leichtbaubrücken ; Schriftenreihe Stahlbau RWTH Aachen, Sedlacek, G. (Hrsg.) , Aachen 1990

9-6   Vanderplaats, G.N. ; Sensitivity of optimized designs to problem parameters ; in : Computer Aided Optimla Design, Band 1 ; Mota Soares,C.A. (Hrsg.) Troia, Portugal 1986

9-7   Chalpin,J.C.; Primer on Composite Materials:Analysis; Technomic Publ. Company, Lancaster, Penns.; 1984

9-8   Lubin,G.(ed); Handbook of Composits; Van Noostrand Reinhold Company, New York; 1982

9-9   Seeßelberg,C., Helwig,G., Baier,H.; Strategies for interactive structural optimization and (composites) material selection; in: Brebbia,C.A., Orszag,S.A. (Hrsg.); Engineering Optimization in Design Processes; Lecture Notes in Engineering; Springer Verlag Berlin, Heidelberg 1991

9-10   Benjamin,J.R., Cornell,C.A.; Probability, Statistics and Decision for Civil Engineers, McGraw Hill, New York, 1970

9-11   Schuëller,G.; Einführung in die Sicherheit und Zuverlässigkeit von Tragwerken; Verlag Wilhelm Ernst u. Sohn, Berlin; 1981

9-13   Jebens,J.E.; Optimierung von Tragwerken unter Berücksichtigung zufälliger Sytemparameter, Dissertatation TH Darmstadt, Fachbereich Maschinenbau; 1986

10-1   Baier,H., Füssinger,R., Hug,B. ; Neue Auslegungsmethoden und Werkstoffe bei der Entwicklung hochmobiler Brücken; Der Stahlbau, Heft 3, 1983, S.85-89

10-2   Eckert,L., Caesar,B.; Model Updating Under Incomplete and Noisy Modal Test Data. Proceedings of the 9th International Modal Analysis Conference (IMAC IX) S.563-571, Florence, Italy, Editor: Union College, Schenectady, NY, 14.-18. April 1991,

10-3   Caesar,B., Eckert,L., Wöhler,H.; Update of dynamic mathematical models using NASTRAN - application in space technology; Proceedings of the 20th MSC European Users' Conference, Presentation 12; Wien; 20.-22. September 1993

Sonstige Literaturhinweise

Aktuelle technisch-wissenschaftliche Veröffentlichungen zum Thema ‚Optimierung in der Strukturmechanik' findet man u.a. in

- Zeitschrift ‚Structural Optimization', Springer Verlag

- AIAA Journal, American Institute of Aeronautics and Aestronautics

- Proceedings der AIAA Strucures, Dynamics and Materials Conference

Stichwortverzeichnis

Plastizität

von Knut Burth und Wolfgang Brocks

1992. X, 301 Seiten. Gebunden.
ISBN 3-528-08826-5

Das Buch wendet sich als Lehrbuch vor allem an Studenten des Bauingenieurwesens und des Maschinenbaus. Da die Grundlagen für das in den neuen Stahlbaunormen zugelassene plastische Berechnungsverfahren ausführlich dargestellt werden, richtet es sich weiter an die Ingenieure, die sich mit Planung, Konstruktion und Berechnung von Stahlbauten beschäftigen. Darüber hinaus wird es für alle Ingenieure, die in Forschung und Praxis mit Festigkeitsproblemen metallischer Konstruktionen beschäftigt sind, von Nutzen sein.

Verlag Vieweg · Postfach 58 29 · 65048 Wiesbaden

Sicherheit und Risiko im konstruktiven Ingenieurbau

von Oswald Klingmüller und Ulrich Bourgund

1992. 369 Seiten. Gebunden.
ISBN 3-528-08835-4

Aus dem Inhalt: Einleitung – Versagenswahrscheinlichkeit – Sicherheits-
konzept – Grenzzustände von Tragwerken – Zeitabhängige und extreme
Lastfälle – Risikoanalysen – Anhang

Das Buch will zum Verständnis der Vorteile eines konsistenten Sicher-
heitskonzepts (als solche gelten zum Beispiel die derzeit entwickelten
Eurocodes) beitragen. Im Vordergrund steht dabei die anschauliche
Erläuterung der Zusammenhänge von Wahrscheinlichkeitstheorie und
Mechanik, auch im Hinblick auf moderne computerorientierte Berech-
nungsverfahren. Neben einer Erläuterung von Sicherheitslastfällen für
Sonderbauwerke wird ausführlich auf die Bedeutung der Schadensfol-
gen und des Risikos für die Errichtung sicherer Bauwerke eingegangen.

Über die Autoren: Dr.-Ing. Oswald Klingmüller studierte Architektur und
Bauingenieurwesen an der TH Stuttgart und der TH München. Zur Zeit
ist er Projektleiter in der Forschung und Entwicklung im Technischen
Büro der Bilfinger + Berger Bauaktiengesellschaft, Mannheim.
Dr. Ulrich Bourgund studierte am Institut für Mechanik der Universität
Innsbruck. Zur Zeit ist er Projektleiter in der Abteilung Bautechnologie
der Konzernforschung, Hilti AG, Schaan/Liechtenstein.

Verlag Vieweg · Postfach 58 29 · 65048 Wiesbaden